国家卫生和计划生育委员会"十二五"规划教材

全国高等医药教材建设研究会"十二五"规划教材

全国高等学校教材

供卫生检验与检疫专业用

食品理化检验

第2版

U0285024

主　编　黎源倩（四川大学）
　　　　　叶蔚云（广东药学院）

副主编　吴少雄（昆明医科大学）
　　　　　石红梅（河北医科大学）
　　　　　代兴碧（重庆医科大学）

编　者　（以姓氏笔画为序）
　　　　　王　琦（昆明医科大学）　　　　吴少雄（昆明医科大学）
　　　　　石红梅（河北医科大学）　　　　何成艳（成都中医药大学）
　　　　　叶蔚云（广东药学院）　　　　　陈文军（安徽医科大学）
　　　　　代兴碧（重庆医科大学）　　　　徐　坤（吉林大学）
　　　　　刘　萍（山东大学）　　　　　　徐希柱（泰山医学院）
　　　　　严浩英（四川大学）　　　　　　蒋立勤（浙江中医药大学）
　　　　　李永新（四川大学）　　　　　　黎源倩（四川大学）
　　　　　杨慧仙（南华大学）

秘　书　李永新（四川大学）

人民卫生出版社

图书在版编目（CIP）数据

食品理化检验/黎源倩，叶蔚云主编 . —2 版 . —北京：
人民卫生出版社，2014
ISBN 978-7-117-19945-2

Ⅰ . ①食… Ⅱ . ①黎…②叶… Ⅲ . ①食品检验 –
高等学校 – 教材 Ⅳ . ① TS207.3

中国版本图书馆 CIP 数据核字（2014）第 255524 号

人卫智网	**www.ipmph.com**	医学教育、学术、考试、健康，
		购书智慧智能综合服务平台
人卫官网	**www.pmph.com**	人卫官方资讯发布平台

食品理化检验
第 2 版

主　　编：黎源倩　叶蔚云
出版发行：人民卫生出版社（中继线 010-59780011）
地　　址：北京市朝阳区潘家园南里 19 号
邮　　编：100021
E - mail：pmph @ pmph.com
购书热线：010-59787592　010-59787584　010-65264830
印　　刷：中农印务有限公司
经　　销：新华书店
开　　本：787×1092　1/16　印张：18
字　　数：449 千字
版　　次：2006 年 3 月第 1 版　2015 年 1 月第 2 版
　　　　　2024 年 11 月第 2 版第 15 次印刷（总第 24 次印刷）
标准书号：ISBN 978-7-117-19945-2
定　　价：31.00 元

全国高等学校卫生检验与检疫专业
第2轮规划教材出版说明

为了进一步促进卫生检验与检疫专业的人才培养和学科建设,以适应我国公共卫生建设和公共卫生人才培养的需要,全国高等医药教材建设研究会于2013年开始启动卫生检验与检疫专业教材的第2版编写工作。

2012年,教育部新专业目录规定卫生检验与检疫专业独立设置,标志着该专业的发展进入了一个崭新阶段。第2版卫生检验与检疫专业教材由国内近20所开办该专业的医药卫生院校的一线专家参加编写。本套教材在以卫生检验与检疫专业(四年制,理学学位)本科生为读者的基础上,立足于本专业的培养目标和需求,把握教材内容的广度与深度,既考虑到知识的传承和衔接,又根据实际情况在上一版的基础上加入最新进展,增加新的科目,体现了"三基、五性、三特定"的教材编写基本原则,符合国家"十二五"规划对于卫生检验与检疫人才的要求,不仅注重理论知识的学习,更注重培养学生的独立思考能力、创新能力和实践能力,有助于学生认识并解决学习和工作中的实际问题。

该套教材共18种,其中修订12种(更名3种:卫生检疫学、临床检验学基础、实验室安全与管理),新增6种(仪器分析、仪器分析实验、卫生检验检疫实验教程:卫生理化检验分册/卫生微生物检验分册、化妆品检验与安全性评价、分析化学学习指导与习题集),全套教材于2015年春季出版。

第2届全国高等学校卫生检验与检疫专业规划教材评审委员会

全国高等学校卫生检验与检疫专业
第2轮规划教材目录

1. 分析化学（第2版）　主　编　毋福海
　　　　　　　　　副主编　赵云斌
　　　　　　　　　副主编　周　彤
　　　　　　　　　副主编　李华斌

2. 分析化学实验（第2版）　主　编　张加玲
　　　　　　　　　副主编　邵丽华
　　　　　　　　　副主编　高　红
　　　　　　　　　副主编　曾红燕

3. 仪器分析　　　　主　编　李　磊
　　　　　　　　　主　编　高希宝
　　　　　　　　　副主编　许　茜
　　　　　　　　　副主编　杨冰仪
　　　　　　　　　副主编　贺志安

4. 仪器分析实验　　主　编　黄佩力
　　　　　　　　　副主编　张海燕
　　　　　　　　　副主编　茅　力

5. 食品理化检验（第2版）　主　编　黎源倩
　　　　　　　　　主　编　叶蔚云
　　　　　　　　　副主编　吴少雄
　　　　　　　　　副主编　石红梅
　　　　　　　　　副主编　代兴碧

6. 水质理化检验（第2版）　主　编　康维钧
　　　　　　　　　主　编　张翼翔
　　　　　　　　　副主编　潘洪志
　　　　　　　　　副主编　陈云生

7. 空气理化检验（第2版）　主　编　吕昌银
　　　　　　　　　副主编　李　珊
　　　　　　　　　副主编　刘　萍
　　　　　　　　　副主编　王素华

8. 病毒学检验（第2版）　主　编　裴晓方
　　　　　　　　　主　编　于学杰
　　　　　　　　　副主编　陆家海
　　　　　　　　　副主编　陈　廷
　　　　　　　　　副主编　曲章义

9. 细菌学检验（第2版）　主　编　唐　非
　　　　　　　　　主　编　黄升海
　　　　　　　　　副主编　宋艳艳
　　　　　　　　　副主编　罗　红

10. 免疫学检验（第2版）　主　编　徐顺清
　　　　　　　　　主　编　刘衡川
　　　　　　　　　副主编　司传平
　　　　　　　　　副主编　刘　辉
　　　　　　　　　副主编　徐军发

11. 临床检验基础（第2版）　主　编　赵建宏
　　　　　　　　　主　编　贾天军
　　　　　　　　　副主编　江新泉
　　　　　　　　　副主编　胥文春
　　　　　　　　　副主编　曹颖平

12. 实验室安全与管理（第2版）　主　编　和彦苓
　　　　　　　　　副主编　许　欣
　　　　　　　　　副主编　刘晓莉
　　　　　　　　　副主编　李士军

13. 生物材料检验（第2版）　主　编　孙成均
　　　　　　　　　副主编　张　凯
　　　　　　　　　副主编　黄丽玫
　　　　　　　　　副主编　闫慧芳

14. 卫生检疫学（第2版）　主　编　吕　斌
　　　　　　　　　主　编　张际文
　　　　　　　　　副主编　石长华
　　　　　　　　　副主编　殷建忠

15. 卫生检验检疫实验教程：卫生理化检验分册　主　编　高　蓉
　　　　　　　　　副主编　徐向东
　　　　　　　　　副主编　邹晓莉

16. 卫生检验检疫实验教程：卫生微生物检验分册　主　编　张玉妥
　　　　　　　　　副主编　汪　川
　　　　　　　　　副主编　程东庆
　　　　　　　　　副主编　陈丽丽

17. 化妆品检验与安全性评价　主　编　李　娟
　　　　　　　　　副主编　李发胜
　　　　　　　　　副主编　何秋星
　　　　　　　　　副主编　张宏伟

18. 分析化学学习指导与习题集　主　编　赵云斌
　　　　　　　　　副主编　白　研

前　言

为了适应 21 世纪教学改革和公共卫生事业的发展,国内第一套供卫生检验专业本科生使用的规划教材于 2006 年出版,该教材在我国卫生检验及相关专业的教育中得到了广泛使用和认可。2012 年卫生检验与检疫专业从预防医学中独立并归入医学技术类。为了达到卫生检验与检疫专业人才培养目标的要求,2013 年年底由全国高等医药教材建设研究会组织编写了全国高等学校卫生检验与检疫专业第 2 轮规划教材。作为重要的专业课程之一,《食品理化检验》列入本套规划教材中。

在第 1 版教材的基础上,广泛征求了各院校卫生检验专业及其他使用本教材师生的意见,对本教材进行了认真修订。在编写中坚持教材建设的基本原则,注重基本理论、基本知识和基本技能,注重培养学生的独立思考能力、创新能力和实践能力。根据《中华人民共和国食品安全法》和近年来颁布的食品安全国家标准及相关文件,参考 ISO、AOAC 等方法更新和完善全书中的检验方法;重点描述样品前处理,力求从理论上系统地阐明检验方法的原理和关键步骤,以提高学生的理论水平和实际动手能力;关注食品安全热点问题,增强教材内容的适应性;适当介绍本学科的新理论、新知识和新技术,拓宽学生的知识面,了解学科发展的前沿;在保持教材思想性、科学性、先进性、启发性、适用性的基础上增加可读性、趣味性和时代感。删除原第十五章实验教程,实验部分纳入《卫生检验与检疫实验教程(卫生理化检验分册)》中。

本教材共十五章,包括绪论、食品样品采集和保存、食品样品处理、食品营养成分、保健食品功效成分、食品添加剂、食品中农药残留、兽药残留、真菌毒素及其他化学污染物检验、几类常见食品的理化检验、食品中转基因成分检验、食品容器与包装材料检验、化学性食物中毒及食品掺伪检验。每章后附有小结和思考题,书末列有重要中英文专业名词对照。

本书可供卫生检验与检疫专业、食品质量与安全、预防医学等本科专业作为教材,也可作为各级卫生检验与检疫、质检和商检、各类食品企业等部门人才培训、自学提高及相关专业研究生教学的参考书。

在本书出版之际,向大力支持本教材编写的四川大学、广东药学院、河北医科大学、山东大学的各位同仁表示衷心的感谢! 感谢第 1 版教材的编者和所有给予本书支持和帮助的领导和专家们!

限于编者的水平,书中难免有不足和疏漏之处,恳请使用本书的师生和读者提出宝贵意见。

编　者
2014 年 10 月

目　录

第一章 绪 论

食品理化检验（physical and chemical analysis of food）是卫生检验与检疫专业中的一门重要专业课程，是以分析化学、仪器分析、营养与食品卫生学、食品化学为基础，采用现代分离、分析技术，研究食品营养成分、保健食品功效或标志性成分及与食品安全有关成分的理化检验原理和方法的一门学科，也是一门多学科交叉、应用性很强的学科。它在保障食品安全和食品科学的研究中占有重要地位。

第一节 食品理化检验的作用、任务和发展趋势

一、食品理化检验的作用和任务

食品是人类赖以生存和发展的物质基础。"民以食为天，食以安为先"，食品安全是直接关系到公众健康、生命安全和社会稳定的重大公共卫生问题。早在 1995 年我国就颁布了《中华人民共和国食品卫生法》；在此基础上，2009 年施行了《中华人民共和国食品安全法》；2014 年国务院常务会议原则通过《食品安全法（修订草案）》进一步完善食品生产、销售、餐饮服务等环节全过程的管理和追溯制度，形成社会共治的格局。它是一部保证食品安全，保障公众身体健康和生命安全，预防和控制食源性疾病发生，消除和减少食品有害因素危害的重要法律。食品安全法确立了以食品安全风险监测和评估为基础的科学管理制度，对食源性疾病、食品污染及食品中的有害因素等进行监测，并以食品安全风险评估结果作为制定、修订食品安全标准和对食品安全实施监督管理的科学依据。因此，在我国食品安全法的贯彻和实施中食品理化检验起着重要的作用。

食品品质的优劣不仅在于营养成分的高低，更重要的是食品中是否存在有毒有害的物质，是否会对公众健康造成危害。食品在生产、加工、包装、运输和储存过程中可能受到化学物质、真菌毒素和其他有害成分的污染，农药和兽药的滥用、添加剂的不合理使用及环境污染等都使得食品的安全难以得到保障。因此，从食品生产源头到餐桌，必须对食品的原料、辅料、半成品及成品的质量和安全进行全面的检验，在开发食品新资源、研制新产品、改革食品加工工艺、改进产品包装等各个环节以及进出口食品贸易中，均需对食品进行相关的检验。食品是否符合国家安全和质量标准，需要采用现代分离、分析技术进行检验，以其检验结果作为评判依据。

食品理化检验的主要任务是对食品的营养成分、保健食品功效成分或标志性成分、有毒有害的化学物质进行定性和定量检验，研究食品理化检验的方法、理论和新分离、分析技术。随着预防医学和卫生检验学的不断发展，食品理化检验在确保食品安全和保护人民健康中将发挥更加重要的作用。

二、食品理化检验的发展趋势

随着科学技术的迅猛发展,特别是21世纪以来,食品理化检验采用的各种分离、分析技术和方法得到了不断完善和更新。许多高灵敏度、高分辨率的分析仪器和联用技术已经越来越多地应用于食品理化检验中。目前,在保证检测结果的精密度和准确度的前提下,食品理化检验正向着微量、快速、高通量、自动化的方向发展。

近年来,许多先进的仪器分析方法,如气相色谱法、高效液相色谱、原子吸收光度法、毛细管电泳法、紫外-可见分光光度法、荧光分光光度法、电化学法等,以及仪器联用技术已经在食品理化检验中得到了广泛应用,在我国的食品标准检验方法中,仪器分析方法所占的比例也越来越大。在样品前处理方面,采用了众多新颖的分离技术,如固相萃取、固相微萃取、液相微萃取、加压溶剂萃取、超临界萃取及微波消化等,较常规的前处理方法省时省事,分离效率高。

随着计算机技术的发展和普及,分析仪器自动化也是食品理化检验的重要发展方向之一。自动化和智能化的分析仪器可以进行检验程序的设计、优化和控制、实验数据的采集和处理,使检验工作大大简化,并能处理大量的例行检验样品。例如,蛋白质自动分析仪等可以在线进行食品样品的消化和测定;测定食品营养成分时,可以采用近红外自动测定仪,样品不需进行预处理,直接进样,通过计算机系统即可迅速给出食品中蛋白质、氨基酸、脂肪、碳水化合物、水分等成分的含量。装载了自动进样装置的大型分析仪器,可以昼夜自动完成检验任务。

仪器联用技术在解决食品理化检验中复杂体系的分离、分析中发挥了十分重要的作用。仪器联用技术是将两种或两种以上的分析仪器连接使用,可以取长补短,充分发挥各自的优点。近年来,气相色谱-质谱(GC-MS,GC-MS/MS)、液相色谱-质谱(LC-MS,LC-MS/MS)、电感耦合等离子体发射光谱-质谱(ICP-MS)等多种仪器联用技术已经用于食品中微量甚至痕量有机污染物及多种元素等的同时检测,如动物性食品中的多氯联苯、二噁英;酱油及调味品中的氯丙醇;油炸食品中的多环芳烃、丙烯酰胺等的检测。

近年来发展起来的在线分离分析技术、具有快速检验和现场应用优点的传感器检测技术、芯片技术,以及多学科交叉技术——微全分析系统(miniaturized total analysis system,μ-TAS)可以在几平方厘米的芯片上仅用微升或纳升级的样品和试剂,实现分离检测的整体微型化、高通量和自动化,可以快速完成大量的检测工作。这些新方法和新技术将在食品理化检验中逐步得到应用,这将缩短分析时间和减少试剂用量,成为低消耗、低污染、低成本的绿色检验方法。

随着分析科学的发展,食品理化检验方法与技术的完善和不断改进,将为预防医学和公共卫生提供更加灵敏、快速、可靠的现代分离、分析技术,为保障食品安全和公众健康发挥更大的作用。

第二节 食品理化检验的内容

食品种类繁多,通常可以粗略分为六大类:粮谷类、豆和豆制品类、肉类和鱼类、蛋类和奶类、蔬菜类和水果类、调味品和饮料类。不同种类的食品及同类食品因产地、季节和生产厂家不同,其中所含营养成分的种类和含量均不相同。由于食品种类多,组成复杂,污染各异,与食品营养成分和食品安全有关的检测项目从常量分析到微量分析,从定性分析到定量分析,从组成分析到形态分析,从实验室检验到现场快速分析,所涉及的检验方法多种多样,因此,食品理化检验的内容十分丰富,涉及的范围十分广泛。食品理化检验的内容主要包括以下几个方面。

一、食品感官检查

食品的感官检查是依据人们对各类食品的固有观念,借助人的感觉器官,如视觉、嗅觉、味觉和触觉等,对食品的色泽、气味、质地、口感、形状、组织结构和液态食品的澄清、透明度及固态和半固态食品的软、硬、弹性、韧性、干燥程度等性质进行检验。感官检验方法简单,但带有一定的人为主观性。

二、食品营养成分检验

食品最基本的功能就是提供生命活动所需的能源和营养素。食品必须含有人体所需的营养成分(nutrient components),即营养素(nutrient)、水和膳食纤维等有益成分。营养素是指食品具有特定生理作用,能维持机体生长、发育、活动、繁衍及正常代谢所需要的物质,缺少这些物质会引起机体发生相应的生化或生理学不良变化,主要包括蛋白质、脂肪、碳水化合物、矿物质、维生素五大类。不同食品所含营养素的种类、组成、质量均不相同。一般粮谷类,包括稻米、小麦、玉米、高粱和薯类等富含淀粉等碳水化合物;肉、鱼、蛋和奶类食品主要含蛋白质和脂肪;蔬菜和水果类食品含有较多的维生素和无机盐。通过对食品中营养成分的分析,可以了解各种食品中所含营养成分的种类、质和量,合理进行膳食搭配,以获得较为全面的营养,维持机体的正常生理功能,防止营养缺乏病的发生。

近年来,为更好地满足公众的需求,出现了强化食品和保健食品。为了增加食品的营养成分(价值),在国家规定的食品品种中加入天然或人工合成的营养素和其他营养成分,可满足特定人群的需求。对其中添加的微量元素和维生素的种类和含量进行检测,以确保补充的营养素在合理的摄入量范围内,不会引起过量摄入而造成对健康的危害。

对食品中营养成分的分析还可以了解食品在生产、加工、贮存、运输、烹调等过程中营养成分的损失情况和人们实际的摄入量,通过改进这些环节,以减少造成营养素损失的不利因素。此外,食品营养成分的分析还能对食品新资源开发、新产品研制和生产工艺改进及食品质量标准制订提供科学依据。

三、保健食品检验

保健食品(healthy food)是指具有特定保健功能或者以补充维生素、矿物质为目的的食品,即适宜于特定人群食用,具有调节机体功能,不以治疗疾病为目的,并对人体不产生任何急性、亚急性或者慢性危害的食品。对于保健食品的生产和销售,我国已经公布了《保健食品注册管理办法(试行)》(2005年)、保健(功能)食品通用标准及保健食品功能学评价程序和检验方法。对保健食品中砷、铅、汞等有害物质的含量及其功效成分或标志性成分进行检验,以保证保健食品的质量和安全。

四、食品添加剂检验

食品添加剂(food additives)是指在食品生产中,为改善食品品质和色、香、味,以及为防腐、保鲜和加工工艺需要而加入食品中的某些人工合成或天然物质。营养强化剂、食品用香料、胶基果糖中的基础剂物质、食品工业用加工助剂也包括在内。由于目前所使用的食品添加剂多为化学合成物质,如果滥用,必然会严重危害公众的健康。我国食品安全国家标准(GB 2760)对食品添加剂的使用原则、允许使用的品种、使用范围及最大使用量或残留量均做了严格的规定。因此,必须对食品中食品添加剂进行检测,监督在食品生产和加工过程中是否按照食品添加剂使用标准执行,以保证食品的安全性。

五、食品中有毒、有害成分检验

由于工业三废的排放、农药和兽药及化肥的使用,致使人类和动植物的生存环境受到各种有毒、有害物质的污染。环境中的轻微污染通过食物链和生物富集的放大作用,可能导致食品的严重污染。近年来,一些不法商贩违法在食品中添加非食用物质或滥用食品添加剂,如在乳和乳制品中加入三聚氰胺,将苏丹红等人工合成染料用于辣椒、番茄酱等食品的着色,对食品安全和公众健康造成严重威胁。食品在从生产(包括农作物种植、动物饲养和兽医用药)、加工、包装、贮存、运输、销售、直至食用等过程中,由于种种原因,会被污染或产生某些对人体健康有害的成分,检测这些有害成分,对确保食品安全具有重要的作用。食品中常见的有毒、有害成分主要包括以下几种。

1. 有害元素　工业三废的排放、食品生产和加工中使用的金属机械设备、管道、容器或包装材料等,以及某些地区自然环境中高本底的重金属都会引起食品中铅、镉、砷、汞、铬、锡等元素的污染。国际食品法典委员会(CAC)的标准和我国食品安全国家标准"食品中污染物限量(GB 2762)"规定了谷物、豆类、蔬菜、水果、肉类、水产动物、蛋、油脂、乳类及其制品,以及调味品、酒类、饮料等食品中铅、镉、汞、砷、锡、镍、铬等有害元素的限量标准,检测食品中有害元素是食品理化检验的重要检验内容之一。

2. 农药和兽药残留　农药和兽药在提高产量、控制病虫害、防止动物疾病及促进生长等方面发挥了重要的作用。但是农药和兽药使用的种类、使用量或使用时期不合理都会使农药和兽药残留通过食物链进入人体,危害健康。一些持久性农药已经禁用,但由于其性质稳定,不易降解,再次在环境、食品中形成残留,为控制这类农药对食品的污染,应制定其在食品中的再残留限量。例如,我国曾长期使用的 666 和 DDT 等有机氯农药,虽然在 20 世纪80 年代已经停止生产和使用,但在环境、食物链甚至人体中残留,在某些食品中仍然能检出,直接影响到我国的食品安全和出口贸易。食品中农药残留量或再残留量的检测是监督和检查食品是否符合食品安全国家标准的重要手段,也是公平进行国际贸易的科学依据。食品法典委员会颁布了食品中多种农药的残留限量标准,我国食品安全国家标准(GB 2763)规定了食品中最大农药残留限量和再残留限量。根据农药的化学结构和用途不同,在食品理化检验中通常可分为:有机氯农药、有机磷农药、氨基甲酸酯类、拟除虫菊酯类,以及杀虫剂、杀菌剂、杀螨剂和植物生长调节剂等农药。

近年来,在动物饲料中常添加抗生素类、激素与其他生长促进剂,如果使用不当或长期用药,会造成畜禽肉、蛋等动物性食品的污染,从而危害公众健康。为此,我国规定了上百种兽药的使用品种及在靶组织中的最高残留限量,并建立了多种动物源性食品中兽药残留标准检验方法。

3. 真菌毒素　真菌产生的毒素如黄曲霉毒素(aflatoxin, AF)、赭曲霉毒素(ochratoxin, OT)、玉米赤霉烯酮(zearalenone, ZEN)等对动物或人类具有致癌性。按真菌毒素的危害性排序,依次是黄曲霉毒素,赭曲霉毒素、单端孢霉烯族化合物(trichothecenes)、玉米赤霉烯酮、展青霉素(patulin, PAT)和杂色曲霉素(sterigmatocystin, ST)等。黄曲霉毒素是目前发现的毒性和致癌性最强的天然污染物,较低剂量长期持续摄入或较大剂量的短期摄入,都可能诱发大多数动物的原发性肝癌,还可能造成人类的急性中毒。大量的流行病学调查表明,AFT B$_1$暴露量与肝癌发病的增加有相关性。被真菌毒素污染最严重的农产品是玉米、花生和小麦。真菌及真菌毒素污染食品后,会使其食用价值降低,甚至完全不能食用,造成巨大的经济损失。我国食品安全国家标准(GB 2761)规定了食品中真菌毒素限量和相应的检测方法。

4. 食品生产或加工过程中产生的有害物质 在食品腌制、发酵等加工过程中,可能形成亚硝胺;在食品加工、烹调过程中,由于蛋白质、氨基酸热解会产生杂环胺;空气污染和直接接触火焰烟熏,使肉类和水产品中的脂肪在高温下裂解而产生具有致癌性的多环芳烃;氯丙醇是酸水解植物蛋白产生的重要污染物,采用落后的工艺,直接对大豆进行酸水解或者添加酸水解植物性蛋白所生产的酱油等调味品中都会含有浓度较高的氯丙醇,它具有雄性激素干扰活性和肾毒性,以及潜在的致癌性;经过热加工(如煎、炙烤、焙烤)的土豆、谷物产品中会产生丙烯酰胺,国际癌症研究中心已经确认丙烯酰胺为动物的可能致癌物,对人体具有神经 - 生殖 - 内分泌毒性。在食品生产和加工过程中形成或污染的有毒有害物质对人类健康构成潜在的危害,也是影响食品安全的重要因素。因此,我国食品安全国家标准(GB 2762)对食品中除农药残留、兽药残留、生物毒素和放射性物质以外的污染物:铅、镉、汞、砷、锡、镍、铬、亚硝酸盐、硝酸盐、苯并[a]芘、N- 二甲基亚硝胺、多氯联苯、3- 氯 -1,2- 丙二醇规定了限量指标和相应的检测方法。

六、食品容器和包装材料检验

使用质量不符合国家标准的食品容器和包装材料,其中所含的有害物质,如重金属、聚氯乙烯单体、多氯联苯、荧光增白剂等都会对食品会造成污染。我国标准检验方法分别用水、4% 乙酸、65% 乙醇和正己烷作为溶剂进行浸泡试验,综合考察食品容器和包装材料对食品的污染情况。并对某些有毒有害成分进行单项分析,如塑料容器中甲醛、甲苯、乙苯、苯乙烯的含量;陶瓷、搪瓷和铝制品中的重金属含量等。近年来的研究表明,在食品包装材料中用作抗氧剂、增塑剂、稳定剂所添加的双酚A、壬基酚、邻苯二甲酯等化合物具有类雌激素样作用,长期食用被这些包装材料污染的食品可能会对公众健康产生影响。因此,检测食品包装材料中有毒有害物质对保障食品安全也是十分重要的。

七、化学性食物中毒快速检测

化学性食物中毒是引起发病率和病死率均高的食源性疾病的重要原因之一。对于食物中毒检验,通常需要进行快速定性鉴定,判断是由何种毒物引起中毒,以便及时进行抢救和治疗。为此,首先必须进行卫生学调查,了解有害物质的种类和性质,缩小检验范围,并结合中毒症状和快速检验判断可能的化学毒物种类,然后用准确、可靠的仪器分析方法进行确证。常见的化学性毒物检验主要包括:水溶性毒物、挥发性和非挥发性毒物、农药和灭鼠药,以及动植物毒性成分的快速检测。近年来,出现了不少新的快速检验技术并用于现场检验。将现场快速检验方法与实验室大型分析仪器和仪器联用技术相结合进行毒物的快速确认是化学性食物中毒快速检验发展的趋势。

八、食品中转基因成分检验

随着转基因生物技术的迅速发展,商品化的转基因食品日益增多,并已进入了人们的食物链。根据我国《农业转基因生物标识管理办法》的要求,对转基因食品及含有转基因成分的食品实行产品标识制度,以保障消费者的知情权,因而需要对待检食品进行筛选、鉴定和定量。即首先筛选待检食品样品中是否含有转基因成分;其次应鉴定有何种转基因成分存在,是否为授权使用的品系;最后定量检测所含有的转基因成分,是否符合标签阈值规定。

综上所述,食品中营养成分是人类生活和生存的重要物质基础,食品的品质直接关系到公众的健康和生活质量;被污染的食品中有毒有害物质种类繁多,来源各异,对食品安全造成严重威胁,为了保障食品的安全性和公众的健康,对食品中的营养成分和有害成分进行检验是食品理化检验的主要内容。

第三节　食品理化检验常用的方法

食品理化检验中经常性的工作主要是进行定性和定量分析,几乎所有的化学分析和现代仪器分析方法都可以用于食品理化检验,但是每种分析方法都有其各自的优缺点。食品理化检验中选择分析方法的原则是:应选用中华人民共和国国家标准和国际上通用的标准分析方法。标准方法中如有两个以上检验方法时,可根据所具备的条件选择使用,以第一法为仲裁方法;未指明第一法的标准方法,与其他方法属并列关系。根据实验室的条件,尽量采用灵敏度高、选择性好、准确可靠、分析时间短、经济实用、适用范围广的分析方法。

食品理化检验中常用的方法可以分为五大类:感官检查、物理检测、化学分析法、仪器分析法、生物化学分析法。

一、感官检查

各种食品都具有其内在和外在特征,人们在长期的生活实践中对各类食品的特征形成了固有的概念。食品感官性状包括食品的外观、品质和风味,即食品的色、香、味、形、质,是食品质量的重要组成部分。

感官检查(sensory test)是指利用人体的感觉器官(眼、耳、鼻、口、手等)的感觉,即视觉、听觉、嗅觉、味觉和触觉等,对食品的色、香、味、形和质等进行综合性评价的一种检验方法。如果食品的感官检查不合格,或者已经发生明显的腐败变质,则不必再进行营养成分和有害成分的检验,直接判断为不合格食品,因此,感官检查必须首先进行。感官检查简便易行、直观实用,具有理化检验和微生物检验方法所不可替代的功能。它也是食品消费、食品生产和质量控制过程中不可缺少的一种简便检查方法。

由于感官检查有一定的主观性,易受检验者个人喜好的影响。通常采用群检的方式,组织具有感官检查能力和具有相关知识的专业人员组成食品感官检查小组。检验人员必须保持良好的精神状态、情绪和食欲;检验场所应该环境安静、温度适宜、光线充足、通风良好、空气清新;检验过程中要防止感觉疲劳、情绪紧张,应适当漱口和休息。依照不同的试验目的,将样品进行编号,经多人的感官评价,进行统计分析后得出所检食品样品的检查结果。一般食品感官检查的主要内容和方法简要介绍如下。

1. 视觉检查　首先用肉眼观察食品样品的包装是否完整无损;标签和说明书是否符合食品安全国家标准"预包装食品营养标签通则",是否与食品的内容物相符,有无异物或沾污;食品的新鲜程度和成熟程度;食品有无人工着色等,某些情况下可利用放大镜、可见光,甚至用紫外光检查有无荧光斑点。

2. 嗅觉检查 检查时距离食品样品要由远而近,防止强烈气味的突然刺激。对于味淡的食品或液体食品可以加盖温热至 60℃或振摇后闻其气味。要辨别气味的性质和强度,记录香、臭、腥、膻味及其刺激性的强弱,仔细判别有无异常气味,特别是腐烂、霉变、酸败及发酵等气味。一般嗅觉的敏感度远高于味觉。

3. 味觉检查 通常是在视觉、嗅觉检查基本正常的情况下进行。检查时取少量食品样品放入口中,慢慢咀嚼,反复品味,最后咽下。评价食品入口到下咽全过程中的味道种类和强度,记录食品在口中的感觉。食品样品应保持在温热状态下进行品尝,如遇味道强烈,应用温水漱口,如遇有腐败变质臭味的食品,则应立即停止味觉检查。

人的味觉从接受刺激到感受到滋味的速度比视觉、听觉和触觉的反应快得多。因此,味觉有助于快速判断食物的优劣,在食品感官鉴定中占有重要的地位。味道有多种分类,我国通常分为酸、甜、苦、咸、辣、鲜、涩七类。

4. 听觉检查 听觉与食品感官评价有一定的联系。如在罐头食品可用特制的敲检棍进行敲检,听其声音的虚、实、清、浊,从而判断罐头内食品的质量,必要时才打开罐头检查。食品的质感特别是咀嚼时发出的声音,在决定某些食品质量方面有重要作用。例如,焙烤食品中的酥脆薄饼、爆玉米花和某些膨化食品,在咀嚼时应发出特有的脆声,否则可认为其质量已经发生了变化。

5. 触觉检查 通过手接触食品,用触、摸、捏、揉、按等动作,检查食品的轻重、软硬、弹性、黏稠、滑腻等性质。对于鱼、肉制品、海产品等,应检查食品的组织状态、新鲜程度、保存效果等现象。

各类食品的感官检查指标,在我国的食品标准中都有明确规定,可以按照有关规定进行检查。

二、物理检测

食品的物理检测法是根据食品的一些物理常数,如相对密度、折射率和旋光度等与食品的组成成分及其含量之间的关系进行检测的方法。本书主要介绍相对密度测定。

相对密度测定(determination of relative density):

密度是指物质在一定温度下单位体积的质量,以符号 ρ 表示,单位为 g/cm^3。物质具有热胀冷缩的性质,密度随物质温度的改变而改变,所以应标明密度测定时物质的温度。而相对密度是指在一定的温度下物质的质量与同体积纯水的质量之比,以 d 表示。通常应在 d 的右下角标明水的温度,右上角表明待测物的温度,如:d_4^{20} 表示某液体在 20℃时对 4℃水的相对密度。相对密度是物质重要的物理常数之一。我国规定液态食品密度测定时的标准温度为 20℃,所以食品理化检验中相对密度通常是指 20℃时,某物质的质量与同体积 20℃纯水质量的比值,以 d 表示。

液态食品的相对密度可反映其浓度和纯度。在正常情况下,各种液态食品都有一定的相对密度范围。例如,全脂牛奶:1.027~1.032;脱脂牛奶:1.033~1.037;酒(60 度):0.9046~0.9136;植物油(压榨法):0.9090~0.9295。相对密度的测定是食品分析中常用的一种简便检测方法,是食品生产过程中经常采用的工艺控制指标,常用于监控原料、成品、半成品的质量。测定过相对密度的食品样品,可做其他项目的分析。

当液态食品中有掺杂、脱脂、浓度改变或品种改变时,均会出现相对密度的变化。因此,测定液体食品的相对密度可初步判断该食品质量是否正常。但相对密度只是物质的一种物理性质,不能全面反映物质本质的变化,只依靠密度判断食品的质量和卫生状况是不可靠的。因此,当食品的相对密度异常时,可肯定食品质量出现问题,但是食品的相对密度正常时,则不能判定食品的质量合格。必须在测定相对密度的同时,结合感官检查和其他理化指标检测,才能正确评价食品的质量。例如,牛乳的相对密度与其脂肪含量、总乳固体含量有关。脱脂乳的相对密度比全牛乳高;掺水牛乳相对密度降低,故测定牛乳的相对密度可检查牛乳是否脱脂,是否掺水。但是当牛乳中既加水又脱脂时,则难于从相对密度的变化来判断牛奶的质量。测定相对密度的常用方法有密度瓶法和相对密度天平法(GB/T 5009.2)及密度计法。

1. 密度瓶法

(1)原理:在20℃时分别测定同一密度瓶的纯水和样品的质量,根据密度瓶、纯水和试液的质量,计算待测试样的密度。

(2)分析步骤:准确称取洗净、干燥密度瓶(图1-1)的质量。先装满纯水,密塞,浸入20℃的恒温水浴中,放置0.5小时,用滤纸条擦干瓶外壁,加盖后称重,得空瓶与纯水的质量;然后将水全部倾出,装满样液后,密塞,按上法操作,称取空瓶和样液的质量,计算待测样液的密度。

(3)方法说明:水和样液应完全装满密度瓶,不得留有气泡,多余液体可从瓶塞顶部小孔溢出,用滤纸吸去。在达到恒温后取拿密度瓶时,不得用手接触密度瓶的球部,以免受热使液体流出,最好用工具夹取。水浴中的水必须清洁无油污,避免污染密度瓶外壁。天平室温度不得高于20℃,否则瓶中的液体会膨胀溢出。

2. 相对密度天平法 是以阿基米德原理制成的特种天平测定液体相对密度的一种方法。在20℃时分别测定相对密度天平的玻锤在水及试样中的浮力。由于玻锤所排开水的体积与排开试样的体积相同,根据水的密度及玻锤在水和试样中的浮力,即可计算出试样的相对密度。

3. 密度计法 密度计是由上部带有刻度读数,下部装铅粒或汞的玻璃管组成(图1-2),测得的相对密度读数应经过校正。使用时,将密度计洗净擦干,缓缓放入盛有待测试液的量

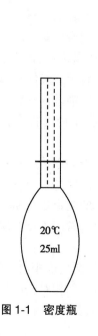

图1-1 密度瓶

图1-2 密度计

筒中,待其静止后,轻轻下按,待其自然上升,静止后读数。由于液体的密度不同,密度计将在液体中沉入不同的深度,根据密度计沉入液体的深度,从水平位置观察并读取与液面相交处的刻度,即得该液体的密度。

按国家标准方法规定,待测样液温度应为20℃。在测定密度的同时应测量试液的温度。若不是20℃,可查表校正相对密度的读数。在操作中应注意,密度计不得接触量筒的器壁和底部,待测液中不得有气泡,读数时视线应与液面保持在同一水平上。该法测定简便,但所需样液量较多,测定结果不如密度瓶法准确。

除上述通用的密度计直接读取密度外,还有将密度刻度换算成浓度刻度的浓度密度计,如酒精密度计,可直接读出酒中乙醇的含量。如60度的酒是指酒中乙醇的含量为60%(V/V)。如果测定时,酒样的温度不是20℃,应按表1-1进行校正。乳稠计专门用于测定牛奶的密度,如读数为29度,是指牛奶的密度为1.029,读数为32度是指牛奶的密度为1.032。如果测定时,牛奶试液的温度不是20℃,则应按表1-2进行校正。锤度计用于测定蔗糖溶液的浓度,锤度为1度(1°Bx)是指100g蔗糖溶液中含蔗糖1g。此外,还有波美密度计:波美计以波美度"°Be'"表示,用以测定溶液中溶质的质量分数,1°Be'表示质量分数为1%,其刻度方法以20℃为标准,在蒸馏水中为0°Be',在15%食盐溶液中为15°Be'。波美度与溶液相对密度之间可以进行换算。

表 1-1 酒精计读数换算成 20℃时的乙醇浓度 %(V/V)

实测温度	酒精计读数								
	60	55	50	45	40	35	30	20	10
35	54.6	49.5	44.3	39.0	34.0	28.8	24.2	15.2	6.8
30	56.4	51.3	46.2	41.0	36.0	30.9	26.1	16.8	7.9
29	56.8	51.7	46.6	41.5	36.4	31.3	26.4	17.2	8.2
28	57.2	52.1	47.0	41.9	36.8	31.7	26.8	17.5	8.4
27	57.5	52.4	47.3	42.3	37.2	32.2	27.2	17.8	8.6
26	57.9	52.8	47.7	42.7	37.6	32.6	27.6	18.1	8.8
25	58.2	53.2	48.1	43.0	38.0	33.0	28.0	18.4	9.0
24	58.6	53.5	48.5	43.4	38.4	33.4	28.4	18.7	9.2
23	58.9	53.9	48.9	43.8	38.8	33.8	28.8	19.0	9.4
22	59.3	54.3	49.2	44.2	39.2	34.2	29.2	19.4	9.6
21	59.6	54.6	49.6	44.6	39.6	34.6	29.6	19.7	9.8
20	60.0	55.0	50.0	45.0	40.0	35.0	30.0	20.0	10.0
19	60.4	55.4	50.4	45.4	40.4	35.4	30.4	20.3	10.2
18	60.7	55.7	50.7	45.8	40.8	35.8	30.8	20.6	10.4
17	61.0	56.1	51.1	46.2	41.2	36.2	31.2	20.9	10.5
16	61.4	56.4	51.5	46.6	41.6	36.6	31.6	21.2	10.7
15	61.7	56.8	51.9	47.0	42.0	37.0	32.0	21.6	10.3
14	62.1	57.2	52.2	47.3	42.4	37.4	32.4	21.9	11.0
13	62.4	57.5	52.6	47.7	42.8	37.8	32.8	22.2	11.1
12	62.8	57.9	53.0	48.1	43.2	38.2	33.3	22.5	11.2
11	63.1	58.2	53.4	48.5	43.6	38.7	33.7	22.8	11.3
10	63.5	58.6	53.7	48.9	44.0	39.1	34.1	23.1	11.4

表 1-2 乳稠计读数换算成 20℃时的牛奶度数

实测温度	乳稠计读数								
	26	27	28	29	30	31	32	33	34
10	24.2	25.1	26.0	26.9	27.9	28.8	29.7	30.7	31.7
11	24.4	25.3	26.1	27.1	28.1	29.0	30.0	30.9	31.9
12	24.5	25.4	26.3	27.3	28.3	29.2	30.2	31.1	32.1
13	24.7	25.6	26.5	27.5	28.5	29.4	30.4	31.3	32.3
14	24.9	25.7	26.6	27.6	28.6	29.6	30.6	31.5	32.5
15	25.0	25.9	26.8	27.8	28.8	29.8	30.8	31.7	32.7
16	25.2	26.1	27.0	28.0	29.0	30.0	31.0	32.0	33.0
17	25.4	26.3	27.3	28.3	29.3	30.3	31.2	32.2	33.2
18	25.6	26.5	27.5	28.5	29.5	30.5	31.5	32.5	33.5
19	25.8	26.8	27.8	28.8	29.8	30.8	31.8	32.8	33.8
20	26.0	27.0	28.0	29.0	30.0	31.0	32.0	33.0	34.0
21	26.2	27.2	28.2	29.2	30.2	31.2	32.3	33.3	34.3
22	26.4	27.5	28.5	29.5	30.5	31.5	32.5	33.5	34.5
23	26.6	27.7	28.7	29.7	30.7	31.7	32.8	33.8	34.8
24	26.8	27.9	29.0	30.0	31.0	32.0	33.0	34.1	35.1
25	27.0	28.1	29.2	30.2	31.2	32.2	33.3	34.3	35.3

三、化学分析法

化学分析法包括定性分析和定量分析两部分。对于食品理化检验,由于大多数食品的来源及主要待测成分是已知的,一般不必做定性分析,只在需要的情况下才进行定性分析,因此,最经常的工作是定量分析。化学分析法适于常量分析,主要包括质量分析法和容量分析法,在食品理化检验中应用较广。例如,食品中水分、灰分、脂肪、膳食纤维等成分的测定采用质量分析法;容量分析法包括酸碱滴定法、氧化还原滴定法、配位滴定法和沉淀滴定法。食品中蛋白质、酸价、过氧化值等的测定采用滴定分析法。

化学分析法是食品理化检验的基础。许多样品的预处理和检测都是采用化学方法,而且仪器分析的原理大多数也是建立在化学分析的基础上的。因此,化学分析法仍然是食品理化检验中最基本的、最重要的分析方法。

四、仪器分析法

仪器分析法是以物质的物理或物理化学性质为基础,主要是利用物质的光学、电学和化学等性质来测定物质的含量,包括物理分析法和物理化学分析法。食品中微量成分或低浓度的有毒有害物质的分析常采用仪器分析法进行检测。仪器分析方法一般灵敏、快速、准确,但所用仪器设备较昂贵,分析成本较高。目前,食品理化检验常用的仪器分析方法有紫外-可见分光光度法、原子光谱法、气相色谱法、高效液相色谱法、荧光光度法、薄层色谱法、电化学分析法,以及气相色谱-质谱、液相色谱-质谱和等离子发射光谱-质谱联用法等,这些分析方法的原理在《仪器分析》课程中已经详细讲解,它们在食品理化检验中的具体应用将在有关的章节中介绍。

五、生物化学分析法

生物化学分析法在食品理化检验中应用较多的主要是酶分析法和免疫学分析法。酶分析法是利用酶作为生物催化剂,具有高效和专一的特征,进行定性或定量的分析方法。在食品理化检验中,酶分析法对于基质复杂的食品样品抗干扰能力强,具有简便、快速、灵敏等优点。可用于食品中维生素及有机磷农药的快速检验。免疫学分析法是利用抗原与抗体之间的特异性结合来进行检测的一种分析方法。在食品理化检验中,可制成免疫亲和柱或试剂盒,用于食品中霉菌毒素、农药残留的快速检测。

上述各种分析方法都有各自的优点和局限性,并有一定的适用范围。在实际工作中,需要根据检验对象、检验要求及实验室的条件等选择合适的分析方法。随着科学技术的发展和计算机的广泛应用,食品理化检验所采用的分析方法将会不断完善和更新,以达到灵敏、准确、快速、简便和绿色环保的要求。

第四节 食品标准和标准分析方法

一、食品安全国家标准

食品安全国家标准属于强制性国家标准,是保护公众身体健康、保障食品安全的重要措施,是实现食品安全科学管理、强化各环节监管的重要基础,也是规范食品生产经营、促进食品行业健康发展的技术保障。食品安全国家标准的制定是以保障公众身体健康为宗旨,以食品安全风险评估为基础,借鉴国际经验,制定科学合理、安全可靠、符合我国国情的国家标准。

在《食品安全法》公布施行前,我国已有食品、食品添加剂、食品相关产品国家标准 2000 余项,行业标准 2900 余项,地方标准 1200 余项,基本建立了以国家标准为核心,行业标准、地方标准和企业标准为补充的食品标准体系。国家各职能部门依职责分别制定了农产品质量安全、食品卫生、食品质量等国家标准及行业标准,标准总体数量多,但标准间交叉重复、有脱节,相互间的衔接协调程度不高,甚至个别的重要标准或指标缺失,不能满足食品安全监管的需求。在《食品安全法》施行后,进一步完善了食品安全标准管理制度,实施食品安全国家标准、地方标准管理办法和企业标准备案办法;明确了标准制定、修订程序和管理制度;并组建食品安全国家标准审评委员会,建立健全了食品安全国家标准审评制度。

目前已经制定了 200 多项新的食品安全国家标准,包括乳及乳制品、食品添加剂使用、复配食品添加剂及部分食品添加剂产品、真菌毒素限量、预包装食品标签和营养标签、农药残留限量等标准,完善食品包装材料标准,补充与国家食品标准配套的理化检验方法。与此同时,清理、整合了现行的食品标准,废止和调整了一批标准和指标。近年来经过不断更新,与我国的食品卫生标准配套的《食品卫生检验方法(理化部分)》(GB/T 5009)有的已由推荐性国家标准成为食品安全国家标准,有的仍然现行有效。

二、国内外食品标准简介

按《中华人民共和国标准化法》的规定,我国标准分为四级:国家标准、行业标准、地方标准和企业标准。国家标准的编号由国家标准代号、发布的顺序号和发行的年号三个部分组成。我国国家标准代号,用"国标"两个汉字拼音的第一个字母"GB"表示,如:2010年发布的食品安全国家标准《食品中蛋白质的测定》,其标准号为 GB 5009.5-2010。在食品标准中涉及安全、卫生的要求属于强制性标准,其他标准属于推荐性标准。强制性国家标准代号采用 GB,例如,食品安全国家标准《食品中真菌毒素限量》(GB 2761-2011)。推荐性国家标准代号用 GB/T,目前我国的食品标准中的理化检验部分有一些为推荐性国家标准,如食品中锌的标准检验方法为 GB/T 5009.14-2003。

为了与国际接轨,采用国际标准可以排除因各国的标准不同所造成的贸易障碍。有关国际标准和公认的标准方法主要有以下几种。

1. 国际标准化组织(international standardization organization,ISO)制定的国际标准。

2. CAC 标准 由联合国粮农组织(FAO)/世界卫生组织(WHO)共同设立的食品法典委员会(codex alimentarius commission,CAC)制定的食品标准。

3. 美国公职分析家协会(association of official analytical chemists,AOAC)制定的食品分析标准方法。

4. 《食品化学法典》(food chemicals codex,FCC)中的食品分析标准方法。

在进行食品理化检验时,应首选国家标准分析方法,根据实验室的条件,尽量采用灵敏、准确、快速的检验方法。也可选用国际标准化组织(ISO)和美国公职分析家协会(AOAC)等制定的食品分析标准方法,当检验结果发生争议时,应该以国家现行的标准方法作为仲裁方法。

三、标准分析方法制订

随着预防医学的迅速发展,食品理化检验面临食品中种类繁多的微量甚至痕量化学污染物及营养成分、保健食品功效成分或标志性成分的检测任务。对于一系列前所未有复杂的微量、痕量待测物分离、分析问题,传统的检测技术需要不断革新,因此,研究新的检测方法是卫生检验学的前沿领域之一。新方法的建立对满足食品理化检验的工作需要,提高检验工作水平,促进我国标准分析方法体系的建立和发展具有重要意义。

(一)分析方法的建立

首先应了解待测物的理化性质,在查阅国内外有关文献的基础上,研究原有分析方法的原理和优缺点,进而提出改进或新的分析方法。通常应该对样品的前处理条件和影响该分析方法精密度、灵敏度、准确度和方法检出限的主要因素进行优化。选用优化的分析测试条件和样品前处理步骤,改进或建立新的分析方法,并对所建立方法的性能指标进行评价。

1. 检测条件的优化 现以几种常用的分析方法为例说明。

(1)分光光度分析:应先选择合适的显色反应,并严格控制显色反应条件和测试条件。选用灵敏度高,即摩尔吸光系数(ε)大、选择性好的显色反应,生成的有色化合物的组成恒定,化学性质稳定,以保证吸光度值测定的再现性及准确性。此外,显色剂在检测波长处应无明显吸收,试剂空白值底,从而提高测定方法的检测限。显色条件的选择主要考虑的因素有,显色反应的酸度、显色剂用量、显色温度和时间等。最佳实验条件的选择需要通过实验来确定,例如,反应酸度的选择,可以固定待测组分和显色剂的浓度,改变溶液的 pH,测定其吸光度值,制作 pH-吸光度值的关系曲线。通常应选择吸光度值高且曲线平坦部分所对应的 pH 作为测定条件。

(2)气相色谱分析:首先应优化气相色谱的测定条件,根据待分离组分的性质,对涂渍不同极性固定液的色谱柱和检测器进行选择;然后对待测组分的分离影响较大的色谱柱温进行优化,对于多组分的分离最好采用程序升温;其次是对载气的流速、氢气及空气流速等因素进行选择。同时要考察在所选择的最佳色谱条件下,实际样品中待测组分与样品中干扰组分的分离情况。

(3)高效液相色谱法:优化高效液相色谱测定条件时,应根据待分离组分的性质,选择不同种类化学键合固定相的色谱柱,常用的高效液相色谱柱有 C_{18}、C_8、氨基柱等。对于多数有机物的分析,反相 C_{18} 柱是最常用的。根据待测组分是否有紫外吸收、荧光或在衍生化后是否可以生成具有光吸收或发射的物质来选择检测器,可以对待测物分别进行紫外或荧光扫描,以确定最佳检测波长或最佳激发和发射波长。其次是对流动相的组成、酸度、流速及柱温等条件进行优化。同时也必须考察在所选择的最佳色谱条件下,实际样品中待测组分与样品的基体及干扰组分的分离情况。

以上各种主要影响因素的选择可以采用单因素条件试验或正交试验及化学计量法的优化试验,以确定最佳实验条件。

2. 校准曲线的绘制 校准曲线是用于描述待测物质的浓度或量与测量仪器响应值之间定量关系的曲线。在进行测定时,所配制的标准系列,待测物的浓度或含量应在方法的线性范围以内。校准曲线通常包括工作曲线和标准曲线。

标准曲线和工作曲线两者的区别在于标准溶液的处理步骤不同。绘制工作曲线时,标准溶液的分析步骤与样品分析步骤完全相同;而绘制标准曲线时,标准溶液的分析步骤中省略了样品的前处理步骤。校准曲线的绘制可以采用绘图法或用最小二乘法进行线性回归。

3. 样品前处理条件的优化 样品前处理是建立新分析方法的重要一环,是决定分析成败的关键。样品前处理的目的是使样品能适合分析方法的要求。通常样品的前处理包括样品的消化或提取、分离、净化和浓缩(富集)等步骤。

对于有害金属元素或无机物的检测,可以采用干灰化或湿消化法处理样品,并对其条件进行优化。对于有机物的检测,首先应对样品中的待测物的提取条件进行优化。在查阅有关国内外文献的基础上,根据样品和待测物的性质,选择合适的提取溶剂和提取方法。通常采用对待测物溶解度大的溶剂,可以采用一种或几种溶剂混合进行提取。提取方法可以选择液 - 液萃取、超声波萃取、振摇提取及索氏提取器提取等方法。其中索氏提取器提取通常被认为是提取效率最高的一种方法,常用作对照方法,但该法耗时、耗溶剂。提取条件的选择,一般是以待测物的提取效率作为评价指标。常以加标样品或阳性样品用不同溶剂和不同提取方法进行提取,将样品与标准溶液的测定结果进行比较,计算提取效率。对于阳性样品应以提取效率最高的提取条件和方法为最佳选择。

对于样品的分离和净化,一般可以选用装有不同吸附剂的固相萃取小柱,如 C_{18}、硅镁吸附剂、D101 大孔吸附树脂等小柱,使待测物与样品中的其他杂质分离而得以净化。通常是将样品提取液转移到经活化处理的固相萃取小柱上,用某种溶剂洗除杂质,再用适宜的溶剂将待测物从小柱上洗脱下来。通常应对净化条件和洗脱条件进行优化,包括不同洗脱溶剂的选择并绘制洗脱曲线以确定洗脱液的用量等。也可以采用近年来发展迅速的固相微萃取、液相微萃取等操作简便、萃取效率高、富集效果好、有机溶剂消耗少的快速样品处理方法。

4. 干扰试验 根据食品中可能存在的干扰成分进行试验。例如,分光光度分析中,应该对本身有颜色的共存离子或可能与显色剂反应生成有色化合物的组分进行干扰实验。色谱分析中应对食品样品中可能存在的与待测组分性质或结构相似的组分,考察它们是否会对测定产生干扰。通过干扰实验可以确定干扰组分的允许浓度,通常在标准溶液中加入一定量的干扰成分,通常以测定值变化 ±10% 作为是否产生干扰的判定依据。如果有干扰,则应该采取适当的措施消除。

5. 实际样品测定 采用所建立的方法检测不同类型、不同基体的实际样品,以说明方法的适用性。

6. 方法性能指标评价 对于所建立的分析方法应给出其线性范围、最低检出限、定量限、日内与日间精密度及方法不确定度计算,并对方法的准确度进行评价,通常可采用分析标准参考物质,与现行的国家标准分析方法或公认的分析方法比较和加标回收试验。

(二)标准分析方法的研制程序

对于目前尚未制定与国家标准配套的检验方法,应尽可能采用或借鉴国际通用的检验方法,也可以在查阅国内外有关文献资料的基础上改进或建立新的分析方法。所建立的新方法在实践中不断改进完善后,可以申报为国家、部门、地方或行业的标准分析方法。

一般国家标准分析方法研制的主要程序包括,①立项:在调查和查阅有关文献资料的基础上,提出标准立项建议书。提出立项建议的应当是科研机构、教育机构、学术团体或行业协会,具有标准制定或修订的工作经验,并确保能按时完成标准起草工作。拟担任标准起草工作的负责人,应当熟悉食品安全国家标准管理法规,具有较高的学术水平,学风严谨,责任心强。按照食品安全国家标准立项建议书格式如实填写立项建议书,同时提供支持立项建议的工作基础和条件、相关科学文献、专家推荐材料或论证报告;②起草:在立项建议书得到食品安全国家标准审评委员会的认可后,按照上述新方法研制的实验程序研制标准分析方法,整理、编制分析方法的标准草案和标准编制说明,形成标准征求意见稿。并由三个以上的检验单位对所提出的方法进行验证;③征求意见:由标准化主管部门广泛征求意见,标准起草小组根据反馈的意见,修改标准征求意见稿和标准编制说明,形成标准送审稿;④审查:由标准化主管部门组织会审或函审。根据审查意见,修改标准送审稿和标准编制说明,形成标准报批稿,并整理"意见汇总"。最后将研制报告和意见汇总表等材料上报食品安全国家标准审评委员,待批准。

第五节 食品理化检验质量控制

食品理化检验质量控制是对整个检验过程的全面质量管理,是实验室科学管理水平和检验技能的综合体现,对保证检验结果的可靠性和提高检验质量起着非常重要的作用。食品理化检验所提供的检验结果应具有代表性、可靠性和可比性,由此得出的结论是执法和决策的重要依据。要保证检测结果能满足规定的质量要求,就必须进行分析质量的控制,采取质量保证措施。它主要包括建立质量保证体系、采用有效的检测方法、实施规定的分析质量控制程序等,使质量控制工作贯穿检验过程的始终。

质量控制可分为实验室内质量控制和实验室间质量控制。实验室内质量控制是保证实验室提供可靠检验数据的关键,也是保证实验室间质量控制顺利进行的基础。对检验结果进行质量评价,及时发现和纠正问题,确保检验结果准确、可靠。

一、实验室内质量控制

实验室内质量控制是实验操作者对检验质量进行自我控制的过程,也是实验室内部质控人员对操作者实施质量控制技术管理的过程。实施实验室内质量控制以保证实验室内测定结果的误差控制在允许限度内,在给定的置信度下满足规定的质量要求。其主要内容概述如下。

1. 制定实验室标准操作程序 按照《检测和校准实验室能力的通用要求》(ISO/IEC 17025)、《质量管理体系文件指南》(ISO/TR 10013)及国家认证认可监督管理委员会的有关文件《实验室资质认定评审原则》,检验机构需要建立有效的实验室质量管理体系,包括编制质量手册、程序文件和作业指导书等。检验机构应该在自己的实验室内对所选用的标准分析方法进行验证研究。在此基础上,编制适合本实验室条件的操作步骤、细则或程序,用以指导具体的检验工作,以保证实验室有关操作人员使用统一的标准方法进行检验,这对检测结果的质量保证具有重要的作用。每个检验机构必须制定的技术性文件,通常包括:检验样品的接受、登记、标签、送检、保管、处理;各种测定仪器的使用、维护、校准、记录等;检验方法、标准溶液及试剂制备;检验记录、报告、保存;数据收集;检验过程中质量控制;质量保证规划的监督和审核;安全和应急的标准操作程序等。

2. 检验方法选择和评价 首先应根据检验目的、对象及本实验室的具体情况选择合适的方法,应尽量选用国家标准方法或 ISO、AOAC 等国外公认的分析方法,以利于实验室间检验结果的比较。食品标准分析方法中对于同一检测对象或指标,有时列有几种不同原理的检验方法,应根据样品的性质和实验室的条件选择检验方法。当同一样品采用不同分析方法测定时,其检验结果的准确度会有差异,可以采用具有可比性的不同分析方法进行对照检验,相互比较以判断所选方法的可靠性。对于某些检测对象或指标,食品标准检验方法仅规定了一种方法,则所有实验室均应使用该方法进行检验。

评价检验方法主要包括:①方法的检出限和定量限;②精密度;③准确度,可采用加标回收试验、用标准物质进行检测或用不同原理的方法做对照实验;④标准曲线或工作曲线以及方法的线性范围;⑤方法的不确定度。以上检验方法评价的具体操作,请参考《分析化学》中相应章节。

3. 保证量值的溯源性 按照所制订的标准操作程序,定期校准和检定仪器设备和计量器具、进行运行检查及期间核查等,以确保仪器设备的正确使用与维护。同时应使用国家计量总局认可的标准物质和符合要求的化学试剂(包括实验用水),对标准溶液及试剂制备进行质量控制。

4. 检验过程的质量控制 包括样品的采集、贮存和预处理的质量控制;样品检验的质量控制:空白试验、校准曲线、人员比对、留样复检、平行双样测定及制作质量控制图等。

5. 检验数据的质量控制 按照标准操作程序正确记录和处理检验数据,严格控制检验报告的编制、修改和签发。

6. 检验人员的能力培训和提高 提高检测人员的专业知识、技术能力和操作水平,以降低人为因素引起的差错,尽量减少偶然误差和系统误差,保证检验结果的可靠。

此外,还应控制影响检验数据准确性的其他因素,如实验室环境条件和设施,包括实验室的清洁、温度和湿度控制、器皿的清洗等都应符合要求。通过实验室内质量控制,建立良好实验室操作规范和科学、完善的实验室管理制度,确保食品理化检验结果的质量。

二、实验室间质量控制

在认真进行实验室内部质量控制的基础上,实验室间质量控制的目的是检查食品理化检测结果是否存在系统误差或其他影响因素,以保证检验结果的可比性和可溯源性。通常可以采用的措施如下。

1. 标准溶液校正 各实验室配制的标准溶液存在差异,直接影响检验结果的准确。通常一级标准由国家权威机构发放国家计量总局认可的有证标准物质到省级主管实验室,作为检验质量保证的基准;二级标准由各省级主管实验室按规定配制,证明其浓度参考值、均匀度和稳定性均达到要求,并经国家权威机构确认后,方可分发给各实验室作为质量考核的基准使用,以保证各实验室间测定结果的可比性。将上级发放的标准溶液与自己实验室配制的标准溶液进行对比实验,发现和消除检验过程中可能存在的系统误差和影响因素,提高实验室的检测水平。

2. 统一分析方法 为了减少各实验室的系统误差,使所得的检验数据具有可比性,各实验室在进行常规分析和质量控制活动中,应使用统一的检验方法,首先应从国家或部门规定的标准方法之中选定。根据具体情况,当需要选用国家标准方法以外的其他分析方法,必须与其相应的标准方法进行比较实验,按规定判定无显著性差异后方可采用。各实验室均应以选定方法所规定的检出限、定量限、精密度和准确度为依据,控制和评价检验方法的质量。

3. 实验室质量考核 可根据不同目的进行质量考核、实验技能评价、实验室间分析质量控制等。由负责单位根据所要考核项目的具体情况,制订相应的考核方案并实施。在对标准溶液进行比对和校正的基础上,统一分析方法,应采用国家或部门规定的标准方法进行比对。考核方案一般包括:测定项目、分析方法、参加单位、统一程序及结果评定。实施过程包括:由主管实验室统一分发未知考核样,由各协作实验室独立测定。所分发的考核样品应均匀、稳定,且含量确定,在实验室间质控的考核区间,待测成分和其他组成均不应发生改变。各实验室按规定的程序对质控考核样品进行检验(通常包括样品、加标样品、空白、平行样品等的检验、检出限和定量限、回归方程核查等内容),并将检验结果上报负责单位。最后由上级主管部门综合各实验室的分析结果进行统计处理和评价,以便各协作的实验室查找误差原因,及时纠正。

质量控制是食品理化检验中极为重要的技术工作和管理工作,通过实验室内和实验室间的质量控制和评价以实现食品理化检验结果的质量保证。

本 章 小 结

食品理化检验是卫生检验与检疫专业的重要专业课程,其主要任务是对食品的营养成分及有毒有害化学物质进行定性和定量检验,研究其检验方法、原理和新分离、分析技术。它在贯彻和实施我国的食品安全法,进行食品安全风险监测和评估中起到极为重要的作用。

食品理化检验的内容主要包括:感官检查、食品营养成分、保健食品、食品添加剂、食品中有毒有害成分(有害元素、农药和兽药残留、真菌毒素、食品生产或加工过程中产生的有害物质)、食品容器和包装材料、食品中转基因成分的检验及化学性食物中毒快速检测等,涉及定性分析和定量分析,组成分析和形态分析,实验室检验和现场快速分析等,检验内容十分丰富。

食品理化检验中常用的方法为:感官检查,利用人体的感觉器官对食品的色、香、味、形和质等进行综合性评价;物理检测,主要根据食品的某些物理常数,如相对密度、折射率和旋光度等与食品的组成成分及其含量之间的关系进行检测；化学分析法；仪器分析法和生物化学分析法等，其中仪器分析和仪器联用技术应用广泛。在保证检测结果的精密度和准确度的前提下，食品理化检验的发展趋势是微量、快速、自动化和绿色环保。

本章还介绍了国家食品安全标准和国内外主要的标准分析方法及标准分析方法研制的主要程序。为了保证食品理化检验所提供的检验结果具有代表性、可靠性和可比性，应进行食品理化检验的质量控制，即实验室内和实验室间的质量控制和评价，对整个检验过程进行全面的质量管理。

思考题

1. 什么是食品理化检验？食品理化检验的研究内容主要有哪些？
2. 食品理化检验常用的方法有哪些？
3. 感官检查有何意义？感官检查包括哪些内容？
4. 测定液体食品的相对密度有哪些方法？各有什么优缺点？
5. 试举一例说明建立新检验方法的主要步骤。
6. 评价分析方法准确度的方法有哪几种？
7. 实验室内质量控制的基本程序是什么？

（黎源倩）

第二章 食品样品采集和保存

食品理化检验的主要任务是对食品中的营养成分、添加剂及污染物进行定性或定量检测。尽管每一项检验的目的、要求和检验方法不同，但其检验过程通常遵循一定的程序。完整的样品分析包括以下五个步骤：①食品样品的采集和保存，获得具有代表性的样品并尽量保持其原有的性状；②样品制备及预处理，分离待测成分并使其符合检验方法的要求；③选用合适的检验方法进行检测；④检测数据的处理及统计分析；⑤根据检验目的，报告检测结果。整个检测程序的每一个环节都必须体现准确的量的概念，这样获得的检验结果才能反映食品的真实情况。食品样品采集和保存是食品理化检验的首项工作，也是决定检验成败的关键步骤。如果采样过程不合理或保存不当，导致所取样品不具代表性、待测成分损失或污染，将使后续的分析过程失去意义，甚至导致错误的结论。本章主要介绍食品样品的采集和保存。

第一节 食品样品采集

食品样品具有其自身的特点：一是大多数食品具有不均匀性。食品的种类繁多，形态各异，不同种类的食品因品种、生产条件、加工及贮存条件不同，食品中营养成分和含量，以及被污染程度差异较大；同种食品由于成熟程度、加工及外界环境的影响不同，个体之间、同一个体不同部位的组分和含量也不相同。二是食品样品具有较大的易变性。多数食品来自动植物组织，本身就是具有生物活性的细胞；食品中营养物质丰富，又是微生物的天然培养基。因此，在样品采集、运输、保存、销售等过程中其营养成分和污染状况都有可能发生变化。应根据实际情况，选择合适的采样方法，将可能引起的误差降至最低，使采集的样品能够真正反映待检食品的整体水平。

在食品样品采集前，应先进行周密细致的卫生学调查。了解待检食品的全部情况，包括其原料、辅料、加工工艺、运输、贮存等环节和采样现场样品的存放条件及包装等；审查有关的证明材料，如生产记录、流转过程、标签、说明书、生产日期、批号、卫生检疫证书等。结合调查情况，制订出切实可行的采样方案。需要注意的是，对感官性状不同的食品应分别采样，并分别检验。采样的同时应详细记录现场情况、采样地点、时间、所采集的食品名称、样品编号、采样单位及采样人等事项。根据检验项目，选用硬质玻璃瓶或聚乙烯制品作为采样容器。

一、采集原则

食品理化检验根据样品的数量通常分为全数检验与抽样检验。全数检验是一种理想的检验方法，但是检验工作量大、费用高、耗时长，而且多数分析方法具有破坏性，因此，全数检验在实际工作中应用极少。抽样检验通常是从整批被检的食品中抽取一部分进行检验，用于分析和判断该批食品的安全性和某些质量特性。被检验的"一批食品"的全体称为总体（population）；从总体中取出一部分，作为总体的代表，称为样品（sample）。样品来自于总体，代表总体进行检验。抽验具有检验量少、检验费用低等优点。

由于抽样检验的处理对象是批而不是个体，因而可能存在错判的风险。在实际工作中，制订合理的采样方案非常重要，一般要对采样方法、采样数量、样品签封及采样单的填写等程序做出明确规定。正确的采样必须遵循三个原则：①所采集的样品对总体应具有充分的代表性。即所采集的食品样品应能反映总体的组成、质量和卫生状况。采样时必须注意食品的生产日期、批号和均匀性，尽量使处于不同方位、不同层次的食品样品有均等的被采集机会，即采样时不带有选择性；②对于特定的检验目的，应采集具有典型性的样品。例如，对于食物中毒食品、掺伪食品及污染或疑似污染食品，应采集可疑部分作为样品；③采样过程中应尽量保持食品原有的理化性质，防止待测成分的损失或污染。

二、采集方法

食品样品的采集方法有随机采样和代表性取样两种。随机采样是按照随机原则从大批食品中抽取部分样品，抽样时应使所有食品的各个部分都有均等的机会被采集。常用的随机采样方法有简单随机抽样、系统随机抽样和分层随机抽样等方法。代表性取样是根据食品样品的空间位置和时间变化规律进行采样，使采集的样品能代表其相应部分的组成和质量，如分层取样、在生产过程的各个环节中采样、定期抽取货架上不同陈列时间的食品等。采样时，一般采用随机采样和代表性抽样相结合的方式，具体的采样方法则随分析对象的性质而异。

（一）固态食品

1. 大包装固态食品　根据大包装食品的总件数确定应采集的件数，计算公式为：采样件数 $=\sqrt{总件数/2}$。计算结果如为小数，则进为整数。在食品堆放的不同部位随机采样，取出选定的大包装，用采样器在每一个包装的上、中、下三层和五点（周围四点和中心）取出样品。将采集的样品充分混匀，并缩减至所需采样量。

采集的固态样品可以用"四分法"进行缩分。即将采集的样品倒在清洁的玻璃板或塑料布上，充分混合，铺平，用分样板在样品上画两条对角线，将其平均分成四等份，去除其中对角的两份，取剩余的两份再混合，重复操作，直至所剩的样品为所需的采样量。

2. 小包装食品　对于罐头、听装或其他小包装食品，一般应根据班次或批号随机抽样。对于同一批号食品的取样件数，250g以上的包装不得少于6个；250g以下的包装不得少于10个。如果小包装的外面还有大包装（如纸箱等），可在堆放的不同部位抽取一定数量的大包装，开启后从各包装中按"三层、五点"抽取小包装，再用四分法缩减到所需的采样量。

3. 散装固态食品　对于粮食类散装固态食品，应采用取样器自每批食品的上、中、下三层中的不同部位分别采集样品，混匀后用"四分法"对角取样，经数次混合和缩分，最后取出代表性样品。对于稻谷、小麦、豆类等颗粒粮食，若采集的样品量很大，可采用钟鼎式分样器进行混样和缩分。

采集固体颗粒及粉末样品的采样器，可分为小型和大型两种。小型采样器由空心薄壁金属管制成，前端尖后端圆，其尖端部分可直接刺入包装袋内，使样品沿采样管的内壁流出，进行收集，即可得到不同层次的固体食品样品。大型采样器适用于散装食品的采集，如仓库、散装船、散堆的颗粒及粉末样品。近年来出现了自动粮食取样器和自动粮食扦样机，适用于车载包装粮食和散粮无盖运输车的自动扦样。

（二）液体及半流体食品

对贮存在桶、缸、罐等大容器内的液体或半流体食品（如植物油、鲜乳、酒类、液态调味品和饮料等），应先充分混匀后再采样。采用虹吸法按上、中、下三层取出部分样品，充分混合后盛放在三个清洁的容器中，分别供检验、复检和备查用；对于散（池）装的液体食品，可采用虹吸法在储存池的四角及中心五点分层取样，每层取 500ml 左右，混合后再缩减至所需的采样量。若样品量较多，可采用旋转搅拌法混匀；样品量少时，可采用反复倾倒法。

液体样品的采集可用直径为 0.8~1.0cm、长为 50~60cm 的玻璃管，上端套有带弹簧夹的橡皮管。使用时先松开弹簧夹，将采样器缓缓插入液体食品中，到达一定深度时，再夹紧弹簧夹，将其提出液面，并将管内的样品转入收集瓶中。

（三）组成不均匀的食品

对于组成不均匀的肉、鱼、水果、蔬菜等食品，由于本身组成或部位很不均匀，个体大小及成熟程度差异较大，取样时更应注意代表性，可按下述方法进行取样。

1. **肉类、水产品等** 应按分析项目的要求，分别采取不同部位的样品，如检测六六六、DDT 农药残留，可在肉类食品中脂肪较多的部位取样或从不同部位取样，混合后作为样品。对于小鱼、小虾等，可随机抽取多个样品，切碎、混匀后，缩分至所需采样量。

2. **果蔬** 个体较大的果蔬类食品（如苹果、西瓜、大白菜、萝卜等），可按成熟程度及个体大小的组成比例，选取若干个体，按生长轴纵剖分成 4 或 8 份，取对角 2 份，切碎混匀，缩分至所需采样量。个体较小的果蔬类食品（如葡萄、樱桃、蒜、青菜等），随机抽取若干个整体，切碎混匀，缩分至所需采样量。

（四）食物中毒和掺伪食品

应采集具有典型性的样品，尽可能采集含毒物或掺伪最多的部位。不能简单混匀后取样。

采样完毕后，应将所采集的食品样品装在适当的容器中，密封后，贴好标签，带回实验室分析。采样容器应密闭、清洁、干燥、无异味。对于某些不稳定的待测成分，在不影响检测的前提下，在采样后立即加入适当的试剂，再密封。

食品样品所需的采样量通常根据检验项目、分析方法、待测食品样品的均匀程度等确定。采集的数量应能反映该食品的卫生质量和满足检验项目对样品的要求。一般散装食品样品采集量不少于 1.5kg，将其分为三份，分别供检验、复验和备查或仲裁用。如标准检验方法中对样品数量有规定的，则应按要求采集。

第二节 食品样品保存

食品中含有丰富的营养物质，在适宜的条件下，由于光、热、酶及微生物等作用，其组成和性质会发生变化。因此，食品样品采集后，应尽快分析。若不能立即检验，则应妥善保存，防止食品中待测成分的挥发损失和污染，尽量保持样品原有的性状，以保证检验结果的准确性。样品保存（storage of sample）的原则和方法如下。

一、保存原则

（一）稳定待测成分

食品中某些待测成分易挥发、分解或氧化，在运输和保存过程中应尽量保持其稳定不变。根据后续的检测方法,可在采样后立即加入某些试剂或采取适当的措施,稳定这些待测成分,避免其挥发损失或发生化学变化。例如,维生素 B_1、维生素 B_2、β- 胡萝卜素、黄曲霉毒素 B_1 等见光易分解,所以检测这些成分的食品样品,应在避光条件下保存。检测亚硫酸盐的食品样品,采样后应加入氢氧化钠,防止在酸性条件下,亚硫酸盐生成亚硫酸而挥发损失。维生素 E 易被氧化,在保存和处理过程中应加抗氧化剂(如抗坏血酸)保护。

(二)防止污染

采集和保存食品样品的各种工具和容器不能含有待测成分及其他干扰分析的物质,避免使样品受到污染。接触样品时应使用一次性手套,采集好的样品要密封加盖。例如,分析食品中的金属成分,采样工具和盛放样品的容器均不应含有待测金属成分。

(三)防止腐败变质

采集的食品样品应盛放在密封洁净的容器内,并根据食品种类选择适宜的温度或加入合适的制冷剂与防腐剂(如氯化汞、重铬酸钾和三氯甲烷等)保存,避免其理化性质发生改变。特别是对肉类和水产品等样品,应低温冷藏,这样可以抑制酶的活性与微生物的生长繁殖,减缓食品中可能的生物化学反应,防止食品样品腐败变质。但应注意,制冷剂或防腐剂的加入应以不影响分析结果为前提。

(四)稳定水分

水分是食物成分的重要指标,食品的水分含量直接影响到食品中营养成分和有害物质的浓度与组成比例,对测定结果影响很大。对许多食品而言,稳定水分,可以保持食品应有的感官性状。对于含水量较高的食品样品,若不能尽快分析,可以先测定水分,将样品烘干后保存,检测结果应根据其中水分的含量,折算为原样品中待测成分的含量。

二、保存方法

食品样品的保存应做到净、密、冷、快。所谓"净"是指采集样品的工具和保存样品的容器必须清洁干净,不得含有待测成分和其他可能污染样品的成分。"密"是指所采集食品样品的包装应密闭,以稳定水分,防止待测成分挥发损失,避免样品在运输和保存过程中受到污染。"冷"是将样品在低温下运输、保存,以抑制酶的活性和微生物的生长繁殖。"快"是指采样后应尽快分析,避免食品样品变质。

对于检验后剩余的样品,一般应保存一个月,以备需要时复检。保存期限自检验报告书签发之日起计算。易于腐败变质的食品则不予保存。

本 章 小 结

食品样品采集和保存是食品理化检验的首项工作。采样前,应先进行周密细致的卫生学调查,制订合理的采样方案。一般情况下,采用随机采样和代表性抽样相结合的方式,使采集的样品对总体具有充分的代表性,对于固态食品、液体及半流体食品、组成不均匀食品、食物中毒和掺伪食品,其具体采样方法不同;对于食物中毒和掺伪食品检验,应采集含毒物或掺伪最多的部位。采样过程中应尽量保持原有食品的理化性质,防止待测成分的损失或污染。采样量应满足检验项目对样品的要求。样品采集后,应尽快分析或妥善保存。食品样品的保存原则:稳定待测成分、防止污染、防止腐败变质和稳定水分;食品样品的保存方法:净、密、冷、快。

思考题

1. 食品样品具有哪些特点?
2. 如何进行食品样品的采集? 通常采样量是多少?
3. 食品样品保存的原则和所采取的方法主要有哪些?
4. 欲测定白菜中农药残留量,试述样品的采集和保存方案。

（李永新）

第三章　食品样品处理

采集的食品样品往往不能直接进行测定,必须经过适当的制备和前处理,才能使其适合分析要求。样品制备和前处理是保证后续检测工作顺利进行和获得可靠分析结果的重要步骤,也是食品检验过程中最耗时、最容易产生误差的环节之一,其处理效果直接关系着分析工作的成败。

第一节　食品样品制备

一、概述

食品样品制备(preparation of food sample)是指对采集的食品样品进行分取、粉碎、混匀、缩分等处理工作。通常采集的样品量比分析所需量多,并且许多样品组成不均,不能直接用于分析检测。因此,在检验之前,必须经过样品制备过程,使待检样品具有均匀性和代表性,并能满足检验对样品的要求。

样品制备时应选用惰性材料制成的器具,如不锈钢、聚四氟乙烯塑料等,避免处理过程中引入污染。同时,在制备过程中,还应防止易挥发性成分的逸散及样品组成和理化性质的改变。

二、常规制备方法

样品的制备方法有搅拌、切细、粉碎、研磨或捣碎等,使检验样品粒度大小达到分析要求,并充分混匀。常用的样品制备工具包括研钵、磨粉机、万能微型粉碎机、球磨机、高速组织捣碎机、绞肉机、搅拌机等。对于不同的食品样品,采用的制备方法不尽相同。食品样品制备的一般步骤如下。

1. 去除机械杂质　所采集的食品样品应预先剔除生产、加工、运输、保存中可能混入的机械杂质,如泥沙、金属碎屑、玻璃、竹木碎片、杂草、树叶、植物种子和昆虫等肉眼可见的异物。

2. 去除非食用部分　食品理化检验中用于分析的样品通常是食品的可食部分。因此,应根据一般的食用习惯,去除非食用部分。对于植物性食品,根据品种的不同分别去除根、茎、叶、皮、柄、壳、核等非食用部分;对于动物性食品,常需去除羽毛、鳞、爪、骨、胃肠内容物、胆囊、甲状腺、皮脂腺、淋巴结、蛋壳等;对于罐头食品,则应注意剔除其中的果核、骨头、调味品(葱、辣椒及其他)等。

3. 均匀化处理　虽然某些食品样品在采集时已经切碎或混匀,但仍未达到分析的要求。在实验室检验前,还需要进一步切碎、磨细、过筛和均匀化处理,使待检样品的组成尽可能均匀一致,取出其中任何一部分都能获得无显著性差异,并能代表全部样品情况的检验结果。

对于干燥的固态样品(如粮食等),为了控制样品粒度均匀、合适,样品粉碎后应通过标准分样筛,一般可采用20~40目的分样筛,或根据分析方法的要求过筛。过筛时要求样品全部通过规定的筛孔,未通过的部分应继续粉碎后过筛,不得随意丢弃,否则将影响样品的代表性。

对于液态或半流体样品如牛奶、饮料、液态调味品等,可用搅拌器充分搅拌均匀;对于互不相溶的液态样品,应先将其分离,再分别搅拌均匀。对于含水量较高的水果和蔬菜类,一般先用水洗净泥沙,揩干表面附着的水分,根据食用习惯取可食部分,放入高速组织捣碎机中充分混匀(可加入等量的蒸馏水或按分析方法的要求加入一定量的溶剂)。对制备好的食品样品应尽可能及时处理或分析。

第二节　食品样品前处理

一、概述

食品样品前处理(pretreatment of food sample)是指在食品样品测定前,将样品中的待测成分转变成适于测定的形式,同时去除共存的干扰成分,必要时浓缩待测成分,使样品能满足分析方法要求的操作过程。多数食品样品不能直接测定,需要经过适当的前处理,将其转变成能够测定的状态。同时,食品样品组成复杂,待测组分可能受样品基体中其他共存组分的干扰,因此,需要去除干扰成分。另外,食品中待测成分的含量差异很大,有时含量甚微,需要在测定前浓缩富集,使其满足分析方法的检出限和灵敏度的要求。

样品前处理是食品分析过程中的一个重要环节。样品前处理方法较多,应根据食品的种类、分析对象、待测组分的理化性质及所用的分析方法进行选择,其基本要求是:试样应尽可能分解或分离完全,处理后的样液不应残留原试样的细屑或粉末;不能引入待测成分,也不能造成待测成分损失;试样分解或分离时所用试剂及反应产物对测定应无干扰;前处理方法应尽可能简便、省时,少用或不用有毒、有害试剂。

二、无机化处理

无机化处理,又称有机物破坏法,是指采用高温或高温结合强氧化等条件,破坏并去除食品样品中的有机物,保留待测成分用于分析的样品前处理方法。这种前处理方法主要适用于食品中无机元素的测定。根据具体操作条件的不同,可以分为湿消化法、干灰化法及近年来新发展起来的微波消化法三大类。

(一)湿消化法

湿消化法(wet digestion)是在食品样品中加入适量的氧化性强酸,有时还可加入氧化剂或催化剂,结合加热来破坏其中的有机物,使待测成分释放出来,形成不挥发的无机化合物,以便进行后续的分析测定。湿消化法是食品样品常用的无机化处理方法之一。

1. 方法特点　湿消化法分解有机物的速度快,所需时间短;加热温度较干灰化法低得多,因此,可以减少待测成分的挥发损失;待测成分以离子状态保存于消化液中,便于进一步分析测定。其缺点是在消化过程中,产生大量的有害气体,因此,操作必须在通风橱中进行;消化试剂用量大,有时空白值较高。在消化初期,可能由于剧烈反应产生大量泡沫,溢出瓶外;另外,消化过程中也可能出现炭化,造成待测成分的损失,所以需要操作人员随时照管。

2. 常用的氧化性强酸 湿消化法中常用的氧化性强酸有硝酸、高氯酸、硫酸等,有时还可以加入一些强氧化剂(如高锰酸钾、过氧化氢等)或催化剂(如硫酸铜、硫酸汞、五氧化二钒等),以加速食品样品的氧化分解,完全破坏样品中的有机物。

(1)硝酸:浓硝酸(65%~68%,14mol/L)具有较强的氧化能力,能将样品中的有机物氧化成 CO_2 和 H_2O 除去,本身分解为 O_2 和 NO_2,过量的硝酸容易通过加热除去。硝酸的最大优点是具有较强的溶解能力,除铂和金外,其他硝酸盐几乎都易溶于水。需要注意的是,硝酸易与锡和锑形成难溶的锡酸(H_2SnO_3)和偏锑酸(H_2SbO_3)或其盐。由于硝酸的沸点较低(121.8℃),且易分解,其氧化能力不持久,易烧干,在消化过程中经常需要补加。在消化液中通常会残存氮氧化物,若对待测成分的测定产生干扰,可加入一定量的纯水加热驱赶。在多数情况下,单独使用硝酸不能使有机物完全分解,因此,常与其他酸配合使用。

(2)高氯酸:高氯酸(65%~70%,11mol/L)能与水形成恒沸溶液,其沸点为203℃。室温时高氯酸的氧化能力很弱;但热的高氯酸是一种强氧化剂,其氧化能力强于硝酸和硫酸,几乎所有的有机物都能被它分解破坏。这是由于高氯酸在加热条件下能产生氧和氯,其反应如下:

$$4HClO_4 \longrightarrow 7O_2 + 2Cl_2 + 2H_2O$$

高氯酸能将大多数金属氧化,生成相应的高氯酸盐和水。除 K^+ 和 NH_4^+ 的高氯酸盐外,一般的高氯酸盐都易溶于水;高氯酸的沸点适中,氧化能力较为持久,消化食品样品的速度较快,并且过量的高氯酸也易于加热除去。

在使用高氯酸时,需要特别注意安全。在高温下,高氯酸直接接触某些还原性较强的物质,如酒精、甘油、脂肪、糖类等,因反应剧烈而有发生爆炸的危险。因此,一般不单独使用高氯酸处理食品样品,而采用硝酸-高氯酸混酸分解有机物。在消化过程中应随时注意补加硝酸,直至样品无炭化、消化液颜色变淡为止。切忌使消化液烧干,以免发生危险。使用高氯酸消化时,应在通风橱内操作,以便生成的气体和酸雾能及时排除。

(3)硫酸:稀硫酸没有氧化性,而热的浓硫酸具有一定的氧化能力,对有机物有强烈的脱水作用,并使其炭化,进一步氧化生成二氧化碳,同时硫酸受热分解为氧、二氧化硫和水,其反应式如下:

$$2H_2SO_4 \longrightarrow O_2 + 2SO_2 + 2H_2O$$

浓硫酸(98%,18mol/L)的氧化能力不如高氯酸和硝酸强,可以使食品中的蛋白质氧化脱氨,但不能进一步氧化成氮氧化物。但硫酸具有沸点高(338℃)、不易挥发损失的优点,与其他酸混合使用,在加热蒸发至出现三氧化硫白烟时,可以除去低沸点的硝酸、高氯酸、水及氮氧化物。硫酸与碱土金属(如钙、镁、钡、铅)所形成的盐类在水中的溶解度较小。

3. 常用的消化方法 在实际工作中,除单独使用浓硫酸的消化法外,经常将两种及以上的氧化性酸配合使用,利用不同酸的特点,取长补短,以达到加快消化速度、完全破坏有机物、提高安全性等目的。几种常用的消化方法如下。

(1)硫酸消化法:此法仅使用浓硫酸加热消化食品样品。在加热条件下,依靠硫酸的脱水炭化作用,破坏样品中的有机物。但硫酸的氧化能力较弱,消化液炭化会使消化时间延长。

这种情况下,通常可加入硫酸钾或硫酸钠以提高沸点,加适量硫酸铜或硫酸汞作为催化剂以缩短消化时间。例如,凯氏定氮法测定食品中蛋白质的含量时采用硫酸消化法,并加入硫酸钾和硫酸铜。在消化过程中蛋白质中的氮转变为硫酸铵留在消化液中,不会进一步氧化成氮氧化物而损失。在分析某些含有机物较少的样品如饮料时,也可单独使用硫酸,有时可适当加入高锰酸钾和过氧化氢等氧化剂以加速消化进程。例如,冷原子吸收法测定食品中汞的含量,常用硫酸 - 高锰酸钾消化样品。

(2)硝酸 - 高氯酸消化法:一般情况下,此法可采取以下两种方式进行:①在食品样品中先加入硝酸进行消化,待大量有机物分解后,再加入高氯酸;②用合适比例的硝酸 - 高氯酸混合液将食品样品浸泡过夜,次日再加热消化;或小火加热至大量泡沫消失后,再提高消化温度,直至消化完全。此法氧化能力强,消化速度快,炭化过程不明显;消化温度较低、挥发损失少。但应注意,这两种酸的沸点都不高,当消化温度过高、时间过长时,硝酸可能被耗尽,残余的高氯酸与未消化的有机物剧烈反应,可能引起燃烧或爆炸。为避免这种情况发生,可加入少量硫酸,以防烧干。同时,硫酸的加入也可使消化温度适当提高,充分发挥硝酸和高氯酸的氧化作用。对于某些还原性组分含量较高的食品样品,如酒精、甘油、油脂等,宜先加入硝酸将有机物氧化,冷却后再加入混酸继续消化。否则有发生爆炸的危险。

(3)硝酸 - 硫酸消化法:在食品样品中加入硝酸和硫酸的混合液,或先加入硫酸,加热使有机物分解,在消化过程中不断补加硝酸使消化完全。硝酸的氧化能力强但其沸点低,而硫酸的沸点高但脱水炭化作用使消化时间延长,两者混合使用可以缩短炭化过程,减少消化时间,使反应速度适中。因为此法含有硫酸,所以不宜做食品中碱土金属的分析。对于较难消化的样品,如含较大量的脂肪和蛋白质时,可在消化后期加入少量高氯酸或过氧化氢,以加快消化速度。

上述湿消化法各有优缺点,应根据国家标准方法的要求、测定项目和待检食品样品的不同进行选择,并同时做试剂空白试验,以消除试剂及操作条件不同所带来的误差。

4. 消化操作技术　根据湿消化法的具体操作不同,可分为敞口消化法、回流消化法、冷消化法和密封罐消化法等。

(1)敞口消化法(open digestion):通常在凯氏烧瓶(Kjeldahl flask)或硬质锥形瓶中进行,是最常用的消化方法。

凯氏烧瓶是底部为梨形具有长颈的硬质烧瓶(图 3-1),其长颈可以起到回流的作用,从而减少酸的挥发损失。消化前,先将样品和消化试剂加入凯氏烧瓶中,将瓶颈倾斜呈约 45°,然后用电炉或电热板加热,直至消化完全。由于消化过程中有大量消化酸雾和消化分解产物逸出,故应在通风橱内进行。凯氏烧瓶颈长底圆,取样不便,因此,也常采用硬质三角瓶进行消化。

(2)回流消化法(circumfluence digestion):测定食品样品中具有挥发性的成分时,可以在回流消化装置中进行(图 3-2)。该装置上端连接冷凝器,可使挥发性成分随同酸雾冷凝流回反应瓶内,不仅能避免被测成分的挥发损

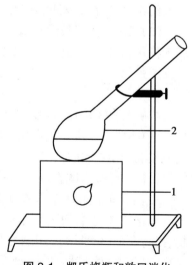

图 3-1　凯氏烧瓶和敞口消化
1. 电炉;2. 凯氏烧瓶

失,同时也可减少消化用酸量,防止烧干。

（3）冷消化法（digestion at low temperature）：又称低温消化法,是将食品样品和消化液混合后,置于室温或 37~40℃烘箱内,放置过夜。在低温下消化,可避免易挥发元素（如汞）的挥发损失。冷消化法较为方便,不需要特殊设备,但仅适用于含有机物较少的样品。

（4）密封罐消化法（digestion in a closed container）：采用压力密封消化罐和少量的消化试剂,在一定的压力下对样品中的有机物进行湿法破坏。将样品和少量的消化试剂置于密封罐内,置于 150℃烘箱中保温 2 小时。由于在密闭容器中消化液的蒸气不会逸散损失,提高了消化试剂的利用率,使消化时间缩短。消化完成后,冷却至室温,摇匀,开盖,消化液可直接用于测定。这种消化法所用的样品量一般小于 lg,加入 30% 过氧化氢和 l 滴硝酸作为消化试剂,经加热分解,过氧化氢和硝酸均生成气体逸出,故空白值较低。但该法要求密封程度高,压力密封罐的使用寿命有限。

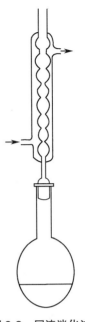

图 3-2 回流消化法

5. 湿消化法操作的注意事项

（1）消化应采用分析纯或优级纯试剂（酸及氧化剂）,并同时做消化试剂的空白试验,以扣除消化试剂对测定结果的影响。若空白值较高,应提高试剂纯度,并选用优质玻璃器皿经稀硝酸浸泡后使用。

（2）为防止暴沸,可在消化瓶内加入玻璃珠或碎瓷片。采用凯氏烧瓶进行消化时,瓶口应倾斜,不能对着自己或他人。加热时火力应集中于烧瓶的底部,使瓶颈部位保持较低的温度,以冷凝回流酸雾,同时减少待测成分的挥发损失。如果试样在消化过程中会产生大量泡沫,可适当降低消化温度,在不影响测定的情况下,也可加入少量消泡剂,如辛醇、硅油等;最好在室温下用消化试剂将样品浸泡过夜,次日再进行加热消化,可以取得事半功倍的效果。

（3）在消化过程中需要补加酸或加入氧化剂时,首先要停止加热,待消化液稍冷后沿瓶壁缓缓加入。切忌在高温下补加酸液,以免剧烈反应引起消化液喷溅,对操作者造成危害并导致样品损失;高温时酸挥发迅速,既浪费试剂,又会污染环境。

（二）干灰化法

干灰化法（dry ashing）,采用高温灼烧的方法来破坏样品中的有机物,因此,又叫灼烧法。干灰化法与湿消化法有很大不同,通常将一定量的食品样品放在坩埚中,先在电炉上使样品脱水、炭化,再置于 500~600℃的高温电炉（马弗炉）中灼烧灰化,使样品中的有机物彻底氧化分解为二氧化碳、水和其他气体而挥发,留下的无机物用稀酸溶解后供测定用。干灰化法也是破坏食品样品中有机物的常规方法之一。

1. 干灰化法的特点 干灰化法的优点在于操作简单,灰化过程中不需要一直看守,省时省事;基本上不加或仅加入很少量的试剂,空白值较低,且对操作者和环境危害小;能同时处理多个样品,适合批量样品的前处理;可加大称样量,在检验方法灵敏度相同的情况下,能够提高检出率;干灰化后的样品可用于其他分析,如总灰分、水溶性灰分、水不溶性灰分和酸不溶性灰分测定。干灰化法适用范围广,可用于多种痕量元素的分析。其缺点是灰化时间长,温度高,故容易造成待测成分（如 As、B、Cd、Cr、Cu、Fe、Pb、Hg、Ni、P、V 和 Zn 等）的挥发损失;其次,高温灼烧使坩埚材料的结构改变形成微小空穴,对待测组分有吸留作用而难于溶出,致使回收率降低。

2. 提高干灰化法回收率的措施 影响干灰化法回收率的主要因素是待测组分高温挥发损失和坩埚壁的吸留损失。可以采取以下措施提高回收率。

（1）采用适宜的灰化温度：采用干灰化法处理食品样品时，为避免待测成分的挥发损失，应尽可能在较低的温度下进行。但灰化温度过低会使灰化时间延长。通常在（550±25）℃下灰化4小时，灰化温度一般不超过600℃。近年来采用的低温灰化技术是将样品放在低温灰化炉中，先将炉内抽至接近真空，然后不断通入氧气，用射频照射使氧气活化，在低于150℃的温度下便可将有机物全部灰化。但低温灰化炉设备较贵，目前尚未推广普及。

（2）加入助灰化剂：为了加速有机物的氧化，防止待测组分的挥发损失和坩埚吸留，在干灰化时可以加入适量的助灰化剂。例如，测定食品中碘的含量时，加入氢氧化钾使碘元素转变成难挥发的碘化钾，从而减少碘的挥发损失；在测定食品中总砷时，加入氧化镁和硝酸镁，使砷转变为不挥发的焦砷酸镁（$Mg_2As_2O_7$），减小砷的挥发损失，同时氧化镁还能起衬垫坩埚的作用，减少样品的吸留损失。

（3）选择合适材质的坩埚：用于干灰化的坩埚种类较多，主要有石英坩埚、瓷坩埚、钢坩埚、铂金坩埚、石英纤维坩埚等，不同的坩埚耐受高温的程度及对待测组分的吸留程度不同，选择合适的坩埚也有助于提高回收率。

（4）其他措施：在规定的灰化温度和时间内，若样品仍不能完全灰化，可以待坩埚冷却后，加入适量的酸或水，改变盐的组成或帮助灰分溶解，解除对碳粒的包裹，从而缩短灰化时间。例如，加入硫酸可使易挥发的氯化铅、氯化镉转变成难挥发的硫酸盐；加入硝酸可提高灰分的溶解度。但需注意，酸不能加得太多，否则产生的酸雾会对高温电炉造成损害。

（三）微波消化法

传统的湿消化法和干灰化法都可以在微波装置中进行，因此，微波消化法（microwave ashing）可以分为微波湿消解法和微波干灰化法两类。微波消化法不需要试剂或仅需少量试剂，且样品处理时间大大缩短，从数小时减少为数分钟。这些优点使得微波消化法，尤其是微波湿消解法，在无机物测定中应用日益广泛。

微波湿消解法（microwave wet ashing）分为敞口微波消解和密闭微波消解，由于前者处理难消解样品的能力较后者差，因此，在食品样品前处理中多用密闭微波消解，即将样品与消化试剂密封于聚四氟乙烯消解罐中，置于微波炉内进行消解。在2450MHz的微波电磁场作用下，微波穿透消解容器直接辐射到样品和试剂的混合液，使消化介质的分子相互摩擦，产生高热。同时，交变的电磁场使介质分子极化，高频辐射使极化分子快速转动，产生猛烈摩擦、碰撞和震动，使样品与试剂接触界面不断更新。样品在高温下与溶剂发生剧烈作用，产生大量气体，在密闭的消解罐中形成高压，样品在高温、高压状态下迅速消解。微波加热是由内及外，因而加快了消化速度。

微波消解装置由微波炉、消化容器、排气部件等组成。在微波消解中，消解温度、时间、酸的种类与比例等均会影响样品的消解效果，在实际工作中，可对这些因素进行优化选择。与常规湿消化法相比，微波消解法具有以下优点：①消解速度快，一般只需几十秒至几分钟；②试剂用量少，空白值低；③使用密闭容器，样品交叉污染少，且能防止待测组分挥发损失；同时也减少了常规消解产生大量酸雾对环境的污染；④易实现自动化控制。其缺点是密封加压消化不够安全，有可能因反应过于剧烈而引起爆炸。需要注意的是，绝不能使用家用微波炉消化样品；金属器皿不能放入微波消解装置中，以免损坏微波发射管；消解的样品量也不易过大,一般有机样品不能超过 0.5g,无机样品不能超过 10g。

三、待测成分提取、净化和浓缩

食品基体复杂,既含有大分子的天然有机化合物如蛋白质、糖类、脂肪和维生素等,也可能含有多种人为添加的物质。分析食品中有机成分时,待测组分的含量往往较低而共存的干扰物质常常较多。因此,在测定前,应先对待测成分进行提取、净化和浓缩,才能进行分析。这种处理过程不仅可以将待测组分处理成适于测定的状态,而且能够消除大量杂质对测定的干扰,使其满足分析方法的要求。

(一) 提取

样品提取(extraction)是指将待测成分从样品基体中分离出来并转移至溶液中的处理过程。在食品理化检验中,几乎所有的样品都需要经过提取使待测成分进入到溶液中,以便进行后续的检测分析。有机待测成分一般采用溶剂分离提取的方法。传统的提取方法主要包括索氏提取法、振荡浸渍法、液液萃取法、挥发法、蒸馏法等。目前,提取技术正朝着小型化、少溶剂、自动化的方向发展。近年来出现的一些新的提取技术,如加压溶剂萃取、基质固相分散、微波辅助萃取及超临界流体萃取等,已经逐步在食品理化检验中得到应用。

提取使用的溶剂通常根据待测成分的理化性质和样品的种类进行选择。常用的提取溶剂有:正己烷、石油醚、丙酮、二氯甲烷、甲醇、乙醇、乙腈或其中两种及以上溶剂的混合液等。一般应选择对待测组分溶解度较大的溶剂,以保证较高的提取效率,同时节省试剂用量和缩短提取时间;而干扰杂质的溶出应尽量少,即要有较高的选择性,以利于下一步的净化和浓缩。在保证提取效率和选择性的前提下,还应考虑溶剂的纯度、毒性、沸点和价格等因素。选用的提取溶剂应不引入新的干扰,并尽量与后续检测所使用的仪器相匹配,因此,对溶剂的纯度有一定要求。溶剂的沸点最好适中,太高可能造成后续浓缩处理困难,太低则会影响定容的准确性。在同等条件下,应优先选择毒性和价格较低的溶剂。

1. 溶剂提取法(solvent extraction)　根据相似相溶原理,用合适的溶剂将某种待测成分从固体样品或样液中提取出来,从而与其他基体成分分离。溶剂提取法是食品理化检验中最常用的分离提取方法之一,一般可分为浸提法和液-液萃取法。

(1) 浸提法:利用样品中各组分在某一溶剂中溶解度的差异,用适当的溶剂将食品样品中的某种待测成分浸提出来,与样品基体分离。为提取充分,往往要经过多次提取。对于含水量高的样品,有时需要加入无水硫酸钠;对于含糖量高的样品或干燥样品,需要加入适量的水,以提高提取效率。

1) 漂洗法:用合适的溶剂漂洗样品或将样品在溶剂中浸渍一定时间,使黏附在样品表面或溶于表层的待测成分提取出来。一般用于农药残留的快速检测。优点是操作简便,干扰物质溶出较少。但最大的缺点是当农药进入作物的深层组织时,往往提取不完全。

2) 振荡浸渍法:将食品样品切碎,放在合适的溶剂系统中浸渍,振荡一定时间,使待测成分转移至提取溶剂中,供下一步处理使用。此法操作简单,可同时处理多个样品,是常用的提取方法。但为了保证提取效率,浸渍振荡的时间往往较长。

3) 捣碎法:将食品样品和提取溶剂一起放入高速组织捣碎机中,匀浆一定时间,使待测成分转移至提取溶剂中。该法将样品捣碎与待测成分提取同时进行,提取效率较高,但杂质的溶出也较多。

4) 索氏提取法(Soxhlett extraction):将适量样品置于索氏提取器的提取筒中,加入合适的溶剂加热回流一定时间,将待测成分提取出来。其优点是提取效率高。但操作较为烦琐,且耗时较长。在实际应用中,常用作提取效率比较试验的标准对照方法。

5)超声波提取法(ultrasonic extraction):将样品粉碎、混匀后,加入适当的溶剂,在超声波提取器中提取一定时间。由于超声波的作用使样品中的待测成分能够迅速溶入提取溶剂中,因此,所需的时间较短,一般 15~30 分钟。该法具有快速简便、提取效率高等优点,是目前较为常用的方法之一。

6)加速溶剂萃取法(accelerated solvent extraction,ASE):该技术是 20 世纪末发展起来的一种新型样品自动化萃取分离技术。其基本原理是将适量样品置于密闭萃取室中,在高温(50~200℃)和加压(7~20MPa)条件下,用合适的溶剂将待测组分从样品中萃取出来。在高温条件下,待测组分与样品基体之间的作用力(范德华力、氢键等)被破坏,并且溶剂溶解和穿透能力增强,从而可以加速待测组分的溶解;另一方面,高压使得提取溶剂在高温条件下挥发减少,并驱使溶剂分子进入样品基体内部。因此,加速溶剂萃取法可以快速、有效地从样品中分离提取待测组分。此法主要适用于固态和半固态样品中有机待测成分的提取,如熟食、奶制品及果蔬中多种农药残留的测定。加速溶剂萃取法的示意图见图 3-3。

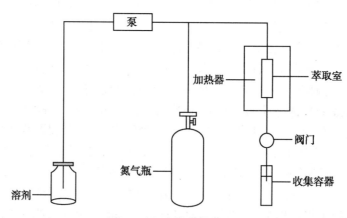

图 3-3 加速溶剂萃取装置

在加速溶剂萃取过程中,温度、压力和加热方式是影响萃取效率的主要因素。在实际工作中,可根据具体情况选择最佳萃取条件。此法的主要优点是快速简便、萃取效率高、便于自动化操作。与经典的索氏提取法相比,两者的提取效率基本一致;但此法的提取时间大大减少(仅需 5~20 分钟);另外,加速溶剂萃取法有机溶剂用量少,溶剂选择范围广。其缺点是萃取装置价格昂贵,对含水量较高的蔬菜、水果等样品处理较为烦琐。

(2)液 - 液萃取法(1iquid-liquid extraction,LLE):是一种常用的提取方法,利用溶质在两种互不相溶的溶剂中分配系数的差异,将待测成分从一种溶剂转移至另一种溶剂中,从而实现与其他组分的分离。此法适用于液态样品,或经过其他方法溶剂提取后的液态基质。其优点是不需要昂贵的设备和试剂,方法简单,易于操作。其缺点在于使用大量的有机溶剂,对环境和操作人员的危害较大;常因乳化现象使液 - 液间分层不彻底,影响分析结果。目前液 - 液萃取技术已有新的发展,如连续萃取、逆流萃取、在线萃取和自动液液萃取等。在有机待测成分的提取分离中,一般根据相似相溶的原则来选择提取溶剂。有时候也可以根据需要,改变待测组分的极性,使其利于萃取分离。有机物通常易溶于有机溶剂而难溶于水,而某些有机物的盐类则易溶于水而难溶于有机溶剂。对于酸性或碱性组分的分离,根据检测目的,可通过改变溶液的酸、碱性改变被测组分的极性。例如,食品中的苯甲酸钠和山梨酸钾以盐的形式存在,难溶于有机溶剂,应先用盐酸将样品酸化,使其转变成苯甲酸和山梨酸后,再用乙醚萃取,从而与样品中的其他组分分离。又如食品中赤藓红的测定,可利用赤藓红在酸性条件下易溶于有机溶剂、碱性条件下易溶于水的特性,先加少量盐酸于样品中,用5%三正辛胺正丁醇溶液萃取,此时赤藓红进入三正辛胺正丁醇层,从而除去水溶性杂质;水浴加热浓缩后加入正己烷,并用氨水提取,赤藓红进入水层,杂质则留在正己烷层,即可实现赤藓红与其他基体成分的分离。

2. 挥发法和蒸馏法(volatility and distillation process) 利用待测成分的挥发性将其转变成气体或通过化学反应转变为具有挥发性的物质,而与样品基体分离,经适当的溶剂或吸附剂收集后用于测定,也可直接导入检测仪测定。这种分离富集方法可以排除大量非挥发性基体成分对测定的干扰。主要包括扩散法、顶空法、蒸馏法、吹蒸法和氢化物发生法等。

(1)扩散法(diffusion):加入某种试剂使待测物生成气体而被测定,通常在扩散皿中进行。例如,肉、鱼或蛋制品中挥发性盐基氮的测定,在扩散皿内样品中挥发性含氮组分在37℃碱性溶液中释出,挥发后被吸收液吸收,然后用标准酸溶液滴定。

(2)顶空法(headspace extraction):该法适用于液体、半固态和固态样品中痕量易挥发性组分的分离测定,通常与气相色谱法联用,可分为静态顶空法和动态顶空法。静态顶空分析法是将样品置于密封的顶空瓶中,在一定温度下加热一段时间后,待测组分在气 - 液(或气 - 固)两相中达到动态平衡,通过测定气相中待测组分的含量,可间接得到样品中该组分的含量。静态顶空分析法比较成熟,应用较广泛,但是灵敏度较低,可以通过对加热温度、溶剂或顶空瓶进行优化或加入电解质和非电解质,提高分离效率。动态顶空分析法是在样品顶空分离装置中不断通入惰性气体,使其中挥发性待测成分随气流逸出,收集于冷阱或吸附柱中,经热解吸或溶剂解吸后进行分析。动态顶空法虽然操作较复杂,但灵敏度较高,可用于痕量低沸点化合物的检测。顶空分析法使复杂样品的提取、净化过程一次完成,因而大大简化了样品的前处理操作。

(3)蒸馏法(distillation method):通过加热蒸馏或水蒸汽蒸馏(图3-4),使样品中的挥发性物质以蒸气的形式从样品基体中逸出,直接收集馏出液或经合适的吸收液吸收后用于分析。可分为常压蒸馏法、减压蒸馏法及水蒸汽蒸馏法等。例如,食品样品经湿法消化,使蛋白质分解,产生的氨转变为硫酸铵,在碱性条件下,经水蒸汽蒸馏使氢游离,被酸溶液吸收后供测定用。测定食品中的 N- 亚硝胺类化合物,可选用水蒸汽蒸馏或真空低温蒸馏法,使样品中的 N-亚硝胺类化合物蒸馏出来,与食品基体分离。

(4)吹 蒸 法(sweep codistillation method):是美国官方分析化学家协会(AOAC)农药分析手册中用于果蔬中挥发性有机磷农药分离净化

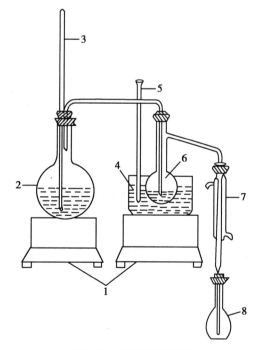

图3-4 水蒸汽蒸馏装置
1. 电炉; 2. 水蒸汽发生瓶; 3. 安全管; 4. 甘油浴; 5. 温度计; 6. 蒸馏瓶; 7. 冷凝管; 8. 容量瓶

的方法(图 3-5)。用乙酸乙酯提取样品中的农药,取一定量样液用注射器加入到填有硅烷化玻璃棉的 Storherr 管中,将该管加热到 180~185℃,用氮气将农药吹出,经聚四氟乙烯螺旋管冷却后,收集于吸附管(Anakrom ABS)中,再用少量乙酸乙酯将其洗入收集管中,样品中的脂肪、蜡质和色素等高沸点杂质仍留在 Storherr 管中,从而达到分离、净化和浓缩的目的。

（5）氢化物发生法(hydride generation):在一定条件下,用还原剂将待测成分还原成挥发性共价氢化物(或汞蒸气),从基体中分离出来,直接导入原子荧光光谱仪测定,或经吸收液吸收显色后用分光光度法测定。该法可以排除大部分基体干扰,当与原子荧光光谱仪联用时,其检测灵敏度比溶液直接雾化法高几个数量级。该法现已广泛用于食品中汞、砷、锗、锡、铅、锑、硒和碲的测定。

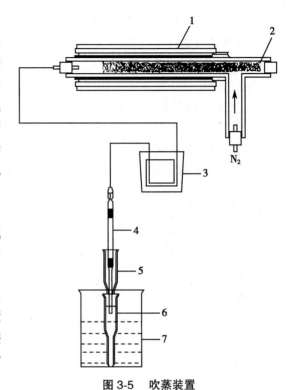

图 3-5　吹蒸装置
1. 加热装置;2. Storherr 管;3. 冰水浴;4. 吸附管;
5. 转接管;6. 收集器;7. 盛水烧杯

3. 基质固相分散法(matrix solid phase dispersion,MSPD)　是在固相萃取的基础上发展起来的新型样品前处理技术,包括基质分散和色谱分离两个过程。其原理是将食品样品直接与适量的固相萃取填料研磨,混匀并制成半干混合物,作为填料装柱,然后选择合适的溶剂淋洗柱子,将待测组分洗脱下来,收集洗脱液用于后续分析。在研磨过程中,固相萃取填料充当分散剂,依靠机械剪切力使样品匀化、组织分散、细胞裂解,样品组分均匀分散在填料表面,从而大大增加了萃取表面积。基质固相分散法浓缩了传统样品前处理中所需的样品匀化、提取、净化等过程,避免了样品转溶、乳化、浓缩所造成的待测组分损失,具有操作简便、节省时间和溶剂等优点,适用于固态、半固态和高黏性食品样品的提取净化处理。一般情况下,基质固相分散法所得的萃取液可直接用于分析检测。

在基质固相分散中,固相萃取材料的选择非常重要。常用的固体吸附剂材料有硅胶、硅镁吸附剂、氧化铝、C_{18} 和 C_8 等。其中,硅胶、硅镁吸附剂、氧化铝属于极性固体分散剂,常用于提取极性待测成分;C_{18} 和 C_8 属于弱极性分散剂,常用于提取中等极性到非极性的目标化合物。例如,高效液相色谱法测定畜禽肉中的呋喃唑酮,将样品与 C_{18} 填料一起研磨后装柱,用乙酸乙酯洗脱待测物,实现与样品基体成分分离。

4. 微波辅助萃取法(microwave-assisted extraction,MAE)　将食品样品和一定量的溶剂装入萃取容器中,密闭后置于微波系统中,利用微波能量辅助强化溶剂萃取速度和萃取效率的一种新型萃取方法。与传统的萃取方法相比,微波辅助萃取法具有以下特点:①高效快速:样品和溶剂中的偶极分子在微波能作用下,产生偶极涡流、离子传导和高频率摩擦,短时间内即可产生大量的热量;偶极分子旋转可导致弱氢键断裂、离子迁移,加速溶剂分子对样品基体的渗透,使待测组分快速溶剂化,从而使萃取时间显著缩短;②加热均匀:透入物料内部的微波能被物料吸收后,转换成热能对整个物料加热,不存在温度梯度,因此,微波加热具有均匀性的特点;③选择性:对于介电性质不同的物质,微波呈现出选择性加热的特点。溶质和溶剂的极性越大,对微波能量吸收程度越大,升温越快,使萃取速度加快;而非极性溶剂不能吸收微波能量,微波辅助则不能起到加热作用。所以萃取剂必须要加入一定比例的极性溶剂,以达到最佳效果;④生物效应:由于食品中含有水、蛋白质、脂类、碳水化合物、维生素、矿物质等,其中大部分为极性分子,在微波场作用下产生强烈的极性震荡,导致细胞分子间氢键松弛、细胞膜结构被电击穿破坏,从而加速溶剂分子对基体的渗透和待测成分的溶剂化。微波萃取法的缺点:一是需要使用极性溶剂;二是萃取后要过滤,这使得该法不易与气相色谱等仪器联机而实现自动化。

微波辅助萃取法与微波消解法不同,微波消解是将试样中的有机成分分解破坏,而微波辅助萃取则是将试样中的有机待测组分以原有形态从基体成分中分离出来。影响萃取效率的因素主要有萃取溶剂的性质与体积、萃取温度、萃取时间、微波辐射条件等。在实际工作中,应综合考虑这些因素对萃取效率的影响,选择优化的萃取条件,才能达到最佳萃取效率。

5. 超临界流体萃取(supercritical fluid extraction,SFE) 是 20 世纪 80 年代发展起来的一种新的提取分离技术。与传统的液 - 液萃取或液 - 固萃取相似,超临界流体萃取也是在两相之间进行的萃取方法;不同之处在于该法采用超临界流体代替溶剂作为萃取剂,从液态或固态样品中萃取出待测组分。超临界流体是一类温度和压力超过临界点、介于气体和液体之间的物态。超临界流体的密度较大,与液体相近,故可用作溶剂溶解其他物质;另一方面,超临界流体的黏度较小,与气体相近,其扩散系数比液体大约 100 倍,故传质速度很快,而且表面张力小,很容易渗透到固态样品的内部。解除压力后,超临界流体以气体形式挥发,待测物用少量溶剂溶解后可直接进行分析测定。由于超临界流体特殊的物理性质使得超临界流体萃取具有环境友好、高效、快速等优点。目前最常用的超临界溶剂为 CO_2,因为其临界值容易达到(临界温度 31.1℃,临界压力 7.38MPa),化学性质稳定,不易与溶质发生化学反应,无毒、无臭、沸点低,易于从萃取后的组分中除去。但 CO_2 是非极性分子,适用于非极性或弱极性组分的提取;对于极性较大的组分溶解度低,需要加入少量的调节剂如甲醇、乙醇、丙酮、乙酸乙酯等,以提高其对目标化合物的选择性和溶解性,从而改善萃取效果。

超临界流体萃取利用超临界流体在临界点附近,体系温度和压力的微小变化,使待测组分的溶解度发生几个数量级突变的特性来实现其对物质的提取分离。因此,压力和温度是超临界流体萃取最主要的影响因素。在实际操作中,通过适当改变超临界流体的压力可以将样品中的不同组分按其在萃取剂中溶解度的不同而进行萃取。例如,先在低压下萃取溶解度较大的组分,然后增大压力,使难溶物质与基体分离。当温度变化时,超临界流体的密度和溶质的蒸气压随之改变,其萃取效率也发生改变。

SFE 萃取装置包括:①超临界流体发生源,包括萃取剂贮槽、高压泵等,使萃取剂由常温常压态转变为超临界流体;②样品萃取管,利用萃取剂将目标化合物从样品中溶解出来,与样品基体成分分离;③减压分离部分,超临界流体和待萃取的组分从超临界态减压、降温转变为常温常压态,流体挥发逸出,收集被萃取的组分用于后续分析。超临界流体萃取常与色谱分析联用,如超临界流体萃取 - 气相色谱(SFE-GC)、超临界流体萃取 - 超临界流体色谱(SFE-SFC)、超临界流体萃取 - 高效液相色谱(SFE-HPLC)等,可用于食品样品中多环芳烃、多氯联苯、农药残留量等有毒有害成分的检测。

6. 液 - 液微萃取(liquid-liquid microextraction,LLME) 是基于待测物在样品溶液和微量有机溶剂(微升或纳升级)之间分配作用的一种新型样品前处理技术。该技术无需特殊装置,集萃取和浓缩于一体,具有操作简单、萃取效率高、富集效果好、环境友好等优点。液-液微萃取主要适用于亲脂性高或中等的待测组分,不适用于高亲水性待测物;对于具有酸碱性的待测物,可通过控制样液的pH使待测物以非离子化状态存在,从而提高分配系数。目前液-液微萃取技术已经形成多种操作模式,如悬滴微萃取、中空纤维液相微萃取、分散液液微萃取、超声乳化液相微萃取和悬浮固化液相微萃取等。该技术可以与气相色谱仪、液相色谱仪、原子吸收光谱仪等多种仪器联用,常用于痕量有机污染物和重金属等分析。

7. 透析法(dialysis) 利用高分子物质不能透过半透膜,而小分子物质或离子能通过半透膜的性质,实现大分子与小分子物质的分离,适用于水溶性物质的提取。例如,测定食品中的糖精钠含量时,可将捣碎或匀浆的食品样品装入玻璃纸的透析膜袋中,浸泡在纯水中,因膜内渗透压高,且糖精钠的分子较小,所以其能通过半透膜进入水中;而食品中的蛋白质、鞣质、树脂等高分子杂质则不能通过半透膜,仍留在玻璃纸袋内,从而达到分离的目的。

8. 沉淀分离法(precipitation) 利用沉淀反应进行分离的方法。在试样中加入适当的沉淀剂,使被测成分或干扰成分沉淀下来,经过滤或离心达到分离的目的。在食品理化检验中,沉淀分离法多用于常量干扰成分的去除。如测定食品中的亚硝酸盐时,先加入碱性硫酸铜或三氯乙酸等沉淀蛋白质,使水溶性的亚硝酸盐与蛋白质分离。

(二)净化

在食品样品的提取液中,常含大量的基体成分如蛋白质、脂肪、糖类、色素和蜡质等,在进行有机成分分析时,检测结果常常受到这些基体组分的干扰。因此,需要对样品提取液进行适当的处理,以去除干扰成分,这个处理过程称为净化(clean up)。根据样品基体、待测成分和检测方法的特点,可选择不同的净化方法。常用的净化方法有以下几种。

1. 液-液分配法(liquid-liquid partition) 利用待测组分和拟去除的杂质在溶解度方面的差异,选择互不相溶的溶剂对样品提取液进行净化。例如,分析高脂肪含量样品中的农药残留,可先将样品溶于正己烷或石油醚,然后加入亲水性有机溶剂进行反萃取,使脂肪等杂质仍留在正己烷层(弃去),而待测组分进入亲水性有机溶剂中,再以正己烷萃取,可加入硫酸钠或氯化钠促进分层,从而使待测成分净化。

2. 液相色谱法(chromatography) 利用物质在流动相与固定相两相之间分配系数的差异,当两相做相对运动时,在两相间进行多次分配,分配系数大的组分迁移速度慢;反之迁移速度快,从而实现样品中各组分的分离。这种分离方法的最大特点是分离效率高,能使多种性质相似的组分彼此分离,是食品理化检验中一类重要的分离方法。根据操作形式不同,可分为柱色谱法、纸色谱法和薄层色谱法等。

(1)柱色谱法(column chromatography):将固定相装填于柱管内制成色谱分离柱,色谱分离过程在柱内进行。常用的固定相有硅胶、氧化铝、硅镁吸附剂、C_{18}、C_8、人造浮石及各种离子交换树脂等,根据待测成分和杂质的种类选择。该法操作简便,柱容量大,适用于微量成分的分离和纯化,应用较广泛。例如,采用荧光法测定食品中的维生素B_2时,利用硅镁吸附剂柱将维生素B_2与杂质分离;采用荧光法测定食品中的硫胺素时,利用人造浮石对硫胺素的吸附作用,让样品溶液通过人造浮石后,使硫胺素被吸附,用水洗除杂质,再用酸性氯化钾溶液洗脱被吸附的硫胺素。在进行有机氯或有机磷农药测定时,常用活性炭柱除去植物色素;用硅镁吸附剂或弗罗里硅土(florisil)柱除去蜡质和脂肪等杂质;当被处理的样品较复杂时,还可将各种固定相按一定比例混合装柱,从而达到较好的净化目的。

上样后,要选择合适的淋洗液,将待测成分顺利洗脱下来,而杂质则尽可能留在柱上。淋洗液应根据待测成分、杂质和固定相的性质来选择,可参考文献报道,也可通过条件优化实验确定。淋洗液用量不宜过大,否则可能导致色层分散,少量杂质也会洗脱下来;并且浪费溶剂和时间,给后续的浓缩过程带来困难。另外,还应控制淋洗液的流速,因为柱中达到交换平衡需要一定的时间,所以流速不宜太快;但也应避免在柱中停留时间过长,以免发生变化。

(2) 纸色谱法(paper chromatography):以层析滤纸作为载体,滤纸上吸附的水作为固定相。将样液点在层析滤纸的一端,然后用展开剂展开,达到分离目的。例如,纸色谱法用于食品中人工合成色素的分离鉴定。

(3) 薄层色谱法(thin layer chromatography, TLC):将固定相均匀涂铺于玻璃、塑料或金属板上形成薄层,在薄层板上进行色谱分离的方法。例如,食品中黄曲霉毒素 B_1 测定的国家标准方法就是采用薄层色谱法分离后用荧光法检测。

3. 固相萃取(solid phase extraction, SPE) 是一类基于液相色谱分离原理的样品前处理技术,能同时达到分离、净化和浓缩的目的,是目前应用最广泛的净化方法之一。固相萃取装置一般由填充适当固定相的固相萃取小柱和辅件构成。其中小柱由柱管、筛板和填料三部分组成;辅件由真空系统、真空泵、缓冲瓶等。当样品溶液通过 SPE 小柱时,待测成分被吸留。在固相萃取中样品的洗脱有两种形式:一种是待测成分比干扰物质与固定相之间的亲和力更强,先用合适的溶剂洗除样品基体或干扰物质,然后再用一种选择性的溶剂将待测组分洗脱下来;另一种是干扰物质较待测组分与固定相之间的亲和力更强,待测组分被直接洗脱下来,而干扰物质不被洗脱,从而达到分离和富集待测成分的目的。该方法方便快速,简化了样品预处理过程,具有使用有机溶剂少、重现性好、易于实现自动化等优点,在痕量分离中应用广泛。

固相萃取主要由以下几个操作步骤:第一步,柱的预处理(即固定相的活化)。为了获得较高的回收率和良好的重现性,固相萃取柱在使用前必须用适当的溶剂进行预处理,以除去柱填料中可能存在的杂质,另外也可以使填料溶剂化,从而提高固相萃取的重现性。第二步,加样。样品溶液被加入 SPE 柱,待测成分被保留于固定相。第三步,淋洗。在样品通过 SPE 柱时,不仅待测物被吸附在柱子上,某些杂质也同时被吸附,选择适当的溶剂,将干扰组分洗脱下来,待测组分仍留在柱上;或将待测成分直接洗脱下来,杂质留在柱上。后者可直接用于分析。第四步,待测成分的洗脱。用选择性溶剂将待测组分洗脱在收集管中,直接用于测定或进一步浓缩后备用。

根据分离的原理不同,SPE 可分为吸附、分配、离子交换、凝胶过滤、配合和亲和萃取。其中采用化学键合反应制备的固相材料,如 C_{18} 键合硅胶、C_8 键合硅胶、苯基键合硅胶等填装的固相萃取小柱使用广泛。除传统的固相填料外,免疫亲和柱也能用于食品样品的净化。例如,牛奶和奶粉中黄曲霉毒素 B_1、B_2、G_1、G_2、M_1、M_2 的液相色谱-荧光检测,将黄曲霉毒素的特异抗体交联在固体支持物上制成免疫亲和柱,当样液通过免疫亲和柱时,黄曲霉毒素与抗体发生特异性反应而被截留,与杂质分离,然后用适当的溶剂洗脱黄曲霉毒素进行检测。这种亲和色谱柱的净化和浓缩效果好,特异性高。

4. 固相微萃取法(solid phase micro-extraction, SPME) 是在固相萃取技术的基础上发展起来的新型样品前处理技术。根据相似者相溶的原理,利用石英纤维表面涂渍的固定相对待测组分的吸附作用,使试样中的待测组分被萃取和浓缩,然后利用气相色谱进样口的高温、高效液相色谱或毛细管电泳的流动相将萃取的组分从固相涂层上解吸下来进行分析的一种样品前处理方法。目前最常用的涂层是聚二甲基硅氧烷（PDMS）和聚丙烯酸酯（PA）。与传统的分离富集方法相比，固相微萃取法具有无需溶剂、操作简单、效率高、选择性好、成本低等优点。SPME 可与 GC、HPLC 或 CE 等仪器联用，使样品萃取、富集和进样合而为一，从而大大提高了样品前处理的速度和方法的灵敏度（图 3-6）。

　　固相微萃取装置类似于微量注射器，由手柄和萃取头两部分构成。萃取头是一根涂有不同色谱固定液或吸附剂的熔融石英纤维，通常长为 0.5~1.5cm，直径为 0.05~1mm。将其接在不锈钢针上，外面套有不锈钢管，用以保护石英纤维不被折断。石英纤维头可在针管内伸缩，需要时可推动手柄使石英纤维从针管内伸出。分析时先将试样放入带隔膜塞的固相微萃取专用容器中，可以在试样瓶中加入无机盐、衍生剂或调节试样的 pH，还可进行加热或磁力搅拌，然后再进行萃取。

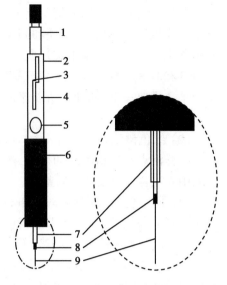

图 3-6　固相微萃取装置
1. 推进杆；2. 手柄筒；3. Z 型支点；
4. 支撑推杆旋钮；5. 透视窗；6. 针深度调节；
7. 穿刺隔垫针筒；8. 萃取头套管；9. 萃取头

固相微萃取通常分为两步，第一步是吸附，将针头插入试样容器中，推出石英纤维，通过其表面的高分子固相涂层，对样品中有机分子进行萃取和预富集，并将石英纤维收回不锈钢针管内；第二步是解吸，将针头插入色谱进样器中，再推出石英纤维完成热解吸或溶剂解吸，然后进行色谱分析。固相微萃取的方式有两种：一种是石英纤维直接插入试样中进行萃取，适用于气体与液体中组分的分离；另一种是顶空萃取，适用于各种基体样品中挥发性、半挥发性组分的分离。影响 SPME 萃取效果的主要因素有萃取头涂层的种类、萃取时间、萃取温度、搅拌速度、pH 和盐浓度等。其中涂层的种类、厚度对待测物的萃取量和平衡时间有重要的影响。

　　5. 凝胶渗透色谱（gel-permeation chromatography，GPC）　又称体积排阻色谱，是根据多孔性凝胶对不同大小分子的排阻效应进行分离的色谱技术。选择不同孔径的多孔凝胶作为固定相，流动相带动样液在柱内移动，大分子不能渗透到凝胶空穴内部而被排阻，因而被较早地洗脱下来，由于小分子可以渗透到凝胶空穴内部而较晚流出，从而使相对分子量不同的物质达到分离。目前，凝胶渗透色谱法已经成为农药残留分析中一种常用、有效的净化方法。农药的分子量一般小于 500，而样品中的色素、油脂、生物碱、聚合物等大分子杂质，先于农药分子被洗脱出来，从而实现分离。凝胶渗透色谱法具有净化容量大、净化效果好、柱子可以重复使用、自动化程度高等优点，可以同时实现样品的净化和浓缩，尤其适用于净化含脂类、色素等大分子杂质的复杂基体。

　　6. 磺化法（sulfonation）　脂肪与浓硫酸发生磺化反应，在分子末端引入磺酸基团，生成极性较大且易溶于水的化合物。利用这一反应，使脂肪分子由有机溶剂转入浓硫酸中，再用水洗除去。浓硫酸也可对色素等杂质中的不饱和键起加成作用。由于极性增大，其不再被弱极性的有机溶剂所溶解，从而达到净化的目的。磺化法主要用于对酸稳定的待测成分的净化，以除去样品中的脂肪、色素等干扰，如测定食品中有机氯农药（DDT 和六六六等）；待测组分对酸不稳定时不能采用，如狄氏剂和一般有机磷农药，但个别有机磷农药也可在控制一定酸度的条件下应用。

7. 皂化法（saponification）　利用脂肪与碱发生反应，生成易溶于水的羧酸盐和醇，从而除去样品提取液中的脂肪，可用于某些对碱稳定的待测成分净化。例如，食品中维生素 A 和苯并[a]芘对碱稳定，样品可以直接进行皂化处理，除去脂肪。有些成分如维生素 E 虽然对碱不稳定，但在抗氧化剂（如坏血酸）存在下也可用皂化法除去样品中的脂肪。

8. 凝固法　当待测组分与大量脂肪共存时，将样品以丙酮提取后，再在 –15℃ 使脂肪凝固，从而使大部分脂肪除去。例如，油样中棉酚的测定，用 70% 丙酮振荡提取后，在冰箱中放置过夜，除去脂肪，取上清液过滤后测定。

（三）浓缩

若提取和净化后得到的样液中待测组分浓度较低，不能满足检测要求，则需要对样液进行浓缩。浓缩（concentration）是指减少样液的体积，使待测成分浓度增加的处理过程，以提高分析的灵敏度。另外，如果提取溶剂与后续检测过程不匹配，也可以采用浓缩法转换溶剂。浓缩法通常包括：直接水浴浓缩法、气流吹蒸浓缩法、减压蒸馏浓缩法和真空离心浓缩法等。

1. 直接水浴浓缩法　将样液置于蒸发皿中，采用适当温度的水浴加热加速溶剂挥发，使样液体积减小。若需要回收溶剂，可采用蒸馏装置。此法简单易行，采用常压浓缩，不需要使用特殊设备。主要适用于非挥发性待测组分样液的浓缩。挥发性强、蒸气压高的待测成分易随溶剂挥发而损失，导致回收率降低；此外，若对浓缩后的样液或蒸发残渣转移定容，洗涤过程又会增大样液的体积。

2. 气流吹蒸浓缩法　将样液置于离心管或试管中，用气流轻缓吹拂液体表面，加速溶剂分子挥发，使样液体积减少，从而达到浓缩的目的。对于易氧化的待测组分，可选用氮气吹蒸。气流吹蒸的过程可结合水浴加热，以提高浓缩效率。此法方便快捷，能同时浓缩多个样品。其缺点是只能用于体积较小、溶剂沸点较低的样液的浓缩，且必须在通风橱中操作。

3. 减压蒸馏浓缩法　将样液置于减压蒸馏仪中，抽真空使装置中的压力降低，在较低温度下使溶剂快速挥发，蒸馏过程可采用水浴加热，提高浓缩效率，适用于热不稳定及易挥发待测物样液的浓缩。常用的装置有旋转蒸发仪和 K-D 浓缩器。其中，旋转蒸发仪通过旋转蒸馏烧瓶对样液起搅拌作用，扩大蒸发面积；同时又在高效冷凝器的作用下，使溶剂蒸气迅速液化，从而达到高效浓缩和回收溶剂的目的。该法浓缩速度快，使用温度低，待测物损失少，适用于大体积样液的浓缩。但其只能处理单一样品，样液还须转移、定容，且必须在通风橱中操作。K-D 浓缩器可将需要浓缩的样液直接浓缩到刻度管中，无需转移样品，适合于中等体积（10~50ml）提取液的浓缩。在浓缩过程中，必须注意待测组分挥发损失和样品污染的问题。特别对于蒸气压高或稳定性差的化合物，应注意不能蒸干。

4. 真空离心浓缩法　综合利用离心力、加热和真空作用进行溶剂蒸发，减小样液体积。真空离心浓缩系统由真空离心浓缩仪、冷阱和真空泵三个部分组成。其中，超低温的冷阱能捕捉溶剂，从而加速溶剂蒸发，同时也能起到对高真空油泵的保护作用。真空离心浓缩法可以同时处理多个样品，且能够避免样品间的交叉污染。

综上所述，食品样品前处理的方法很多，有些前处理过程并没有明确的界限，可能既是提取过程，也是净化和浓缩过程。可以根据样品的种类、待测成分与干扰成分的性质差异等，选择合适的样品前处理方法，以保证样品的分析能获得可靠的结果。

本 章 小 结

　　食品样品常用的前处理方法主要分为无机化处理和待测成分的提取、净化和浓缩。对于无机成分检测,样品前处理主要采用湿消化法、干灰化法和微波消化法;而对有机成分检测,一般先采用合适的方法将待测成分从食品基体中提取出来,然后对样品提取液进行净化和浓缩,使其符合后续检测方法的要求。食品样品前处理的主要方法总结于表 3-1 中,可根据实际需要,选择合适的样品前处理方法。

表 3-1　食品样品前处理的主要方法

测定对象	处理目的	前处理方法
无机物	无机化处理	湿消化法;干灰化法;微波消化法
有机物	提取	溶剂提取法;挥发法和蒸馏法;基质固相分散法;微波辅助萃取法;超临界流体萃取法;透析法;沉淀分离法
	净化	液-液分配法;色谱分离法;固相萃取法;固相微萃取法;凝胶渗透色谱法;磺化法;皂化法;丙酮凝固法
	浓缩	水浴加热浓缩法;气流吹蒸法;减压蒸馏浓缩法;真空离心浓缩法

思考题

1. 样品无机化处理的方法有哪些? 各有什么优缺点?
2. 如何提高干灰化法的回收率?
3. 简述样品提取、净化、浓缩的主要方法。各有何特点?
4. 试阐述基质固相分散法的原理。
5. 简述快速溶剂萃取技术的优点。
6. 固相萃取和固相微萃取技术有何异同?

（李永新）

第四章　食品的营养成分检验

食品中营养成分的含量和分布是食物资源开发与利用、食品检测和监督的基础和依据，也是引导消费者了解食品的营养特性和营养价值、合理选择食物、平衡膳食的参考。食品中营养成分的检验在食品科学和营养学研究中具有着重要的意义。

第一节　概　述

营养成分（nutritional component）是指食品中具有的营养素和有益成分。营养素指蛋白质、脂肪、碳水化合物、维生素和矿物质五大类，有益成分指水和膳食纤维。食品营养成分检验可以获得食品中营养素组成和含量的数据，从而确定食品的营养价值、功能性质和可接受性，并始终贯穿于产品开发、生产和销售全过程。国内外的法规也要求对食品营养成分进行监管，以保证食品的质量。

一、营养成分与健康的关系

蛋白质、脂肪和碳水化合物是食物中的主要营养成分，也是人体需要量较多的营养素，经体内氧化可以释放能量，以维持机体的各种生理功能和生命活动。其中，蛋白质是人体的主要构成物质并提供多种氨基酸，是组织形成和生长的主要营养素；脂肪是机体构成成分，提供人体必需脂肪酸，有助于脂溶性维生素的吸收。脂肪摄入过多，可导致肥胖症、心血管疾病和某些肿瘤的发生；碳水化合物构成组织结构及生理活性物质，特别对维持神经组织功能具有重要意义，中枢神经系统只能依靠碳水化合物提供能量，碳水化合物还具有调节血糖、节约蛋白质和抗生酮的作用；膳食纤维为人体不能消化的碳水化合物，但由于具有促进健康的功能，被单列为一类营养成分。膳食纤维具有促进肠道健康的功能，增加饱腹感、降低血糖和血胆固醇、改变肠道菌群和防止便秘的作用。

维生素是维持机体生命活动过程所必需的一大类低分子量有机化合物，许多维生素是体内重要代谢酶的辅酶，在机体物质和能量代谢过程中起着重要作用。维生素的轻度缺乏可降低劳动效率及对疾病的抵抗力，严重时出现临床缺乏（维生素缺乏症），危及生命。矿物质是构成机体组织的重要成分，如钙、磷、镁构成机体骨骼、牙齿；为多种酶的辅基或组成成分；还能维持机体的水、电解质和酸碱平衡及组织细胞渗透压。水是生命活动的最基本物质，构成机体组织，是体内多种物质的载体，具有调节体温和润滑作用。

二、营养成分来源

营养成分的主要来源是人类赖以生存的食物。自然界的食物种类繁多，按其来源分为植物性食物和动物性食物。按营养特点分为谷类及薯类、动物性食物、豆类和坚果、蔬菜、水果和菌藻类和纯能量食物(植物油、糖、酒)。蛋白质主要食物来源是肉、禽、鱼、蛋和奶类；豆类及其制品；坚果类和谷类及薯类。脂肪来源包括动物脂肪组织、坚果类及植物油等。碳水化合物主要来自植物性食物,如谷类及薯类、根茎类蔬菜、豆类、淀粉含量多的坚果、动物乳汁等；膳食纤维来源于植物性食物,如根茎类和绿叶蔬菜、水果、谷类、薯类和豆类等。脂溶性维生素(A、D、E、K)主要存在植物油、坚果类和动物油中；水溶性维生素包括 B 族维生素和维生素 C,B 族维生素主要存在植物和动物性食物中,维生素 C 主要存在于新鲜的蔬菜水果中。矿物质主要存在植物和动物性食物,特别是蔬菜水果。

三、营养成分标识

营养标签(nutrition labeling)是在预包装食品标签上向消费者提供食品营养信息和特性的说明,包括营养成分表、营养声称和营养成分功能声称。世界各国在推行食品营养标签制度时,出台了很多举措,我国也颁布了食品安全国家标准《预包装食品营养标签通则》(GB 28050)。营养标签是使消费者直观了解食品营养组分、特征的有效方式。其作用在于宣传普及食品营养知识,指导公众科学选择膳食,合理平衡膳食,促进身体健康,同时也有利于规范企业正确标示营养信息。

预包装食品营养标签强制标示的内容包括能量、蛋白质、脂肪、碳水化合物和钠等核心营养素的含量值及其占营养素参考值(nutrient reference values,NRV)的百分比；对除强制标示内容外的其他营养成分进行营养声称或营养成分功能声称时,还应标示出该营养成分的含量及其占营养素参考值(NRV)的百分比；食品配料含有或生产过程中使用了氢化和(或)部分氢化油脂时,在营养成分表中也应标示出反式脂肪(酸)的含量。

检测食品中营养成分含量时,通常选择国家标准规定的检验方法,在没有国家标准方法的情况下,可选用 AOAC 推荐的方法或公认的其他方法检测；还可利用国家的权威食物成分数据库的数据,根据原料配方计算获得,必要时可用检测数据进行比较和评价。预包装食品中能量和营养成分的含量应以每 100g、每 100ml 或每份食品可食部分中的具体数值标示。

四、测定食品中营养成分的意义与方法

营养成分检验可以定性、定量了解食品中营养成分的种类和含量,评价食物的营养价值和食品的品质,指导人们对不同食物进行科学搭配。在人群营养状况调查、评价膳食营养质量、研究膳食与疾病关系、设计食谱、营养干预等方面,营养成分检测都是必不可少的技术支持。营养成分检验是食品加工配料选择的依据,为食品资源的开发和利用提供可靠的依据；还可掌握食品在生产、采集、加工、包装、贮藏和运输中营养成分的变化情况,为控制和管理各个生产环节提供技术指导；也是执行食品安全国家标准,对食品营养标签中营养成分含量进行标示的重要工作；因此,食品营养成分的检验是国家食物与营养发展纲要制订和实施的基础及技术支撑,对保障人民身体健康具有重要的意义。

食品中营养成分的检验应按照国家标准分析方法及国外先进的分析方法进行。主要方法有高效液相色谱法、气相色谱法、原子吸收光度法、紫外分光光度法和荧光分光光度法等仪器分析法,以及化学分析法、微生物法等。

第二节 食品中水分检验

一、概述

水分（moisture）是绝大多数食品的最主要成分，各种食品都有能显示其品质特性的含水量，一般占天然食品质量的 50%~90%，如谷类含水量为 10%~12%，蔬菜、水果为 74%~95%，猪肉为 53%~60%，牛肉为 50%~70%，鱼肉为 65%~81%，牛乳为 87%~91%。

水分是食品的天然成分，也是动植物体内不可缺少的重要成分，具有极其重要的生理作用。水是体内各种生化反应的介质，也是营养素及其代谢产物的良好溶剂，能帮助营养素的吸收和代谢。

水分子在食品中所处状态及与其他组分结合的强弱是不同的，因此，可将食品中的水分分为结合水和自由水。结合水是指与溶质分子之间通过氢键作用相结合的不能自由运动的那部分水，不易结冰，不流动，不能作为溶剂溶解溶质，一般的加热方法也不易蒸发而逸出。自由水是指食品组织、细胞中易结冰，能溶解溶质的水，自由水可以因蒸发而减少，因吸湿而增加，利用加热方法容易将其从食品中分离去除。

食品中水的含量、分布和取向影响着食品的结构、外观、质地、风味、新鲜程度和腐败变质的敏感程度，是决定食品品质的关键成分之一。控制水分含量，可以控制微生物生长繁殖，保证食品的保质期限。水分含量数据还可用于使食品处于相同水分含量的基础上，与其他成分的含量进行比较。因此，食品中水分含量是国家食品安全标准规定的检测指标，也是评价食品质量的重要指标。如国家标准规定，奶油中水分应≤16%，方便面中水分应≤8%，肉松中水分应≤20% 等。

食品中水分的检测方法有直接法和间接法。直接法主要包括干燥法、蒸馏法和卡尔-费休法。干燥法和蒸馏法是基于当水受热时，能变成水蒸气而与食品中其他物质分离的原理而建立的；卡尔-费休法是利用有水存在时，碘与二氧化硫能定量发生氧化还原反应而建立的。间接法是利用食品的相对密度、折射率、电导率等物理性质检测食品的水分含量。通常，直接法的准确度高于间接法。本节主要介绍常用的直接测定法（GB 5009.3）。

二、检验方法

（一）直接干燥法

1. 原理　食品中的水分在大气压力为 101.3kPa，温度 101~105℃下蒸发逸出，包括吸湿水、部分结晶水和该条件下能挥发的物质，通过称量干燥前后样品的质量差，计算食品中水分的含量。

2. 分析步骤　对于固体试样，准确称取磨细或切碎混匀的样品，放入经干燥恒重的称量瓶中，加盖，精密称量后，置干燥箱中重复干燥至恒重。

对半固体或液体试样，在蒸发皿内加入海砂及一根小玻棒，置干燥箱中，重复干燥至恒重；然后准确称取试样，置于该蒸发皿中，用小玻棒搅匀放在沸水浴上蒸干，再干燥至恒重。

3. 方法说明

（1）样品中干燥减失的重量包括吸湿水、部分结晶水和该条件下能挥发的物质，所以该法仅适用于在 101~105℃下，不含或含其他挥发性物质甚微的食品中水分的测定，如谷物及其制品、水产品、豆制品、乳制品、肉制品及卤菜制品等，不适用于水分含量小于 0.5g/100g 的样品。

（2）食品中水分测定的关键步骤是恒重。恒重指前后两次干燥称重，其质量差不超过 2mg。

（3）浓稠态样品，如炼乳、糖浆和果酱在干燥过程中易结块，从而影响水分的检测结果，可掺入经处理过的海砂，防止样品表面结痂，使样品分散，提高水分蒸发效率。

（4）在处理样品时，速度要快，以避免水分损失或吸潮，并要防止处理工具黏附吸水。对含水量较多的样品，应控制水分蒸发的速度，可先低温烘烤去除大部分水分，可以避免爆溅，损失样品。

（二）减压干燥法

1. 原理　利用大气中空气分压降低时，水沸点会降低的原理，将食品试样置于 40~53kPa 压力下加热至（60 ± 5）℃，使样品中水分去除，通过烘干前后的质量变化，计算样品中水分的含量。

2. 分析步骤　取已恒重的称量瓶准确称取样品，放入真空干燥箱内，并使其达到所需压力和温度，减压干燥 4 小时后，取出称量瓶冷却后称量，并重复以上操作至恒重。

3. 方法说明

（1）粉末和结晶样品直接称取；较大块硬糖经研钵粉碎，混匀备用；对于黏稠样品，可在样品中掺入处理过的海砂，使样品疏松透气，增加挥发面并防止样品表面结痂。

（2）采用较低温度干燥，使富含脂肪的样品，避免高温下氧化；使含糖量高，特别是高果糖的样品，避免在高温下脱水、炭化。

（3）该法适用于糖、味精等易分解的食品中水分的测定，不适用于添加了其他原料的糖果，如奶糖、软糖等试样测定，也不适用于水分含量小于 0.5g/100g 的样品。

（三）蒸馏法

1. 原理　样品中水分与加入的不溶于水的有机溶剂可形成共沸混合物，使用水分测定器将食品中的水分与有机溶剂共沸蒸出，收集馏出液，根据所接收水的体积，计算样品中水分的含量。

2. 分析步骤　准确称取适量样品于蒸馏瓶中，加入新蒸馏的甲苯或二甲苯，连接好水分蒸馏器（图 4-1），缓慢加热，蒸馏至接收管上部及冷凝管壁无水滴附着，接收管水平面不变，然后读取接收管水层的容积。

3. 方法说明

（1）常用有机溶剂是甲苯，沸点 110.6℃或二甲苯，沸点 140℃，可与水形成共沸混合物，其沸点低于各组分的沸点。由于有机溶剂比水轻，在接收管的上层，水在下层，当有机溶剂的高度超过水分接收管的支管时，可流回到蒸馏瓶中继续蒸馏。

（2）由于甲苯或二甲苯能溶解少量水分，故应先以水饱和，分出水层后，再蒸馏，取蒸馏液备用。

（3）蒸馏法与干燥法有较大的差别，干燥法是以烘烤前后的减失质量为依据的重量法；蒸馏法则是以通过蒸馏收集到的水体积为依据的容量法，两者各有其特点。对于含挥发性物质较多的食品样品，如含有醇类、醛类、有机酸类、挥发性酯类等样品，采用蒸馏法时，挥发性物

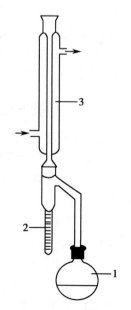

图 4-1　水分蒸馏器
1. 蒸馏瓶；2. 接收管；
3. 冷凝器

质会溶入有机溶剂并与水分离,得到的含水量更接近样品的真实情况,而采用干燥法时结果往往偏高。但蒸馏法中接收管最小刻度的读数误差会影响测定结果。

（4）该方法适用于含水量较多且含有较多挥发性物质的食品,如油脂、香辛料等,不适用于水分含量小于1g/100g的样品。

（四）卡尔·费休法

卡尔·费休法是1935年由卡尔·费休(Karl-Fischer)提出的一种快速、准确测定水分的容量分析法。根据碘和二氧化硫在吡啶和甲醇共存溶液中能与水定量的反应的原理测定水分含量,可分为容量法和库仑法。反应方程式如下：

$$2H_2O+I_2+SO_2 \longrightarrow 2HI+H_2SO_4$$
$$H_2O+I_2+SO_2+3C_5H_5N \longrightarrow 2C_5H_5N \cdot HI+C_5H_5N \cdot SO_3$$
$$C_5H_5N \cdot SO_3+CH_3OH \longrightarrow C_5H_5N \cdot HSO_4CH_3$$

1. 容量法

（1）原理:已知浓度的碘作为滴定剂加入,根据消耗滴定剂的体积,计算消耗碘的量,从而测定食品样品中水的含量。

（2）分析步骤:卡尔·费休试剂的标定:在反应瓶中加一定体积的甲醇,用卡尔·费休试剂滴定至终点。准确加入水,再用该卡尔·费休试剂滴定至终点,计算出卡尔·费休试剂的滴定度。试样测定:精密称取试样,置干燥的具塞反应瓶中,加入甲醇适量,用该卡尔·费休试剂滴定至终点。

（3）方法说明:

1）卡尔·费休试剂是用碘、二氧化硫和吡啶按一定比例溶解在甲醇中配制而成。应避光、密闭,置阴凉干燥处保存。临用前应标定其滴定度。所用仪器应干燥,使用无水甲醇。

2）当碘与水和二氧化硫反应生成的硫酸浓度达0.05%以上时,会发生逆反应,影响化学计量,加入碱性物质吡啶可以中和硫酸形成$C_5H_5N \cdot SO_3$,使滴定反应顺利地进行。但$C_5H_5N \cdot SO_3$不稳定,遇水易发生水解,加入CH_3OH,可形成稳定的化合物$C_5H_5N \cdot HSO_4CH_3$。在滴定过程中,空气中的氧、光照及样品和试剂中的氧化性或还原性物质都会干扰滴定反应,引起测定误差。

3）卡尔·费休容量法适用于水分含量大于1.0×10^{-3}g/100g的样品。

2. 库仑法

（1）原理:测定的碘是由含有碘离子的阳极电解液电解产生。只要电解液中存在水,所产生的碘就会和水以1:1的关系按照化学反应式进行反应。当所有的水都参与了化学反应,过量的碘就会在电极的阳极区域形成,反应终止。

（2）分析步骤:反应瓶中加一定体积的甲醇或卡尔·费休测定仪中规定的溶剂浸没铂电极,用已标定的卡尔·费休试剂滴定至终点;迅速将已溶于上述溶剂的试样直接加入滴定杯中,用该卡尔·费休试剂滴定至终点。

（3）方法说明

1）对于某些需要较长时间滴定的样品,应在滴定杯中加入与测定样品相同的溶剂,并滴定至终点,放置不少于10分钟后再滴定至终点,测定两次滴定之间的单位时间内的体积变化测出漂移量并扣除。

2）该法适用于水分含量大于1.0×10^{-5}g/100g的样品,常用于测定低水分食品,如脱水蔬菜和水果、咖啡和茶等,也用以校正其他水分测定方法。

第三节　食品中蛋白质和氨基酸检验

一、概述

蛋白质(protein)是食品的重要组成成分。它不仅是人体必需的营养素,还直接影响着食品的风味。蛋白质有助于组织的形成和生长,还参与多种重要的生理活动,人体需要不断地从膳食中摄取足够的蛋白质,如果长期缺乏,会引起严重的疾病。蛋白质在食品热加工和生产过程中与碳水化合物反应会形成芳香化合物和呈色物质,另外在增稠、起泡、乳化和胶凝方面起到重要的作用,如啤酒、冰淇淋和肉馅等。蛋白质是氨基酸的多聚体,在酸、碱或酶的作用下,发生水解反应,经过多肽,最终产物为氨基酸(amino acid)。蛋白质中氨基酸的组成不同,蛋白质的消化、吸收和利用程度也存在很大差异。所以食品中蛋白质和氨基酸的测定是食品的质量和营养价值评定的重要指标。

蛋白质和氨基酸均具有两性电离作用。各种蛋白质的等电点不同,含碱性氨基酸较多的蛋白质,其等电点偏碱性。含酸性氨基酸较多的蛋白质,其等电点偏酸性。调节溶液的pH至等电点或加入脱水剂,蛋白质分子会聚集成大的颗粒而沉淀,从而达到分离蛋白质的目的。蛋白质溶液是亲水胶体,具有黏度大、扩散慢、不能通过半透膜等性质。

蛋白质是以 20 种氨基酸为原料合成的高分子化合物,其中有 9 种氨基酸:赖氨酸、色氨酸、苯丙氨酸、蛋氨酸、苏氨酸、异亮氨酸、亮氨酸、缬氨酸和组氨酸是人体需要而自身不能合成,必须由食物提供,称为必需氨基酸,其余氨基酸体内可以合成。蛋白质中各种氨基酸的含量与排列顺序不同构成了不同的蛋白质,但组成蛋白质的元素是相似的,主要有碳、氢、氧、氮和硫等化学元素。氮是蛋白质中的特征元素,各种蛋白质含氮量平均为 16%,所以氮换算成蛋白质的系数也称为蛋白质的换算因子为 6.25(100/16=6.25)。但不同的蛋白质含氮量略有差别,其换算因子也就不同,各种食品的换算因子列于表 4-1 中。

表 4-1　蛋白质的换算因子

食品名称	换算因子
蛋、鱼、肉及制品、禽类、玉米、高粱、豆类	6.25
乳及乳制品	6.38
麸皮、荞麦	6.31
大米	5.95
全麦、大麦、燕麦、裸麦、小米、小麦面、黑麦	5.83
小麦	5.80
黄豆、大豆	5.71
面粉	5.70
明胶	5.55
花生	5.46
芝麻、葵花籽、亚麻籽、核桃、椰子	5.30

二、蛋白质检验

蛋白质检测方法主要有凯氏（Kjeldahl）定氮法、分光光度法和燃烧法（GB 5009.5）及近红外法（GB/T 24870），通常采用的是微量凯氏定氮法和自动定氮分析法。这两种方法原理一致，所测得的含氮量为食品中的总氮量，包括来自蛋白质氮和非蛋白氮。非蛋白氮可能来自于游离氨基酸、核酸、生物碱和含氮色素等，所以凯氏定氮法所测得的蛋白质为粗蛋白（crude protein）。

（一）凯氏定氮法

1. 原理 食品中的蛋白质与硫酸、硫酸钾和硫酸铜一起加热消化，样品中的氮转化成硫酸铵，再碱化蒸馏使氨游离，用硼酸吸收后，以盐酸或硫酸标准溶液滴定，根据标准酸的消耗量计算出总氮量，并换算成蛋白质的含量。反应方程式为：

$$(NH_4)_2SO_4 + 2NaOH = 2NH_3 + 2H_2O + Na_2SO_4$$
$$2NH_3 + 4H_3BO_3 = (NH_4)_2B_4O_7 + 5H_2O$$
$$(NH_4)_2B_4O_7 + 2HCl + 5H_2O = 2NH_4Cl + 4H_3BO_3$$

2. 分析步骤

（1）样品的消化：准确称取样品于凯氏烧瓶中，加入硫酸铜、硫酸钾及浓硫酸，放置过夜后小心加热。待消化液呈蓝绿色并澄清透明后，用水转移并定容。同时做试剂空白试验。

（2）蒸馏：按图 4-2 装好定氮蒸馏装置，水蒸汽发生器内装水至约容积的 2/3，加甲基红指示剂数滴及数毫升硫酸，以保持水呈酸性，并加入数粒玻璃珠以防爆沸。取一定量消化液注入反应室，加入氢氧化钠，密塞，经水蒸汽蒸馏释放出氨，以含有混合指示剂的硼酸溶液吸收。

（3）滴定：以硫酸或盐酸标准溶液滴定被硼酸吸收的氨至滴定终点，同时做试剂空白。

3. 方法说明

（1）本法不适用于添加了无机含氮物质、有机非蛋白质含氮物质的食品测定。在样品消化中，加入硫酸铜作为催化剂，加速蛋白质分解；加入硫酸钾可提高消化液沸点，缩短消化时间。对于消化困难的样品，可加少量过氧化氢，但不能使用高氯酸，以防氮氧化物生成。

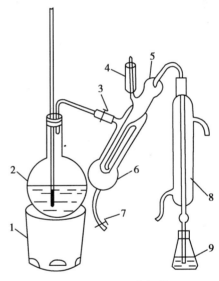

图 4-2 凯氏定氮蒸馏装置
1. 电炉；2. 水蒸汽发生器（烧瓶）；3. 螺旋夹；4. 小玻杯及棒状玻塞；5. 反应室；6. 反应室外层；7. 废液出口及螺旋夹；8. 冷凝管；9. 蒸馏液接收瓶

（2）蒸馏瓶中的水应始终保持酸性，避免其中的氨被蒸出影响测定结果。使用硼酸溶液吸收蒸馏释放的氨是基于硼酸呈微弱酸性，可与氨生成硼酸铵，再用硫酸或盐酸标准溶液滴定硼酸根离子。

（3）用硫酸或盐酸标准溶液滴定时，混合指示剂可采用甲基红和亚甲基蓝混合指示剂，颜色由紫红色变成灰色，pH 5.4，或者甲基红与溴甲酚绿混合指示剂，颜色由酒红色变成绿色，pH 5.1。

（二）全自动定氮仪

1. 原理　同凯氏定氮法

2. 分析步骤　准确称取样品放入消化管，加入催化剂，加适量的浓硫酸将样品浸湿；放入已预热至420℃的消化器中，待样品消化至呈透明蓝绿色液体时，取出冷却，将消化管放入全自动凯氏定氮仪蒸馏器中，关上安全门，仪器自动蒸馏、滴定并得出结果。

三、氨基酸检验

食品中氨基酸的检测方法主要有紫外-可见分光光度法、荧光分光光度法、薄层色谱法、高效液相色谱法、高效毛细管电泳法和气相色谱法等。其中高效液相色谱法是常用的方法，可分两大类：①柱后衍生法：由于大多数氨基酸在紫外-可见光区无吸收、无荧光特性，需将分离后的氨基酸衍生、转化为具有紫外-可见吸收或能产生荧光的物质才能检测。国家标准分析方法（GB/T 5009.124）采用阳离子交换色谱分离氨基酸，以茚三酮为柱后衍生试剂进行检测。该技术已经实现了商品化，成为氨基酸自动分析仪。也可用荧光胺、邻苯二甲醛代替茚三酮作为柱后衍生试剂，采用荧光检测。②柱前衍生法：将氨基酸在柱前衍生，衍生产物再通过反相色谱分离，用紫外或者荧光检测器检测。相对柱后衍生法，柱前衍生法具有省时、仪器配置简单的优势。目前，比较常用的衍生试剂是异硫氰酸苯酯和邻苯二甲醛。

（一）氨基酸分析仪法

1. 原理　食物中的蛋白质经盐酸水解成为游离氨基酸，经氨基酸分析仪的离子交换柱分离后，与茚三酮溶液生成具有紫外吸收的蓝紫色化合物，再经分光光度法测定氨基酸含量。反应式如下。

$$2\times \text{(茚三酮水合物)} + H_2N\text{-}CH(COOH)\text{-}R \xrightarrow[-3H_2O]{-CO_2-RCHO} \text{(蓝紫色化合物)}$$

茚三酮水合物　　　　　氨基酸　　　　　　　蓝紫色化合物

2. 分析步骤

（1）样品处理：称取适量样品放入水解管中，加入稀盐酸和数滴新蒸馏的苯酚，充氮气，封口，在110℃恒温水解22小时后，过滤，用去离子水定容。取滤液真空干燥，残留物再用水溶解，干燥蒸干后加缓冲溶液（pH 2.2）溶解。

（2）样品分析：取适量混合氨基酸标准液和样品溶液，分别用氨基酸自动分析仪进行测定，根据保留时间定性，标准曲线法定量。标准溶液的出峰顺序和保留时间见表4-2，标准图谱如图4-3。

3. 方法说明

（1）如果样品中含有脂肪、核酸、无机盐等杂质，必须将样品预先去除杂质后再进行酸水解处理。去除杂质的方法是：①去除脂肪：取研碎或匀浆样品干燥后，加入丙酮或乙醚等有机溶剂，混匀后离心或过滤抽提；②去除核酸：将样品在氯化钠溶液中加热，用热水洗涤，过滤后将沉淀用丙酮淋洗，干燥；③去除无机盐：样品水解后含有大量无机盐时，可用阳离子交换树脂处理。

（2）本法最低检出限为 10pmol。在酸水解时,色氨酸会完全破坏,不能检出;半胱氨酸部分氧化,不能准确测定;天冬酰胺和谷氨酰胺分别会转化成天冬氨酸和谷氨酸而导致无法测定。

表 4-2　氨基酸标准出峰顺序和保留时间

出峰顺序	保留时间（min）	出峰顺序	保留时间（min）
天冬氨酸	5.55	蛋氨酸	19.63
苏氨酸	6.60	异亮氨酸	21.24
丝氨酸	7.09	亮氨酸	22.06
谷氨酸	8.72	酪氨酸	24.52
脯氨酸	9.63	苯丙氨酸	25.76
甘氨酸	12.24	组氨酸	30.41
丙氨酸	13.10	赖氨酸	32.57
缬氨酸	16.65	精氨酸	40.75

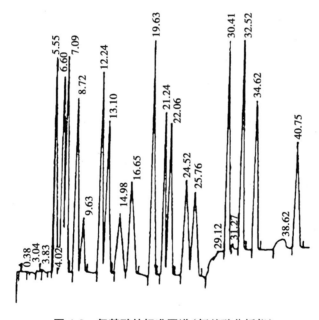

图 4-3　氨基酸的标准图谱（氨基酸分析仪）

（二）柱前衍生高效液相色谱法

1. 原理　食品中的蛋白质经盐酸水解成游离氨基酸后,与异硫氰酸苯酯进行衍生反应,氨基酸衍生产物经高效液相色谱反相 C_{18} 柱分离后,紫外检测器检测,标准曲线法定量。

2. 分析步骤

（1）样品处理:①对于蛋白质样品,取适量样品于水解管中,充氮气,加入盐酸和几滴新蒸馏的苯酚,再充氮气后抽真空封口,在 110℃加热 22 小时,冷却后过滤、定容;②对于游离氨基酸,取适量固体样品加入盐酸提取氨基酸;对液体样品用水稀释至合适浓度。

（2）衍生化反应：准确取氨基酸标准工作液或适量样液，加入异硫氰酸苯酯的乙腈溶液和三乙胺 - 乙腈溶液后，室温下放置 1 小时，再加入乙酸溶液。向上述衍生后的样液中加入正己烷，待静置分层后，取下层样液，经 0.45μm 滤膜过滤后，用于色谱分析。

（3）测定：色谱条件为 C_{18} 柱（250mm×4.6mm，5μm）；检测波长：254nm；柱温：40℃；进样量：10μl。流动相 A：醋酸钠 - 乙腈（97+3，pH 6.20）溶液；流动相 B：乙腈 - 水（4+1）。线性梯度洗脱。流速：1.0ml/min。

以保留时间定性，标准曲线法定量。标准色谱图见图 4-4。

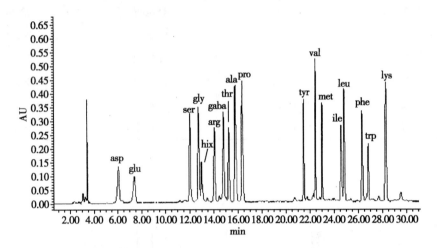

图 4-4　柱前衍生高效液相色谱法氨基酸标准溶液色谱图

天冬氨酸（asp）、谷氨酸（glu）、丝氨酸（ser）、甘氨酸（gly）、组氨酸（his）、精氨酸（arg）、γ- 氨基丁酸（gaba）、苏氨酸（thr）、丙氨酸（ala）、脯氨酸（pro）、酪氨酸（tyr）、缬氨酸（val）、蛋氨酸（met）、异亮氨酸（ile）、亮氨酸（leu）、苯丙氨酸（phe）、色氨酸（trp）、赖氨酸（lys）

3. 方法说明　异硫氰酸苯酯对色谱柱的硅胶键损伤较大，会造成色谱柱填料老化，缩短色谱柱的使用寿命，应尽可能将过剩的异硫氰酸苯酯除去，再进行色谱分离。本法氨基酸检出限 1pmol。

第四节　食品中脂肪检验

一、概述

食品中脂类（lipids）包括脂肪（fats）和类脂质（lipoids），是一大类可溶于有机溶剂，但难溶于水的化合物。食物中 95% 以上的脂类由各种甘油三酯组成，其他则由种类繁多的类脂组成，统称为脂肪。

食品中脂肪以游离态和结合态两种形式存在，其中游离态含量较多，结合态较少。游离态脂肪可以被乙醚、三氯甲烷或其他有机溶剂直接提取，但有些食品中的脂肪，如乳脂肪虽属游离脂肪，但脂肪球被酪蛋白钙盐包裹，并处于高度分散的胶体中，经碱处理可使酪蛋白钙盐溶解，才能被有机溶剂萃取。而结合态脂肪是脂蛋白、磷脂和糖脂等复杂混合物，只有在一定条件下水解转变成游离脂肪后，才可被有机溶剂萃取。

脂肪是人类所需的三大宏量营养素之一，是人体能量的主要来源，人体所需能量的

20%~30% 来源于膳食脂肪。膳食脂肪可以提供人体内不能合成的必需脂肪酸亚油酸和 α-亚麻酸,它们是所有细胞膜的重要构成物质,在机体内具有多种生理功能。膳食脂肪摄入的质和量与健康密切相关。此外,在食品加工中脂肪对食品的色、香、味起着重要作用,直接影响着其感官性状。各种食品所含脂肪的量各不相同,植物性或动物性油脂中脂肪含量高,而蔬菜、水果中脂肪含量低,人类膳食脂肪主要来源于动物脂肪组织、肉类及植物的种子。某些食品的脂肪含量见表 4-3。

表 4-3 食品中脂肪含量

动物性食品	脂肪含量(%)	植物性食品	脂肪含量(%)
猪油	99.5	食油	99.5
奶油	80.0~82.0	黄豆	12.1~20.2
牛乳	3.5~4.2	生花生仁	30.5~39.2
全脂乳粉	26.0~32.0	核桃仁	63.9~69.0
全蛋	11.3~15.0	葵花籽(可食部分)	44.6~51.1
蛋黄	30.0~30.5	稻米	0.4~3.2
瘦猪肉	35.0	蛋糕	2.0~3.0
肥肉	72.8	果蔬	<1.1

食品中脂肪含量和组成是食品营养价值评定的重要指标。国家食品标准规定了某些食品脂肪含量标准,例如,酸奶的脂肪含量应≥3.0%,鸡全蛋粉的脂肪含量应≥42.0%,鸡蛋蛋黄的脂肪含量应≥60.0%,硬质干酪的脂肪含量应≥25.0%。

二、脂肪检验

食品中脂肪检测方法主要有索氏(Soxhlet)抽提法和酸水解法(GB/T 5009.6)及罗紫-哥特里法和盖勃法(GB 5413.3)。通常是先用有机溶剂提取食品中脂肪,然后用重量法测定。用有机溶剂直接提取食品中脂肪时,因少量的磷脂、色素、树脂、固醇、高级醇和游离脂肪酸等脂溶性成分与脂肪一起会被提取出来,故所测得的脂肪称为粗脂肪(crude fat)。如果先加酸或碱进行处理,使食品中结合脂肪游离出来,再用有机溶剂提取,所得的脂肪称为总脂(total fat)。

(一)索氏抽提法

1. 原理 在索氏提取器中,以无水乙醚或石油醚等有机溶剂回流提取样品中的脂肪,挥去溶剂,称取残留物的质量,即可测得样品中粗脂肪的含量。

2. 分析步骤 将干燥后的样品装入滤纸袋中,封口,称重后放入索氏提取器的提取筒内(图4-5),高度不要超过虹吸管;连接已干燥至恒重的接收瓶,加入有机溶剂至接收瓶内容积的 2/3,于水浴上回流提取。提取完毕后,取下接收瓶,回收有机溶剂,待其中的有机溶剂剩下 1~2ml 时,于水浴上蒸干,再于(100±5)℃烘干后称量至恒重。

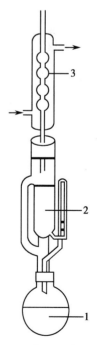

图 4-5 索氏脂肪提取器
1. 球瓶;2. 提取筒;3. 冷凝管

3. 方法说明

（1）样品必须充分烘干并磨细，因为样品含水或颗粒大时溶剂不易浸透，会降低提取效率。可用测定食品中水分后的样品测定其脂肪含量。

（2）用于食品中脂肪测定的有机溶剂乙醚或石油醚应无水和过氧化物。含水的醚会同时提取水溶性的非脂成分，使脂肪的测定值偏高；含有过氧化物会导致脂肪氧化，在烘烤时也会有爆炸的危险。

（3）石油醚与乙醚相比，具有较高的沸点，用作脂肪提取剂时，没有胶溶现象，不会夹带胶溶的淀粉、蛋白质等物质，所以用石油醚提取的成分比较接近食品中所含的脂类。

（二）酸水解法

1. 原理　食品样品经酸水解后，使结合脂肪或包裹在组织里的脂肪游离出来，再加乙醚萃取，去除溶剂后即为总脂肪含量，包括游离脂肪和结合脂肪。

2. 分析步骤　称取样品，加水混匀后加盐酸，待样品水解完全，加入乙醇混合，用乙醚分次提取脂肪，并用石油醚 - 乙醚等量混合液冲洗容器上附着的脂肪，待静置分层后，取上清液，挥去溶剂，干燥、冷却后称量，直至恒重。

3. 方法说明

（1）水解后加入一定量的乙醇，使能溶于乙醇的物质进入水相，减少某些非脂成分进入醚层。但由于乙醇既能溶于水也能溶于乙醚，会影响分层，加入石油醚，可降低乙醚的极性，促进乙醇进入水层，使乙醚层能与水层分离。若出现浑浊，可记录醚层体积后，将其取出加入无水硫酸钠脱水，过滤后，取一定体积的乙醚提取液，烘干称重。

（2）本法适用于各类食品中脂肪的测定，对固体、半固体、黏稠液体或液体食品，特别是加工后的食品，容易吸湿、结块，不易烘干的食品，用此法能获得较满意的结果。

三、脂肪酸检验

食品中脂肪酸是决定脂肪品质的重要指标之一，脂肪的营养价值在很大程度上决定于脂肪酸的组成和含量。分析脂肪酸种类和含量的常用的方法是气相色谱法（GB/T 22223）。

1. 原理　在碱性条件下甘油三酯和磷脂水解成脂肪酸，再将其甲酯化生成脂肪酸甲酯，经毛细管气相色谱分离，内标法定量测定脂肪酸甲酯含量，然后折算成各脂肪酸的含量。内标物为十一碳酸甘油三酯。

2. 分析步骤

（1）样品处理：待测样品中加入焦性没食子酸和十一碳酸甘油三酯内标溶液，再分别加入 95% 乙醇和盐酸溶液后进行水解；用乙醚和石油醚萃取样品中的脂类，挥去溶剂；将脂肪萃取物与氢氧化钠、甲醇和三氟化硼混合后回流进行衍生化，加入正庚烷、饱和氯化钠水溶液，振摇，取上层正庚烷，用无水硫酸钠脱水干燥，过有机膜，待测。

（2）测定：色谱参考条件为毛细管柱（交联键合固定相，含 50% 氰丙基，60m×0.25mm，0.25μm）；进样口温度：270℃，检测器温度：280℃，载气为高纯氮。分流比 50∶1；柱温程序升温：初始温度 130℃，保持 1 分钟；6.5℃/min 升温到 170℃，接着 2.75℃/min 升温到215℃，保持 12 分钟；然后继续以 4℃/min 的速率升温到 230℃，保持 3 分钟。

分别取脂肪酸甲酯标准溶液和样品溶液进行色谱分析，以脂肪酸甲酯标准品的保留时间定性，内标法计算各脂肪酸甲酯的含量。

3. 方法说明

（1）食用油样品不经脂肪提取，直接进行皂化和甲酯化，其他食品需经酸水解后，加乙醚提取脂肪，再进行皂化和甲酯化。

（2）三氟化硼有毒，操作需在通风橱里进行。所制备的脂肪酸甲酯应尽快分析，以防止自动氧化。

（3）脂肪酸甲酯换算成脂肪酸的换算系数为：脂肪酸 i 的分子量／脂肪酸甲酯 i 的分子量。

第五节　食品中碳水化合物检验

一、概述

碳水化合物（carbohydrate）是由碳、氢、氧三种元素组成的有机化合物，又称糖类。碳水化合物是人类食物的主要成分，约占食物总量的 50% 以上，也是人类膳食能量的主要来源，对人类营养有着重要作用。碳水化合物还赋予食品很多其他重要的功能特性，例如，食品的甜味剂、增稠剂、凝胶等；其结构、性质和变化是食品色泽、质地、风味和加工特性多样化的重要物质基础。因此，食品中碳水化合物含量是某些食品的主要质量指标，也是食品理化检验的重要项目之一。

除了乳中的乳糖外，食品中碳水化合物几乎都来自植物。膳食中碳水化合物的主要来源是谷类和根茎类，其次是蔬菜和水果。

（一）分类

碳水化合物可分为单糖（monosaccharide）、寡糖（oligosaccharide）和多糖（polysaccharide）。

1. 单糖　是糖的最基本单位，它不能水解成更简单的糖类物质，按碳原子数目，可分为丙糖、丁糖、戊糖和己糖等。自然界的单糖主要是戊糖和己糖。己糖的化学式为 $C_6H_{12}O_6$，主要有葡萄糖（glucose）、果糖（fructose）和半乳糖（galactose）。

2. 低聚糖　也称寡糖，由 2~10 分子的单糖结合而成，水解后产生单糖。双糖是由两分子单糖缩合而成的产物，是低聚糖中最重要的一类，常见的天然存在于食品中有蔗糖（sucrose）、乳糖（lactose）和麦芽糖（maltose）等，化学式为 $C_{12}H_{22}O_{11}$。蔗糖是由一分子葡萄糖和一分子果糖结合而成，又称为白糖，是从甘蔗或甜菜中提取出来；乳糖是由一分子葡萄糖与一分子半乳糖结合而成，主要存在于奶及奶制品中；麦芽糖由两分子葡萄糖缩合而成，游离的麦芽糖在自然界中不存在，通常由淀粉水解产生。

3. 多糖　由多个（至少超过 10 个）单糖分子缩合而成的高分子化合物，如淀粉（starch）、纤维素（fiber）等，化学式为 $(C_6H_{10}O_5)_n$。人体能利用的多糖主要是淀粉，不能利用的是膳食纤维。

（二）理化性质

1. 溶解性　单糖和双糖均可溶于水，有甜味，微溶于醇，不溶于醚。多糖不溶于水、醇和醚，没有甜味。

2. 水解性　单糖是最基本的糖类，不能再水解；双糖在一定条件下能水解成两分子单糖；多糖中的淀粉，在酶和酸的作用下，最终水解成葡萄糖；纤维素在稀酸条件下不易水解。

3. 还原性　单糖分子含有游离羰基（包括醛基或半缩醛）而具有还原性，麦芽糖、乳糖分子中含有半缩醛羟基也具有还原性。具有还原性的糖统称为还原糖（reducing sugar）。还原糖能被弱氧化剂氧化。蔗糖和多糖没有还原性，属于非还原糖。

（三）生理功能

碳水化合物是机体主要能量来源,参与构成机体重要的组成物质,如结缔组织中的黏蛋白、神经组织中的糖脂及细胞膜表面具有信息传递功能的糖蛋白等。脂肪在体内的正常代谢必须有糖类存在;当摄入足够的碳水化合物时,可以防止体内的蛋白质转变为葡萄糖,起到节约蛋白质的作用。碳水化合物中纤维素和果胶等膳食纤维虽不能被人体消化吸收,但能刺激胃肠蠕动,有助于正常的消化和排便功能,并且具有降低血糖及血胆固醇的作用;另外,摄入富含大量膳食纤维膳食的人群,可以降低患结肠癌的风险。一些低聚糖有利于益生菌生长,可调节肠道菌群,促进健康,如低聚木糖和低聚果糖等。

二、还原糖检验

还原糖检测方法一般是利用还原糖中游离醛基或酮基在碱性溶液中能将铜盐还原为亚铜而建立的。国家标准分析方法有直接滴定法和高锰酸钾滴定法(GB/T 5009.7)。

（一）直接滴定法

1. 原理　一定量的碱性酒石酸铜甲液(由硫酸铜和次甲基蓝混合配制)和乙液(由酒石酸钾钠、氢氧化钠和亚铁氰化钾混合配制)等量混合,硫酸铜与氢氧化钠作用立即生成蓝色的氢氧化铜沉淀,沉淀与酒石酸钾钠反应,生成深蓝色的可溶性酒石酸钾钠铜配合物。在加热条件下,以次甲基蓝作为指示剂,用还原糖标准溶液标定碱性酒石酸铜溶液,再用已除去蛋白质的样品溶液直接滴定标定过的碱性酒石酸铜溶液,样品中的还原糖与酒石酸钾钠铜反应,生成红色的氧化亚铜沉淀,二价铜全部被还原后,稍微过量的还原糖将蓝色的次甲基蓝还原,蓝色消失为滴定终点,根据样液消耗体积,计算还原糖量。反应式如下:

$$CuSO_4 + 2NaOH = Cu(OH)_2 \downarrow + Na_2SO_4$$

$$Cu(OH)_2 + \underset{\substack{| \\ CHOH \\ | \\ CHOH \\ | \\ COONa}}{\overset{COOK}{|}} = \underset{\substack{| \\ CHO \\ \\ CHO \\ | \\ COONa}}{\overset{COOK}{|}}\hspace{-4pt}\Big\rangle Cu + 2H_2O$$

$$\underset{\substack{| \\ (CHOH)_4 \\ | \\ CH_2OH}}{\overset{CHO}{|}} + 2\ \underset{\substack{| \\ CHO \\ | \\ COONa}}{\overset{COOK}{|}}\hspace{-4pt}\Big\rangle Cu + 2H_2O = \underset{\substack{| \\ (CHOH)_4 \\ | \\ CH_2OH}}{\overset{COOH}{|}} + 2\ \underset{\substack{| \\ CHOH \\ | \\ CHOH \\ | \\ COONa}}{\overset{COOK}{|}} + Cu_2O \downarrow$$

(次甲基蓝氧化型,蓝色) $+H_2O \rightleftharpoons$ (次甲基蓝还原型,无色) $+HCl$

2. 分析步骤

（1）样品处理

1）提取液的制备：利用还原糖的水溶性,加水提取样品。含脂肪的食品,通常先加乙醚脱脂后再加水进行提取;含有大量淀粉和糊精的食品,用水提取会使部分淀粉、糊精溶出,影响测定,宜采用70%~75%的乙醇溶液提取,淀粉和糊精沉淀后离心去除,提取液再蒸发除去乙醇。

2）提取液的净化：提取液中除含有单糖和低聚糖等可溶性糖外,还含有少量影响测定的杂质,如色素、蛋白质、可溶性果胶、可溶性淀粉、氨基酸等,测定前必须加澄清剂沉淀这些干扰物质。常用的澄清剂有:①中性醋酸铅溶液,铅离子能与很多离子结合,生成沉淀,同时吸附除去部分杂质。澄清后的样液中残留的铅离子必须加草酸钠等除去,否则加热会使铅与还原糖发生反应,导致测定结果偏低;②乙酸锌和亚铁氰化钾溶液,利用乙酸锌与亚铁氰化钾反应生成的亚铁氰酸锌沉淀吸附干扰物质。这种澄清剂除蛋白质能力强,适用于乳制品、豆制品等蛋白质含量高的样液的澄清;③硫酸铜和氢氧化钠溶液,在碱性条件下,铜离子可使蛋白质沉淀,该澄清剂适合富含蛋白质的样品的澄清。但直接滴定法测定还原糖时,铜离子含量是定量的基础,因此,不能用硫酸铜和氢氧化钠溶液作为澄清剂处理样液,否则会在样液中引入铜离子,影响测定结果的准确性。

（2）测定

1）碱性酒石酸铜溶液的标定：准确吸取碱性酒石酸铜甲液和乙液各5ml,从滴定管滴加约9ml葡萄糖标准溶液,加热使其沸腾,趁热用葡萄糖标准溶液滴定,直至溶液蓝色刚好褪去为终点。

2）样液预测：准确吸取碱性酒石酸铜甲液和乙液各5ml,加热使其沸腾,趁热用试样溶液滴定,直到溶液颜色刚好褪去为终点。

3）样液测定：准确吸取碱性酒石酸铜甲液和乙液各5ml,从滴定管中加入比预测滴定时少1ml的样液,加热使其沸腾,趁热用试样溶液滴定,直到溶液颜色刚好褪去,以此为终点,记录样液消耗体积。

3. 方法说明

（1）碱性酒石酸铜溶液也称为斐林试剂。甲液和乙液应分别配制和储存,测定时才等量混合。

（2）红色的氧化亚铜对滴定终点观察会产生干扰,为消除干扰,加入少量亚铁氰化钾,与红色的氧化亚铜发生配合反应,形成可溶性的无色配合物,使滴定终点变色更明显。在此反应条件下,次甲基蓝氧化能力比Cu^{2+}弱,还原糖与Cu^{2+}完全反应后,稍过量的还原糖才与次甲基蓝发生反应,使溶液蓝色消失,指示滴定终点。

（3）滴定时溶液应始终保持沸腾,原因在于指示剂变色反应的可逆性,当还原型次甲基蓝（无色）与空气中氧作用时则变为氧化型（蓝色）,保持溶液的沸腾可防止空气侵入,同时,还可以加快还原糖与碱性酒石酸铜的反应速度。

（4）样液测定前需做浓度预测。本法对样液中还原糖浓度有一定要求（0.1%左右）,每次滴定消耗样品液体积应与标定碱性酒石酸铜试剂时所消耗的葡萄糖标准液的体积相近,约为10ml。如果样品液中还原糖浓度过大或过小,应加以调整,减小测定误差。提高测定准确度。

（二）高锰酸钾滴定法

1. 原理　食品中还原糖将斐林试剂中的铜盐还原成氧化亚铜沉淀,加入酸性硫酸铁溶液后将其氧化溶解,而硫酸铁被定量还原为硫酸亚铁,再用高锰酸钾标准溶液滴定硫酸亚

铁,根据所消耗的高锰酸钾标准溶液量,计算出氧化亚铜的量,再查糖量表得出还原糖量。反应式如下:

$$Cu_2O+Fe_2(SO_4)_3+H_2SO_4 \longrightarrow 2CuSO_4+2FeSO_4+H_2O$$

$$10FeSO_4+2KMnO_4+8H_2SO_4 \longrightarrow 5Fe_2(SO_4)_3+K_2SO_4+2MnSO_4+8H_2O$$

2. 分析步骤

(1)样品处理:样品提取液的制备和净化同直接滴定法。

(2)测定方法:样液中加入碱性酒石酸铜甲、乙液,加热使其在4分钟内沸腾,保持4分钟。趁热抽滤,并用热水洗涤沉淀至洗涤液不呈碱性为止。沉淀中分别加入硫酸铁溶液和水,使沉淀完全溶解,以高锰酸钾标准溶液滴定至微红色。另取水代替样液,做空白试验。查糖量表(表4-4)得出与氧化亚铜相当的还原糖量。

表4-4　氧化亚铜相当的糖量表(mg)

氧化亚铜	葡萄糖	果糖	含水乳糖	转化糖	氧化亚铜	葡萄糖	果糖	含水乳糖	转化糖
10	4.0	4.5	6.7	4.5	115	50.0	54.9	78.2	52.5
15	6.3	7.0	10.4	6.5	120	52.3	57.4	81.8	54.8
20	8.4	9.2	13.6	9.1	125	54.6	59.9	85.1	57.3
25	10.4	11.5	16.9	11.2	130	57.0	62.4	88.8	59.7
30	12.7	14.1	20.6	13.7	135	59.2	64.9	92.1	62.0
35	14.8	16.3	23.8	15.8	140	61.5	67.4	95.6	64.5
40	16.9	18.7	27.0	18.0	145	63.8	69.9	99.0	66.8
45	19.2	21.1	30.6	20.4	150	66.0	72.2	102	69.1
50	21.4	23.5	34.0	22.7	155	68.3	74.8	106	71.5
55	23.5	25.9	37.4	24.9	160	70.5	77.1	109	73.8
60	25.8	28.5	41.0	27.3	165	72.8	80.0	113	76.4
65	27.9	30.8	44.3	29.5	170	75.2	82.2	116	78.6
70	30.1	33.1	47.6	31.8	175	77.5	84.6	119	80.9
75	32.3	35.6	51.0	34.1	180	79.9	87.3	123	83.5
80	34.5	37.9	54.4	36.3	185	82.2	89.6	126	85.9
85	36.8	40.4	58.0	38.7	190	84.5	92.2	130	88.3
90	39.0	42.8	61.3	41.0	195	86.8	94.7	133	90.7
95	41.3	45.3	64.6	43.4	200	89.3	97.3	137	93.1
100	43.5	47.8	68.2	45.7	205	91.5	99.7	140	95.5
105	45.6	50.1	71.4	47.9	210	94.0	102	144	98.0
110	48.0	52.7	75.0	50.4	215	96.5	105	147	100

3. 方法说明

(1)测定必须严格按规定的操作条件进行。还原糖与碱性酒石酸铜试剂作用,必须在加热沸腾条件下进行,而且须控制好热源强度,保证在4分钟内加热至沸,否则测定误差较大;可先取与样液和试剂同体积的水,控制好热源强度,进行预试,以保证4分钟内沸腾,然后维持热源强度再做样品检测。

(2)此法所用碱性酒石酸铜溶液是过量的,保证把所有的还原糖全部氧化后,还有过剩的Cu^{2+}存在,所以煮沸后的溶液应保持蓝色,如果煮沸后的溶液不呈蓝色,说明样液中还原糖含量过高,应将样品溶液稀释后再重做。

(3)本法适用于各类食品中还原糖的测定,有色样液也不受影响,方法准确度和重现性都优于直接滴定法,但操作复杂、费时。

三、蔗糖检验

食品中蔗糖的检验,国家标准分析方法有高效液相色谱法和酸水解法(GB/T 5009.8)。由于蔗糖没有还原性,检测时样品中的蔗糖须经盐酸水解为还原糖,再按还原糖的测定方法分别测定水解前后样液中还原糖含量,两者的差值为由蔗糖水解产生的还原糖量,再乘以换算系数即为蔗糖含量。本节主要介绍高效液相色谱法测定食品中蔗糖。

1. 原理 样品经处理后,用高效液相色谱氨基柱分离,用示差折光检测器检测,根据蔗糖的折光率与浓度成正比,单点校正法定量。

2. 分析步骤

(1)样品处理:准确称取样品,加水溶解,缓慢加入硫酸铜溶液和氢氧化钠溶液。用水定容,滤纸过滤后,滤液再用0.45μm滤膜过滤。

(2)测定:氨基柱(250mm×4.6mm,5μm);柱温:25℃;示差检测器池温:40℃;流动相:乙腈 - 水(75+25);流速:1ml/min。

3. 方法说明 当称样量为10g时,本法检出限为2mg/100g;样品中脂肪含量大于10%时,应用石油醚去除大部分脂肪。

四、淀粉检验

淀粉是葡萄糖的聚合物,是食品中含量仅次于水的最丰富的成分。淀粉以颗粒形式存在于植物中,其结构紧密,常温下不溶于水,但在酸或酶的作用下能水解为葡萄糖,采用测定还原糖的方法进行定量检测。测定淀粉的方法有酶水解法和酸水解法(GB/T 5009.9)。

(一)酶水解法

1. 原理 样品经去除脂肪及可溶性糖类后,在淀粉酶的作用下,使淀粉水解为短链淀粉、糊精和麦芽糖等低聚合糖,再用盐酸水解成葡萄糖,按还原糖的测定方法测定葡萄糖含量,然后乘以校正因子0.90,即可得到淀粉的含量。淀粉水解反应如下。

$$(C_6H_{10}O_5)_n + nH_2O \longrightarrow nC_6H_{12}O_6$$

因此,将葡萄糖含量折算为在淀粉含量的换算系数为162/180,即0.9。

2. 分析步骤 样品先用乙醚或石油醚去除脂肪,再用85%乙醇洗去可溶性糖类;将残留物用水洗后,在残留物中加入淀粉酶溶液,55~60℃保温酶解1小时,然后,加水定容,过滤。取适量滤液,加入稀盐酸回流,再加甲基红指示剂,用稀氢氧化钠溶液中和至中性,用水定容。按还原糖测定方法进行测定,同时做试剂空白试验。

3. 方法说明

(1)淀粉颗粒具有晶格结构,淀粉酶难于作用,因此,淀粉酶水解前,要加热使淀粉糊化以破坏其晶格结构,使其易于被淀粉酶作用。

（2）因为淀粉酶有严格的选择性，它只能水解淀粉而不会水解其他多糖，水解后可过滤除其他多糖，所以该法不受纤维素、果胶等多糖的干扰。但淀粉酶必须纯化，以消除其他酶活性，如纤维素酶等。

（3）淀粉在酸或酶中水解程度与碘的呈色反应如下。

水解程序：淀粉→蓝糊精→红糊精→消失糊精→麦芽糖→葡萄糖
呈色反应：紫蓝色　　蓝色　　红色　　无色　　无色　　无色

（4）样品中加入乙醇溶液后，混合液中乙醇的浓度应大于80%，以防止淀粉随可溶性糖类一起被洗掉。

（二）酸水解法

1. 原理　样品经除去脂肪及可溶性糖类后，其中淀粉用酸水解成具有还原性的单糖，然后按还原糖测定法进行测定，并折算成淀粉含量。

2. 分析步骤　样品粉碎后，用乙醚除去样品中的脂肪，并用85%乙醇洗去可溶性糖类，加入稀盐酸溶液，置沸水浴中回流2小时后，加入甲基红指示剂，先用氢氧化钠溶液调至黄色，再用盐酸溶液调至刚好变为红色。加入适量醋酸铅溶液以沉淀蛋白质、果胶等杂质，再加适量硫酸钠溶液，除去过多的铅。用水定容，过滤，滤液按还原糖测定法进行测定，并同时做试剂空白试验。

3. 方法说明

（1）盐酸水解淀粉的专一性不如淀粉酶，它不仅使淀粉水解，其他多糖，如半纤维素和果胶质也会被水解，使测定结果偏高。

（2）水解条件如样液量、所用酸的浓度及加入量、水解时间等应严格控制，以保证淀粉水解完全，并避免加热时间过长使葡萄糖失去还原性。因水解时间较长，应使用回流装置，以保证水解过程中盐酸浓度不发生较大改变。

五、膳食纤维检验

膳食纤维（dietary fiber）是指不能被人体小肠消化吸收，而在人体结肠内能部分或全部发酵的碳水化合物及其相类似物质的总和，也称为总膳食纤维（total dietary fiber，TDF），包括纤维素、半纤维素、木质素、抗性淀粉、果胶等。膳食纤维按其溶解性分为可溶性膳食纤维（soluble dietary fiber，SDF）和不溶性膳食纤维（insoluble dietary fiber，IDF）两大类。

测定食品中膳食纤维的方法有总的、不溶性及可溶性膳食纤维的酶 - 重量法，以及不溶性膳食纤维中性洗涤剂法（GB/T 5009.88）和粗纤维法（GB/T 5515）。

（一）食品中总的、不溶性及可溶性膳食纤维测定（酶 - 重量法）

1. 原理　取干燥、脱脂的样品分别用热稳定的 α- 淀粉酶、蛋白酶和葡萄糖苷酶处理，以去除蛋白质和淀粉，酶解液用乙醇沉淀，过滤，残渣再用乙醇和丙酮洗涤，干燥后称重，即为总膳食纤维残渣，称量；如果酶解液直接过滤，可收集不溶性膳食纤维残渣，称量；然后将滤液用95%乙醇沉淀，过滤，再用乙醇和丙酮洗涤，干燥，称重，可得可溶性膳食纤维残渣。总膳食纤维、不溶性膳食纤维和可溶性膳食纤维的残渣扣除蛋白质、灰分和空白含量后即可计算出样品中总膳食纤维、可溶性膳食纤维和不可溶性膳食纤维的含量。

2. 分析步骤

（1）样品制备：对脂肪大于10%的样品，用石油醚去脂，干燥、粉碎；对样品干重含糖大于50%的样品，样品用85%乙醇去除糖，干燥、粉碎；其余样品直接干燥、粉碎即可。

（2）酶解：准确称取双份样品，分别加入缓冲溶液后，加入耐热的 α- 淀粉酶溶液，在 95℃水浴中反应 30 分钟后，冷却至 60℃；分别加入蛋白酶溶液，在 60℃恒温条件下反应 30 分钟；调节 pH，在上述溶液中加入葡萄糖苷酶溶液，在 60℃条件下反应 30 分钟。分别进行总的、不溶性及可溶性膳食纤维测定。同时做双份空白酶解样。

（3）测定

1）总膳食纤维测定：经酶解处理的样品，分别加入 95% 乙醇，预热至 60℃，室温下沉淀 1 小时。分别用乙醇和丙酮洗涤残渣，抽滤去除洗涤液后，烘干残渣，冷却至室温后称量至恒重，计算残渣量。称重后的平行样品残渣，一份用凯氏定氮法测定含氮量，计算蛋白质含量；一份测定灰分含量。

2）不溶性膳食纤维测定：酶解液抽滤，并用热蒸馏水洗涤残渣，合并滤液和洗涤液，用于可溶性膳食纤维测定。残渣再分别用乙醇和丙酮洗涤，抽滤后，烘干残渣，称量至恒重，计算残渣量。称重后的平行试样残渣，分别测定蛋白质和灰分含量。

3）可溶性膳食纤维测定：将不溶性膳食纤维过滤后的滤液加入 60℃的 95% 乙醇，室温下沉淀 1 小时，抽滤；再分别用乙醇和丙酮洗涤残渣，抽滤后，烘干残渣，称量至恒重，计算残渣量。称重后的平行试样残渣，分别测定蛋白质和灰分含量。

3. 方法说明

（1）由于样品种某些蛋白质和矿物质会与细胞壁组分形成复合物，所以要对待称量的残渣中可能残留的杂质进行校正，通常用凯氏定氮法和灰分测定校正样品中没有完全除去的蛋白质和矿物质。

（2）某些小分子的可溶性膳食纤维，如低聚果糖、低聚半乳糖、多聚葡萄糖和抗性淀粉等，由于能部分或全部溶解在乙醇溶液中，可能导致总膳食纤维的测定结果偏低。

（二）不溶性膳食纤维测定（中性洗涤剂法）

样品经中性洗涤剂（含十二烷基硫酸钠等）消化后，样品中的糖、淀粉、果胶和蛋白质等物质被溶解除去，然后加入 α- 淀粉酶溶液分解结合态的淀粉，再用丙酮洗涤残渣，于 110℃烘干至恒重，即为不溶性膳食纤维残渣，残渣中还包括不溶性灰分，扣除灰化后，即得不溶性膳食纤维，主要包括纤维素、半纤维素、木质素、角质和二氧化硅等。

（三）粗纤维的测定

在稀硫酸的作用下，样品中的糖、淀粉、果胶质和半纤维素经水解除去后，再用碱处理，使蛋白质溶解、脂肪皂化而除去，然后用乙醇和乙醚分别洗涤，除去色素及残余的脂肪，残渣于 105℃烘干至恒重后，称重，即为含有灰分的粗纤维量；再将残渣在 550℃下灼烧至恒重，称量，扣除灰分含量即可得出样品中粗纤维（crud fiber）的含量。其中包括了食品中的纤维素和木质素，而半纤维素和果胶未被检测出来。

第六节　食品中维生素检验

一、概述

维生素（vitamin）是指人体几乎不能合成，调节机体生理功能所必需的一类低分子有机化合物的总称。虽然维生素既不是构成机体组织和细胞的主要原料，也不能产生能量，但却是调节机体物质和能量代谢的重要物质。此外，维生素种类繁多，结构、理化性质和生理功能各异;它们或其前体化合物均存在于天然食物中;由于大多数维生素在体内不能合成或合成不足,必须从食物中摄取;虽然机体需要量很少,但当膳食中长期缺乏某种维生素时会导致相应的缺乏病,而摄入过多也会引起机体生理功能紊乱,甚至中毒。

按照维生素的溶解性,一般可分为两大类:脂溶性维生素和水溶性维生素。脂溶性维生素是指不溶于水而溶于脂肪及有机溶剂中的维生素,包括维生素 A、维生素 D、维生素 E 和维生素 K 等。这类维生素在食物中常与脂类共存,其消化吸收与肠道中脂类密切相关,易贮存于肝,不易随尿液排出体外,摄入过多易在体内蓄积出现中毒症状。水溶性维生素是指可溶于水的维生素,包括 B 族维生素和维生素 C。这类维生素较少贮存于体内,摄入过量一般随尿液排出。

测定食物中维生素含量具有十分重要的意义。可以了解各种食物中维生素的种类和含量,评价食物营养价值,指导人们合理膳食。其次,可以研究在食品加工、贮存过程中维生素的变化,利于制定合理的加工工艺和贮存条件。此外,对于富含维生素食品的开发利用、维生素的强化及营养标签的制作也具有重要参考价值。

维生素的分析方法有荧光分光光度法、色谱法、微生物法、紫外 - 可见分光光度法、酶法、免疫法等多种方法,这些方法各有其优势及不同的适用范围,可以单独测定或同时检测不同种类的维生素。其中高效液相色谱法和荧光分光光度法具有快速、灵敏、选择性好的特点,是常用的国家标准分析方法。维生素的种类、食物来源和国家标准检测方法见表 4-5。本节主要介绍食品中较为常见的几种维生素的检验方法。

表 4-5 维生素种类、食物来源和标准检测方法

名称		食物来源	国家标准方法
脂溶性维生素	维生素 A	鱼肝油、蛋黄、肝、肾、乳汁	高效液相色谱法、三氯化锑分光光度法
	胡萝卜素(维生素 A 原)	深绿色、红黄色蔬菜和水果	高效液相色谱法、纸层析法
	维生素 D	鱼肝油、肝、蛋黄、牛奶	高效液相色谱法
	维生素 E	植物油、豆类、玉米、绿叶蔬菜	高效液相色谱法
	维生素 K	绿叶蔬菜、大豆	高效液相色谱法
水溶性维生素	维生素 B 族		
	维生素 B₁(硫胺素)	糙米、麦麸、酵母、豆类	荧光分光光度法、高效液相色谱法
	维生素 B₂(核黄素)	肝、肾、蛋黄、豆类、酵母	荧光分光光度法、高效液相色谱法、微生物法
	维生素 B₃(烟酸)	蛋黄、肝、酵母	微生物法、分光光度法、高效液相色谱法
	维生素 B₅(泛酸)	金枪鱼、肝、蘑菇	微生物法
	维生素 B₆(吡哆素)	蛋黄、肝、肉、大豆、谷类	荧光分光光度法、高效液相色谱法、微生物法
	维生素 B₇(生物素)	酵母、动物肝	微生物法
	维生素 B₁₁(叶酸)	绿叶蔬菜、豆类、肝	微生物法
	维生素 B₁₂(钴胺素)	肉类、鱼类、家禽、奶类	微生物法、高效液相色谱法
	维生素 C	新鲜蔬菜、水果、豆芽	荧光分光光度法、苯肼分光光度法、2,6- 二氯靛酚滴定法

二、脂溶性维生素检验

（一）维生素 A 与维生素 E 同时测定

维生素 A（vitamin A）是指具有视黄醇生物活性的一类化合物。食品中的维生素 A 包括 β-胡萝卜素和视黄醇及其衍生物，植物性食品仅含有 β- 胡萝卜素和其他类胡萝卜素。维生素 A 是由 β- 紫罗酮环与不饱和一元醇组成的一类化合物及其衍生物的总称，包括维生素 A_1（视黄醇）和 A_2（3- 脱氢视黄醇）及其各类异构体和衍生物，都具有维生素 A 的作用，总称为类视黄素。食品中的维生素 A 的总量用视黄醇当量（RE）来表示。维生素 A 的量可用国际单位（IU）表示，每一个国际单位等于 0.3μg 维生素 A（醇），0.344μg 乙酸维生素 A（酯）。

大多数天然维生素 A 类物质对氧和光线较为敏感，对酸不稳定，对碱较稳定，耐热性较好，且有其他抗氧化剂存在时可以经受煮沸。维生素 A 具有保持视觉正常、促进细胞生长与分化和维持上皮组织健康的生理功能。

维生素A_1（视黄醇）

α–生育酚

维生素 E（vitamin E）是具有生育酚活性的化合物的总称。食品中维生素 E 有 α- 生育酚、β- 生育酚、γ- 生育酚、δ- 生育酚和相应的三烯生育酚等多种形式。由于不同形式的维生素 E 在体内利用率不同，其中 α- 生育酚活性最高。食品中的维生素 E 用 α- 生育酚当量（α-TE，mg）表示。维生素 E 为黄色油状液体，对碱和氧不稳定，对酸和热较为稳定，除油炸外一般烹调损失不大。维生素 E 具有抗氧化功能，与机体的生殖能力密切相关。

维生素 A 的测定方法有高效液相色谱法、三氯化锑分光光度法（GB/T 5009.82）、紫外分光光度法、荧光法等，其中三氯化锑分光光度法是通过维生素 A 与三氯化锑作用产生蓝色物质，通过测定吸光度值确定维生素 A 含量的方法。维生素 E 的测定方法有高效液相色谱法（GB/T 5009.82）、分光光度法、荧光分光光度法等。本节主要介绍高效液相色谱法，可同时测定维生素 A 和维生素 E。

1. 原理　样品经皂化处理后，用有机溶剂提取其中的维生素 A 和维生素 E，经 C_{18} 反相色谱柱分离，紫外检测器检测，以保留时间定性，内标法定量。

2. 分析步骤

（1）样品处理：称取一定量样品加入无水乙醇、抗氧化剂维生素 C 和内标物苯并[a]芘。再加入氢氧化钾溶液（1+1）于沸水浴中回流皂化，冷却，皂化后的样品用乙醚提取，用水洗涤乙醚层，用 pH 试纸检验至水层不呈碱性，乙醚层经无水硫酸钠脱水，于 55℃水浴中减压蒸馏浓缩,用氮气吹干后用乙醇定量,离心,上清液供色谱分析用。

(2)测定:色谱参考条件为 C₁₈ 色谱柱(250mm×4.6mm,5μm);流动相:甲醇 - 水(98+2);紫外检测器波长:300nm;进样量:20μl;流速:1.70ml/min。

3. 方法说明

(1)本方法最小检出限分别为维生素 A 0.8ng、α- 生育酚 91.8ng、γ- 生育酚 36.6ng、δ- 生育酚 20.6ng。

(2)维生素 A 和维生素 E 的标准溶液临用时需用紫外分光光度法标定其浓度。实验操作应避光,采用棕色玻璃器皿,避免维生素的破坏。

(3)本法不能将 β- 生育酚和 γ- 生育酚分开,故 γ- 生育酚峰中含有 β- 生育酚峰。

(二)胡萝卜素测定

胡萝卜素(carotene)是一种广泛存在于有色蔬菜和水果中的天然色素,有多种异构体和衍生物,包括 α- 胡萝卜素、β- 胡萝卜素、γ- 胡萝卜素、玉米黄质,还包括叶黄素、番茄红素等,总称类胡萝卜素(carotenoids)。其中约 1/10 的类胡萝卜素可在小肠和肝细胞内转化为维生素 A,称为维生素 A 原,最重要的一种就是 β- 胡萝卜素。就生理活性而言,6μg β- 胡萝卜素相当于 1μg 维生素 A,β- 胡萝卜素是维生素 A 的安全来源。

胡萝卜素溶于脂肪及大多数有机溶剂,对热、酸和碱都比较稳定,但紫外线和空气中的氧可促进其氧化破坏。胡萝卜素作为一种色素,在 450nm 波长处有最大吸收。目前测定食物中胡萝卜素常用的方法有高效液相色谱法(GB/T 5009.83)、纸层析法(GB/T 5009.83)、薄层色谱法等,本节重点介绍高效液相色谱法和纸层析法。

1. 高效液相色谱法

(1)原理:样品中的 β- 胡萝卜素用丙酮 - 石油醚(20+80)混合液提取,经三氧化二铝柱净化,采用 C₁₈ 柱分离,紫外检测器检测,保留时间定性,峰高或峰面积标准曲线法定量。

(2)分析步骤

1)样品处理:取适量样品加入丙酮 - 石油醚(20+80)混合液反复提取直至提取液无色。合并提取液,在 30~40℃水浴旋转蒸发至干残渣用石油醚溶解。先用丙酮 - 石油醚(5+95)冲洗氧化铝柱,上样,用同样的混合溶剂洗脱 β- 胡萝卜素,洗脱液定容后过 0.45μm 滤膜,备用。

2)测定:色谱参考条件为 C₁₈ 柱(150mm×4.6mm,5μm);流动相:甲醇 - 乙腈(90+10);紫外检测器波长:448nm;流速:1.2ml/min。

(3)方法说明:①本方法最低检出限为 5.0mg/kg(L),线性范围为 0~100mg/L。②层析柱中的三氧化二铝需预先于 140℃活化 2 小时,取出放入干燥器中备用。③在采用丙酮 - 石油醚提取胡萝卜素时,若样品含水量较多,适当增加丙酮的比例,可提高提取效率。

2. 纸色谱法

(1)原理:样品经皂化后,用石油醚提取胡萝卜素及其他色素,以石油醚为展开剂进行纸色谱,利用胡萝卜素极性与其他色素不同而分离,取含胡萝卜素的色谱带,用石油醚洗脱后于 450nm 波长下测定吸光度值。

(2)分析步骤

1)样品处理:取适量样品,加脱醛乙醇和氢氧化钾(1+1)溶液,皂化回流 30 分钟,用冰水冷却,再用石油醚提取至提取液无色。用水洗涤提取液至中性,无水硫酸钠脱水。提取液在 60℃水浴中旋转蒸发浓缩,氮气吹干,石油醚定容,备用。

2）测定:在层析滤纸(18cm×30cm)底部上点2个条带,待纸上所点样液挥干后,置于石油醚饱和的层析缸中展开。待胡萝卜素与其他色素分开后,取出滤纸,自然挥干,剪下胡萝卜素色谱带,用石油醚溶解。于450nm波长下测定吸光度值,与标准系列比较定量。

（3）方法说明:①此方法最低检出限为0.11μg,线性范围1~20μg。该法不能区分α-胡萝卜素、β-胡萝卜素、γ-胡萝卜素,测定结果为总胡萝卜素;②为避免胡萝卜素的损失,操作需在避光条件下进行;③如果标准品不能完全溶解于有机溶剂中,必要时先将标准品皂化,再用有机溶剂提取,用水洗涤至中性后,浓缩,定容,再进行标定;④在皂化过程中加入脱醛处理的乙醇可以防止胡萝卜素的氧化。

（三）维生素 D 测定

维生素 D(vitamin D)是具有胆钙化醇生物活性的一类化合物。有维生素 D_2 和维生素 D_3 两种主要形式,可由维生素 D 原(麦角固醇和7-脱氢胆固醇)经紫外线照射形成。两者均为白色晶体,化学性质较为稳定,在中性和碱性溶液中耐热,不易被氧化,但在酸性条件下会逐渐分解,一般烹调加工维生素 D 不会损失。维生素 D 在人体内具有促进钙磷吸收,调节血钙等作用。

维生素D_2（麦角钙化醇） 维生素D_3（胆钙化醇）

维生素 D 测定方法有高效液相色谱法、紫外-可见分光光度法等。其中高效液相色谱法灵敏度高、分析速度快,是检测婴幼儿食品和乳品中维生素 D 的国家标准方法(GB 5413.9)。

1. 原理 样品皂化后,经石油醚提取,维生素 D 用正相色谱法净化后,反相色谱法分离,根据保留时间定性,标准曲线法定量。

2. 分析步骤

（1）样品处理:①皂化:含淀粉的样品先用α-淀粉酶60℃水解30分钟,不含淀粉的样品加水溶解。加入含维生素 C 的乙醇和氢氧化钾溶液,混匀,53℃水浴中皂化约45分钟,冷却至室温;②提取:在皂化液中加入石油醚提取两次,合并醚液,用水洗至近中性,无水硫酸钠脱水,旋转蒸发至干,残渣用石油醚溶解并定容。取一定量上述溶液40℃氮气吹干,正己烷定容,离心待净化;③净化:将待净化液注入色谱仪中,经正相色谱柱分离,根据维生素 D 标准溶液保留时间收集样品馏分,于40℃氮气吹干,加入1.00ml甲醇溶解残渣,即为维生素 D 测定液。

净化色谱条件为:硅胶柱(150mm×4.6mm),或具同等性能的色谱柱;流动相:环己烷-正己烷(1+1),并按体积分数0.8%加入异丙醇;流速:1ml/min;检测波长:264nm;柱温:(35±1)℃;进样体积:500μl。

（2）测定：将标准溶液和上述测定液注入液相色谱仪，根据峰高或峰面积标准曲线得出样液中维生素 D_2（或 D_3）的浓度。

参考色谱条件：C_{18} 色谱柱（250mm×4.6mm，5μm），或具同等性能的色谱柱；流动相：甲醇；流速：1ml/min；检测波长：264nm；柱温：（35±1）℃。进样量：100μl。

3. 方法说明

（1）本法适用于婴幼儿食品和乳品中维生素 D 的测定，也可不经过正相色谱净化同时测定维生素 A 和维生素 E。方法检出限：维生素 A 为 1μg/100g、维生素 E 为 10.00μg/100g、维生素 D 为 0.20μg/100g。

（2）测定维生素 D 的试样需要同时做加标回收率实验，用回收率对测定结果进行校正。

（四）维生素 K 测定

维生素 K（vitamin K）又称凝血维生素，主要包括自然界中的叶绿醌类（维生素 K_1）、甲基萘醌类（维生素 K_2）和人工合成的维生素 K_3。维生素 K 是黄色晶体，化学性质较为稳定，耐酸、耐热但易被碱和紫外线分解。维生素 K_1 主要存在于天然绿色蔬菜和动物内脏中，是检测的主要目标。维生素 K 是肝中凝血酶原和其他凝血因子合成必不可少的物质。

维生素 K 的分析方法有高效液相色谱法、紫外分光光度法、气相色谱法等。其中高效液相色谱法（GB/T 5009.158）主要用于蔬菜中维生素 K_1 的测定；高效液相色谱法（GB 5413.10）适用于婴幼儿食品和乳品中维生素 K_1 测定，本节主要介绍前一种方法。

1. 原理　样品中维生素 K_1 用石油醚提取后，经氧化铝色谱柱净化，收集样液，浓缩，定容后经高效液相色谱分离，在 248nm 波长处用紫外检测器检测，标准曲线法定量。

2. 分析步骤

（1）样品处理：取适量样品用丙酮提取，提取液移至盛有硫酸钠溶液的分液漏斗中，残渣分别用丙酮和石油醚洗涤至无色，合并提取液和洗液，待静置分层后弃水相。再用硫酸钠溶液洗涤有机相至水相澄清，无水硫酸钠脱水，蒸发浓缩后氮气吹干，石油醚溶解。用经磷酸盐处理的氧化铝色谱柱净化，收集石油醚样液，浓缩、氮气吹干，正己烷定容，离心备用。

（2）测定：参考色谱条件为预柱 ODS（45mm×4.0mm，10μm），分析柱 ODS（250mm×4.6mm，5μm）；流动相：甲醇 - 正己烷（98+2）；紫外检测波长：248nm；进样量：20μl；流速：1.5ml/min。

3. 方法说明　本方法适用于各类蔬菜、绿色植物及干制品中维生素 K_1 的测定，最低检出限为 0.5μg，线性范围为 1~100μg/ml。维生素 K_1 易在紫外光照射下分解，所有操作均需避光进行。

三、水溶性维生素检验

（一）维生素 B_1 测定

维生素 B_1 又名硫胺素（thiamin），根据其生理功能又称为抗脚气病和抗神经炎维生素。呈白色粉末状结晶，易溶于水和正丁醇、异丁醇等有机溶剂，微溶于乙醇。酸性条件下较为稳定，较耐热且不易被氧化；中性和碱性环境中易被氧化破坏，生成硫色素。

食品中维生素 B_1 的测定方法有硫色素荧光法（GB/T 5009.84）、高效液相色谱法、紫外分光光度法等。由于分光光度法灵敏度和准确度较差，适合于硫胺素含量高的食物样品；而荧光分光光度法和高效液相色谱法灵敏度较高、抗干扰能力强，适用于微量硫胺素的测定。其中高效液相色谱法（GB 5413.11 和 GB/T 9695.27）分别适用于婴幼儿食品及乳品、肉及肉制

品中维生素 B_1 的测定,其检测原理均是用碱性铁氰化钾将游离的硫胺素氧化为硫色素,正丁醇(或异丁醇)萃取后,经 C_{18} 反相色谱柱分离,用荧光检测器检测,标准曲线法定量。本节重点介绍荧光分光光度法。

1. 原理 硫胺素在碱性铁氰化钾溶液中被氧化成硫色素,硫色素在紫外光照射下,发射荧光。在一定条件下,其荧光强度与硫色素浓度成正比,即与溶液中硫胺素含量成正比,与标准比较定量。反应式如下:

硫胺素　　　　　　　　　　　　　　　硫色素

2. 分析步骤

(1)样品处理

1)提取:准确称取适量匀浆或粉碎样品,加稀盐酸溶解,高压加热水解(121℃,30分钟)后冷却,调节 pH 至 4.5,淀粉酶和蛋白酶 45~50℃酶解过夜,过滤。

2)净化:将提取液加入装有人造浮石的盐基交换管中,硫胺素被吸附于人造浮石上,用热水洗去杂质后再用热的酸性氯化钾溶液洗脱硫胺素,收集洗脱液并定容,即得试样净化液。同时用硫胺素标准使用液按上法操作,得标准净化液。

3)氧化:取两份试样净化液于反应瓶,在避光条件下一瓶加入氢氧化钠溶液,另一瓶加入碱性铁氰化钾溶液,分别作为试剂空白和试样,振摇后加正丁醇萃取。标准净化液进行同样操作。

(2)测定:于激发波长 365nm、发射波长 435nm 处,依次对样品空白、标准空白、样品溶液和标准溶液测定荧光强度,计算样品中硫胺素含量。

3. 方法说明

(1)本方法检出限为 0.05μg,线性范围为 0.2~10μg。

(2)为使样品中结合态硫胺素变为游离态以利于测定,需对样品进行酸水解和酶水解。

(3)紫外线会破坏硫色素,因此,测定过程应快速且避光。碱性铁氰化钾的用量要适中,用量不足使测定结果偏低,而过量则会破坏硫色素,操作中应保持加入试剂速度一致。用正丁醇提取硫色素,不宜过分振摇,以免乳化,不易分层。

(二)维生素 B_2 测定

维生素 B_2 又名核黄素(riboflavin),为黄色粉末状结晶,微溶于水,对空气、热稳定,在中性和酸性溶液中不易被破坏,但在碱性溶液中较易分解。核黄素对光敏感,易被紫外线破坏,在碱性溶液中光线照射可产生有较强荧光的光黄素。

测定核黄素常用的方法有荧光法(GB/T 5009.85)、高效液相色谱法(GB 5413.12 和 GB/T 9695.28)、微生物法(GB/T 5009.85)等。本节主要介绍荧光分光光度法。

1. 原理 核黄素在 440~500nm 波长光照射下产生黄绿色荧光,在稀溶液中,荧光强度与核黄素含量成正比。在 525nm 波长下测定样品的吸光度值,再加入低亚硫酸钠(连二亚硫酸钠),将核黄素还原为无荧光的物质并测定样液中杂质的荧光强度,两者之差即为样品中核黄素所产生的荧光强度。反应式如下:

$$\text{有荧光的核黄素} \xrightarrow[\text{Na}_2\text{S}_2\text{O}_4]{[H]} \text{无荧光的物质}$$

2. 分析步骤

（1）样品处理

1）提取：准确称取适量样品，加入稀盐酸水解后调节 pH 4.5，再加入淀粉酶或木瓜蛋白酶 37~40℃酶解 16 小时，定容，过滤。

2）氧化去杂质：取一定量提取液和标准使用液，加入适量水和冰乙酸，用高锰酸钾溶液氧化去除杂质，再加数滴过氧化氢除去多余的高锰酸钾直至溶液红色褪去，剧烈振摇使氧气逸出。

3）吸附和洗脱：将氧化除杂质的样品溶液和标准核黄素溶液分别通过硅镁吸附柱，核黄素被吸附在柱上，先用热水除去杂质，再用丙酮 - 冰乙酸 - 水（5+2+9）混合液和水依次洗脱核黄素，合并洗脱液并定容，待测。

（2）测定：于激发光波长 440nm，发射光波长 525nm 处测定样品管和标准管的荧光强度，并在各管的剩余溶液中加入低亚硫酸钠，立即混匀，在 20 秒内测定各管的荧光强度作为样品和标准空白。计算得到样品中核黄素含量。

3. 方法说明

（1）本方法检出限为 0.006μg，线性范围为 0.1~20μg。

（2）核黄素对可见或紫外光极不稳定，实验应在避光条件下进行。

（3）核黄素被低亚硫酸钠还原为无荧光物质，但摇动后很快又被氧化成荧光物质，所以要立即测定。

（三）其他 B 族维生素测定

1. 维生素 B_3 维生素 B_3 又称烟酸（nicotinamide）、尼克酸（niacin）、维生素 PP。是指具有烟酸生物学活性的吡啶 -3- 羧酸及其衍生物的总称，包括烟酸和烟酰胺。为白色针状结晶，在酸、碱、光、氧或加热条件下不易被破坏，是维生素中最稳定的一种。烟酸的测定方法有高效液相色谱法（GB 5413.15）、分光光度法（GB/T 9695.25）、微生物法（GB/T 5009.89）等。高效液相色谱法是将试样经热水提取、酸性沉淀蛋白质后，以 C_{18} 色谱柱分离烟酸和烟酰胺，用紫外检测器于 261nm 波长处测定吸光度值，标准曲线法定量。此法适用于婴幼儿食品和乳品中烟酸和烟酰胺的测定。分光光度法的测定原理是：烟酸经氢氧化钙溶液提取，与溴化氢结合，在对氨基苯乙酮作用下，生成黄色化合物，在 420nm 波长处测定吸光度值，标准曲线法定量。此方法适用于肉与肉制品中烟酸的检测。

2. 维生素 B_6 吡哆醇（pyridoxine，PN）、吡哆醛（pyridoxal，PL）、吡哆胺（pyridoxamine，PM）是维生素 B_6 的 3 种天然存在形式，它们易溶于水，在空气和酸性环境中稳定，碱性条件和光照下易被破坏。

维生素 B_6 的测定方法有荧光分光光度法、微生物法（GB/T 5009.154）、高效液相色谱法（GB 5413.13）。高效液相色谱法原理是：试样经热水提取、净化后，经 C_{18} 色谱柱分离，荧光检测器检测，标准曲线法定量。适用于婴幼儿食品和乳品中维生素 B_6 的测定。

3. 维生素 B$_{12}$　又称钴胺素(cobalamin),呈现钴元素的深红色,易溶于水和乙醇,在强酸、强碱、光照条件下及氧化剂存在下易被破坏。常用于测定维生素 B$_{12}$ 的方法有高效液相色谱法、离子交换色谱法、原子吸收分光光度法等。食品安全国家标准中婴幼儿食品和乳品中维生素 B$_{12}$ 的测定采用微生物法(GB 5413.14);保健食品中维生素 B$_{12}$ 的测定方法采用高效液相色谱法(GB/T 5009.217),利用固相萃取或免疫亲和色谱法对样品提取液中的维生素 B$_{12}$ 进行富集并去除杂质后,用高效液相 - 紫外检测器进行测定。

4. B 族维生素同时测定　针对单个维生素的测定方法较为费时,而采用高效液相色谱法可以同时检测多种 B 族维生素。我国国家标准方法采用高效液相色谱法对保健食品中盐酸硫胺素、盐酸吡哆醇、烟酸和烟酰胺同时进行检测(GB/T 5009.197)。

样品经甲醇、水和磷酸的混合液(100+400+0.5)超声波提取,离心、过滤后,以 C$_{18}$ 柱分离,紫外检测器检测,标准曲线法定量。在流动相中加入 0.1% 磷酸调节 pH 可以降低 B 族维生素的离子化,从而调节其保留时间和分离度,改善峰形。另外,流动相中加入烷基磺酸盐,可与离解的 B 族维生素生成中性离子对,利于分离检测。为提高检测灵敏度,维生素 B$_1$ 检测波长可调节为 260nm,维生素 B$_6$、烟酸和烟酰胺的波长可调节为 280nm。

(四) 维生素 C 测定

维生素 C 即抗坏血酸(ascorbic acid),为无色结晶,对光、热敏感,在碱性条件下易被氧化,酸性条件下较为稳定,具有较强还原性。抗坏血酸被氧化的产物脱氢抗坏血酸仍具有生理活性,但进一步氧化则生成无生理活性的 2,3- 二酮古乐糖酸。食品分析中测定的总抗坏血酸仅包括前两者,即抗坏血酸和脱氢抗坏血酸。

$$\text{还原型抗坏血酸} \quad \overset{-2H}{\underset{+2H}{\rightleftharpoons}} \quad \text{脱氢型抗坏血酸} \quad \overset{+H_2O}{\longrightarrow} \quad \text{二酮古洛糖酸}$$

抗坏血酸的测定方法有荧光分光光度法、分光光度法、滴定法、高效液相色谱法等。其中荧光分光光度法由于灵敏度高、干扰较小、操作简便等优点被广泛采用(GB/T 5009.86;GB/T 9695.29;GB 5413.18);2,6- 二氯靛酚滴定法(GB 6195)和固蓝盐比色法(GB/T 5009.159)用于测定食品中还原型抗坏血酸含量,荧光分光光度法和 2,4- 二硝基苯肼法测定的是食品中总抗坏血酸含量。

1. 总抗坏血酸的测定

(1)荧光法

1)原理:还原型抗坏血酸经活性炭氧化为脱氢型抗坏血酸后,可与邻苯二胺(OPDA)反应生成有荧光的喹喔啉(quinoxaline),其荧光强度与抗坏血酸的浓度在一定条件下成正比,由此可测定食品中抗坏血酸和脱氢抗坏血酸的总量。样品中荧光杂质的干扰可通过脱氢抗坏血酸与硼酸形成复合物而不能与 OPDA 反应生成荧光物质排除。

2)分析步骤:称取适量样品,加入偏磷酸 - 乙酸溶液,匀浆,调节 pH 至 1.2 并过滤;分别取样品滤液和标准溶液,加入活性炭生成样品氧化液和标准氧化液,过滤;取上述两种滤液分别加入硼酸 - 乙酸钠溶液,4℃冰箱中放置 2 小时作为空白溶液;再分别另取样品氧化液和标准氧化液各一份,加入乙酸钠溶液,备用。

取样品空白和样品液,在暗室中迅速加入邻苯二胺,振摇混合,于室温下反应 35 分钟,用激发波长 338nm,发射光波长 420nm 测定荧光强度。同样方法测定标准空白液和标准系列的抗坏血酸溶液的荧光强度,用抗坏血酸含量为横坐标,对应标准溶液的荧光强度减去标准空白荧光强度为纵坐标,绘制标准曲线并计算样品中抗坏血酸的含量。

3)方法说明:①本方法最低检出量为 0.022μg/ml,线性范围 5~20μg/ml。本操作应全程避光;②邻苯二胺溶液因在空气中颜色逐渐加深,影响显色,故需临用前配制;③活性炭用量要准确,因其氧化作用是基于其表面吸附的氧进行界面反应,加入不足,氧化不充分;加入过量,对抗坏血酸有吸附作用;④影响荧光强度的因素很多,为保证测定条件一致,标准曲线最好与样品平行测定。

（2）2,4-二硝基苯肼法

1)原理:样品中还原型抗坏血酸经活性炭氧化后生成脱氢抗坏血酸,再与 2,4-二硝基苯肼作用,生成红色脎,其颜色强度与总抗坏血酸含量成正比,通过测定吸光度定量。

2)分析步骤:取适量样品,加入草酸匀浆,定容,过滤。取一定体积滤液加入活性炭氧化,再加入硫脲混匀。取 3 支试管分别加入上述氧化液,1 支作为空白,另 2 支加入 2,4-二硝基苯肼 37℃保持 3 小时显色,取出后冰水冷却,空白管冷至室温后同样加入 2,4-二硝基苯肼。向每支试管再滴加 85% 硫酸脱水,室温放置 30 分钟后立即于波长 500nm 处测定吸光度值。

3)方法说明:①本方法最低检出量为 0.1μg/ml,线性范围 1~12μg/ml;②实验过程应该避光进行;③加入硫脲可防止抗坏血酸氧化,并利于脎的形成,但硫脲在溶液中最终浓度应一致,否则影响测定;④冰水中取出 30 分钟后立即测定,否则溶液颜色加深。

2. 还原型抗坏血酸测定

（1）原理:2,6-二氯靛酚染料在中性或碱性条件下呈蓝色,在酸性溶液中呈粉红色,被还原后颜色消失。滴定时,还原型抗坏血酸将染料还原为无色,本身被氧化为脱氢抗坏血酸,终点时,稍过量的染料使溶液呈微红色。

（2）分析步骤:样品中抗坏血酸用偏磷酸-乙酸提取,过滤,2,6-二氯靛酚染料现配制并用已知浓度抗坏血酸标准溶液标定。用染料将样品滤液滴定至颜色变为微红色 15 秒不消失为终点。同时做空白,根据染料消耗的体积,计算样品中抗坏血酸的含量。

第七节　食品中灰分及部分无机元素检验

一、食品中灰分检验

（一）概述

灰分(ash)是食品在 550~660℃灼烧恒重后的残渣,是标示食品中无机成分总量的一项指标。食品的灰分和食品中原来存在的无机成分在数量和组成上并不完全相同,因为食品组成不同,灼烧条件不同,残留物也不尽相同。一些易挥发元素如氯、碘、铅等会挥发散失,硫、磷等也可能以含氧酸的形式挥发,使无机成分减少;另一方面,某些金属氧化物会吸收有机物分解产生的二氧化碳而形成碳酸盐,使无机成分增多。所以严格来讲,食品经高温灼烧后的残留物应称为总灰分或粗灰分。

食品中的总灰分按溶解性能可分为水溶性灰分、水不溶性灰分和酸不溶性灰分。水溶性灰分主要包括可溶解的钾、钠、钙、镁等元素的氧化物及可溶性盐类;不溶性灰分主要包括难溶于水的铁、铝等氧化物及碱土金属的碱式磷酸盐等成分;酸不溶性灰分主要包括原料中或加工过程中混入的泥沙、机械污染物及食品中原有的二氧化硅等。

灰分的检测对了解食品的营养价值,评价食品的品质、掺伪以及污染程度具有重要意义。如面粉加工中总灰分是评价面粉等级的重要指标;总灰分可说明果胶、明胶类胶质产品的胶冻性能;水溶性灰分可以反映果酱、果冻等制品中果汁含量。灰分是食物营养成分全分析项目之一。食品中灰分的测定方法主要为重量法(GB/T 5009.4)。

(二)总灰分测定

1. 原理 一定量的食品样品经炭化后置于高温炉内灼烧,样品中的水分和挥发成分蒸发,有机物质被氧化分解,而无机物质以磷酸盐、硫酸盐、硼酸盐和氯化物等无机盐和金属氧化物的形式残留下来,称重后计算灰分的含量。

2. 分析步骤

1)对于一般食品,取适量液态或半固体试样,沸水浴蒸干,电热板炭化至无烟,再置于(550±25)℃马弗炉中灼烧4小时,冷却称量。重复灼烧至无碳粒且前后两次称量差不超过0.5mg 为恒重。

2)含磷较高的豆类及其制品、肉禽制品、蛋制品、水产品、乳及乳制品,称取试样后,加入乙酸镁溶液润湿样品,放置10分钟,水浴蒸干,同上炭化和灰化;取与加入样品中相同量的乙酸镁溶液3份,做试剂空白,当三次实验结果的标准偏差小于0.003g 时,取算术平均值作为空白值。

3. 方法说明

1)本方法适用于除淀粉及其衍生物之外的食品中灰分含量的测定。

2)作为助灰化剂加入样品中的乙酸镁或硝酸镁,可在灰化过程中发生分解,与样品中过剩的磷酸结合,防止灰分熔融,使其成松散状态,避免碳粒被包裹,可大大缩短灰化时间。但需要做空白实验。

3)实验中使用的瓷坩埚或石英坩埚均需反复灼烧至恒重。重复灼烧至两次称量值相差≤0.5mg,可认为达到恒重。恒重是灰分检测的关键。

(三)水溶性灰分、水不溶性灰分和酸不溶性灰分测定

将测定灰分所得的残留物中加入去离子水充分加热溶解,用无灰滤纸过滤,洗涤坩埚、滤纸和残渣数次,将滤纸和滤渣水浴蒸发近干,再炭化、灰化、冷却、称量直至恒重,得到水不溶性灰分的含量。用总灰分减去水不溶性灰分的含量即可得水溶性灰分的含量。

酸不溶性灰分的测定方法同水不溶性灰分的测定,仅将溶解残留物的溶剂改为0.1mol/L的盐酸。

方法说明:上述方法适用于茶叶、香辛料和调味品等产品的水不溶性灰分和酸不溶性灰分的测定(GB 8307、GB 8308、GB/T 12729.8、GB/T 12729.9)。

二、常量元素检验

食品中所含的元素有50多种,除 C、H、O、N 这 4 种构成水分和有机物质的元素外,其他元素统称为矿物质(mineral)。按照这些矿物质在生物体内含量的高低,可分为常量元素(macroelement)和微量元素(microelement)两类。其中常量元素含量大于0.01%,包括 Ca、

Mg、K、Na、P、S、Cl 共七种；微量元素含量一般小于 0.01%，包括 Fe、Zn、Cr、Se、I、Cu、Ni、Al、Si、Sn、F、Mo 等。

人体必需的矿物质在维持人体正常生理功能、构成人体机体组织等方面起着十分重要的作用，如果摄入不足或过量会引起相关的疾病。这些矿物质一般由食物和水供给，其种类和含量与食品的品质和质量密切相关。因此，对食品中矿物质的测定是了解食品营养价值、加工特性和开发产品的重要手段。

测定食品中矿物质常用的方法有化学分析法、分光光度法、原子吸收分光光度法、极谱法、荧光分光光度法、离子选择性电极法等。还可利用原子发射光谱法对多种元素进行同时测定。

（一）钙测定

钙（calcium）是人体含量最多的矿物质元素，是构成机体骨骼和牙齿的主要成分；对维持神经和肌肉的活动、促进细胞信息传递和凝血过程具有重要生理意义。长期缺钙会影响骨骼和牙齿的生长发育，严重时产生骨质疏松或软骨病。钙的食物来源主要是乳与乳制品、豆与豆制品、水产品等。一些蔬菜中钙含量较为丰富，但由于含草酸较多，会影响食物中钙的吸收，降低有效钙量。因此，这类蔬菜不仅要测定钙量，同时也要测定草酸量。

$$有效的钙量 = \left(\frac{钙量}{钙相对原子质量} - \frac{草酸量}{草酸相对分子量} \right) \times 钙相对原子质量$$

高锰酸钾滴定法测定钙，虽然精确度较高，但步骤较为繁琐，应用较少；原子吸收分光光度法、EDTA 滴定法（GB/T 5009.92）适用于各种食物中钙的测定，应用较为广泛。

1. 原子吸收分光光度法

（1）原理：样品经湿消化后，导入原子吸收分光光度计，经火焰原子化后，钙吸收 422.7nm 的共振线，其吸收量与钙的含量成正比，与标准系列比较定量。

（2）分析步骤：①样品处理：精确称取一定量样品，加入硝酸和高氯酸消化至透明无色。去除多余硝酸，冷却后用氯化镧溶液转移定量。同时做试剂空白；②测定方法：将处理好的试样液、试剂空白液和钙元素的标准系列分别导入火焰原子化器进行测定。标准系列的浓度范围 0.5~3.0μg/ml，其他条件如仪器狭缝、空气及乙炔的流量、灯电流等根据使用的仪器说明调至最佳状态。

（3）方法说明：①本方法检出限为 0.1μg，线性范围为 0.5~2.5μg；②在分析测试过程中应特别注意防止容器、水、实验环境等的污染；③加入氧化镧溶液是作为释放剂，消除磷酸等物质的干扰，提高测定灵敏度。

2. EDTA 滴定法

（1）原理：钙与氨羧络合剂 EDTA 能定量地形成金属配合物，其稳定性较钙与指示剂所形成的配合物强。在 pH 12~14 范围内，以 EDTA 滴定待测溶液，在滴定终点时，EDTA 从指示剂配合物中夺取钙离子，溶液颜色从紫红色变为蓝色，即呈现游离指示剂的颜色。根据消耗的 EDTA 的浓度和体积，可计算钙的含量。

（2）分析步骤：①消化过程同原子吸收分光光度法；②测定方法：吸取一定量消化液和空白液，加入氰化钠溶液和枸橼酸钠溶液，加入一定体积氢氧化钠溶液和 3 滴钙红指示剂，用 EDTA 标准溶液滴定至溶液由紫红色变为蓝色为终点。

（3）方法说明：①加入氰化钠是掩蔽 Zn、Cu、Fe、Al、Ni、Pb 等金属离子对指示剂的封闭作用；柠檬酸钠是防止钙和磷结合形成磷酸钙沉淀；②滴定时 pH 应为 12~14，pH 过高或过低指示剂变红,终点颜色不出现;③加入指示剂后应立即滴定,不宜放置时间过久,否则终点不明显。

（二）磷测定

磷（phosphorus）广泛存在于动植物食物中,也是构成机体的重要元素,它是细胞膜和核酸的组成成分,也是骨骼的必需构成物质,参与机体的各种生理活动和新陈代谢。食物中的磷大部分是磷酸酯化合物,必需分解为游离的磷,然后以无机磷酸盐的形式被吸收。正常膳食中磷吸收率为 60%~70%,一般人体不易缺乏。植酸可与磷酸形成难溶盐影响磷的吸收,所以测定食物中总磷后,减去植酸磷,才是可利用磷的量。

食品中磷的测定方法主要有钼蓝比色法（GB/T 5009.87）,喹钼柠酮重量法（GB/T 9695.4）。

1. 钼蓝分光光度法

（1）原理:食品样品经酸消化处理、使磷转变为磷酸,在酸性条件下与钼酸铵结合生成磷钼酸铵,再被对苯二酚、亚硫酸钠还原成蓝色的钼蓝,于波长 660nm 处测定吸光度值,标准曲线法定量。反应式如下:

$$24(NH_4)_2MoO_4+2H_3PO_4+21H_2SO_4 \longrightarrow 2\left[(NH_4)_3PO_4 \cdot 12MoO_3\right]+21(NH_4)_2SO_4+24H_2O$$

$$(NH_4)_3PO_4 \cdot 12MoO_3+SnCl_2+7HCl \longrightarrow (Mo_2O_5 \cdot 4MoO_3)_2 \cdot H_3PO_4+SnCl_4+3NH_4Cl+2H_2O$$
$$钼蓝$$

（2）分析步骤:①样品前处理:取适量样品于凯氏烧瓶中,加入硫酸、高氯酸-硝酸消化液,加热消化完全后冷却,加水赶酸,转移定容,此溶液为样品测定液。按同一方法做试剂空白。②测定:准确吸取试样测定液和空白液,依次加入钼酸溶液、亚硫酸钠溶液、对苯二酚溶液,混匀,静置 30 分钟。在 660nm 波长处测定吸光度值。以同样方法绘制标准曲线,计算样品中磷的含量。

（3）方法说明:本法检出限为 2μg,适用于各类食品中总磷的测定。

2. 喹钼柠酮重量法（磷钼酸喹啉重量法）

试样经干灰化或湿消化制成稀酸溶液,在 5%~10% 的硝酸酸度下,磷酸根与钼酸钠和喹啉反应生成磷钼酸喹啉沉淀。经洗涤烘干后称重,求出磷的含量。该方法适用于肉与肉制品等磷含量较高的食品中总磷的测定。

$$H_3PO_4+12Na_2MoO_4+24HNO_3+3C_9H_7N = (C_9H_7N)_3H_3PO_4 \cdot 12MoO_3 \cdot H_2O+24NaNO_3+11H_2O$$

（三）钾和钠测定

钾（potassium）在机体内参与碳水化合物和蛋白质的代谢,对于维持细胞正常渗透压、细胞内外酸碱平衡及心肌正常功能具有重要作用。大部分食物都含有钾,但水果和蔬菜是钾最好来源。

钠（sodium）是人体一种重要的无机元素,具有参与调节体内水分和渗透压、增强神经和肌肉兴奋性等生理功能。钠普遍存在于各种食物中,一般动物性食物钠含量高于植物性食物。人体钠的主要来源为食盐、调味品、腌制品等。

钠和钾的测定常用火焰发射光谱法（GB/T 5009.91）。原子发射光谱是指待测元素在外界能量的作用下转变成气态原子使原子外层电子进一步被激发,当被激发的电子从较高能级跃迁到较低的能级时,原子会释放多余的能量从而产生特征发射谱线。钠和钾容易电离,在火焰中具有较高的发射强度,且在一定范围内发射强度与浓度成正比,因此,可将样品消化后,导入火焰光度计中,经火焰原子化后,分别利用 K、Na 各自的灵敏共振线 766.5nm 和 589nm 进行测定,并与标准系列比较定量。

本方法适用于各种食品中钠、钾的测定,检出限钾为 0.05μg,钠为 0.3μg。

三、微量元素检验

(一) 铁测定

铁(iron)是人体必需的微量元素。是血红蛋白与肌红蛋白、细胞色素 A 及一些呼吸酶的成分,参与体内氧与二氧化碳的转运、交换和组织呼吸过程,维持正常造血功能,并与免疫功能有关。机体铁缺乏可导致缺铁性贫血,而铁过量会造成肝纤维化和肝细胞瘤。肉、禽、鱼、蛋及动物肝中含铁量比较丰富并且吸收率较高。食品在贮存加工过程中可能存在铁的污染,影响食品感官性状并导致食品脂肪氧化和维生素 D 分解,所以食品中铁的测定不但具有营养学意义,还具有卫生学意义。

铁的测定方法主要有原子吸收分光光度法(GB/T 5009.90)、邻二氮菲分光光度法(GB/T 9695.3)、硫氰酸盐分光光度法、磺基水杨酸分光光度法等。本节主要介绍前两种方法。

1. 原子吸收分光光度法

(1) 原理:样品经湿法消化后,导入原子吸收分光光度计中,经火焰原子化后,吸收 248.3nm 的共振线,其吸收值与铁含量成正比,与标准系列比较定量。

(2) 分析步骤:①样品处理:精密称取适量试样,加入硝酸和高氯酸的混合酸,电热板加热消化至无色透明,加入少量去离子水,加热除去多余硝酸,冷却后加水定容,待测;②测定:将样品消化液、试剂空白液和标准系列分别导入火焰原子化器进行检测。操作参数:波长 248.3nm,火焰为空气 - 乙炔,仪器狭缝、空气及乙炔的流量、灯头高度、灯电流等均按使用仪器说明调至最佳状态。

(3) 方法说明:本方法检出限为 0.2μg/ml。样品制备过程中应注意防止污染,必须使用不锈钢制品、玻璃或聚乙烯制品,实验用水为去离子水。

2. 邻二氮菲分光光度法

(1) 原理:样品经消化后,铁以三价形式存在,先加入盐酸羟胺将三价铁还原为二价铁。亚铁离子与邻二氮菲(邻菲罗啉)在 pH 2~9 的条件下,生成稳定的橙红色配合物,在 510nm 波长下有最大吸收。在一定浓度范围内,亚铁离子的浓度与吸光度值成正比,测定吸光度值,与标准比较定量。反应方程式如下:

$$4Fe^{3+}+2NH_2OH \cdot HCl \longrightarrow 4Fe^{2+}+6H^+ + N_2O + H_2O + 2Cl^-$$

$$Fe^{2+} + 3 \quad \text{(邻二氮菲)} \longrightarrow \left[\text{(配合物)} \quad Fe \right]^{2+}_{3}$$

(2) 方法说明:①本方法灵敏度较高,溶液中含铁 0.1mg/kg 时显色明显,且干扰少、显色稳定,适用于肉及肉制品中铁的测定;②控制溶液 pH 2~9,一般为 pH 5~6,若酸度过高,显色缓慢而色浅。

(二) 锌测定

锌(zinc)广泛分布于人体各组织器官、体液及分泌物中。成人体内含锌 2~3g,锌是金属酶的组成成分或酶的激活剂,对促进生长发育、智力发育、免疫功能和生殖功能等具有重要作用。锌缺乏可导致食欲减退,生长发育停滞,性功能减退,精子数减少等症状。贝壳类海产品(如牡蛎、扇贝)、红色肉类、动物内脏都是锌的良好来源,蛋类、豆类、燕麦、花生、谷类胚芽等含锌也比较丰富,蔬菜水果含锌较少。

锌的测定方法有二硫腙分光光度法和原子吸收分光光度法(GB/T 5009.14)。二硫腙分光光度法是利用样品消化后,在 pH 4.0~5.5 的条件下,锌离子可与二硫腙形成能溶于四氯化碳的紫色配合物,测定其吸光度值,与标准系列比较定量。实验中可加入硫代硫酸钠,防止铜、汞、铅、银等离子的干扰,该方法影响因素较多,目前应用较少。下面主要介绍原子吸收分光光度法。

1. 原理　试样经消化处理后,导入原子吸收分光光度计中,原子化后,吸收 213.8nm 共振线,其吸收值与锌含量成正比,与标准系列比较定量。

2. 分析步骤

(1) 样品处理:谷类去杂、除壳、磨碎、过 40 目筛,混匀;禽、蛋、水产及乳制品将可食部分混匀,称取适量样品炭化至无烟后移入马弗炉中,(500 ± 25)℃灰化 8 小时,冷却后加少许硝酸和高氯酸的混合酸,小火加热直至残渣中无碳粒。放冷后加入稀盐酸溶解残渣并定容,待测。

(2) 测定:将样品消化液、试剂空白液及标准溶液分别导入调至最佳条件的火焰原子化器中进行测定,参考测定条件:灯电流 6mA,波长 213.8nm,狭缝 0.38nm,空气流量 10L/min,乙炔流量 2.3L/min,灯头高度 3mm,氘灯背景校正。

3. 方法说明

(1) 本方法检出限为 0.4mg/kg。

(2) 当样品中存在较多食盐、碱金属、碱土金属和磷酸盐时,为减少它们的干扰,需用适当溶剂将锌萃取出来;另外,蔬菜、水果等含锌较低的样品,为提高检测灵敏度,也可采用溶剂萃取法。利用锌在 pH 5~10 的介质中,能与二硫代氨基甲酸铵(APDC)生成配合物,可被 4-甲基 -2- 戊酮(MIBK)萃取的性质进行萃取。

(三) 硒测定

硒(selenium)广泛存在于机体细胞和组织器官中,是构成谷胱甘肽过氧化物酶等含硒酶的成分,具有抗氧化、保护心血管和心肌健康、增强免疫力等生理功能。我国学者首先证实硒缺乏是发生克山病的重要原因,过量硒也可引起中毒。海产品和动物内脏是硒的良好食物来源,植物性食物硒含量与地表土壤层中硒元素水平有关。

食品中硒的测定方法有氢化物原子荧光光谱法和荧光分光光度法(GB 5009.93)。

1. 氢化物原子荧光光谱法

(1) 原理:样品经酸消化后,在高浓度盐酸介质中,样品中的六价硒被还原成四价硒,用硼氢化钠或硼氢化钾作还原剂,将四价硒在盐酸介质中还原成硒化氢(H_2Se),由载气(氩气)带入原子化器中进行原子化,在硒空心阴极灯照射下,基态硒原子被激发至高能态,在去活化回到基态时,发射出特征波长的荧光,其荧光强度与硒含量成正比。与标准系列比较定量。

(2) 分析步骤

1) 样品处理:精确称取适量粉碎试样,加入硝酸和高氯酸的混合酸先放置过夜。次日于电热板上加热消化并及时补加硝酸,待消化完全,当消化液剩余 2ml 左右,冷却,再加盐酸消化至澄清并有白烟出现,冷却,定容后待测。同时做空白试验。也可以加硝酸和过氧化氢在一定温度和压力下进行微波消解。

2）测定：取适量样品消化液，标准系列，分别加入盐酸和铁氰化钾溶液混匀测定。仪器参考条件：负高压：340V；灯电流：100mA；原子化温度：800℃；炉高：8mm；载气流速：500ml/min；屏蔽气流速：1000ml/min；测量方式：标准曲线法；读数方式：峰面积；延迟时间：1秒；读数时间：15秒；加液时间：8秒；进样体积：2ml。

（3）方法说明：本方法检出限为3ng；样品在加热消化过程中，切不可蒸干，以免硒损失。

2. 荧光分光光度法

将试样用去硒硫酸和硝酸、高氯酸的混合酸消化，使硒化合物氧化为无机硒 Se^{4+}，加入EDTA并调节pH至1.5~2.0，在暗室中使 Se^{4+} 与2,3-二氨基萘（2,3-Diaminonaphthalene，DAN）反应生成4,5-苯并苤硒脑（4,5-Benzo piaselenol），然后用环己烷萃取。在激发光波长为376nm，发射光波长为520nm条件下测定荧光强度，与标准比较计算出试样中硒的含量。

方法说明：

（1）本法最低检出限为0.5ng/ml，适用于各类食物中Se的测定。

（2）样品经混合酸消化时，消化液变为淡黄色即为消化完全，若消化时间过长会损失样品中的Se。消化液中加入EDTA可消除铜、铁、钴、钼等金属离子的干扰。

（3）DAN有毒，操作人员要注意自身防护。

（四）碘测定

碘（iodine）在人体内主要参与甲状腺激素的合成，其生理作用也是通过甲状腺激素的作用表现的。碘缺乏可导致甲状腺肿、呆小症等碘缺乏病。人体所需的碘可来自食物、饮水和加碘食盐，食物中海产品含碘最高，水果蔬菜含碘量最低。

食品中碘的测定方法有重铬酸钾氧化法（三氯甲烷萃取分光光度法）、气相色谱法（GB 5413.23）、砷铈催化分光光度法（WS 302）、硫酸铈接触法、溴氧化碘滴定法等，其中最常见的是气相色谱法和三氯甲烷萃取分光光度法。

1. 气相色谱法

（1）原理：在硫酸存在下，样品中的碘与丁酮反应生成丁酮与碘的衍生物，经气相色谱分离，电子捕获检测器检测，标准曲线法定量。

（2）分析步骤

1）样品处理：含淀粉的试样首先应加入高峰（taka-diastase）淀粉酶，50~60℃酶解30分钟。不含淀粉的样品溶解后加入亚铁氰化钾溶液和乙酸锌溶液，沉淀过滤去杂质。取一定量滤液，加入硫酸、丁酮和过氧化氢溶液，充分混匀，保持20分钟进行衍生化反应，加入正己烷萃取两次，用无水硫酸钠脱水并定容，供测定用。

2）测定：色谱柱采用填料为5%氰丙基-甲基聚硅氧烷的毛细管色谱柱（30m×0.25mm，0.25μm）或具同等性能的色谱柱；进样口温度260℃，ECD检测器温度300℃；分流比1:1；进样量1μl；程序升温过程为50℃保持9分钟，再以30℃/min的速率升至220℃，保持3分钟。

（3）方法说明：适用于婴幼儿食品和乳品中碘的测定，检出限是2μg/100g。

2. 三氯甲烷萃取分光光度法

（1）原理：样品在碱性条件下灰化，碘被有机物还原成碘离子，与碱金属离子结合成碘化物，碘化物在酸性条件下与重铬酸钾作用，定量析出碘。用三氯甲烷萃取，萃取液呈粉红色，在最大吸收波长510nm处测定吸光度值，标准曲线法定量。反应式如下：

$$6I^- + Cr_2O_7^{2+} + 14H^+ \longrightarrow 3I_2 + 2Cr^{3+} + 7H_2O$$

（2）方法说明：①本法操作简便，颜色稳定，重现性好；②样品灰化时，加入氢氧化钾的作用是使碘形成难挥发的碘化钾，防止碘在高温灰化时灰化损失。

（五）铜测定

铜（copper）是构成体内多种氧化还原酶和铜结合蛋白的成分，可维持正常的造血功能和中枢神经系统完整性，同时具有抗氧化作用，一般不易缺乏或过量。海产品、坚果类、动物肝和肾、谷类胚芽、谷类等是铜的良好来源。

食品中铜的测定方法主要有火焰原子吸收光谱法、石墨炉原子吸收光谱法以及二乙基二硫代氨基甲酸钠分光光度法（GB/T 5009.13）。二乙基二硫代氨基甲酸钠又称为铜试剂。该方法是利用消化后样品中的铜离子在碱性条件下可与铜试剂反应生成棕红色配合物，用四氯化碳萃取后在 440nm 波长处测定吸光度值，标准曲线法定量。本节主要介绍原子吸收光谱法。

（1）原理：试样经消化处理后，导入原子吸收分光光度计中，原子化后，吸收 324.8nm 共振线，其吸收值与铜含量成正比，与标准系列比较定量。

（2）方法说明：①铜含量较高的样品可选择火焰原子化法测定，方法检出限为 1.0mg/kg，铜含量低的样品可选择石墨炉原子化法测定，方法检出限为 0.1mg/kg；②氯化钠或其他物质干扰时，可用硝酸铵或磷酸二氢铵作为基体改进剂。

四、食品中多种元素同时检验

以上介绍的测定方法，如原子吸收分光光度法、化学滴定法或分光光度法等只能测定一种待测元素，检测效率较低。而电感耦合 - 等离子体发射光谱法（inductively coupled plasma atomic emission spectroscopy，ICP-AES）可以同时或顺序测定多种元素。与原子吸收光谱法和经典的火焰发射光谱法相比，具有动力学性线性范围宽、分析速度快、化学干扰少的特点，是痕量元素分析中的重要方法。

采用电感耦合等离子体原子发射光谱法同时测定食品中的多种无机元素的国家标准分析方法有，婴幼儿食品和乳品中钙、铁、锌、钠、钾、镁、铜和锰的测定（GB 5413.21），蜂蜜中钾、磷、铁、钙、锌等 17 种元素的测定（GB/T 18932.11）；另外，水产品出入境检验检疫中钠、镁、铝、钙等 16 种元素的检测（SN/T 2208）等。本节重点介绍婴幼儿食品和乳品中 8 中金属元素的同时测定（GB 5413.21）。

1. 原理　将婴幼儿食品或乳品样品经干法灰化消解，样液稀释后，用电感耦合等离子体原子发射光谱仪测定，标准曲线法定量。

2. 分析步骤

（1）样品处理：精确称取适量粉末状样品，炭化，移入马弗炉中 550℃灰化 2 小时，如有黑色炭粒，冷却后加少许硝酸溶液湿润，小火蒸干后再移入马弗炉中 550℃加热 30 分钟，冷却，加少量盐酸，加热使灰分充分溶解，冷却后定容，待测。按同样步骤做空白试验；同时配制混合标准系列。

（2）测定：仪器参考条件为功率 1.20kW，等离子气流量 15L/min，雾化器压力 200kPa，辅助气流量 1.5L/min，仪器稳定延时 15 秒，进样延时 20 秒，读数次数为 3 次，按各元素的分析谱线，依次测定标准溶液、空白溶液和试样溶液，计算样品中各元素含量。

3. 方法说明：本方法检出限（mg/100g）：钙 0.7，镁 0.2，铁 0.003，锰 0.005，铜 0.002，锌 0.002，钾 0.7，钠 1.6。

在ICP-AES的基础上,近年来,相继出现一些将ICP与其他分析手段联用的技术,其中最为成熟的是电感耦合等离子体-质谱法(inductively coupled plasma mass spectrometry,ICP-MS)。它是以独特的接口技术将ICP的高温电离特性与质谱的灵敏快速扫描优点相结合而形成的一种新型的元素和同位素分析技术。由于质谱仪的测定灵敏度比原子发射光谱仪更高,同时可克服原子发射光谱谱线干扰等缺点,所以ICP-MS除具有ICP-AES的优点外,还具有高灵敏度、高选择性、低检出限、线性范围宽等特点。此外,ICP-MS与其他分析技术如GC、HPLC等联用,可为元素形态分析提供可靠的检测技术,也是元素分析的重要发展趋势之一。

本 章 小 结

本章介绍了食品中营养成分的概念、营养成分与人体健康的关系,着重介绍了食品中营养成分:蛋白质、脂肪、碳水化合物、维生素、矿物质、水和膳食纤维的检测方法及其原理、分析步骤及方法说明。

食品中水分含量的测定方法主要包括干燥法、蒸馏法和卡尔-费休法。干燥法和蒸馏法是将食品中的水与其他物质分离后,以称量或测量水分体积定量测定;卡尔-费休法是根据碘和二氧化硫能与水定量的反应的原理测定水分含量。

用凯氏定氮法测定蛋白质含量,测得的为粗蛋白。食品样品经酸水解游离出氨基酸后,采用离子交换色谱或反相高效液相色谱等技术分离、经柱后或柱前衍生后可测定蛋白质中氨基酸的组成。

食品中粗脂肪含量测定是采用索氏提取法,用有机溶剂提取游离脂肪和脂溶性成分;食品中的结合脂肪可用酸或碱水解后,得到游离脂肪,再用有机溶剂萃取可测得总脂肪;食品中脂肪酸检测通常先萃取脂肪,再水解成脂肪酸后,将其甲酯化为脂肪酸甲酯经毛细管气相色谱法测定。

食品中碳水化合物检验包括还原糖、蔗糖、淀粉和膳食纤维的检验。基于还原糖在碱性溶液中可将铜离子还原成氧化亚铜,采用锰酸钾滴定法测定氧化亚铜的量换算或直接滴定法测定;蔗糖水解后生成葡萄糖和果糖,再按还原糖的测定方法检测或采用高效液相色谱法检测蔗糖含量;淀粉可用酶或酸水解成具有还原性的单糖,然后按还原糖测定法进行测定,并折算成淀粉含量。

膳食纤维检验采用α-淀粉酶、蛋白酶和葡萄糖苷酶对样品进行酶解消化,去除蛋白质和可消化淀粉,过滤,称量残留的不消化纤维物质,同时对纤维残留物做蛋白质和灰分校正。

维生素可分为脂溶性和水溶性维生素两大类,脂溶性维生素的检验一般采用C_{18}柱分离,高效液相色谱法测定;维生素A、维生素E和维生素D需先将样品皂化后用有机溶剂提取;食品中β-胡萝卜素可采用高效液相色谱法或纸色谱法测定。水溶性维生素检测方法有荧光分析法、高效液相色谱法及微生物法,其中荧光分光光度法、高效液相色谱法较为常用。

食品中矿物质包括微量和常量元素,常见的有钠、钾、锌、铁、铜、钙、硒、磷和碘,其检验方法主要是采用火焰或无火焰原子吸收光度法。电感耦合-等离子体发射光谱法可同时测定多种元素。

思考题

1. 说明食品中水分的存在形式及其特点,测定食品中水分的方法各有何特点?

2. 简述凯氏定氮法测定蛋白质的原理,主要分析步骤。

3. 分别简述索氏提取法和酸水解法测定脂肪的原理,两种方法测得的脂肪有何不同?

4. 采用国家标准方法测定食品中膳食纤维的含量,请说明以下步骤的目的:

(1) 加热样品并分别用 α- 淀粉酶、蛋白酶和葡萄糖苷酶处理。

(2) 在用 α- 淀粉酶、蛋白酶和葡萄糖苷酶处理后的样品中加入 95% 乙醇(体积比为 4:1)。

(3) 将过滤、洗涤并干燥和称重后的残留物分成两份,一份用作灰分分析,另一份用作蛋白质分析。

5. 说明同时测定维生素 A 和维生素 E 的方法原理和主要步骤。

6. 根据所学知识,拟订一方案分别测定食品中的钙和磷。

7. 原子吸收分光光度法、原子荧光光谱法、电感耦合 - 等离子体发射光谱法均可测定食品中的无机元素,试比较它们的原理、优缺点和适用范围。

（吴少雄　王琦）

第五章　保健食品功效成分检验

第一节　概　述

一、保健食品概念

在国际上,保健食品(health food)无统一的定义。20 世纪 80 年代日本首次提出了功能性食品(functional food)的概念,欧美国家将这类食品称为健康食品(health food)或营养食品(nutritional food)或归入膳食补充剂(dietary supplement)的范畴。我国的饮食文化渊源久远,中华药膳和中华传统保健饮食有着几千年的历史,早在我国古代就有"滋补食品""疗效食品"等数种提法。1996 年卫生部颁布了《保健食品管理办法》,标志着我国保健食品生产和销售开始进入法制化管理的轨道。2003 年卫生部将保健食品的审批权移交给国家食品药品监督管理局,保健食品的批号由"卫食健字"改为"国食健字"。2005 年国家食品药品监督管理局发布的《保健食品注册管理办法(试行)》中指出:"保健食品是指具有特定保健功能或者以补充维生素、矿物质为目的的食品。即适用于特定人群食用,具有调节机体功能,不以治疗疾病为目的,并且对人体不产生任何急性、亚急性或者慢性危害的食品"。2009 年实施的《中华人民共和国食品安全法》第五十一条明确规定:"国家对声称具有特定保健功能的食品实行严格监管"。保健食品的"标签、说明书不得涉及疾病预防、治疗功能,内容必须真实,应当载明适宜人群、不适宜人群、功效成分或者标志性成分及其含量等;产品的功能和成分必须与标签、说明书相一致"。因此,保健食品应具备以下特征。

1. 保健食品首先必须是食品,应具备食品的基本特征,即应无毒无害,符合应当有的营养和卫生要求,具有相应的色香味等感官性状。

2. 保健食品必须具有特定的保健功能。保健功能应包括:纠正不同原因引起的、不同程度的人体营养失衡;调节与此有密切关系的代谢和生理功能异常;辅助抑制或缓解有关的病理过程。保健食品的保健功能必须是明确的、具体的、经科学验证是肯定的。

3. 保健食品要与药品区分开。保健食品是以调节机体功能为主要目的,而不是以治疗疾病为目的,正常条件下食用安全。保健食品在某些疾病状态下也可以食用,但它不能代替药物的治疗作用。

目前我国已经发布的《保健食品注册管理办法(试行)》(2005 年)中包括 27 种保健功能,如增强免疫力、增加骨密度、抗氧化、辅助降血脂、辅助改善记忆功能等。随着保健食品行业的发展,保健食品的功能将会更加健全和规范。

二、保健食品管理的法律法规、技术规范及技术要求

1. 保健食品管理的法律、法规和技术规范　目前已制定的法律、法规和技术规范有《中

华人民共和国食品安全法》《保健食品管理办法》《保健食品注册管理办法》《保健（功能）食品通用标准》《保健食品检验与评价技术规范（2003 版）》《保健食品注册检验复核检验管理办法》《保健食品标识规定》《保健食品企业良好生产规范》等。

2. 保健食品的基本技术要求

（1）功能有效：经试验证实具有明确和稳定的保健作用，它是评价保健食品质量的关键。

（2）安全无毒：各种原料及其产品必须符合食品的卫生要求，长期服用应确保安全，对人体不产生任何急性、亚急性或者慢性危害。

（3）配方科学：保健食品配方及其用量必须有科学依据，要提供所含功效成分或标志性成分及其含量与定性、定量检测方法。

（4）生产工艺合理：生产工艺必须确保产品在保质期内功效成分稳定，尽量减少生产过程中功效成分的破坏、损失，并且不产生有害的物质。

三、保健食品功效成分或标志性成分及检测方法

1. 保健食品的功效成分（或标志性成分）　保健食品之所以有保健功能是因为含有与其功能相对应的功效成分或标志成分。功效成分是指通过大量实验研究或经科学文献证实并得到学术界公认，与声称的保健功能有量效关系的成分；标志性成分是指与保健功能无确定的量效关系，但属于产品或原料的特征成分，并通过对该成分进行检测，达到控制产品质量的目的。常见的功效成分（或标志性成分）有：多糖类、黄酮类、皂苷类、氨基酸类、不饱和脂肪酸类、蒽醌类，以及腺苷、红景天苷、芦荟苷、大蒜素、茶多酚、角鲨烯、膳食纤维、洛伐他汀、免疫球蛋白、褪黑素、超氧化物歧化酶、牛磺酸、维生素和矿物质等。

2. 检测方法　保健食品功效成分的主要检测方法有 HPLC、TLC、GC、分光光度法等。GC 法和 HPLC 法测定的都是功效成分明确的物质，定性、定量准确。HPLC 法主要检测洛伐他汀、褪黑素、10-羟基癸烯酸、β-胡萝卜素、吡啶甲酸铬、红景天苷、牛磺酸、维生素类等。GC 法主要检测不饱和脂肪酸、角鲨烯、肌醇、大蒜素等。分光光度法一般是测定一大类物质的总含量，主要用于检测总黄酮、总皂苷、茶多酚、原花青素、粗多糖等。TLC 法主要用于定性鉴别。目前有些分析方法已列入国家标准分析方法和卫生部的"保健食品检验与评价技术规范"推荐方法，如保健食品中吡啶甲酸铬的测定（GB/T 5009.195）；保健食品中大豆异黄酮的测定（GB/T 23788）；保健食品中人参皂苷的高效液相色谱测定；保健食品中原花青素的分光光度测定等。

3. 检测意义　保健食品功效成分或标志性成分的检测是保证产品质量和功效作用的关键点；是保健食品质量控制的有效手段。它为保健食品的研发、生产和质量控制等提供有效的技术支持；为保健食品的审评、监督管理提供科学依据。

第二节　保健食品中皂苷类化合物检验

一、概述

（一）主要来源

皂苷（saponin）广泛存在于植物中，在百合科、薯蓣科、玄参科、豆科、远志科、五加科等

植物中含量较高。许多中草药和其他植物中都含有皂苷,如人参、柴胡、远志、大豆等。皂苷结构复杂,且彼此差异较大。按皂苷元的化学结构皂苷可分为两大类:一类为甾体皂苷,多由 27 个碳原子所组成,主要来源于百合科、薯蓣科和玄参科;另一类为三萜皂苷,多由 30 个碳原子组成,主要来源于五加科、远志科、葫芦科和豆科。

人参皂苷(ginsenoside)属于三萜类皂苷,是人参、西洋参和三七中的主要有效成分。主要有人参皂苷 Ra_1、Ra_2、Rb_1、Rb_2、Rc、Rd、Re、Rf、Rg_1、Rg_2、Rh_1、Rh_2、Rh_3 等。黄芪皂苷(astragaloside)主要来源于豆科植物蒙古黄芪或膜荚黄芪的干燥根,主要有黄芪皂苷 I ~ VIII,其中黄芪皂苷IV又称黄芪甲苷(astragaloside IV)。

(二)理化性质

皂苷多为白色或乳白色无定形粉末,少数为晶体,大多数皂苷分子大、不易结晶,易吸潮,具有苦味或辛辣味。皂苷分子极性较大,易溶于热水、热乙醇、甲醇中,且在正丁醇中有较大的溶解度,难溶于丙酮、乙醚、乙酸乙酯等有机溶剂。皂苷能和某些试剂,如浓硫酸、三氯乙酸、五氯化锑等产生颜色反应。

(三)保健功能

皂苷对人体的新陈代谢起着重要的生理作用。它可以抑制血清中脂类氧化,防止过氧化脂质对肝的损伤和动脉硬化,具有抗衰老的作用。某些皂苷还具有解热、镇静、抗肿瘤等活性。个别皂苷有特殊的生理活性,如人参皂苷能增进 DNA 和蛋白质的合成,提高机体的免疫力;三七皂苷具有扩张冠状血管,降低心肌耗氧,保护心脏的功效;远志、桔梗皂苷等有祛痰止咳的作用;柴胡皂苷有抗菌活性;大豆皂苷具有降低胆固醇、抗血栓功效等。

(四)分析方法

常见的有分光光度法、薄层扫描法、气相色谱法、高效液相色谱法、高效液相 - 质谱联用法等。分光光度法常用于总皂苷的测定;高效液相色谱法是目前检测皂苷类成分最常用的方法,检测器主要有紫外检测器、蒸发光散射检测器、荧光检测器和示差检测器。目前我国"保健食品检验与评价技术规范"推荐方法有"保健食品中总皂苷的分光光度法"和"保健食品中的人参皂苷的高效液相色谱法"。

二、保健食品中总皂苷检验

1. 原理 保健食品中的总皂苷用水经超声波提取,Amberlite-XAD-2 大孔树脂预柱分离净化,在酸性条件下,提取物中总皂苷与香草醛生成有色化合物,以人参皂苷 Re 为标准,于560nm 波长处测定吸光度值,标准曲线法定量。

2. 分析步骤

(1)样品处理:对于固体试样,称取一定量的样品,加入一定量的水,超声波提取,水定容,摇匀。

对于含有乙醇的液体样品,在水浴上挥干,用水溶解残渣后,进行柱层析。非乙醇类的液体试样,可根据其浓度高低,稀释后取一定量进行柱层析。

用内装 Amberlite-XAD-2 大孔树脂和少量中性氧化铝的 10ml 注射器作层析管。依次用70% 乙醇和水洗柱,弃洗脱液。加入已处理好的样液,用水洗柱,弃洗脱液,再用 70% 乙醇洗脱人参皂苷,收集洗脱液,置于 60℃水浴上挥干。

(2)测定:吸取一定量人参皂苷 Re 标准溶液,低于 60℃挥干溶剂后,与上述处理过的样品同时准确加入香草醛冰乙酸溶液和高氯酸,60℃水浴上加热 15 分钟,冰浴冷却后,准确加入冰乙酸,摇匀,于 560nm 波长处测定吸光度值。

3. 方法说明　显色时间和温度对结果均有影响,故在实验中应注意准确控制;因冰乙酸具有挥发性,加入后应立即测定。大孔树脂是一种具有吸附速度快、选择性好、易解吸附的高分子吸附剂。本方法选用 Amberlite-XAD-2 或 D101 大孔树脂做固相分离、净化能达到良好的效果。

三、保健食品中人参皂苷检验

1. 原理　保健食品中的人参皂苷经提取、净化处理后,采用梯度洗脱,反相 C_{18} 柱色谱分离,紫外检测器检测。根据色谱峰的保留时间定性,峰面积标准曲线法定量,可用于保健食品中人参皂苷 Re、Rg_1、Rb_1、Rc、Rb_2、Rd 的同时定量分析。

2. 分析步骤

(1) 样品处理:对于固体试样,取片剂或胶囊内容物研成粉末,并过 20 目筛;精确称取一定量样品加水超声波提取,准确取出一定量样液,通过 D-101 大孔吸附树脂净化柱(大孔吸附树脂使用前先经甲醇浸泡,水洗)。先用水洗去杂质,弃去水洗脱液,然后用 70% 甲醇洗脱皂苷,收集甲醇溶液,水浴上蒸干,残渣用甲醇溶解并定容、离心、过滤后,进行色谱分析。

对于液体试样,取一定量的试样于水浴上蒸干,残渣加水用超声波提取,余下步骤同固体试样处理。

(2) 测定:色谱条件为反相 C_{18} 柱(250mm×4.6mm,5μm);检测波长:203nm;流动相:A 液为乙腈,B 液为水;梯度洗脱:0~20 分钟,16%A+84%B→18%A+82%B;20~55 分钟,18%A+82%B→40%A+60%B;55~75 分钟,40%A+60%B→100%A;75~80 分钟,100%A→16%A+84%B;柱温:35℃;流速:1ml/min。

3. 方法说明

(1) 经紫外扫描,人参皂苷在 190~200nm 有最大吸收,考虑到检测波长在 200nm 以下多数有机物都有很强的紫外吸收,对测定干扰大,本实验选用 203nm 为检测波长。

(2) 本方法对六种人参皂苷的最低检出浓度为 10mg/kg。适用于人参含片、人参冲剂、人参茶、人参胶囊等以人参为主要原料的保健食品中人参皂苷的含量的测定。

四、保健食品中黄芪甲苷检验

1. 原理　保健食品中的黄芪甲苷经提取、浓缩等前处理后,反相 C_{18} 柱色谱分离,以乙腈 - 水为流动相,蒸发光散射检测器检测。根据色谱峰的保留时间定性,峰面积标准曲线法定量。

2. 分析步骤

(1) 样品处理:对于固体试样,取片剂或胶囊内容物研成粉末,混匀,精确称取一定量样品置于索氏提取器中,加甲醇冷浸过夜,加热回流 4 小时,提取液回收甲醇至干,残渣加水,微热使溶解,以乙醚轻摇洗涤两次,水溶液再用水饱和的正丁醇振摇提取 6 次,合并正丁醇提取液,用氨水洗涤 3 次,正丁醇液回收溶剂至干,残渣用甲醇溶解并定容、过滤后,进行色谱分析。

对于液体试样,取一定量的试样减压浓缩至近干,残渣加水溶解,余下步骤同固体试样处理。

(2) 测定:色谱条件为反相 C_{18} 柱(250mm×4.6mm,5μm);柱温:35℃;检测器:蒸发光散

射检测器,温度110℃,氮气流速2.4L/min;流动相:乙腈-水(30+70);流速:1ml/min。

3. 方法说明　保健食品中黄芪甲苷的含量一般较低,为了提高供试液中黄芪甲苷的含量,在测定前利用甲醇和正丁醇进行反复提取。本方法适用于以黄芪或黄芪提取物为主要原料的保健食品中黄芪甲苷含量的测定。

第三节　保健食品中黄酮类化合物检验

一、概述

(一)主要来源

黄酮类化合物(flavonoids)是以2-苯基色原酮为母核的一类物质,指两个苯环(A环、B环)之间以一个三碳链(C环)联接而成的一系列化合物,其骨架可用C_6-C_3-C_6表示。其中C环部分可以是脂链,也可以与B环部分形成六元或五元的氧杂环。一般黄酮类化合物根据C环的结构分类,主要是以C环的氧化状况和B环所连接的位置不同可分为:黄酮及黄酮醇类、双黄酮类、二氢黄酮及二氢黄酮醇类、查耳酮类、黄烷醇类、花色素类、异黄酮类及其他黄酮类等。目前已知的黄酮类化合物单体已有8000多种,广泛存在于蔬菜、水果和药用植物中。许多植物的叶、皮、根和果实中都含有一定量的黄酮类化合物。保健食品中常见的黄酮类化合物主要有:银杏素(ginkgetin)、槲皮素(quercetin)、儿茶素(catechin)、葛根素(puerarin)、大豆异黄酮(soy isoflavones)等。

原花青素(procyanidins)是一大类多酚化合物的总称,是一类有着特殊分子结构的生物类黄酮,由不同数目的黄烷-3-醇或黄烷-3,4-二醇聚合而成。原花青素在葡萄、可可豆、山楂、番荔枝、野草莓、银杏、花生等植物中含量丰富。早在20世纪50年代法国科学家就发现可以从松树皮中提取大量原花青素,其原花青素含量达85%,70年代则发现葡萄籽提取物中原花青素含量可高达95%,是提取原花青素更好的资源。目前研究最多的是葡萄籽和葡萄皮中的原花青素。

(二)理化性质

黄酮类化合物多为结晶性固体,少数为无定型粉末。由于其母核内形成交叉共轭体系,并通过电子转移、重排,使共轭链延长,因而呈现不同的颜色。黄酮类化合物因分子中多具有酚羟基而显酸性。其溶解度因结构及存在状态(糖苷和苷元)不同而有很大差异。一般游离苷元不溶或难溶于水,易溶于甲醇、乙醇、乙酸乙酯等有机溶剂及稀碱水溶液中。天然黄酮类化合物多以苷类形式存在,黄酮苷一般易溶于水、甲醇、乙醇等极性强的溶剂中,难溶或不溶于苯、四氯化碳等有机溶剂中。有些黄酮类化合物在紫外光照射下产生不同颜色的荧光。黄酮类化合物能与多种金属离子,如铝离子、镁离子、铅离子或锆离子等发生配合生成有色的配合物。

原花青素为白色粉末,溶于水、乙醇、甲醇、丙酮、乙酸乙酯,不溶于乙醚、三氯甲烷、苯等,在280nm波长处有强吸收,在酸性溶液中加热可降解和氧化形成花青素(anthocyanidin),花青素亦称花色素。

(三)保健功能

黄酮类化合物含有多个酚羟基使其具有很强的还原性,许多黄酮类化合物已被证实有很强的清除活性氧自由基的能力,是天然抗氧化剂。黄酮类化合物还具有抗感染、调节免疫作用;具有降血脂和总胆固醇的作用,可明显提高载脂蛋白 A 等抗动脉硬化成分含量;还通过抗细胞增殖、诱导肿瘤细胞凋亡、干预细胞信号转录等表现出显著的抑制肿瘤作用。

(四)分析方法

黄酮化合物的测定主要有紫外可见分光光度法、荧光分光光度法、气相色谱法和高效液相色谱法、高效毛细管电泳法及示波极谱法等。

保健食品中总黄酮含量的测定,常用的是紫外或可见分光光度法,其操作简便、快速。通常有两种方法,一是将样品提取液直接在 360nm 波长处测定吸光度值,是目前我国"保健食品检验与评价技术规范"推荐方法。二是在样品提取液中加入显色剂(硝酸铝)后生成红色配合物,最大吸收峰向长波长移动,与芦丁标准系列比较定量。后者抗干扰能力较强,特异性好。

大豆异黄酮包括游离型苷元和结合型糖苷两类共 12 种,大豆苷、大豆苷元、染料木素、染料木苷、大豆黄素和大豆黄苷是其中比较重要的化合物,通常采用高效液相色谱法测定其含量。

原花青素的测定一般采用分光光度法、HPLC 法、HPLC-MS 等。正丁醇 - 盐酸法对原花青素化学结构的依赖性比较大,不适宜低聚原花青素的测定。在香草醛 - 硫酸法中,硫酸的加入会引起反应体系放热,从而导致原花青素的氧化分解,而使测定结果偏低。香草醛 - 盐酸法对原花青素的测定具有特异性,特别是对于黄烷醇类物质测定效果较好,但由于葡萄籽的来源不同,因此,所用盐酸、香草醛的浓度、显色时间、温度也不同。铁盐催化分光光度法操作简便,是目前我国"保健食品检验与评价技术规范"的推荐方法。

二、保健食品中总黄酮检验

(一)分光光度法

1. 原理 保健食品中的总黄酮用乙醇超声波提取,聚酰胺粉吸附柱分离净化,用苯洗脱杂质后,总黄酮用甲醇洗脱,以芦丁为对照品,于 360nm 波长处测定吸光度值,标准曲线法比色定量。

2. 分析步骤 称取一定量的试样,加乙醇定容,摇匀后,超声波提取。吸取上清液加聚酰胺粉吸附,于水浴上挥去乙醇,然后转入层析柱。先用苯洗脱杂质,然后用甲醇洗脱总黄酮,收集甲醇洗脱液,定容。

于 360nm 波长处测定芦丁标准溶液和样品溶液的吸光度值,依据标准曲线计算样品中总黄酮的含量。

3. 方法说明 取样前应尽可能研磨至细,才能达到较好的提取效果。净化时常用的聚酰胺吸附剂有 30~60 目和 14~30 目两种粒度,不同粒度的聚酰胺吸附效果有差异。因此,在测定时,应采用同一规格的聚酰胺粉。

(二)铝配合物分光光度法

1. 原理 黄酮类化合物中的 3- 羟基、4- 羟基、5- 羟基、4- 羰基或邻二位酚羟基,在碱性条件下,可与 Al^{3+} 生成红色配合物,于 510nm 波长处测定吸光度值,与芦丁标准系列比较定量。

2. 分析步骤

(1)样品处理:对于固体样品,称取一定量样品,加入乙醚回流提取,过滤,用乙醚洗涤滤渣。将滤渣中乙醚挥干,加入80%乙醇回流,过滤,用热水洗涤滤渣,合并滤液,冷却定容。

对于液体样品(含酒精的液体样品,先于水浴上挥去乙醇,用水补足至样品原始体积),精密吸取一定量样品,用乙醚萃取脱脂、脱色素,样液供测定。

(2)测定:取芦丁标准使用液和样品提取液分别加30%乙醇。在标准系列和样液中加5%NaNO₂溶液,摇匀,再加入10%Al(NO₃)₃溶液,摇匀后加4%NaOH溶液摇匀,放置10~20分钟,于510nm波长处测定吸光度值,依据标准曲线,计算样品中总黄酮的含量。

3. 方法说明

(1)NaNO₂浓度在2%~8%范围内吸光度相对稳定,因此,采用NaNO₂浓度为5%。

(2)随Al(NO₃)₃溶液浓度的增加吸光度值升高,当浓度在8%~12%时,吸光度值相对稳定,故选用10%Al(NO₃)₃。

(3)显色后,在室温低于25℃的环境中,吸光度值在2小时内保持稳定。

三、保健食品中大豆异黄酮检验

1. 原理 保健食品中的大豆异黄酮(包括大豆苷、大豆苷元、染料木素、染料木苷、大豆黄素和大豆黄苷)经制备、提取、过滤等前处理后,采用梯度洗脱,C₁₈柱分离,紫外检测器检测。根据色谱峰的保留时间定性,峰面积标准曲线法定量。

2. 分析步骤

(1)样品处理:准确称取适量粉碎、混匀的固体试样或混匀的液体样品,加入适量甲醇,超声提取20分钟,然后用甲醇定容,混匀,上清液经0.45μm滤膜过滤后备用。

(2)测定:色谱条件为反相C₁₈柱(250mm×4.6mm,5μm);检测波长:260nm;流动相:A液为乙腈,B液为磷酸水溶液(pH=3);梯度洗脱:0~10分钟,12%A+88%B→18%A+82%B;10~23分钟,18%A+82%B→24%A+76%B;23~30分钟,24%A+76%B→30%A+70%B;30~55分钟,30%A+70%B→80%A+20%B;55~60分钟,80%A+20%B→12%A+88%B;柱温:30℃;流速:1ml/min。

取大豆异黄酮的混合标准使用液和试样净化液进行高效液相色谱分析,以保留时间定性,用峰面积标准曲线法定量,分别计算试样中的大豆苷、大豆苷元、染料木素、染料木苷、大豆黄素和大豆黄苷的含量和大豆异黄酮的总量。

3. 方法说明 本方法适用于以大豆异黄酮为主要功效成分的保健食品及保健食品原料中大豆异黄酮的含量测定。

四、保健食品中原花青素检验

(一)铁盐催化分光光度法

1. 原理 原花青素经热酸处理,并在硫酸铁铵的催化作用下,水解生成红色的花青素(花色素)。在最大吸收波长546nm处测定吸光度值,计算试样中原花青素含量。

2. 分析步骤 对于固体试样,精确称取研细、混匀的试样,加入甲醇,超声波提取,甲醇定容,摇匀,离心后取上清液备用。

对于含油试样,用甲醇分数次搅拌洗涤,直至甲醇提取液无色,加甲醇定容备用。对于口服液,吸取适量样液,甲醇定容,摇匀供分析用。

用甲醇配制原花青素标准系列。将正丁醇与盐酸按95:5的体积比混合后,加入硫酸铁铵溶液,再加入标准系列溶液或样液,混匀,置沸水浴回流,准确加热40分钟后,立即置冰水中冷却,于546nm波长处测定吸光度值,用标准曲线法定量。

3. 方法说明

(1) 原花青素水解氧化为花色素,水解程度随温度的升高而增大,在100℃时达到最大值。该反应随加热时间的增长,花色素含量增加,当加热40分钟时,花色素含量达到最大值,所以应严格控制水解的温度和时间。

(2) 硫酸铁铵起催化剂的作用,未使用铁盐与使用铁盐相比,样品的测定值降低近40%。

(3) 本法最低检出量为3μg,最低检出浓度为3μg/ml,最佳线性范围:3~150μg/ml。

(二) 高效液相色谱法

1. 原理　在酸性条件下,将试样中原花青素单体或聚合物加热水解使 C-C 键断裂生成深红色的花色素离子,用高效液相色谱 - 紫外可见检测器进行检测,以保留时间定性,峰高或峰面积定量。

2. 分析步骤

(1) 样品处理:对于固体试样,加入甲醇超声波提取,用甲醇定容,取上清液备用。对于液体试样,吸取适量样液,加甲醇定容。对于含油试样,用少量二氯甲烷使试样溶解,加甲醇定容,摇匀。

(2) 测定:色谱条件为 C_{18} 色谱柱(150mm × 4.6mm);柱温:35℃;紫外 - 可见检测器,检测波长 525nm;流动相:水 - 甲醇 - 异丙醇 -10% 甲酸(73+13+6+8);流速 1ml/min。

将正丁醇与盐酸按 95:5(v/v)体积比混合后,取出一定量,加入硫酸铁铵溶液,再加入经 0.45μm 滤膜过滤的样液,混匀,置沸水浴回流,加热 40 分钟后,立即置冰水中冷却,进行高效液相色谱分析。

3. 方法说明　在流动相中加入 13% 甲醇和 6% 异丙醇,灵敏度高于只用甲醇。另外,流动相中加入甲酸可改善色谱峰的峰形。

第四节　保健食品中多糖类化合物检验

一、概述

(一) 主要来源

多糖(polysaccharide)是由十几到上万个单糖组成的大分子,自然界中植物、动物、微生物都含有多糖,按其来源可分为:动物多糖、植物多糖和微生物多糖。其中植物如人参、黄芩、刺五加、红花、芦荟等所含多糖均具有显著的药用功效;动物多糖如甲壳素(chitin)、肝素(heparin)、硫酸软骨素(chondroitin sulfate)、透明质酸(hyaluronic acid)等被证明具有多种生物活性。生物体内多糖除以游离状态存在外,也以结合态存在,结合态多糖有:与蛋白质结合在一起的蛋白多糖,以及与脂质结合在一起的脂多糖等。

(二) 理化性质

大多数多糖为无定形粉末、无甜味,一般无还原性。多糖有旋光活性,经某些酶或酸作用,可以水解生成寡糖或单糖或单糖的衍生物,如葡萄糖醛酸或半乳糖醛酸、己糖胺等。多糖的分子量随来源不同而异,在水中溶解度通常随分子量的增大而降低,不溶于有机溶剂中。多糖按在生物体内的功能分为两类:一类不溶于水,主要形成动植物的支持组织。如植物细胞壁的纤维素、甲壳类动物的甲壳素等;另一类为动植物的贮存养料,可溶于热水形成胶体溶液,可经酶催化水解释放单糖以供应能量,如淀粉、糖原等。

(三)保健功能

自从20世纪50年代发现酵母多糖具有抗肿瘤作用以来,已分离出很多具有抗肿瘤活性的多糖。大量研究表明,许多多糖有抑制病毒作用,如艾滋病毒、单纯疱疹病毒、巨细胞病毒、流感病毒等。另外,多糖类化合物不但能提高机体的免疫功能,而且有些多糖还具有延缓衰老的作用。某些植物中的多糖作为生物效应调节剂,还具有抗感染、抗辐射、降血糖、降血压、降血脂的作用。膳食纤维具有加速排除体内毒素等作用。

(四)分析方法

保健食品中粗多糖(crude polysaccharide)的测定多采用分光光度法,如苯酚-硫酸、硫酸-蒽酮、3,5-二硝基水杨酸分光光度法等。保健食品中硫酸软骨素的测定主要有分光光度法和高效液相色谱法。

二、保健食品中粗多糖检验

1. 原理　保健食品中的粗多糖用乙醇沉淀分离后,去除其他可溶性糖及杂质的干扰,与苯酚-硫酸反应显红色,以葡萄糖作标准,于485nm波长处测定吸光度值,标准曲线法定量。

2. 分析步骤

(1)样液制备:精确称取样品,加水后混匀,于沸水浴上加热1小时,冷却后定容,混匀,过滤,弃初滤液后,收集滤液。

(2)除淀粉和糊精:取一定量样品提取液,冷却至60℃以下,加适量淀粉酶液和磷酸盐缓冲液,加塞,置55~60℃酶解1小时,再加适量的糖化酶于60℃以下再水解1小时后取出(用碘液检验是否水解完全,如否,可延长水解时间),加热至沸(灭酶),冷却,定容,过滤,取滤液备用。

(3)沉淀粗多糖:准确吸取一定量滤液,加无水乙醇,混匀,于4℃冰箱静置4小时以上,离心,弃去上清液,残渣用80%乙醇洗涤3次,离心后加水溶解定容。

(4)测定:在葡萄糖标准应用液和样品净化液中,加入苯酚溶液和浓硫酸,混匀,置沸水浴中2分钟,冷至室温后,在485nm波长处以试剂空白为参比测定吸光度值,根据标准曲线计算样品中粗多糖的含量。

3. 方法说明　用80%乙醇洗涤沉淀物时,尽量将沉淀物打散,以除去包裹在沉淀物中的杂质。由于保健食品的组成不同,洗涤用乙醇可根据具体情况选择最佳浓度。

三、保健食品中硫酸软骨素检验

1. 原理　样品中的硫酸软骨素用乙腈分散均匀,以水溶解,用高效液相色谱-紫外检测器在195nm波长处进行检测,以保留时间定性,峰高或峰面积定量。

2. 分析步骤

(1)样液制备:准确称取适量粉碎、混匀的试样,加入乙腈,振荡使其分散均匀,再加入适量水,超声波溶解,用水定容,摇匀,上清液经0.45μm滤膜过滤后备用。

(2)测定:色谱条件为C_{18}色谱柱(250mm×4.6mm,5μm);流动相:乙腈-0.01mol/L戊烷磺酸钠溶液(10+90);流速:0.8ml/min;检测波长195nm;进样体积:10μl;柱温:室温。

3. 方法说明

（1）流动相为乙腈 - 水（10+90）时，硫酸软骨素不易从柱上洗脱下来，色谱峰前伸，峰形不对称。加入戊烷磺酸钠后峰形得到改善。

（2）本实验检测波长为 195nm，而甲醇和乙腈的截止波长分别为 205nm 和 190nm，故选用乙腈作为流动相的组成成分。因硫酸软骨素出峰时间较早，故流速不宜太快，综合峰形和分离效果，选择 0.8ml/min 为最佳流速。

（3）本方法可以同时测定保健食品中的硫酸软骨素和氨基葡萄糖盐酸盐。

第五节　保健食品中其他类化合物检验

一、保健食品中总蒽醌检验

（一）概述

1. 主要来源　蒽醌类（anthraquinone）化合物广泛分布在自然界植物和菌类的代谢产物中，如豆科的决明子、番泻叶；百合科的芦荟；茜草科的茜草、鼠李；蓼科的大黄、何首乌等。目前发现的蒽醌类化合物近 200 种，如大黄酸、芦荟大黄素、土大黄素、大黄素甲醚等。

2. 理化性质　绝大多数蒽醌化合物都呈现黄、橙和红等不同的颜色，化合物多具有酚羟基或羧基，故多显酸性。游离蒽醌一般可溶于乙醇、乙醚、苯、四氯化碳等有机溶剂，不溶或微溶于水，而结合成苷后极性增大，易溶于甲醇、乙醇、热水中，几乎不溶于苯、乙醚、四氯化碳等有机溶剂。蒽醌化合物具有某些重要的颜色反应，如遇碱显橙、红、紫或蓝色；与醋酸镁的甲醇溶液反应能显橙红色或紫色。

3. 保健功能　蒽醌具有多种生理活性，主要有润肠通便作用；大多具有一定的抗菌活性；某些还具有显著的抑制肿瘤作用。但是蒽醌类化合物亦具有一定的不良反应，剂量过大会引起胃肠不适，严重的可能会导致胃肠出血、心悸等。故严格控制保健品中蒽醌类物质的质量十分必要。

4. 分析方法　保健食品中蒽醌类成分含量测定方法有分光光度法、高效液相色谱法、液相色谱 - 质谱联用法、荧光分析法、高效毛细管电泳法等。对于总蒽醌的测定一般采用分光光度法。

（二）分光光度法

1. 原理　保健食品中的蒽醌类化合物经酸水解后用四氯化碳提取，再用稀碱液萃取生成红色，与 1,8- 二羟基蒽醌对照品比较，在 503nm 波长处测定吸光度值，标准曲线法定量。

2. 分析步骤

（1）样品处理：精密称取均匀的样品粉末（或量取适量的液体样品），加 2.5mol/L 硫酸，沸水浴回流水解。冷却后加入四氯化碳萃取 3 次，合并萃取液，用蒸馏水洗涤两次，再反复用 5% 氢氧化钠 -2% 氢氧化铵混合碱液振摇萃取，合并萃取液，用 5% 氢氧化钠 -2% 氢氧化铵混合碱液定容。

（2）测定：以 1,8- 二羟基蒽醌为对照品，用 5% 氢氧化钠 -2% 氢氧化铵混合碱液配制标准系列。以 5% 氢氧化钠 -2% 氢氧化铵混合碱液为空白对照，在 503nm 波长处测定吸光度值，由标准曲线法定量。

3. 方法说明　加入 2.5mol/L 硫酸是将结合状态的蒽醌水解变为游离态，水解时要严格控制温度和时间。本方法适用于含决明子、番泻叶、芦荟、大黄、何首乌等植物原料或提取物的保健食品中总蒽醌的测定。

二、保健食品中红景天苷检验

（一）概述

1. 主要来源　红景天（rhodiola）系景天科红景天属植物，主要有效成分是红景天苷（salidroside）及其苷元，世界上有 90 余种，大多生长在北半球海拔 3500~5000 米左右的高寒地带。我国有 73 种，主要分布在青藏高原和长白山。

2. 理化性质　红景天苷分子式为 $C_{14}H_{20}O_7$，分子量为 300.3；为无色透明针状结晶，熔点为 158~160℃；溶于水、乙醇、正丁醇，微溶于丙酮、乙醚；在酸性条件下，水浴加热回流 2 小时，水解完全，其水解产物为 β-D- 吡喃葡萄糖和 4- 羟基苯乙醇。

3. 保健功能　红景天苷具有提高细胞内 DNA 修补的能力，有抗癌转移功效。红景天苷在体外能促进 T 细胞功能，进而促进细胞免疫。红景天苷对脑缺氧、心肌缺氧、组织中毒性缺氧有明显的保护作用，另外还具有降血糖、保护神经细胞和肝、防辐射及抗病毒作用等。

4. 分析方法　保健食品中红景天苷含量测定常用高效液相色谱法，该法具有抗干扰能力强、定量准确、简单、快速的特点，是我国"保健食品检验与评价技术规范"的推荐方法。亦可采用分光光度法、气相色谱法和示波极谱法等。

（二）高效液相色谱法

1. 原理　保健食品中的红景天苷用甲醇超声波提取，经滤膜过滤后，以甲醇 -0.02mol/L 乙酸钠溶液为流动相，C_{18} 柱分离，于 215nm 波长处检测，以保留时间定性，峰高或峰面积标准曲线法定量。

2. 分析步骤

（1）样品处理：准确称取适量研细、混匀的片剂或胶囊内容物样品（或液体样品），加入甲醇超声波提取 10 分钟，用甲醇定容。混匀后离心，经 0.45μm 滤膜过滤后，供液相色谱分析用。

（2）测定：色谱条件为 C_{18} 色谱柱（250mm × 4.6mm，5μm）；柱温为室温；紫外检测器：检测波长 215nm；流动相：甲醇 -0.02mol/L 乙酸钠溶液（9+91）；流速：1.0ml/min；进样量：10μl。

3. 方法说明

（1）与索氏提取、超声波提取和加热回流提取法比较，综合考虑保健食品提取效率和提取时间，本实验处理样品采用甲醇超声波提取 10 分钟。对于组成复杂、干扰较多的保健食品样品，可采用聚酰胺柱净化除去黄酮类等杂质后，再进行高效液相色谱分析。

（2）红景天苷在 215nm 和 280nm 波长处有较强的吸收。当检测波长为 215nm 时，检测灵敏度较 280nm 时高 4 倍，因此，选择 215nm 作为检测波长。

（3）以甲醇 -0.02mol/L 乙酸钠溶液（9+91）和乙腈 - 水（10+90）作流动相时分离效果和峰形最好，由于乙腈的毒性较大，故采用前者作流动相。

三、保健食品中芦荟苷检验

（一）概述

1. 主要来源　芦荟苷（aloin）是百合科植物库拉索芦荟、好望角芦荟、斑纹芦荟的提取物，是芦荟中的主要生物活性成分之一，是羟基蒽醌与糖结合而成的一类羟基蒽醌衍生物。

2. 理化性质　芦荟苷为黄色或淡黄色结晶粉末,略带沉香气味、味苦,易溶于吡啶、冰醋酸、甲酸、丙酮以及乙醇等溶剂中。

3. 保健功能　芦荟苷可以杀菌、消炎解毒、促进伤口愈合;还具有泻下通便、清肝泻热的作用;同时对降低血压和血液黏度、软化血管有一定的促进作用;体外实验显示,芦荟苷对不同肿瘤细胞具有一定的杀伤作用。

4. 分析方法　芦荟苷的测定方法有分光光度法、薄层色谱法、高效液相色谱法、荧光分光光度法及毛细管电泳法等。其中高效液相色谱法是目前我国"保健食品检验与评价技术规范"推荐方法。

(二)高效液相色谱法

1. 原理　保健食品中的芦荟苷用甲醇 - 水超声波提取,经滤膜过滤后,以甲醇 - 水为流动相,用 C_{18} 柱分离,紫外检测器于 293nm 波长处检测,以保留时间定性,峰面积标准曲线法定量。

2. 分析步骤

(1)样品处理:准确称取适量粉碎、混匀的样品,用流动相溶解,经超声波提取 10 分钟,用流动相定容,离心,取上清液经 0.45μm 滤膜过滤;液体样品用流动相稀释、混匀后,过滤,供色谱分析用。

(2)测定:色谱条件为 C_{18} 色谱柱(250mm×4.6mm,5μm);柱温:40℃;紫外检测器:检测波长 293nm;流动相:甲醇 - 水(55+45);流速:1.0ml/min;进样量:10μl。

3. 方法说明　本方法适用于芦荟胶囊、片剂、汁等保健食品中芦荟苷的测定,本方法的最低检出量为 10ng。

本 章 小 结

本章简要介绍了保健食品的概念、特征,以及保健食品管理的法律法规、技术规范及技术要求。重点讲解了保健食品中常见功效成分的检验方法。

皂苷类化合物:总皂苷测定主要采用香草醛分光光度法,检测波长为 560nm。人参皂苷和黄芪甲苷一般采用高效液相色谱法测定。人参皂苷采用紫外检测器在 203nm 处检测;黄芪甲苷采用蒸发光散射检测器检测。

黄酮类化合物:总黄酮测定有两种分光光度法:①直接于 360nm 波长处测定;②与 Al^{3+} 生成红色配合物,于 510nm 波长处测定。大豆异黄酮测定采用高效液相色谱法,紫外检测器在 260nm 处检测,可以测定其中的大豆苷、大豆苷元、染料木素、染料木苷、大豆黄素和大豆黄苷。原花青素测定常用铁盐催化分光光度法和高效液相色谱法。

多糖类化合物:粗多糖多采用苯酚 - 硫酸分光光度法测定,检测波长为 485nm;硫酸软骨素测定采用高效液相色谱法,紫外检测器在 195nm 波长处进行检测。

其他类化合物:总蒽醌常用分光光度法测定;红景天苷、芦荟苷的测定一般采用高效液相色谱法。

思考题

1. 保健食品的定义是什么? 保健食品有哪些特征?

2. 简述分光光度法测定保健食品中总皂苷的原理。测定时有哪些注意事项？

3. 保健食品中黄酮类化合物的测定有哪些方法？保健食品中总黄酮常用测定方法的原理是什么？

4. 高效液相色谱法测定保健食品中的大豆异黄酮主要包括哪几种化合物？说明测定原理。

5. 简述高效液相色谱法测定保健食品中硫酸软骨素的原理及选择流动相的依据。

6. 简述高效液相色谱法测定保健食品中红景天苷的原理及检测波长的选择依据。

（刘萍）

第六章　食品中食品添加剂检验

随着科技的进步、食品工业的高速发展及人们对食品感官性状和营养价值的需求变化，食品添加剂的种类和数量逐年增加，应用越来越广泛。食品添加剂的不恰当使用，会对人体健康造成危害。因此，对食品中添加剂进行检验，对确保食品添加剂的合理使用和保障消费者健康是非常必要的。

第一节　概　　述

一、食品添加剂的定义

我国食品安全国家标准《食品添加剂使用标准》(GB 2760)中对食品添加剂(food additives)的定义为："为改善食品品质和色、香、味，以及为防腐、保鲜和加工工艺的需要而加入食品中的人工合成或者天然物质。营养强化剂、食品用香料、胶基糖果中基础剂物质、食品工业用加工助剂也包括在内。"《复配食品添加剂通则》(GB 26687)中对复配食品添加剂的定义为："为了改善食品品质、便于食品加工，将两种或两种以上单一品种的食品添加剂，添加或不添加辅料，经物理方法混匀而成的食品添加剂。"

世界各国对食品添加剂的定义不尽相同，国际食品法典委员会(CAC)对食品添加剂定义为：食品添加剂是有意识地一般以少量添加于食品，以改善食品的外观、风味和组织结构或贮存性质的非营养物质。

二、分类

食品添加剂的种类繁多，据统计，目前国际上批准使用的约有 4000~5000 种，我国批准使用的食品添加剂共 2424 种。我国食品安全国家标准《食品添加剂使用标准》按添加剂功能分为 23 个功能类别，见表 6-1。

三、使用要求

使用食品添加剂的基本要求：不应对人体产生任何健康危害；不应掩盖食品腐败变质；不应掩盖食品本身或加工过程中的质量缺陷或以掺杂、掺假、伪造为目的而使用食品添加剂；不应降低食品本身的营养价值；在达到预期目的的前提下尽可能降低在食品中的使用量。

在下列情况下可使用食品添加剂：保持或提高食品本身的营养价值；作为某些特殊膳食用食品的必要配料或成分；提高食品的质量和稳定性，改进其感官特性；便于食品的生产、加工、包装、运输或者贮藏。

表 6-1　食品添加剂功能类别与代码（GB 2760）

名称	代码	名称	代码	名称	代码
酸度调节剂	01	护色剂	09	防腐剂	17
抗结剂	02	乳化剂	10	稳定和凝固剂	18
消泡剂	03	酶制剂	11	甜味剂	19
抗氧化剂	04	增味剂	12	增稠剂	20
漂白剂	05	面粉处理剂	13	食品用香料	21
膨松剂	06	被膜剂	14	食品工业用加工助剂	22
胶基糖果中基础剂物质	07	水分保持剂	15	其他	23
着色剂	08	营养强化剂	16		

国内外对于食品添加剂的安全问题均非常重视。我国食品添加剂的使用必须符合《中华人民共和国食品安全法》、《食品添加剂使用标准》（GB 2760）和《复配食品添加剂通则》（GB 26687）中规定的品种及其使用范围和使用量。

四、检测意义与方法

正确合理的使用食品添加剂,能够改善食品的感官性状、防止食品腐败变质,满足人们对食品越来越高的需求。但是近年来一些食品生产厂家为获取暴利,滥用、超范围或过量使用食品添加剂,可能引起中毒,严重地影响消费者的身体健康。因此,进行食品添加剂的检测,对于维护消费者利益,保障人民身体健康具有重要意义。

食品种类很多,基底成分多样、复杂,而食品添加剂种类、性质也各不相同,且在食品中的含量较低,因此,在分析检测时,一般要进行样品的处理,使被测的添加剂从样品中分离出来,并进行净化、富集,用于下一步的检测。常用的分离方法有蒸馏、透析、沉淀、萃取等。食品添加剂的检测方法主要有可见 - 紫外分光光度法、荧光分光光度法、薄层色谱法、高效液相色谱法和气相色谱法及仪器联用技术等。

第二节　食品中甜味剂检验

一、概述

甜味剂（sweetener）是指赋予食品以甜味的物质。甜味剂是世界各地使用最多的一类食品添加剂,在食品工业中占有十分重要的地位。甜味剂种类较多,按照其化学结构和性质可分为糖类甜味剂和非糖类甜味剂;按来源可分为人工合成甜味剂和天然甜味剂;按营养价值可分为营养型甜味剂和非营养型甜味剂。

天然甜味剂是指从植物组织中提取出来的甜味物质,主要有糖醇类（木糖醇、山梨糖醇等）和非糖醇类（甘草、甜菊糖苷等）两类。人工合成甜味剂是指一些具有甜味的非糖类化学物质,甜度一般比蔗糖高数十倍甚至数百倍,不具有任何营养价值,主要有糖精、环己基氨基磺酸钠（甜蜜素）、天门冬酰苯丙氨酸甲酯（阿斯巴甜）、三氯蔗糖等。近年来,陆续发现某些人工合成甜味剂对人体具有潜在的危害。

食品中甜味剂的测定方法主要有高效液相色谱法、气相色谱法、紫外分光光度法、薄层色谱法等。

二、食品中糖精钠检验

糖精（saccharin），邻苯磺酰亚胺，白色结晶粉末，对热不稳定，易溶于乙醚、乙醇，难溶于水，因此，常使用其钠盐。糖精钠（sodium saccharin），即邻苯磺酰亚胺钠盐，是人工合成的非营养型甜味剂，甜度为蔗糖的 300~500 倍，无色结晶或稍带白色的结晶性粉末，易溶于水，不溶于乙醚、三氯甲烷等有机溶剂，在酸性条件下加热会失去甜味，并形成苦味的邻氨基磺酰苯甲酸，在中性和弱碱性条件下较稳定。糖精钠的结构式为：

糖精   糖精钠

糖精钠被摄入人体后，不能被机体吸收利用，大部分随尿液排出体外，不为机体提供能量，无营养价值。糖精钠对动物的急性毒性作用较低，其致癌作用一直存在争议，考虑到其对人体的安全性，FAO/WHO 食品添加剂委员会规定糖精钠的 ADI（每日允许摄入量）值为 0~5mg/kg。

我国《食品添加剂使用标准》（GB 2760）中明确规定了糖精钠的允许使用范围。以糖精计，腌渍蔬菜、饮料、糕点、冷饮、饼干、面包、配制酒等，最大使用量为 0.15g/kg；熟制豆类（五香豆、炒豆）、脱壳熟制坚果与籽类、蜜饯凉果、新型豆制品（大豆蛋白膨化食品、大豆素肉等）的最大使用量为 1g/kg，带壳熟制坚果与籽类的最大使用量为 1.2g/kg。

食品中糖精钠测定的常用方法有高效液相色谱法（GB/T 5009.28）、薄层色谱法、离子选择电极法、荧光分光光度法、紫外分光光度法等。高效液相色谱法最常用，可用于检测配制酒、果汁类、汽水等样品，具有灵敏度高、操作简便、重现性好、测定准确等优点；薄层色谱法主要用于检测饮料、汽水、果汁、果酱、酱油、饼干、糕点等样品，具有实验条件简单、适用性广等特点，但只能做定性和半定量分析，样品提取和分离过程比较繁杂，易受食品成分等因素影响，因此，影响其重现性和回收率。

（一）高效液相色谱法

1. 原理　样品经处理后进行高效液相色谱仪色谱分析。经反相色谱柱（C_{18} 柱）分离后，用紫外检测器于 230nm 波长下检测，根据保留时间和峰面积进行定性、定量分析。

2. 分析步骤

（1）样品处理：①碳酸饮料、葡萄酒、果酒等液体样品：样品中如含有乙醇加热去除，用氨水调 pH 约为 7，加水定容，滤膜过滤待测；②含蛋白质较多的乳饮料、植物蛋白饮料等液体样品：样品依次加入亚铁氰化钾和乙酸锌沉淀蛋白质，加水定容，离心，上清液滤膜过滤后待测；③含胶基的果冻、凝胶糖果、胶基糖果样品：试样加水分散，氨水调 pH 约为 7，水浴后超声，冷却，加水定容，滤膜过滤待测；④奶油、油脂类样品：试样用正己烷重复萃取二次，合并正己烷提取液，用乙酸盐萃取两次，定容，滤膜过滤待测。

（2）测定：色谱参考条件为 C_{18} 色谱柱（150mm × 4.6mm，5μm）；流动相：甲醇 - 0.02mol/L 乙酸铵溶液（5+95）；流速：1ml/min；检测器：紫外检测器，波长 230nm。

在上述色谱条件下,测定标准系列,绘制标准曲线,然后测定样品处理液,标准曲线法定量。

3. 方法说明　由于被测样品溶液的 pH 对于检测结果和色谱柱的使用寿命有影响,因此,将 pH 调至中性为宜。本方法可同时测定食品中苯甲酸、山梨酸和糖精钠,出峰顺序为苯甲酸、山梨酸和糖精钠,检出限分别为 1.8mg/kg、1.2mg/kg、3.0mg/kg。

（二）薄层色谱法

1. 原理　在酸性条件下,食品样品中的糖精钠用乙醚提取,浓缩后去除乙醚,用乙醇溶解,点样于聚酰胺薄层板上,展开,使待测组分分离,显色后与标准比较,进行定性和半定量测定。

2. 分析步骤

（1）样品处理:①饮料、汽水、冰棍等:如样品中含有二氧化碳,加热除去;如样品中含有酒精,加 4% 氢氧化钠溶液使其呈碱性,在沸水浴中加热除去;②酱油、果汁、果酱等:样品加入硫酸铜和氢氧化钠除去蛋白;③固体果汁粉等:样品加水加温溶解,放冷;④糕点、饼干等蛋白质、脂肪、淀粉多的食品:样品放入氢氧化钠溶液中进行透析,透析液经盐酸调节 pH 后,加入硫酸铜和氢氧化钠除去蛋白;将上述处理后的样液分别加入盐酸酸化,用乙醚提取待测物,洗涤乙醚层,经无水硫酸钠脱水后,挥发除去乙醚,加入乙醇溶解残留物,待分析。

（2）测定:将样品提取液和糖精钠标准溶液在薄层板上点样,用正丁醇 - 氨水 - 无水乙醇（7+1+2）作展开剂,展开,取出薄层板,挥干,喷显色剂,斑点显黄色,依据标准点和样品点的比移值进行定性,根据斑点的颜色深浅进行半定量测定。

3. 方法说明

（1）如样品中含有二氧化碳,样品提取时容易产生大量气体,故应先加热去除。在酸性条件下糖精钠可以变成糖精,易溶于乙醚,因此,样品中的糖精钠在酸性条件下用乙醚提取。

（2）聚酰胺薄层板干燥后,应经 80℃活化,保存于干燥器内。也可以用异丙醇 - 氨水 - 无水乙醇（7+1+2）做展开剂。

（3）本方法可同时测定苯甲酸、山梨酸、环己基氨基磺酸钠等添加剂。

三、食品中环己基氨基磺酸钠检验

环己基氨基磺酸钠,又名甜蜜素（sodium cyclamate）,甜度为蔗糖的 40~50 倍,是一种人工合成的非营养型甜味剂,为白色针状、片状结晶或结晶状粉末,无臭,溶于水,几乎不溶于乙醇等有机溶剂。对热、酸、碱稳定。环己基氨基磺酸钠对动物的急性毒性作用较低,FAO/WHO 食品添加剂委员会规定环己基氨基磺酸钠的 ADI 值为 0~11mg/kg。环己基氨基磺酸钠的结构式为:

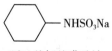

环己基氨基磺酸钠

我国《食品添加剂使用标准》（GB 2760）中规定,环己基氨基磺酸钠用于冷冻饮品、水果罐头、腌渍的蔬菜、腐乳类、面包、糕点、饼干、复合调味品、饮料类、配制酒等的最大使用量为 0.65g/kg;果酱、蜜饯凉果中最大使用量为 1.0g/kg;凉果类、果丹（饼）类等最大使用量为 8.0g/kg。

食品中甜蜜素的常用测定方法有气相色谱法、分光光度法、薄层色谱法、离子色谱法、高效液相色谱法等,其中前三种方法为国家标准检验方法(GB/T 5009.97)。气相色谱法和分光光度法适用于饮料、凉果等食品中甜蜜素的测定,而薄层色谱法适用于饮料、果汁、果酱、糕点中甜蜜素的测定。

(一)气相色谱法

1. 原理 环己基氨基磺酸钠在硫酸介质中与亚硝酸反应,生成环己醇亚硝酸酯,利用气相色谱法进行检测,根据保留时间定性、峰面积标准曲线法定量。反应方程式如下:

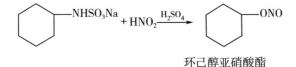

环己醇亚硝酸酯

2. 分析步骤

(1)样品处理:①液体试样:如样品中含有二氧化碳,先加热除去;如样品中含有乙醇,先加氢氧化钠溶液使其呈碱性,在沸水浴中加热除去。再取适量样品置于冰浴中。②固体试样:样品加少许层析硅胶(或海砂)在研钵中研磨、混匀,加水定容后,过滤,再取适量样液置于冰浴中,加入亚硝酸钠和硫酸溶液,摇匀,然后加入正己烷和氯化钠,混匀后静止分层,取正己烷层,离心待分析。标准溶液同样品处理步骤。

(2)测定:色谱参考条件为不锈钢色谱柱(2m×3mm),固定相:涂以10%SE-30的Chromosorb W AW DMCS(80~100目);柱温:80℃;气化温度:150℃;检测室温度:150℃;氮气流速:40ml/min。

3. 方法说明 本方法的最低检出量为3~4μg。酯化反应需在低温下进行,所以要在冰浴中进行操作。

(二)分光光度法

1. 原理 环己基氨基磺酸钠在硫酸介质中与亚硝酸反应,生成环己醇亚硝酸酯,与磺胺重氮化后,再与盐酸萘乙二胺偶合生成红色染料,在550nm波长下测定吸光度值,与标准比较定量。

2. 分析步骤

(1)样品处理:①液体试样:试样置于透析纸中,透析;②固体试样:样品加少许层析硅胶(或海砂)在研钵中研磨、混匀,加水定容后,过滤,准确吸取适量样液,置于透析纸中透析。

(2)测定:①分别吸取透析液和标准溶液,在冰浴中加入亚硝酸钠和硫酸溶液,摇匀后置于冰水中1小时,取出后加入三氯甲烷,混匀,静置分层,弃上层液,三氯甲烷层依次用水、尿素-盐酸溶液、水洗涤。准确取三氯甲烷层用于测定;②向各管中加入甲醇、磺胺,置于冰水中,取出至常温后加入盐酸萘乙二胺溶液和甲醇,于550nm波长处测定标准溶液和样液的吸光度值,用三氯甲烷作参比;③分别取水和透析液,除不加亚硝酸钠外,其他操作同样品处理液,测定试剂和样液空白的吸光度值,计算样品中环己基氨基磺酸钠的含量。

3. 方法说明 本方法的最低检出量为3~4μg;重氮反应需在低温下进行,因此,要用冰浴,而偶合反应则需在常温下进行;环己醇亚硝酸酯溶于三氯甲烷,加入水、尿素-盐酸溶液洗涤,可去除水溶性杂质。

(三)薄层色谱法

1. 原理 样品经酸化后,用乙醚提取,浓缩,点样于聚酰胺薄层板上,展开,经显色后,根据薄层板上环己基氨基磺酸钠的比移值及显色斑深浅,与标准比较进行定性、半定量分析。

2. 分析步骤

(1)样品处理:①饮料、果酱:样品(汽水需加热去除二氧化碳)加氯化钠至饱和,盐酸酸化;②糕点:样品研碎,用石油醚提取3次,挥干溶剂后,加入盐酸酸化,再加入氯化钠饱和。将上述处理的样品用乙醚提取,并经无水硫酸钠脱水后,挥干乙醚,用无水乙醇溶解残渣,备用。

(2)测定:用微量注射器将样品处理液和环己基氨基磺酸标准溶液分别点在聚酰胺薄层板下端,用正丁醇-浓氨水-无水乙醇(20+1+1)作展开剂,展开,取出挥干,用溴甲酚紫溶液显色,斑点呈黄色,背景为蓝色。与标准溶液斑点的比移值和颜色进行比较,确定样品中环己基氨基磺酸的含量。

3. 方法说明 环己基氨基磺酸标准溶液要临用现配。本方法可同时测定苯甲酸、山梨酸、糖精等成分。也可用异丙醇-浓氨水-无水乙醇(20+1+1)作展开剂。

四、食品中阿斯巴甜检验

阿斯巴甜(aspartame),又名甜味素,为白色结晶性的粉末,对酸、碱、热的稳定性较差,甜味高,热量较低。阿斯巴甜对动物的急性毒性作用较低,小鼠经口 LD_{50} 为 2.2g/kg,FAO/WHO 食品添加剂委员会规定阿斯巴甜的 ADI 值定为 0~40mg/kg。阿斯巴甜的结构式为:。

阿斯巴甜

我国《食品添加剂使用标准》中规定,阿斯巴甜为可在各类食品中按生产需要适量使用的食品添加剂,添加阿斯巴甜的食品应标明"阿斯巴甜(含苯丙氨酸)"。食品中阿斯巴甜检测的常用方法为高效液相色谱法(GB/T 22254)。

1. 原理 利用阿斯巴甜易溶于水和乙醇的特点,样品经处理后,采用高效液相色谱分析。经反相 C_{18} 色谱柱分离后,于 208nm 波长下测定,根据保留时间定性,峰面积标准曲线法定量。

2. 分析步骤

(1)样品处理:①碳酸饮料类:样品加热除去二氧化碳,蒸馏水定容,离心,上清液经滤膜过滤备用;②乳饮料类:样品中加入乙醇,离心,取上清液,沉淀用乙醇-水(2+1)洗涤,离心合并上清液,定容,滤膜过滤备用;③浓缩果汁类:样品加蒸馏水定容,离心,取上清液,经滤膜过滤备用;④固体饮料类:样品加入蒸馏水,超声振荡提取,定容,离心,取上清液,经滤膜过滤备用。

(2)测定:色谱参考条件为 C_{18} 色谱柱(150mm × 4.6mm,5μm);流动相:甲醇-水(39+61);流速:0.8ml/min;二极管阵列检测器,波长 208nm。

3. 方法说明 当样品量为 5g、定容为 25ml、进样量 20μl 时,方法的检出限为 0.002g/kg;本方法适用于碳酸饮料、乳饮料、浓缩果汁和固体饮料中阿斯巴甜的检测。

第三节　食品中防腐剂检验

一、概述

防腐剂（preservative）是指用于防止食品在贮存、流通过程中因微生物引起的腐败变质，延长食品保质期而添加的物质。防腐剂可按照不同的分类方法进行分类。按照来源可分为天然防腐剂和化学防腐剂两类。按照其抑制微生物的作用和性质，可分为杀菌剂和抑菌剂。目前用于食品的防腐剂，美国允许使用的有 50 余种，日本允许使用的有 40 余种，我国允许使用的有苯甲酸（及其钠盐）、山梨酸（及其钾盐）、丙酸钙、丙酸钠、对羟基苯甲酸乙酯、对羟基苯甲酸丙酯、脱氢乙酸等 30 余种。防腐剂大多数是人工合成的，如果超过标准使用会对人体健康造成一定的危害，因此，我国食品安全国家标准严格规定了其在适用食品中的最大使用量。

目前，常用的防腐剂的检验方法有：气相色谱法、薄层色谱法、高效液相色谱法和毛细管电泳法等。其中，气相色谱法和高效液相色谱法因具有较高的灵敏度、分离度，而成为检测防腐剂的最重要的分析方法。

二、食品中苯甲酸和山梨酸检验

苯甲酸（benzoic acid）又称安息香酸，为白色的鳞片或针状结晶，在热的空气中微挥发，约在 100℃开始升华，微溶于水，易溶于乙醇、乙醚、丙酮、三氯甲烷等有机溶剂。苯甲酸在酸性条件下，对多种微生物（霉菌、酵母和细菌）均有明显抑制，抑制作用的最适 pH 为 2.5~4.0。由于苯甲酸水溶性较差，因此，常用其钠盐。苯甲酸钠为白色颗粒或晶体粉末，易溶于水和乙醇。

苯甲酸对人和动物均具有一定的毒性作用，苯甲酸随食物进入体内后，在人体和动物的组织中与甘氨酸结合形成马尿酸，马尿酸可以随尿液排出体外。苯甲酸的大鼠经口 LD_{50} 为 1.7~4.0g/kg，苯甲酸钠的大鼠经口 LD_{50} 为 2.7g/kg。FAO/WHO 建议苯甲酸及其钠盐的 ADI 值为 0~5mg/kg（以苯甲酸计）。

我国《食品添加剂使用标准》（GB 2760）中规定：以苯甲酸计算，碳酸饮料的最大使用量为 0.2g/kg，配制酒（仅限预调酒）的最大使用量为 0.4g/kg；蜜饯凉果的最大使用量为 0.5g/kg；复合调味料的最大使用量为 0.8g/kg；风味冰、冰棍类、醋、酱油、酱及酱制品的最大使用量为 1.0g/kg。

山梨酸（sorbic acid），又称花楸酸，化学名为 2,4-己二烯酸，是一种不饱和脂肪酸，为白色针状结晶或粉末，无臭或带有微量的刺激性臭味，微溶于水，而易溶于乙醚、乙醇等有机溶剂，因此，常用山梨酸的钾盐。其对细菌、真菌和酵母的生长均具有较好的抑制作用，防腐作用效果较好。山梨酸在体内可以参与机体的正常新陈代谢，因此，其对人体的毒害作用较小，是目前国际上应用较多的防腐剂。山梨酸钾，化学名为 2,4-己二烯酸钾，为白色鳞片状结晶或结晶性粉末，无臭或微有臭味，易溶于水。山梨酸的大鼠经口 LD_{50} 为 10.5g/kg，山梨酸钾的大鼠经口 LD_{50} 为 4.2g/kg。FAO/WHO 建议山梨酸及其钾盐的 ADI 值为 0~25mg/kg（以山梨酸计）。

我国《食品添加剂使用标准》（GB 2760）中规定：以山梨酸计算，熟肉制品、预制水产品

（半成品）的最大使用量为 0.075g/kg；风味冰、冰棍类、蜜饯凉果、经表面处理的鲜水果、酱及酱制品的最大使用量为 0.5g/kg；干酪、果酱、面包、糕点、调味糖浆的最大使用量为 1.0g/kg。

食品中苯甲酸和山梨酸的常用测定方法有气相色谱法、薄层色谱法、高效液相色谱法、分光光度法等，其中前三种方法为国家标准方法（GB/T 5009.29）。

（一）气相色谱法

1. 原理 样品酸化处理后，用乙醚提取苯甲酸、山梨酸，用气相色谱分离，火焰离子化检测器检测，与标准系列进行比较，依据保留时间定性、峰高标准曲线法定量。

2. 分析步骤

（1）样品处理：样品用盐酸酸化，乙醚提取两次，用氯化钠酸性溶液洗涤两次，经过无水硫酸钠脱水，水浴挥发去除乙醚，加石油醚和乙醚的混合溶剂溶解残留物，备用。

（2）测定：色谱参考条件为玻璃色谱柱（2m×3mm），内装涂有 5%DEGS+1%H_3PO_4 固定液的 Chromosorb WAW（60~80 目）；载气为氮气，50ml/min；进样口和检测器的温度为 230℃，色谱柱温度为 170℃。

3. 方法说明

（1）本法可同时测定食品中苯甲酸、山梨酸的含量，最低检出限为 1μg；

（2）样品处理过程中，样品酸化目的是使苯甲酸钠、山梨酸钾转变为苯甲酸、山梨酸。用乙醚提取时，如果样品中存在蛋白质，由于蛋白质结构中既有亲脂基团，又有亲水基团，容易发生乳化现象使分离困难，可用盐析、透析、加蛋白质沉淀剂等方法去除。用氯化钠酸性溶液洗涤乙醚提取液可以避免乳化。乙醚提取液经无水硫酸钠脱水后，应无残留水分，否则会影响测定结果。

（二）薄层色谱法

1. 原理 样品经酸化后，用乙醚提取，浓缩，点样于聚酰胺薄层板上，展开，被测定的组分分离，经显色后，根据薄层板上山梨酸和苯甲酸的比移值及显色斑深浅，与标准比较进行定性和半定量分析。

2. 分析步骤

（1）样品处理：与（一）法中的基本相同，不同处仅是水浴挥发除去乙醚后，所剩残留物用乙醇溶解，备用。

（2）测定：将样品处理液和山梨酸、苯甲酸标准溶液分别点在聚酰胺薄层板下端，用正丁醇-氨水-无水乙醇（7+1+2）展开，取出挥干溶剂，用溴甲酚紫溶液显色，斑点呈黄色，背景为蓝色。与标准溶液斑点的比移值和颜色进行比较，确定样品中山梨酸、苯甲酸的含量。

3. 方法说明 样品在处理时，进行酸化是为了使苯甲酸钠和山梨酸钾转变成苯甲酸和山梨酸；本方法也可用异丙醇-氨水-无水乙醇（7+1+2）作展开剂。

第四节 食品中抗氧化剂检验

一、概述

抗氧化剂（antioxidant）是可以防止或者延缓食品成分氧化变质，提高食品稳定性、延长食品储存期的一类物质。含有大量脂肪的食品，在储存的过程中不饱和脂肪酸容易发生氧化引起酸败,使食品产生异味和颜色变化。因此,在食品加工过程中,合理地加入抗氧化剂可以延缓或防止油脂酸败的发生。按照氧化剂的溶解性质可将其分为水溶性和脂溶性两大类,前者主要是对食品有护色作用,防止氧化变色,如异抗坏血酸;后者的作用是防止油脂氧化,如丁基羟基茴香醚(butyl hydroxyanisole,BHA)。还可以按照其来源分为天然和合成两类,天然抗氧化剂如茶多酚、维生素 E 等;合成抗氧化剂如丁基羟基茴香醚(BHA)、二丁基羟基甲苯(butylated hydroxytoluene,BHT)、特丁基对苯二酚(tertiary butylhydroquinone,TBHQ)等。我国目前批准使用的抗氧化剂有丁基羟基茴香醚(BHA)、二丁基羟基甲苯(BHT)、特丁基对苯二酚(TBHQ)、没食子酸丙酯(PG)、抗坏血酸、特丁基对苯二酚、维生素 E、植酸和异抗坏血酸钠等。对植物油,抗氧化能力顺序为 TBHQ>PG>BHT>BHA;对动物油脂,抗氧化能力顺序为 TBHQ>PG>BHA>BHT。

天然抗氧化剂的效果不如人工合成抗氧化剂,因此,目前应用较多的是人工合成抗氧化剂。它们的毒性较低,BHA 的大鼠经口 LD_{50} 为 2.9g/kg,BHT 的大鼠经口 LD_{50} 为 1.7~1.97g/kg,PG 的大鼠经口 LD_{50} 为 3.8g/kg。FAO/WHO 建议 BHA、BHT、TBHQ、PG 和异抗坏血酸的 ADI 值分别为 0~0.5mg/kg、0~0.3mg/kg、0~0.7mg/kg、0~0.2mg/kg 和 0~5mg/kg。

食品中丁基羟基茴香醚、二丁基羟基甲苯、特丁基对苯二酚、没食子酸丙酯的检测方法主要有气相色谱法、高效液相色谱法、分光光度法和薄层色谱法等。

二、食品中 BHA、BHT 和 TBHQ 检验

丁基羟基茴香醚(BHA)又名叔丁基 -4- 羟基茴香醚,为 2- 叔丁基 -4- 羟基苯甲醚和 3- 叔丁基 -4- 羟基苯甲醚的混合物,白色或微黄色的结晶性粉末,具有轻微的酚类臭味,不溶于水,可溶于丙醇、乙醇、丙二醇等物质,对热较稳定,在弱碱性条件下不易破坏,对含动物性脂肪食品的抗氧化作用效果较好。

OCH₃ ... C(CH₃)₃ ... OH　　　　OCH₃ ... C(CH₃)₃ ... OH

2-叔丁基-4-羟基苯甲醚　　　　3-叔丁基-4-羟基苯甲醚

二丁基羟基甲苯(BHT)又名 2,6- 二叔丁基甲酚,为白色结晶或结晶性粉末,无臭味,不溶于水,可溶于丙醇、乙醇、丙二醇等物质,对热非常稳定,在通常的烹调温度下受到的影响较小。

OH ... C(H₃C)₃ ... C(CH₃)₃ ... CH₃

二丁基羟基甲苯

特丁基对苯二酚(TBHQ)又名叔丁基对苯二酚,为白色结晶粉末,有特殊的香味,不

溶于水,溶于乙醇、乙醚等有机溶剂,对热非常稳定,适用于动植物脂肪和富脂食品的抗氧化剂。

特丁基对苯二酚

我国《食品添加剂使用标准》(GB 2760)中规定:以油脂中 BHA、BHT 的含量计算,油炸面制品、膨化食品、饼干、脂肪、油和乳化脂肪制品等中的最大使用量为 0.2g/kg;胶基糖果的最大使用量为 0.4g/kg。以油脂中 TBHQ 的含量计算,允许添加的各类食品,如脂肪、油和乳化脂肪制品、油炸面制品、方便米面制品、饼干、膨化食品和坚果与籽类罐头等中的最大使用量为 0.2g/kg。

食品中 BHA、BHT、TBHQ 的常用检测方法有气相色谱法、薄层色谱法、分光光度法和高效液相色谱法,其中前三种方法为国家标准方法(GB/T 23373、GB/T 5009.30)。

(一)气相色谱法

1. 原理 用有机溶剂提取样品中的 BHA、BHT 和 TBHQ,经凝胶渗透色谱净化系统(GCP)净化后,用带有火焰离子化检测器的气相色谱仪检测,与标准进行比较,依据保留时间定性、峰面积标准曲线法定量。

2. 分析步骤

(1) 样品处理:①油脂样品:试样用滤膜过滤备用;②含有油脂较多的样品:用石油醚提取,减压回收溶剂,滤膜过滤备用;③含有油脂较少的样品:加入乙腈,混合,过滤,重复三次,收集滤液旋转蒸发近干,定容,滤膜过滤备用。由③处理后得到的滤液可直接进气相色谱仪进行检测;由①和②处理后的滤液需要进行净化:滤液用乙酸乙酯 - 环己烷(1+1)定容,涡旋混匀,用凝胶渗透色谱净化系统净化,收集流出液,旋转蒸发近干,乙酸乙酯 - 环己烷(1+1)定容,进行气相色谱分析。

(2) 测定:色谱参考条件为二甲基聚硅氧烷毛细管色谱柱(30m × 0.25mm),膜厚 0.25μm;程序升温:80℃ 1分钟,以 10℃ /min 升温至 250℃,保持 5 分钟;检测器温度:250℃;氮气流速,1ml/min。

3. 方法说明 本方法的检出限 BHA、BHT 为 2mg/kg,TBHQ 为 5mg/kg;样品中含有的油脂量不同,样品的处理方法也不同。

(二)高效液相色谱法

1. 原理 乙腈提取样品中的 BHA、BHT 和 TBHQ,异丙醇稀释,采用高效液相色谱分析。经反相 C_{18} 色谱柱分离后,于 280nm 波长下测定,根据保留时间定性,峰面积标准曲线法定量。

2. 分析步骤

(1) 样品处理:样品溶于正己烷中,用乙腈提取 3 次,合并提取液,蒸发浓缩,定容,异丙醇稀释,滤膜过滤待测。

(2) 色谱参考条件:C_{18} 色谱柱(150mm × 4.6mm,5μm);流动相:A 液 30% 乙酸,B 液乙腈 - 甲醇(50+50);流速:2ml/min;紫外检测器,波长 280nm。

3. 方法说明　本方法可同时检测食品中的 BHA、BHT、TBHQ 和 PG,检测限为 20~200mg/kg,样品浓缩采用减压蒸馏,以减少蒸馏时间和 TBHQ 的损失。

三、食品中没食子酸丙酯检验

没食子酸丙酯(propyl gallate,PG),又名棓酸丙酯,为白色至淡褐色结晶粉末,无臭味,难溶于水,易溶于乙醇、乙醚、丙二醇、甘油。抗氧化作用优于 BHA 和 BHT。PG 在体内大部分会水解为 4- 氧基 - 甲基没食子酸,然后内聚成葡萄糖醛酸,最后通过尿液排出体外,因此其毒性较小。

我国《食品添加剂使用标准》(GB 2760)中规定:以油脂中 PG 的含量计算,脂肪、油和乳化脂肪制品、坚果与籽类罐头、油炸面制品、方便米面制品、饼干、膨化食品的最大使用量为 0.1g/kg;胶基糖果的最大使用量为 0.4g/kg。国家的标准检测方法为分光光度法(GB/T 5009.32)。

1. 原理　石油醚溶解样品后,用乙酸铵水溶液进行提取,加入亚铁酒石酸盐,没食子酸丙酯与亚铁酒石酸盐反应,在 540nm 波长处测定吸光度值,标准曲线法定量。

2. 分析步骤

(1) 样品处理:样品用石油醚进行溶解后,加入乙酸铵水溶液提取两次,用水洗涤石油醚层。将乙酸铵提取液和洗涤液合并,定容,用滤纸过滤,滤液备用。

(2) 测定:在样品液和没食子酸丙酯的标准溶液中加入显色剂,加水定容,在 540nm 波长处测定吸光度值,与标准比较,计算样品中没食子酸丙酯的含量。

3. 方法说明　本方法的最低检出限为 50μg;样品处理过程中进行过滤可以减少杂质的干扰;显色剂为硫酸亚铁和酒石酸钾钠的混合溶液,需临用前配制。

第五节　食品中着色剂检验

一、概述

着色剂(coloring agent),是赋予食品色泽和改善食品色泽的物质,其本身具有色泽,又称色素。按照其来源可分为天然色素和人工合成色素两大类。天然色素是从动植物、微生物或其代谢产物中提取出来的有机着色剂,如番茄红素、叶绿素、血红素、类胡萝卜素等。由于来源于天然物质,使用相对安全,但其存在溶解性、稳定性差,对光、热、pH 变化敏感,着色不均匀,难以任意调配颜色,成本较高等缺点,因此,难以达到目前食品产业的生产需求。合成色素是采用人工方法从煤焦油及副产品中制取,或以芳香烃化合物为原料合成的有机色素,具有色泽鲜艳、稳定性高、着色力强、易于溶解、可以随意调色、价格低廉等优点,因此,应用比较广泛。目前我国允许使用的合成色素包括苋菜红、胭脂红、诱惑红、赤鲜红、柠檬黄、新红、日落黄、靛蓝、亮蓝,以及它们的铝色淀和二氧化钛、叶绿素铜钠盐等二十余种。合成色素的毒性要高于天然色素,故本节主要介绍合成色素的检测。

苋菜红(amaranth),又名蓝光酸性红,红褐色、暗红褐色均匀颗粒或粉末,无臭,溶于水,耐光、热、酸。我国《食品添加剂使用标准》中规定:蜜饯凉果、糖果、果蔬汁(肉)饮料、碳酸饮料、风味饮料、配制酒、果冻中的最大使用量为 0.25g/kg。

苋莱红

胭脂红（carmine），又名丽春红4R，深红色粉末，易溶于水，难溶于乙醇和油脂。耐光、热、酸。我国国家标准中规定：风味发酵乳、半固体复合调味料、果冻的最大使用量为 0.05g/kg；干酪、熟制坚果与籽类、膨化食品的最大使用量为 0.1g/kg；冷冻饮品、调制炼乳的最大使用量为 0.15g/kg。

胭脂红

赤藓红（erythrosine），又名樱桃红，红色、红褐色的颗粒或粉末，溶于水和乙醇，耐热、酸、碱。我国标准 GB 2760 中规定：肉罐头类、肉灌肠类的最大使用量为 0.015g/kg；膨化食品、熟制坚果与籽类的最大使用量为 0.025g/kg；凉果类、酱及酱制品、碳酸饮料、风味饮料、配制酒的最大使用量为 0.05g/kg。

赤藓红

新红（new red），又名桃红，为红色粉末，易溶于水，微溶于乙醇，不溶于油脂。我国"食品添加剂使用标准"中规定：凉果类、可可制品、巧克力和巧克力制品、果蔬汁（肉）饮料、碳酸饮料、风味饮料、配制酒的最大使用量为 0.05g/kg。

新红

日落黄（sunset yellow），又名夕阳黄，为橙红色颗粒或粉末，无臭，易溶于水、甘油、丙二醇,不溶于油脂。水溶液呈黄橙色,耐热、光性强。遇碱变成褐红色,还原时褪色。我国国家标准中规定:谷类和淀粉类甜品的最大使用量为 0.02g/kg;调制乳、风味发酵乳、调制炼乳、含乳饮料的最大使用量为 0.05g/kg;水果罐头、蜜饯凉果、熟制豆类、加工坚果与籽类的最大使用量为 0.1g/kg。

HO

NaO₃S—⬡—N=N—⬡—SO₃Na

日落黄

柠檬黄(tartrazine),又名酒石黄,为橙黄色粉末,溶于水,耐酸、热、光。我国《食品添加剂使用标准》中规定:风味发酵乳、调制炼乳、冷冻饮品、果冻的最大使用量为 0.05g/kg;腌渍的蔬菜、蜜饯凉果、加工坚果与籽类、熟制豆类的最大使用量为 0.1g/kg。

HO—C   N—⬡—SO₃Na
NaO₃S—⬡—N=N—C   N
          C
        COONa

柠檬黄

靛蓝(indigo carmine),又名磺化靛蓝,深紫蓝色粉末,微溶于水、乙醇,溶于甘油,丙二醇,耐光、酸、碱,热性差。我国国家标准(GB 2760)中规定:熟制坚果与籽类、膨化食品的最大使用量为 0.05g/kg;凉果类、蜜饯类、可可制品、巧克力和巧克力制品、果蔬汁(肉)饮料、碳酸饮料、风味饮料、配制酒的最大使用量为 0.1g/kg。

H   O
| ‖
N   C
⬡   C=C   ⬡—SO₄Na
NaO₃S—⬡   ⬡
C   N
‖ |
O   H

靛蓝

亮蓝(brilliant blue),又名食用色素蓝 2 号,红紫色均匀粉末或颗粒,有金属光泽,无臭,易溶于水、乙醇,耐光、热、酸、碱。我国国家标准中规定:风味发酵乳、调制炼乳、冷冻饮品、熟制豆类、加工坚果与籽类、糕点、果蔬汁(肉)饮料、碳酸饮料、风味饮料、配制酒的最大使用量为 0.025g/kg。

SO₃Na

N(C₂H₅)CH₂—⬡

C—⬡

SO₃⁻   N⁺(C₂H₅)CH₂—⬡

SO₃Na

亮蓝

诱惑红（allura red），深红色粉末，无臭，易溶于水，可溶于甘油、丙二醇，微溶于乙醇，不溶于油脂，耐光、热，对碱、氧化还原剂敏感。我国《食品添加剂使用标准》中规定：果冻、西式火腿（熏烤、烟熏、蒸煮火腿）类的最大使用量为 0.025g/kg；可食用动物肠衣类、配制酒的最大使用量为 0.05g/kg。

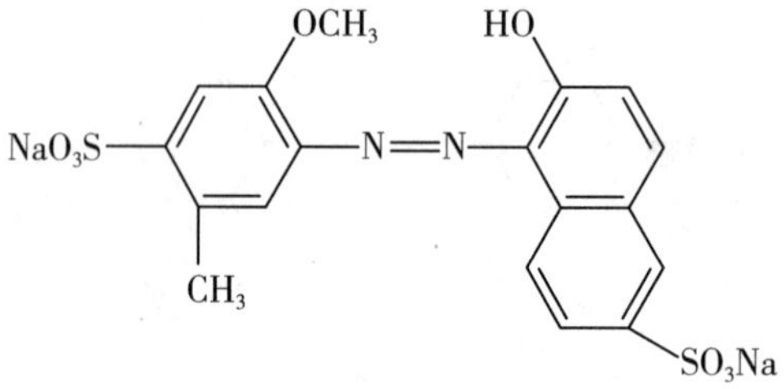

诱惑红

由于一些人工合成色素本身或代谢产物对机体产生一定的毒性和潜在致畸、致癌作用，FAO/WHO 对 ADI 值有明确规定，限制其使用范围和用量。

二、食品中合成色素检验

上述食品中合成色素均为酸性、易溶于水，可以被聚酰胺和羊毛吸附，在碱性条件下又能解吸附，根据此特性，可以使之与天然色素分离。以羊毛为例，其表面有游离的氨基酸残基，在酸性条件下，带正电的氨基可吸附带负电的合成色素母体，而在碱性条件下氨基上的正电被中和，从而解吸出合成色素（图 6-1）。聚酰胺粉的作用与羊毛相似。

$$NaD \longrightarrow Na^+ + D^-$$
（色素）　　　　（色素母体）

目前合成色素的分析方法较多，主要有高效液相色谱法、薄层色谱法、示波极谱法、分光光度法、纸层析法等，其中前三种方法为国家标准方法（GB/T 5009.35）。

（一）高效液相色谱法

1. 原理　食品中的人工合成色素用聚酰胺吸附法或液 - 液分配法提取，制备成水溶液，经高效液相色谱分离，紫外检测器检测，于 254nm 波长下测定，根据保留时间定性、峰面积标准曲线法定量。

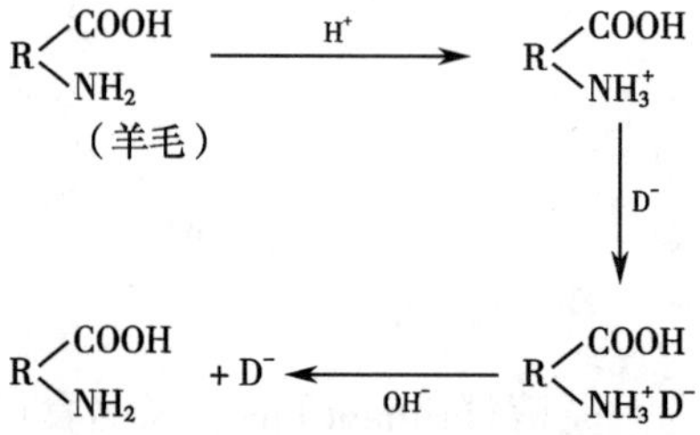

2. 分析步骤

（1）样品处理

1）橘子汁、果味水、果子露汽水等，试样中如含二氧化碳加热除去；配制酒类，样品加热除去乙醇；硬糖、蜜饯类、淀粉软糖，试样加水溶解，如 pH 较高，加柠檬酸调至 pH 6 左右。

图 6-1　羊毛对合成色素的吸附和解吸附

2）色素提取：①聚酰胺吸附法：将上述样液用柠檬酸调至 pH 6 左右，加热，将粥状聚酰胺倒入样液中，混匀，用 G3 垂融漏斗抽滤，用 pH4 的温水、甲醇 - 甲酸混合溶液分别洗涤3~5 次，去除天然色素，再用水洗至中性，用乙醇 - 氨水 - 水混合溶液解吸，收集解吸液，加乙酸中和，蒸发至近干，加水溶解，滤膜过滤，滤液待分析用；②液 - 液分配法（适用于含赤藓红的样品）：样品溶液经盐酸酸化，用三正辛胺 - 正丁醇混合溶液提取，饱和硫酸钠溶液洗涤，合并提取液，水浴浓缩后加入正己烷，用氨水提取。氨水提取液加乙酸调 pH 为中性，水浴蒸发近干，残渣溶解、定容，滤膜过滤，滤液待分析用。

（2）测定：色谱参考条件为 C_{18} 色谱柱（250mm×4.6mm，10μm）；流动相：甲醇 +0.02mol/L 乙酸铵溶液（pH=4）；流速：1ml/min；检测器：紫外检测器，波长 254nm。

3. 方法说明 本方法的检出限为：新红 5ng，苋菜红 6ng，柠檬黄 4ng，胭脂红 8ng，赤藓红 18ng，日落黄 7ng，亮蓝 26ng；样品中如含有二氧化碳、乙醇，应加热除去；聚酰胺吸附色素后，可用温水去除可溶性杂质，用温水（pH=4）洗涤，防止合成色素被洗下来。

（二）薄层色谱法

1. 原理 水溶性酸性合成色素在酸性条件下被聚酰胺吸附，在碱性条件下解吸，再用薄层色谱法进行分离后，与标准比较进行定性和定量。

2. 分析步骤

（1）样品处理：对于橘子汁、果味水、果子露汽水等样品，如含二氧化碳先加热除去；配制酒类，加热除去乙醇；硬糖、蜜饯类、淀粉软糖，加水溶解，如 pH 较高，加柠檬酸调至 pH 4 左右；奶糖，用乙醇 - 氨水溶液溶解，用硫酸调至微酸性，再加入硫酸、钨酸钠，使蛋白质沉淀，过滤，加水洗涤，滤液备用；蛋糕类，加入海砂，混匀，再加入石油醚洗涤三次，以去除脂肪，吹干、研细，用乙醇 - 氨水溶液在 G3 垂融漏斗中提取合成色素，以下处理同奶糖的处理方法。

将处理后的样液加热至 70℃，加入聚酰胺粉，用柠檬酸溶液调节 pH 为 4，将吸附有色素的聚酰胺转入 G3 垂融漏斗中过滤。用 pH4 的温水反复洗涤多次。若含有天然色素，需用甲醇 - 甲酸溶液洗涤，再用水洗至流出液为中性。然后用乙醇 - 氨水溶液解吸合成色素，收集解吸液，水浴除氨，浓缩后，用乙醇定容。

（2）测定：将试样处理液和标准溶液点样在聚酰胺薄层板上，检测苋菜红、胭脂红用甲醇 - 乙二胺 - 氨水（10+3+2）作展开剂；检测靛蓝、靓蓝用甲醇 - 氨水 - 乙醇（5+1+10）作展开剂；检测柠檬黄和其他着色剂用枸橼酸钠（25g/L）- 氨水 - 乙醇（8+1+2）作展开剂。展开后，晾干，与标准进行比较定性。如需定量，将经薄层分离的色素从聚酰胺薄层板上取出，进行分光光度法测定。

3. 方法说明 本方法的最低检出量为 5μg；样品中如含有二氧化碳、乙醇，应加热除去；检测不同色素时，要采用不同的展开剂。

第六节 食品中漂白剂检验

一、概述

漂白剂（bleaching agent），是指能够破坏或抑制食品的发色因素，使色素褪色或使食品避免发生褐变的物质。漂白剂是通过氧化还原反应破坏或抑制食品氧化酶活性和发色因素，使其色素褪色或避免褐变。因此，可分为氧化型漂白剂和还原型漂白剂，前者是将着色物质氧化分解漂白，如过氧化氢、漂白粉等；后者通过产生的二氧化硫的还原作用使着色物质褪色，主要为亚硫酸及其盐类。食品中应用的主要是还原型漂白剂。

食品漂白剂在低剂量下使用对机体的危害不大，但如果长期大量食用会对机体造成不同程度的危害，如影响营养素的吸收、腐蚀消化系统，严重者会引起食物中毒。FAO/WHO 规定亚硫酸盐（二氧化硫、亚硫酸钠、亚硫酸氢钠、焦亚硫酸钠、硫代硫酸钠）的 ADI 值为 0~0.7mg/kg。

二、食品中亚硫酸盐检验

食品中亚硫酸盐的常用测定方法有盐酸副玫瑰苯胺分光光度法、蒸馏滴定法、碘量法、高效液相色谱法、离子色谱法等，其中前两种方法为国家标准方法（GB/T 5009.34）。盐酸副玫瑰苯胺法简便、快速；蒸馏法和碘量法仪器设备简单，但精密度较低，重现性不好；高效液相色谱法灵敏度高，但需要特殊的仪器设备。本文仅介绍盐酸副玫瑰苯胺分光光度法。

1. 原理　亚硫酸盐与四氯汞钠反应生成稳定的配合物，再与甲醛及盐酸副玫瑰苯胺作用形成紫红色配合物，在550nm波长处检测吸光度值，与标准系列比较定量。

2. 分析步骤

（1）样品处理：①水溶性固体样品：用水溶解后，加入氢氧化钠，再加入硫酸溶液，最后加入四氯汞钠吸收液，定容；②其他固体样品：用少量水润湿并转移至容量瓶中，加入四氯汞钠吸收液。若上层溶液不澄清，则加入亚铁氰化钾和乙酸锌溶液，用水定容后，过滤；③液体样品：用水稀释后，加入四氯汞钠吸收液，用水定容。

（2）测定：在样液和标准应用液中加入四氯汞钠吸收液、氨基磺酸铵溶液、甲醛溶液和盐酸副玫瑰苯胺溶液，摇匀，在550nm波长下测定吸光度值，绘制标准曲线并计算含量。

3. 方法说明　本法的最低检出限为1mg/kg；二氧化硫标准溶液要临用新配，并标定浓度；盐酸副玫瑰苯胺分光光度法在反应过程中盐酸的用量、温度对显色影响较大，因此，要严格控制用量；亚硫酸容易与食品中醛、酮和糖等结合，以结合态亚硫酸盐存在，加入氢氧化钠可以使其从结合型中释放出来。

本 章 小 结

本章主要阐述了食品添加剂的定义、分类、使用的基本要求及目前常用的食品添加剂，包括甜味剂、抗氧化剂、防腐剂、着色剂、漂白剂等。

介绍了食品中的甜味剂：糖精钠、环己基氨基磺酸钠、阿斯巴甜；防腐剂：山梨酸和苯甲酸；抗氧化剂：丁基羟基茴香醚（BHA）、二丁基羟基甲苯（BHT）、特丁基对苯二酚（TBHQ）、没食子酸丙酯（PG）；着色剂：九种合成色素（苋菜红、胭脂红、诱惑红、赤鲜红、柠檬黄、新红、日落黄、靛蓝、亮蓝）；漂白剂：亚硫酸盐等食品添加剂的理化性质、相关食品中的限量要求、常见的检测方法及注意事项。上述食品添加剂常用的检测方法主要为：分光光度法、气相色谱法、高效液相色谱法和薄层色谱法等，可为食品添加剂的检测和监管，提供理论依据。

思考题

1. 食品添加剂的检测意义是什么，常用检测方法有哪些？
2. 简述常用的食品甜味剂及其测定方法。
3. 简述山梨酸与苯甲酸的主要测定方法及其原理。
4. 试述薄层色谱法测定食品中抗氧化剂的原理和注意事项。
5. 简述合成色素的常用测定方法及注意事项。

（徐坤）

第七章 食品中农药残留量检验

农药残留物(residue)指由于使用农药而在食品、农产品和动物饲料中出现的任何特定物质,包括被认为具有毒理学意义的农药衍生物,如农药转化物、代谢物、反应产物及杂质等。农药直接或间接地施用到人们赖以生存的粮食、蔬菜、水果等农产品以及农田上,或多或少储留在其中,形成植物性食品的农药残留。一些农药在环境中相当稳定,残留期长,加上反复使用,在环境中积累增多,通过食物链的作用,富集在动物体内,形成动物性食品中的农药残留。

食品中农药残留对人类健康的威胁不容忽视,所以世界各国在开发高效安全农药的同时,也注重对现有使用农药在食品中的残留量严加控制,制定了残留限量指标,以保证食品安全,维护人类的身体健康。农药最大残留限量(maximum residue limit,MRL)是指在食品或农产品内部或表面法定允许的农药最大浓度,以每千克食品或农产品中农药残留的毫克数表示(mg/kg)。农药再残留限量(extraneous maximum residue limit,EMRL)指一些持久性农药虽已禁用,但还长期存在环境中,从而再次在食品中形成残留,为控制这类农药残留物对食品的污染而制定其在食品中的残留限量,以每千克食品或农产品中农药残留的毫克数表示(mg/kg)。我国食品安全国家标准(GB 2763)中规定了食品中 387 种农药的 3650 项最大残留限量。

食品中农药残留的常见种类为有机氯农药、有机磷农药、氨基甲酸酯农药和拟除虫菊酯农药。有机氯农药在环境中相当稳定,而有机磷农药、氨基甲酸酯农药和拟除虫菊酯农药则是目前使用量最大的三类杀虫剂。

第一节 概　　述

一、食品中农药残留检验的特点

农药作为对人体有害的物质,在食品中残留的检验特点为:①农药不是食品的固有成分,它在食品中的残留含量很低,一般以 mg/kg 或 μg/kg 计量;②由于食品样品基底成分复杂,而且其含量水平往往大大高于农药残留的含量,因此,在测定时,样品基底物质很容易对测定产生干扰。基于以上的特点,对农药残留分析,无论在样品前处理方面还是在分析技术方面,都提出了较高的要求。

二、农药残留分析样品前处理

样品前处理(sample pretreatment)指在最后分析前对样品进行适当处理,制成样液供下一步测定用。食品中农药残留分析的样品前处理一般包括三个步骤,即提取(separation)、净化（clean-up）和浓缩（concentration）。

（一）提取

提取指通过适当的方法，把待测物从样品基底分离出来并转移至溶液中。由于农药一般为有机物，不能采用测定无机元素的样品前处理方法（如湿消化和干灰化）处理样品，通常采用溶剂分离提取的方法。

农药残留分析的样品提取常用的方法有浸渍法、捣碎法、索氏提取法等。根据样品的种类和待测物的性质还可以选用其他适当的方法。比如，液体样品可以采用液 - 液萃取法，挥发性的待测物可以采用蒸馏法或顶空法进行提取和分离。加速溶剂萃取法（accelerated solvent extraction，ASE）为 20 世纪末发展起来的一种新颖的样品提取分离技术，该技术在加温加压条件下提取待测物，有萃取效率高（与索氏提取法相当）、耗时少、使用有机溶剂少的特点，具有广阔的应用前景。

（二）净化

净化是指将样品提取液进行适当的处理，除去一部分干扰物质。由于食品样品基底复杂，在提取过程中，除了待测物，样品中其他物质也会进入提取溶剂中，这些物质可能会对测定造成干扰，有时还会损害分析仪器。所以，有必要把提取液进一步处理，尽可能地除去与测定无关的杂质，提高分析的选择性，以及保护仪器装置。

农药残留分析常用的净化技术有柱色谱法、液 - 液萃取法、固相萃取法等。皂化法、磺化法、凝胶渗透色谱法在除去样品中脂肪方面使用较多。固相萃取法（solid phase extraction，SPE）通常使用商品化的萃取小柱，装填均匀、重复性好、便于自动化操作；填充吸附剂材料种类众多，可根据不同的分析需要加以选择；可以兼顾净化和浓缩，已经广泛应用于样品前处理。

（三）浓缩

浓缩指缩小样品处理液的体积。食品中农药的残留含量很低，如果用于分析定量的样液体积大，则样液中农药的浓度很低，难以满足分析灵敏度的要求。浓缩使将用于分析的溶液体积降到最小，以增加检出率。另一方面，在样品前处理的过程中，如果溶液的体积大，操作不方便，也要求将样品处理液浓缩。

常用的浓缩方法有直接水浴浓缩法、气流吹蒸浓缩法和减压蒸馏浓缩法。

三、检验技术

农药在食品中的残留量很低，而且食品种类繁多，组成复杂，其基底成分很可能对农药残留测定造成干扰，因此，对所采用的分析技术有较高的要求。另外，农药的种类较多，在同一种类中又有不同的品种，食品样品中可能存在多种农药残留。现代农药残留分析强调多残留同时分析，可分为选择性多残留分析和多种类多残留分析。前者针对同一类农药的多个品种同时分析，后者指不同种类农药的多个品种同时分析。单一品种的农药残留分析已经逐渐减少。现代农药残留分析多采用色谱分析法。色谱技术可以将待测物与干扰物质分离后进行测定，分析的选择性得以提高和保证。利用合适的检测器，使色谱检测的灵敏度高，检出限低，能满足低含量水平的农药残留分析。此外，色谱法可以同时检测多种物质，并分别进行定量，很适合农药同系物、异构体和代谢产物的同时测定。

在色谱技术中，气相色谱法和高效液相色谱法应用最为广泛。两种技术都有分离效果好，分析时间短的优点。对于气相色谱，商品化的、性能优良的检测器众多，可依据待测物的性质加以选择。对于高效液相色谱,其检测对象的范围更宽,对待测物的限制和要求更小。薄层色谱法也用于农药残留的检测,但由于其只能半定量、重现性差,以及技术上的诸多缺陷,在农药残留分析方面,其应用已经不多。

在食品中农药残留量分析领域,色谱 - 质谱联用技术的应用越来越多。色谱 - 质谱联用技术同样具有高灵敏性和高选择性的优势,特别是其定性准确性甚高,其他检测技术难以匹敌。色谱 - 质谱联用可以直接进行农药残留测定,也可以用作最后确证的手段。

除了色谱(包括色谱 - 质谱)法,也有其他的分析技术和分析仪器用于农药残留量的检测,但均不代表现代农药残留分析的主流和发展方向。

第二节 有机氯农药残留量检验

一、概述

有机氯(organochlorine)农药是一大类含有氯原子的有机杀虫剂,其品种很多,常见的有六六六、滴滴涕、狄氏剂、艾氏剂、氯丹、七氯、五氯酚等,其中以六六六和滴滴涕最具代表性。有机氯农药有广谱、高效、急性毒性低、价格低廉等特点,曾经在全世界范围内大量使用。但是后来发现,这类农药的化学性质稳定,在环境中的残效期长,其半衰期可达数年甚至数十年,对人类生存环境带来深远的影响。有机氯农药进入人体后可以在人体内蓄积,对人类健康带来危害。因此,从 20 世纪 70 年代以来,已经被包括我国在内的绝大多数国家所禁用。由于有机氯农药在环境中的稳定性及少量的非法使用,使得至今食品中有机氯农药的再残留检测依然具有现实意义。目前对有机氯农药在食品中残留量的监测主要是针对有代表性的六六六和滴滴涕。

六六六的分子式为 $C_6H_6Cl_6$,化学名称为六氯环己烷、六氯化苯,英文名 hexachlorocyclohexane,HCH。根据环己烷环上氯原子和氢原子的空间排布不同,有 8 种异构体,分别为 α-HCH、β-HCH、γ-HCH、δ-HCH、ε-HCH、η-HCH、θ-HCH、τ-HCH。

γ–HCH结构式

滴滴涕的分子式为 $(ClC_6H_4)_2CHCCl_3$,化学名称为二氯二苯三氯乙烷,英文名 dichlorodiphenyl trichloroethane,DDT。根据苯环上氯原子的位置不同可形成 6 种异构体,分别为 p,p′-DDT、o,p-DDT、m,p-DDT、o,o-DDT、m,m-DDT、o,m-DDT,其中起主要作用的是 p,p′-DDT 和 o,p-DDT。在工业品中,p,p′-DDT 的含量能占到 70%~80%。

p,p′–DDT结构式

六六六和滴滴涕为白色或淡黄色固体,不溶于水,均为脂溶性化合物,极性小,易溶于丙酮、石油醚、正己烷、乙醚等有机溶剂及脂肪中。两者均对光、热、酸稳定,甚至在浓硫酸中也不分解。对碱不稳定,在碱性溶液中分解,同时释放出氯原子。六六六有霉臭气味,其8种异构体在甲醇中的溶解性也有不同,γ-HCH 易溶于甲醇,其余的难溶,可以根据此性质提纯 γ-HCH。

六六六和滴滴涕为脂溶性有机物,进入人体后,都能蓄积在体内脂肪组织里,主要是皮下和肠系膜,其次是肝、肾和血液。经过生物代谢,均能产生代谢产物。六六六在体内可生成三氯苯酚;p,p'-DDT 在体内可生成两种代谢物,分别是 p,p'-DDD(对,对 - 二氯二苯二氯乙烷)和 p,p'-DDE(对,对 - 二氯二苯二氯乙烯)。

有机氯农药属低毒和中等毒性杀虫剂,主要是对神经系统和肝、肾造成损伤。长期低剂量摄入有机氯农药,可导致慢性中毒。有机氯还可通过胎盘屏障进入胎儿体内,使畸胎率和死胎率增高。

我国食品安全国家标准(GB 2763)对各类食品中六六六、滴滴涕的再残留限量做了规定(表7-1)。其中六六六的再残留限量以 α、β、γ、δ 四种异构体的总量计,滴滴涕以 p,p'-DDT、o,p-DDT、p,p'-DDE 和 p,p'-DDD 四种同类物的总量计。

表 7-1　食品中六六六和滴滴涕的再残留限量

品种	再残留限量(mg/kg)	
	六六六	滴滴涕
谷物	0.05	0.05~0.1
大豆	0.05	0.05
蔬菜	0.05	0.05(胡萝卜 0.2)
水果	0.05	0.05
茶叶	0.2	0.2
哺乳动物肉类及其制品(脂肪含量 10% 以下)	0.1(以原样计)	0.2(以原样计)
哺乳动物肉类及其制品(脂肪含量 10% 以上)	1(以脂肪计)	2(以脂肪计)
水产品	0.1	0.5
蛋类	0.1	0.1
生乳	0.02	0.02

我国测定食品中有机氯农药残留量的标准方法有气相色谱法和气相色谱 - 质谱联用法(GB/T 5009.19,GB/T 5009.162)等。对于六六六,检测食品中 α-HCH、β-HCH、γ-HCH、δ-HCH 四种异构体。对于滴滴涕,检测食品中 p,p'-DDT、o,p-DDT、p,p'-DDE 和 p,p'-DDD 四种同类物。

二、食品中有机氯农药残留量检验

(一)动物性食品中有机氯农药残留量测定

1. 原理　样品中定量加入 ^{13}C- 六氯苯和 ^{13}C- 灭蚁灵稳定性同位素作为内标,经有机溶剂提取、凝胶渗透色谱柱净化后,用气相色谱 - 质谱联用技术分离测定,内标法定量。

2. 分析步骤

(1)试样制备:蛋品去壳制成匀浆;肉类样品去皮、筋后,切成小块,制成肉糜;乳品混匀待用。

（2）样品处理：取制备好的样品，视样品水分含量加水和丙酮，同时加入内标物 ^{13}C- 六氯苯和 ^{13}C- 灭蚁灵，振摇后，加入氯化钠固体，溶解摇匀后，加石油醚振摇提取。静置分层，取上清液，经无水硫酸钠脱水后，旋转蒸发浓缩近干，再加入乙酸乙酯 - 环己烷继续浓缩。浓缩液经凝胶渗透色谱净化，收集液再次浓缩近干，正己烷溶解定容，供气相色谱 - 质谱分析用。

油脂试样不需加水，直接加入内标物，用石油醚提取。

（3）测定：色谱参考条件为 CP-sil 8 毛细管色谱柱（30m×0.32mm，0.25μm）或等效柱；载气：高纯氦气；柱前气压：41.4kPa；柱温：185℃；进样口温度：230℃；进样量：1μl，不分流进样；柱温升温程序如下：

$$50℃,1min \xrightarrow{30℃/min} 150℃ \xrightarrow{5℃/min} 180℃ \xrightarrow{10℃/min} 280℃,10min$$

质谱条件为离子化方式：电子轰击源（EI），能量 70ev；离子检测方式：选择离子监测（ISM）；离子源温度：250℃；扫描质量范围 50~450u。

3. 方法说明

（1）此法适用于肉类、蛋类、乳类和油脂类动物性食品中包含六六六和滴滴涕在内的 15 种有机氯农药残留量的确证分析。方法检出限在 0.20~0.50μg/kg 之间。此法还可以同时检测 7 种拟除虫菊酯农药残留量。

（2）肉类、蛋类、乳类和油脂类动物性食品中脂肪含量高，故石油醚提取液中可能含有大量脂肪，采用凝胶渗透色谱法除去脂肪和其他杂质。有机氯农药分子量小于脂肪，在凝胶柱内保留时间较长，收集后半段凝胶渗透色谱流出液使待测物与脂肪分子分离，达到净化目的。

（3）本法采用了内标法，在样品提取时即加入内标物，可以有效提升结果的可靠性。同时内标法简化了计算定量步骤，缩短分析时间。本法采用气相色谱 - 质谱联用技术，灵敏度高，定性准确，可以直接作为确证试验结果。

（二）各类食品中六六六和滴滴涕残留量测定

1. 原理 试样中六六六、滴滴涕经提取净化后用气相色谱 - 电子捕获检测器测定，与标准对照品比较，以保留时间定性，色谱峰高或峰面积定量。

2. 分析步骤

（1）试样制备：谷类制成粉末，其制品制成匀浆；蔬菜、水果及其制品制成匀浆；蛋品去壳制成匀浆；肉类样品去皮、筋后，切成小块，制成肉糜；鲜乳和食用油混匀待用。

（2）样品处理：取制备好的样品，加水和丙酮振摇，再加入氯化钠，溶解摇匀后，加入石油醚振摇提取。静置分层，取上清液，经无水硫酸钠脱水后，于旋转蒸发器中浓缩至近干，以小体积的石油醚溶解转移定容。定容后溶液中加入浓硫酸，振摇，离心后取上清液进行气相色谱分析。

粉末样品可以直接加石油醚振摇提取，过滤浓缩后，以浓硫酸磺化法净化。食用油试样则用石油醚溶解定容，浓硫酸磺化法净化。

（3）测定：色谱参考条件为：玻璃色谱柱（2m×3mm），内装涂以 1.5% OV-17 和 2% QF-1 混合固定液的 80~100 目硅藻土；载气：高纯氮，流速 110ml/min。柱温：185℃；检测器温度：225℃；进样口温度：195℃。进样量：1~10μl。

3. 方法说明

（1）本法适用于各类食品中六六六和滴滴涕残留量的检测。如果取样量 2g，最终体积为 5ml，进样体积为 10μl，α-HCH、β-HCH、γ-HCH、δ-HCH 的检出限依次为 0.038μg/kg、0.016μg/kg、0.047μg/kg、0.070μg/kg；p，p′-DDE、o，p-DDT、p，p′-DDD、p，p′-DDT 的检出限依次为 0.23μg/kg、0.50μg/kg、1.8μg/kg、2.1μg/kg。

（2）出峰顺序依次为：α-HCH、β-HCH、γ-HCH、δ-HCH、p，p′-DDE、o，p-DDT、p，p′-DDD、p，p′-DDT。

（3）采用磺化法用浓硫酸净化样品提取液，其中的脂肪和其他一些杂质可与浓硫酸作用，在分子中引入磺酸基团，极性增大，从石油醚中转入硫酸溶液中而被除去。有机氯农药对浓硫酸稳定，仍然留在石油醚中。

（4）氯原子的电负性大，故气相色谱检测时采用电子捕获检测器。电子捕获检测器只对具有一定电负性的元素有响应，所以其选择性很高。同时该检测器对含氯原子的有机物有很高的灵敏度，适于有机氯农药残留的气相色谱测定。

第三节　有机磷农药残留量检验

一、概述

有机磷（organophosphorus）农药是一大类具有磷酸酯结构的有机杀虫剂。这类农药具有高效、广谱的特点，其残效期短，分解快，在体内不蓄积，因而得到广泛的应用。但是这类农药的急性毒性较大，容易引起人畜急性中毒。在食物中残留的主要来源是农业生产的使用。

有机磷农药可以抑制胆碱酯酶的活性。胆碱酯酶的重要的生理功能之一是调节体内乙酰胆碱的浓度。乙酰胆碱是生物体内神经传导过程中起重要功能的神经介质，当其在体内浓度升高时，会破坏正常的生理机制。当体内乙酰胆碱的浓度升高时，由胆碱酯酶催化分解，使乙酰胆碱浓度保持在一个正常的水平。有机磷农药进入人体后，抑制了胆碱酯酶的活性，体内乙酰胆碱的浓度持续升高，造成中毒。中毒后主要表现为神经功能紊乱，出现出汗、肌肉颤动等症状，可导致死亡。我国食品安全国家标准（GB 2763）对食品中多种有机磷农药的最大残留限量做了规定，表 7-2 为部分有机磷农药在食品中的最大残留限量。

表 7-2　食品中有机磷农药的最大残留限量

品种	最大残留限量（mg/kg）						
	敌敌畏	乐果	马拉硫磷	对硫磷	甲拌磷	杀螟硫磷	倍硫磷
谷物	0.1~0.2	0.05	0.1~8	0.1	0.05~0.02	1~5	0.05
大豆	0.1	0.05	8	0.1	0.05	5	-
蔬菜	0.2~0.5	0.2~1	0.02~8	0.01	0.01	0.2~0.5	0.05
水果	0.1~0.2	1~2	0.5~10	0.01	0.01	0.5	0.05~2
食用植物油		0.05					0.01

有机磷农药均属磷酸酯类化合物，其结构通式为磷酸酯。无机磷酸结构上的羟基被不同的有机基团取代，就构成了品种繁多的有机磷化合物。以下是一些常见的有机磷农药以

及它们的名称和化学结构式：

敌敌畏,dichlorvos,O,O- 二甲基 -O-(2,2- 二氯乙烯基)磷酸酯。

$$MeO \underset{MeO}{\overset{O}{\underset{}{P}}} -O-\underset{H}{\overset{}{C}}=CCl_2$$

甲拌磷,phorate,O,O- 二乙基 -S- 乙硫基甲基二硫代磷酸酯。

$$C_2H_5O \underset{C_2H_5O}{\overset{S}{\underset{}{P}}} -S-\underset{H_2}{\overset{}{C}}-SC_2H_5$$

二嗪磷,diazinon,O,O- 二乙基 -O-(2- 异丙基 -4- 甲基 -6- 嘧啶基)硫代磷酸酯。

稻丰散（氧化喹硫磷）,phenthoate,二硫代磷酸 -O,O- 二甲基 -S-(α- 乙羧基）苄基酯。

甲基对硫磷,parathion-methyl,O,O- 二甲基 -O- 对硝基苯基硫代磷酸酯。

乙硫磷,ethion,O,O,O,O- 四乙基 -S,S'- 亚甲基双（二硫代磷酸酯）。

稻丰散（氧化喹硫磷）,phenthoate,二硫代磷酸 -O,O- 二甲基 -S-(α- 乙羧基）苄基酯。

乐果,dimethoate,O,O- 二甲基 -S-(2- 甲氨基 -2- 氧代乙基）二硫代磷酸酯。

对硫磷,parathion,O,O- 二乙基 -O- 对硝基苯基硫代磷酸酯。

有机磷农药的品种很多,目前大量生产和使用的至少有数十种,它们在水中和有机溶剂中的溶解性能各不相同,差异较大。大多数有机磷农药具有中等极性,不溶于水,易溶于丙酮、苯、三氯甲烷、二氯甲烷、乙腈、二甲亚砜等极性有机溶剂。

有机磷农药属酯类化合物,性质不稳定,在碱性条件易水解生成相应的酸、醇和酚类物质。硫代磷酸酯在一定条件可以被氧化为普通的磷酸酯。例如,由于溴的作用或者在紫外光照射下,硫代磷酸酯中的硫原子被氧原子取代,生成相应的普通磷酸酯。后者对酶的抑制作用更强,毒性更大。有些有机磷农药在碱性条件下会发生分子重排,生成其他的有机磷化合物。例如,在氨碱性条件下,敌百虫经过分子重排生成了敌敌畏。

食品中有机磷农药残留的分析方法主要是气相色谱法及近年来发展起来的快速检验法。曾用薄层酶抑制法测定食品中有机磷农药残留量,但该方法影响因素太多,重现性差,而且只能是半定量,现在已经很少使用。我国目前有测定食品中有机磷残留的气相色谱(包括气相色谱-质谱联用)标准方法(GB/T 5009.20 等),以及测定蔬菜中有机磷和氨基甲酸酯类农药残留量的快速检测标准方法。

二、食品中有机磷农药残留量检验

(一)水果、蔬菜、谷类中有机磷农药的多残留测定

1. 原理 样品经处理后,有机磷农药经气相色谱柱分离进入火焰光度检测器,在富氢焰上燃烧,以 HPO 碎片的形式,放射出波长 526nm 的特性光谱。检测该波长光线的强度,用色谱峰保留时间定性,峰高或峰面积标准曲线法定量。

2. 分析步骤 水果、蔬菜和谷物样品中加入丙酮和水,用组织捣碎机匀浆提取,匀浆液经抽滤,滤液中加入足够的氯化钠固体使氯化钠呈饱和状态。猛烈振摇,静置,丙酮与水相分层。水相再用二氯甲烷提取。将丙酮与二氯甲烷提取液合并,无水硫酸钠脱水。旋转蒸发器减压浓缩,浓缩液用二氯甲烷转移并定容。

色谱参考条件为色谱柱:①玻璃柱(2.6m × 3mm),填装涂有 4.5% DC-200+25% OV-17 的 Chromosorb W AW DMCS(80~100 目)担体;②玻璃柱(2.6m × 3mm),填装涂有质量分数为 1.5% 的 QF-1 的 Chromosorb W AW DMCS(60~80 目)担体。气体流速:氮气 50ml/min、氢气 100ml/min、空气 50ml/min。温度:柱箱为 240℃、气化室为 260℃、检测器为 270℃。

3. 方法说明

(1)此法用于水果、蔬菜、谷类样品中 20 种有机磷农药残留的测定。20 种有机磷农药及前 16 种的最低检出浓度(mg/kg)分别为:敌敌畏(0.005)、速灭磷(0.004)、久效磷(0.014)、甲拌磷(0.004)、巴胺磷(0.011)、二嗪磷(0.003)、乙嘧硫磷(0.003)、甲基嘧啶磷(0.004)、甲基对硫磷(0.004)、稻瘟净(0.004)、水胺硫磷(0.005)、氧化喹硫磷(0.025)、稻丰散(0.017)、甲喹硫磷(0.014)、克硫磷(0.009)、乙硫磷(0.014)、乐果、喹硫磷、对硫磷、杀螟硫磷。

(2)对于植物性样品,可以用丙酮提取,丙酮对植物细胞有较强的穿透性。

(3)玻璃色谱柱的化学惰性优于不锈钢柱,采用玻璃柱和二甲基二氯甲烷(DMCS)硅烷化的担体,能减少对待测组分的吸附,改善色谱峰型。

(4)火焰光度检测器通常用来检测含有硫磷元素的有机物。用火焰光度检测器测定有机磷农药有高选择性和高灵敏性的特点。

(二)粮、菜、油中有机磷农药的多残留测定

1. 原理 同"水果、蔬菜、谷类中有机磷农药的多残留测定"。

2. 分析步骤 ①蔬菜样品中先加无水硫酸钠脱水,再加活性炭脱色,然后用二氯甲烷提取有机磷农药残留,室温下自然挥干溶剂,二氯甲烷转移定容;②稻谷样品经磨碎后,直接加中性氧化铝和二氯甲烷振摇提取。小麦和玉米样品除了加中性氧化铝,还要加入活性炭,然后加二氯甲烷振摇提取。提取液浓缩后定容;③植物油用丙酮溶解摇匀,加水,

静止分层后弃去油层,余下液体加入硫酸钠溶液和二氯甲烷振摇提取,分层后取二氯甲烷层挥干。用二氯甲烷转移定容,然后加无水硫酸钠、中性氧化铝和活性炭来脱水、脱油和脱色。

色谱参考条件为:玻璃色谱柱(1.5~2.0m×3mm)。①分离测定敌敌畏、乐果、马拉硫磷和对硫磷用以下固定相:a.内装涂以2.5% SE-30和3% QF-l混合固定液的60~80目 Chromosorb W AW DMCS;b.内装涂以1.5% OV-17和2% QF-1混合固定液的60~80目 Chromosorb W AW DMCS;c.内装涂以2% OV-101和2% QF-l混合固定液的60~80目 Chromosorb W AW DMCS。②分离测定甲拌磷、虫螨磷、稻瘟净、倍硫磷和杀螟硫磷用以下固定相:a.内装涂以3% PEGA和5% QF-1混合固定液的60~80目 Chromosorb W AW DMCS;b.内装涂以2% NPGA和3% QF-1混合固定液的60~80目 Chromosorb W AW DMCS。气体流速:载气为氮气80ml/min;空气50ml/min;氢气180ml/min。温度:进样口为220℃;检测器为240℃;柱温为180℃,但测定敌敌畏柱温为130℃。

色谱进样分离测定,得到标准和样品色谱图,用保留时间定性、峰高或峰面积定量。

3. 方法说明

(1)此方法用于测定粮食、蔬菜、食用油等食品中敌敌畏、乐果、马拉硫磷、对硫磷、甲拌磷、稻瘟净、杀螟硫磷、倍硫磷、虫螨磷的有机磷农药的残留量。方法最低检出量为0.l~0.3ng,进样量相当于0.01g试样,最低检出浓度范围为0.01~0.03mg/kg。

(2)对于粮油中有机磷农药残留量的测定可以选择此方法。对于蔬菜水果中有机磷农药残留量的测定可以在第一法和第二法中任选一种,但注意两法适用的有机磷农药的种类和数目有所不同。可以根据测定的目标物选用合适的色谱条件,如固定相、柱温等。

(3)无水硫酸钠遇水后生成水合硫酸钠,起脱水的作用。中性氧化铝可吸附油脂,起脱油的作用。活性炭吸附色素的能力很强,起脱色的作用。

(三) 肉类、鱼类中有机磷农药的残留量测定

1. 原理　同"水果、蔬菜、谷类中有机磷农药的多残留测定"。

2. 分析步骤　将肉、鱼试样切碎混匀,用丙酮振摇提取。滤液中加入硫酸钠溶液和二氯甲烷萃取,在下层二氯甲烷提取液中加入中性氧化铝脱油,然后加入无水硫酸钠脱水,水浴浓缩二氯甲烷至少量体积,用丙酮转移定容。

色谱参考条件为:玻璃色谱柱(1.6m×3.2mm),内装涂以l.5% OV-17和2% QF-1混合固定液的80~100目 Chromosorb W AW DMCS担体。流量:氮气60ml/min;氢气0.7kg/cm²;空气0.5kg/cm²。温度:检测器为250℃,进样口为250℃,柱温为220℃(测定敌敌畏时为190℃)。如同时测定四种农药可用程序升温。

3. 方法说明　此方法用于测定动物性食品中有机磷农药残留量。适用范围为肉类、鱼类中敌敌畏、乐果、马拉硫磷、对硫磷的残留量的分析。此方法对于肉类和鱼类中敌敌畏、乐果、马拉硫磷、对硫磷检出限分别为0.03mg/kg、0.015mg/kg、0.015mg/kg、0.008mg/kg。

第四节　氨基甲酸酯类农药残留量检验

一、概述

氨基甲酸酯(carbamates)农药发展于20世纪50年代,是继有机磷农药后的一类重要的杀虫剂。因为含有氨基甲酸基本化学基团,所以称为氨基甲酸酯农药。氨基甲酸酯农药具有杀虫效果好、杀虫谱广、对人畜毒性低等特点。此类农药由于分子结构接近天然有机物,在自然界易被分解,残留量低。氨基甲酸酯农药也是一大类杀虫剂,商品化品种达数十种。常见品种有甲萘威、仲丁威、杀螟单、克百威、抗蚜威、速灭威、涕灭威、异丙威、残杀威、灭多威、丙硫威、丁硫威、唑蚜威、硫双威等。食物中氨基甲酸酯农药残留的主要来源依然是农业生产中的使用。

以下是常见的氨基甲酸酯农药的名称和结构式:

涕灭威,aldicard,O-(甲氧氨基甲酰基)-2- 甲基 -2- 甲硫基丙醛肟

$$H_3C—S—\underset{\underset{CH_3}{|}}{\overset{\overset{CH_3}{|}}{C}}—\underset{\underset{H}{|}}{C}=N—O—\overset{\overset{O}{\|}}{C}—NHCH_3$$

速灭威,Tsumacide,甲氨基甲酸 -3- 甲苯酯

克百威,carbofuran,2,3- 二氢 -2,2- 二甲基 -7- 苯并呋喃基 -N- 甲基氨基甲酸酯

甲萘威,carbaryl,1- 萘基 -N- 甲基氨基甲酸酯

异丙威,isoprocorb,甲氨基甲酸 -2- 异丙基苯酯

仲丁威,Bassa,甲基氨基甲酸邻仲丁基丙酯

氨基甲酸酯农药的毒性机理与有机磷农药类似,也是抑制生物体内胆碱酯酶的活性,从而达到杀死病虫害的目的,同时也是造成人类中毒的原因。与有机磷农药不同的是,有机磷杀虫剂对胆碱酯酶的抑制是不可逆的,而氨基甲酸酯杀虫剂对胆碱酯酶的抑制是可

逆的。

氨基甲酸酯农药的毒性差异大。多数品种毒性比较低,如异丙威、仲丁威、混灭威、速灭威等,少数品种毒性高,如克百威、涕灭威等。人类轻度中毒后,有头晕乏力、视力模糊、恶心呕吐和瞳孔缩小等症状;中度中毒者,除有上述症状加重外,尚有肌纤维颤动;重度中毒可有昏迷、肺水肿、呼吸衰竭、心肌损害和肝、肾功能损害。我国食品安全国家标准(GB 2763)对多种氨基甲酸酯农药在食品中的最大残留限量做了规定,表7-3为食品中甲萘威、克百威和涕灭威的最大残留限量。

表7-3 食品中甲萘威、克百威和涕灭威的最大残留限量

品种	最大残留限量(mg/kg)		
	甲萘威	克百威	涕灭威
谷物	1	0.1	
油料和油脂	1	0.1~0.2	0.01~0.1
蔬菜	1~2	0.02~0.1	0.03~0.1
水果		0.02	0.02
糖料		0.1	

氨基甲酸酯农药在高温下不稳定,受热易分解。例如,用气相色谱测定甲萘威,选择OV-17作固定液,则甲萘威在180℃、190℃、205℃的温度下的分解率分别为:66.8%、80.0%、88.9%。

氨基甲酸酯为酯类化合物,在碱性条件下易水解,生成甲胺和二氧化碳,以及相应的其他产物。芳基 N- 氨基甲酸酯农药是氨基甲酸酯农药中的一类,其水解产物中含有酚类物质,这些酚类物质可以通过偶联反应来显色测定。氨基甲酸酯的品种多,多数极性较大,样品提取时可以考虑使用极性有机溶剂。

我国测定食品中氨基甲酸酯农药残留量的标准方法有高效液相色谱法(GB/T 5009.163)和气相色谱法(GB/T 5009.145)等。此外,还规定了同时测定蔬菜中有机磷和氨基甲酸酯类农药残留量的快速检验标准方法。曾用分光光度法测定粮、油、菜中甲萘威残留量,但该法在抗干扰和灵敏度方面都比较差。

二、食品中氨基甲酸酯农药残留量检验

(一)动物性食品中氨基甲酸酯农药残留量的测定

1. 原理 样品经提取、净化、浓缩、定容,微孔滤膜过滤,用反相高效液相色谱分离,紫外检测器检测,根据色谱峰的保留时间定性,峰高或峰面积与标准比较定量。

2. 分析步骤

(1)提取:蛋类、肉类样品加水和丙酮振摇;乳类样品不用加水,直接加丙酮振摇。然后加入氯化钠固体,充分摇匀,再加二氯甲烷振摇萃取。取上清液,经无水硫酸钠脱水过滤,旋转蒸发器减压浓缩至约1ml。加乙酸乙酯 - 环己烷(1+1)溶液再浓缩,浓缩至约 1ml。

(2)净化:浓缩液注入凝胶柱上,以乙酸乙酯 - 环己烷(1+1)溶液淋洗,弃去前面0~35ml

流出组分,收集 35~70ml 的流出组分,并将其旋转蒸发浓缩至约 1ml。此浓缩液重复操作再净化一次,以乙酸乙酯定容至 1ml,供高效液相色谱分析。

（3）测定:色谱参考条件为:C_{18} 色谱柱（250mm×4.6mm,5μm）;流动相:甲醇 - 水（60+40）;流速:0.5ml/min;柱温:30℃;紫外检测波长:210nm。

分别将混合标准溶液及试样净化浓缩液注入高效液相色谱仪中,以保留时间定性,以试样峰高或峰面积与标准比较定量。

3. 方法说明

（1）此方法适用于肉类、蛋类及乳类食品中涕灭威、速灭威、克百威、甲萘威、异丙威的残留量测定。5 种农药的检出限分别为涕灭威 9.8μg/kg,速灭威 7.8μg/kg,克百威 7.3μg/kg,甲萘威 3.2μg/kg,异丙威 13.3μg/kg。

（2）动物性食品中往往含有大量的脂肪及其他杂质干扰测定,此法在净化步骤中采用了凝胶渗透色谱净化技术。样品提取液加在凝胶柱上,用乙酸乙酯 - 环己烷淋洗,分子量较大的脂肪、色素、蜡质等杂质先于氨基甲酸酯农药流出凝胶柱。氨基甲酸酯农药的分子量相对较小,在后面流出,所以弃去前面的流出液,收集后面 35~70ml 的流出组分。用于净化的凝胶应用洗脱剂（乙酸乙酯 - 环己烷）浸泡过夜,湿法装填,并用洗脱液浸泡保存。

（3）氨基甲酸酯农药在高温下不稳定,不宜直接用气相色谱法测定。高效液相色谱法测定温度低,可以在室温下分析氨基甲酸酯农药,紫外分光光度检测器的灵敏度可以满足农药残留分析的需要。

（二）植物性食品中氨基甲酸酯农药残留量测定

1. 原理 样品中氨基甲酸酯农药和有机磷农药用有机溶剂提取,净化浓缩后经气相色谱分离,用氮磷检测器检测,根据色谱峰的保留时间定性、峰高或峰面积定量。

2. 分析步骤 蔬菜样品中加入水和丙酮,机械振荡或超声波振荡提取;粮食样品中加入无水硫酸钠和丙酮振荡提取。提取液中加入氯化钠溶液,二氯甲烷提取后,用旋转蒸发器在40℃温度下减压蒸馏浓缩,用二氯甲烷定容。成分复杂样品可在提取液中加入凝结剂（氯化铵和磷酸溶液）和助滤剂（celite 545）,抽滤,滤液用二氯甲烷提取浓缩后,再过硅胶柱净化、浓缩、定容。

气相色谱参考条件为:BP5 或 OV-101 弹性石英毛细管色谱柱（25m×0.32mm）。气体流速:氮气为 50ml/min;尾吹气（氮气）为 30ml/min;氢气为 0.5kg/cm²;空气为 0.3kg/cm²;温度:进样口为 240℃;柱温采用程序升温方式:

$$140℃ \xrightarrow{50℃/min} 185℃ \xrightarrow{恒温\ 2min\ 2℃/min} 195℃ \xrightarrow{10℃/min} 235℃,1min$$

量取 1μl 混合标准溶液及样品净化液注入气相色谱仪中,以保留时间定性,以试样峰高或峰面积与标准比较定量。

3. 方法说明

（1）此方法为多种类农药多残留的检测方法,可以同时测定植物性食品样品中速灭威、异丙威、仲丁威、甲萘威 4 种氨基甲酸酯类农药和敌敌畏等 16 种有机磷农药残留量。各组分出峰顺序及检出限（μg/kg）为:敌敌畏（4）,乙酰甲胺磷（2）,速灭威（8）,叶蝉散（4）,仲丁威（15）,甲基内吸磷（4）,甲拌磷（2）,久效磷（10）,乐果（2）,甲萘威（4）,甲基对硫磷（2）,马拉氧磷（8）,毒死蜱（8）,虫螨磷（8）,倍硫磷（6）,马拉硫磷（6）,对硫磷（8）,杀扑磷（10）,克线磷（10）,乙硫磷（14）。

（2）氮磷检测器（nitrogen-phosphorus detector，NPD）又称热离子检测器（thermionic detector，TID），在火焰离子化检测器（FID）的喷嘴和收集极之间放置一个含有硅酸铷的玻璃珠。含氮磷元素的化合物进入检测室时受热分解，并在铷的作用下产生大量电子，响应值增加，从而提高了检测器的灵敏度。氮磷检测器用于含氮、磷元素有机物的同时测定，而且灵敏度高于火焰光度检测器（FPD），常用于含有氮、磷元素有机化合物的痕量分析，对含有氮磷元素化合物的最小检出量可达 1×10^{-13} g。

第五节 食品中拟除虫菊酯农药残留检验

一、概述

拟除虫菊酯（pyrethroids）是一类结构或生物活性类似天然除虫菊酯的仿生合成杀虫剂。它是在对天然除虫菊花的有效成分及其化学结构研究基础上发展起来的高效、广谱、安全的新型杀虫剂。拟除虫菊酯杀虫效果好，其杀虫效力比一般杀虫剂高 1~2 个数量级，但其对人、畜的毒性比有机磷和氨基甲酸酯杀虫剂低，所以比较安全。由于拟除虫菊酯杀虫剂是模拟天然物质合成的，在自然界中容易分解，且无内吸及渗透作用，在农产品中残留较低；加之其高效用量少，故对食品及环境污染较轻。食物中残留污染主要是来自农业生产和卫生杀虫的使用。

尽管拟除虫菊酯对人类的毒性较低，但当机体大量摄入时仍可引起喘息、气短、流鼻涕及鼻塞等症状。皮肤接触可引起皮疹、皮痒或者水疱。长期接触和摄入导致机体内分泌失调以及影响人类神经系统功能。我国食品安全国家标准（GB 2763）对多种拟除虫菊酯农药在食品中的最大残留限量做了规定，表 7-4 为部分拟除虫菊酯农药在食品中的最大残留限量。

表 7-4 食品中拟除虫菊酯农药的最大残留限量

品种	最大残留限量（mg/kg）		
	氰戊菊酯	溴氰菊酯	氯菊酯
谷物	0.02~2	0.2~1	0.5~2
油料和油脂	0.1~0.2	0.01~0.1	0.05~2
蔬菜	0.05~3	0.01~0.5	0.05~5
水果	0.2~1	0.05~1	1~2
坚果		0.02	0.05~0.1
糖料	0.05		0.05
饮料类		10（茶叶）	0.05~50
食用菌（鲜蘑菇类）	0.2	0.2	0.1
调味料			0.05~10

常见的拟除虫菊酯农药品种有溴氰菊酯，氯菊酯，氰戊菊酯，氯氰菊酯和胺菊酯等。它们的英文名称、化学名称和化学结构式如下：

溴氰菊酯,deltamethrin,α- 氰基苯氧基苄基(1R,3R)-3-(2,2- 二溴乙烯基)-2,2 二基甲环丙烷羧酸酯

氯菊酯,permethrin,(3- 苯氧苄基)顺式,反式 -(±)-3-(2,2- 二氯乙烯基)-2,2- 二甲基环丙烷羧酸酯

氰戊菊酯,fenvalerate,α- 氰基 -3- 苯氧苄基 -(R,S)-2-(4- 氯苯基)-3- 甲基丁酸酯

氯氰菊酯,cypemethrin,α- 氰基 -3- 苯氧基苄基(1R,S)- 顺,反 -3-(2,2- 二氯乙烯基)2,2- 二甲基环丙烷羧酸酯

胺菊酯,tetramethrin,3,4,5,6- 四氢邻苯二甲酰亚氨基甲基(±)顺式,反式菊酸酯

拟除虫菊酯农药溶于各种有机溶剂,在水中溶解度很小。多数品种在碱性条件下易分解,使用时注意不能与碱性物质混用。

我国测定食品中拟除虫菊酯农药残留量的标准方法主要是气相色谱法(GB/T 5009.110,GB/T 5009.162)或气相色谱 - 质谱联用法。

二、食品中拟除虫菊酯农药残留量检验

(一)植物性食品中拟除虫菊酯农药残留量的测定

1. 原理 样品中氯氰菊酯、氰戊菊酯和溴氰菊酯经提取、净化和浓缩后,经气

相色谱分离和电子捕获检测器检测,以保留时间定性,色谱峰高或峰面积标准曲线法定量。

2. 分析步骤 谷类样品经粉碎后,加入石油醚,振荡30分钟或浸泡过夜,取上清液供净化处理使用。蔬菜类样品先匀浆,然后加入丙酮和石油醚振荡提取,分层后取出上清液供净化处理使用。

采用柱色谱法净化,玻璃柱中装填中性氧化铝和无水硫酸钠,石油醚作为淋洗液。对于面粉、玉米粉和蔬菜样品,还要装填活性炭,用于吸附色素。收集柱色谱流出液,用氮气以气流吹蒸法浓缩至1ml,供气相色谱分析用。

色谱参考条件为:玻璃色谱柱(1.5m×3mm 或 2m×3mm),填充 3% OV-101/Chromosorb W AW DMCS,80~100 目。柱温为 245℃,进样口和检测器温度为 260℃。载气为高纯氮气,流速:140ml/min。

3. 方法说明

(1)此方法用于测定谷类和蔬菜中氯氰菊酯、氰戊菊酯和溴氰菊酯的残留量。三种农药在粮食和蔬菜中的检出限分别为:氯氰菊酯 2.1μg/kg、氰戊菊酯 3.1μg/kg、溴氰菊酯 0.88μg/kg。

(2)所测三种拟除虫菊酯农药的分子中均含有卤族元素,用电子捕获检测器可以获得满意的灵敏度和选择性。

(二)动物性食品中拟除虫菊酯农药残留量的测定

1. 原理 试样经提取、净化、浓缩、定容,用毛细管柱气相色谱分离,电子捕获检测器检测,以保留时间定性,标准曲线法定量。

2. 分析步骤 蛋类、肉类样品加水和丙酮振摇提取;乳类样品含水量大,不另加水,直接加丙酮振摇提取。在体系中加入氯化钠固体和石油醚萃取。取石油醚提取液,用旋转蒸发仪减压浓缩,并转移至乙酸乙酯-环己烷溶液中。将该样液加至凝胶净化柱中,用乙酸乙酯-环己烷淋洗,收集后半段流出液;所收集的流出液经浓缩后重复凝胶柱净化过程;将收集的流出液蒸发浓缩,氮气吹蒸,用石油醚定容至1ml。

气相色谱参考条件:OV-101 弹性石英毛细管色谱柱(30m×0.32mm,0.25μm),进样口温度为 270℃。检测器温度为 300℃。载气流速:氮气 1ml/min,尾吹 50ml/min。柱温采用程序升温为:

$$60℃,1min \xrightarrow{40℃/min} 170℃ \xrightarrow{2℃/min} 235℃ \xrightarrow{40℃/min} 280℃,10min$$

3. 方法说明

(1)此方法是一种多种类农药多残留分析方法,用于测定动物性食品中5种拟除虫菊酯农药的残留量和其他15种含氯农药的残留量。5种拟除虫菊酯的名称为:胺菊酯,氯菊酯,氯氰菊酯,氰戊菊酯和溴氰菊酯。20种农药的色谱出峰顺序和检出限(μg/kg)分别为:α-HCH(0.25)、β-HCH(0.50)、γ-HCH(0.25)、五氯硝基苯(0.25)、δ-HCH(0.25)、七氯(0.50)、艾氏剂(0.25)、除螨酯(1.25)、环氧七氯(0.50)、杀螨酯(1.25)、狄氏剂(0.50)、p,p'-DDE(0.60)、p,p'-DDD(0.75)、o,p-DDT(0.50)、p,p'-DDT(0.50)、胺菊酯(12.5)、氯菊酯(7.5)、氯氰菊酯(2.0)、a-氰戊菊酯(2.5)、溴氰菊酯(2.5)。

(2)20种农药中,拟除虫菊酯农药分子中含有卤族元素,其他农药分子中含有氯元素,采用电子捕获检测器可以获得高选择性和高灵敏性。

(3)动物性食品中富含脂肪,此法采用了凝胶渗透色谱技术进行样液的净化处理。

本 章 小 结

本章在概述中介绍了食品中农药残留分析的特点和概况，重点介绍了常用的有机氯、有机磷、氨基甲酸酯类和拟除虫菊酯农药残留量检验的原理、分析步骤和方法说明。

在有机氯农药残留量检验中，介绍了有机氯农药的理化性质等基本信息，以及气相色谱（包括气相 - 质谱联用）法测定各类食品中六六六和滴滴涕残留的方法。

对于有机磷农药残留量检验，介绍了有机磷农药的理化性质等基本信息，以及气相色谱测定各类食品中有机磷农药残留量的方法。

对于氨基甲酸酯农药残留量检验，介绍了氨基甲酸酯类农药的理化性质等基本信息，以及高效液相色谱法和气相色谱法分别测定动物性食品和植物性食品中氨基甲酸酯农药残留的方法。

在拟除虫菊酯农药残留量检验中，介绍了拟除虫菊酯类农药的理化性质等基本信息，以及气相色谱法测定动物性食品和植物性食品中除虫菊酯类农药残留量的方法。

由于涉及的检验方法甚多，不可能一一呈现，所选内容仅摘自目前应用面最广的国家标准（GB 5009）系列，其更具有代表性和多样化。

在此只描述有关食品中农药残留分析的概况，更具体、细致的检验方法，可以参考其他文献，以便更深入地学习了解。

思考题

1. 常用的农药残留分析的步骤有哪些？其目的是什么？

2. 食品中农药残留量测定有什么特点？试根据该特点解释现代农药残留分析所采用的步骤和方法技术。

3. 常用的气相色谱检测器有哪些？怎样根据检测对象选择合适的检测器？

4. 去除食品样品液中脂肪的净化技术主要有哪些？其原理是什么？

5. 对于食品中有机氯、有机磷、氨基甲酸酯和拟除虫菊酯四类农药残留，各自的测定方法是什么？

（严浩英）

第八章 动物性食品中兽药残留检验

随着人类社会的发展和科技的进步,世界各国畜牧业、渔业和养殖业不断发展,走向集约化和规模化生产。为了降低动物的发病率,减少死亡率,改善动物的生长性能,提高动物的食品产出效率,增加经济收入,不可避免要使用农药、兽药。合理使用兽药可以达到理想的效果,以满足人们对动物性食品的需求,但是,如果滥用兽药和饲料添加剂,则会造成动物性食品中兽药残留,人体摄入后会产生危害。

兽药残留检验不仅具有保障消费者健康的作用,也是动物性食品国际贸易的技术性壁垒。国际食品法典委员会(CAC)、食品添加剂联合委员会(JECFA)及世界各国政府都非常重视动物性食品中兽药残留兽药残留的检验。

第一节 概　述

一、兽药和兽药残留

兽药(veterinary drugs)是指用于预防、治疗和诊断动物疾病或者有目的地调节动物生理功能并规定作用、用途、用法、用量的物质(含药物饲料添加剂)。主要包括:血清制品、疫苗、诊断制品、微生态制品、中药材、中成药、化学药品、抗生素、生化药品、放射性药品及外用杀虫剂、消毒剂等。

兽药残留(residue of veterinary drugs)是指食品动物用药后或长期喂养含药物饲料后,动物性食品中含有的某种兽药的原形或其代谢物及与兽药有关的杂质的残留。兽药残留主要存在于动物性食品(肉、肝、肾、肺、乳、蛋、禽、鱼、水产及其制品和蜂蜜等)中,主要包括抗生素类、β受体激动剂类、激素类和驱虫药类。

二、食品中兽药残留来源

食品中兽药残留的主要来源为以下几个方面:

1. **防治畜禽疾病用药**　在养殖过程中,往往需要通过口服、注射、局部用药等方法给食品动物用药。如果用药不当或不遵守休药期(withdrawal period),则兽药可在动物体内残留。

2. **饲料中加入兽药添加剂**　将低于治疗剂量的抗生素和其他化学药物作为添加剂加入饲料中,提高产量。长时间使用会造成兽药残留超标。

3. **动物性食品保鲜**　在动物性食品运输和保存的过程中,为了保鲜,有时加入某种抗生素以抑制微生物的生长和繁殖,会造成药物污染和残留。

4. 养殖户对兽药残留的危害性认识不足或受经济利益驱动,使用违禁兽药。

三、兽药残留危害

(一) 毒性作用

1. 急性中毒 (acute poisoning) 当一次摄入大量含有残留兽药的食品,会出现急性中毒反应。例如,摄入含盐酸克伦特罗(瘦肉精)残留的猪肉或其肝、肺等内脏后,会产生心悸,恶心,头晕,肌肉震颤等急性中毒反应。

2. 慢性中毒 (chronic poisoning) 长期食用含有残留低剂量兽药的动物性食品,兽药可在人体内不断蓄积,到一定程度后,就会对人体产生毒性作用。如磺胺类药物可引起肾损害,特别是乙酰化磺胺在尿中溶解度低,对肾损害大。

3. "三致"作用 即致癌、致畸、致突变作用。如苯丙咪唑类抗蠕虫药能引起细胞染色体突变和致畸胎作用,妊娠妇女在特定的妊娠阶段,摄入含过量苯丙咪唑类药物残留的动物性食品,可能发生胎儿畸形。

(二) 耐药性 (drug resistance)

动物反复接触某种抗菌药物后,体内耐药菌株大量繁殖。在某些情况下,动物体内耐药菌株可通过动物性食品使人产生耐药性,给治疗带来困难。已发现长期食用含低剂量抗生素的动物性食品能导致金黄色葡萄球菌和大肠杆菌耐药菌株的产生。某些残留兽药可能对人的胃肠道菌群造成影响,杀灭有益菌群,导致致病菌大量繁殖,使机体易感染疾病。甚至由于细菌耐药性的产生及耐药因子的传递,造成许多抗菌药物对人类细菌性疾病无法控制。

(三) 过敏反应 (anaphylactic reaction)

某些抗菌药物如青霉素、磺胺类药物、四环素及某些氨基糖苷类抗生素能使部分人群发生过敏反应。当摄入含这些抗菌药物残留的动物性食品时,会使这部分人致敏,产生抗体。当这些个体再次接触到此类抗菌药物或进行治疗时,就会与抗体结合形成抗原抗体复合物,可能再次发生过敏反应。

(四) 激素(样)作用 (hormonelike effect)

具有性激素样活性的同化剂的法定埋植部位是在屠宰时废弃的动物组织(如耳根部),而深部肌内注射同化剂属非法用药。若埋植同化性激素或注射后不久就将动物宰杀,则在肝、肾和注射或埋植部位有大量同化激素残留,一旦被人食用后可产生一系列激素样作用。如潜在致癌性、发育毒性(儿童性早熟)等现象。

(五) 污染环境影响生态

绝大多数兽药排入环境后,仍然具有活性,会对土壤微生物、水生生物及昆虫等造成影响。如广谱抗寄生虫药伊维菌素主要通过粪便和乳汁排泄,其排泄物对低等水生动物和土壤中的线虫等仍有较高的毒性作用。

四、兽药残留监控

我国政府历来重视动物性食品的卫生与安全,早在20世纪50年代就建立了动物食品检疫制度,主要针对寄生虫病和特定传染病,以及肉品的感官和品质情况。针对动物性食品中消费量最大的猪肉,在大、中城市建设了肉类联合加工厂,机械化流水线屠宰生猪,全过程实施冷链控制及兽医卫生同步检疫,集生猪屠宰、肉制品加工、仓储物流、冷冻冷藏、肉食品、制品销售于一体,以保证肉与肉制品的食用卫生与安全。兽药的使用为畜牧业、渔业和养殖业的发展做出了重要的贡献,但由于管理和控制不够科学,以及经济利益的驱动,滥用兽药或使用违禁药品造成动物性食品的食品安全问题日益凸显。

我国从20世纪90年代开始开展兽药残留的基础研究和监控工作,1999年国家质检总局和农业部制定了适用于出口动物及动物源性产品生产的《中国兽药残留监控计划》,建立例行监测制度。2001年启动了全国兽药残留监控计划,初步建立了适合我国国情并与国际接轨的兽药残留监控体系,农业部每年颁布《动物及动物产品兽药残留监控计划》,对全国16个城市畜产品中兽药残留进行例行监测,并于当年两次向社会公布监测结果。

五、兽药残留标准体系

兽药残留标准体系是兽药残留监测的技术性法规。我国十分重视兽药残留标准体系的建设,在进行动物性食品中兽药残留监控计划的同时,不断完善了动物性食品生产及检验的标准体系,为兽药残留的检测提供了保障和依据。我国已颁布了《兽药管理条例》《饲料和饲料添加剂管理条例》《饲料和饲料添加剂使用规范》《食品动物禁用的兽药及其他化合物清单》《禁止在饲料和动物饮水中使用的药物品种目录》《禁用药物名录》《允许使用药物名录》《兽药停药期规定》《动物性食品中兽药最高残留限量》等一系列与控制兽药残留有关的法律、规章和管理办法。

1. 兽药使用规范 包括禁用药规定和休药期规定。禁止克仑特罗等36种(类)药物和其他化合物用于所有食品动物;禁止双甲脒在所有水生食品动物中的应用;禁止氯丙嗪等7种(类)药物用于所有食品动物促进生长。2003年农业部发布的《兽药休药期规定》对202种临床常用的兽药和饲料药物添加剂制定了休药期,凡规定了休药期的药物,其产品标签上必须注明,养殖场(户)必须按休药期在动物上市或屠宰前停止用药,我国兽药休药期规定与国际上同种兽药休药期规定大体接近。

2. 兽药残留限量标准 兽药最高残留限量(maximum residue limit,MRL),即对食品动物用药后产生的允许存在于食物表面或内部的该兽药残留的最高量/浓度(以鲜重计,表示为μg/kg)。我国农业部颁布的《动物性食品中兽药最高残留限量》标准将其具体分为4种情况(分别见标准的附录1~4):附录1,是允许按质量标准、产品使用说明书规定用于规定食品动物,不需要制定残留限量的药物,该部分包括88种(类)兽药。附录2,是允许用于食品动物,在动物性食品中规定了最高残留限量的药物,该部分制定了96种(类)兽药的551个最高残留限量标准。附录3,是允许在食品动物治疗中使用,但不得在动物性食品中检出的兽药,该部分包括9种(类)兽药。附录4,是禁止用于所有食品动物的药物,该部分包括31种(类)药物和禁止用于水生食品动物的1种兽药,它们在动物性食品(水产品)中不得被检出。

3. 兽药残留检验标准方法 农业部发布的兽药及其他化学物质在动物可食性组织中残留检测方法标准已有146项,可检测残留兽药及其代谢产物等150余种。其中,30项标准方法可用于兽药残留筛选,117项标准可用于兽药残留定量检测。

目前,兽药残留检验方法主要有酶联免疫吸附法(enzyme-linked immuno sorbent assay,ELISA)、免疫胶体金试纸法(colloidal gold immuno chromatographic assay,GICA)、气相色谱法(GC)、高效液相色谱法(HPLC)、气相色谱-质谱联用法(GC-MS,GC-MS/MS)、高效液相色谱法-质谱联用法(HPLC-MS,HPLC-MS/MS)及微生物法。

ELISA法和GICA法操作简单,灵敏度高,特异性强,能快速检测筛查动物性食品中药物。GC、GC-MS和GC-MS/MS法能准确测定食品中的兽药残留,检出限和回收率也能达到要求。但样品处理中一般要采用硅烷化试剂对残留药物进行衍生化反应,因此,有一定的局限性。HPLC、HPLC-MS、HPLC-MS/MS 法不需要衍生化反应,灵敏度高,可多残留同时测定,是目前国际公认的定量检测兽药残留的分析方法。

我国动物性食品中部分兽药最高残留限量标准及标准方法见表 8-1。

表 8-1　我国食品中部分兽药的最高残留限量及标准方法

药物	食品	推荐检测方法	检测限 （μg/kg 或 μg/L）	残留限量 MRL （μg/kg）
四环素	肌肉、肝、肾、	GC、HPLC HPLC-MS-MS	15	≤100
氯霉素类	水产品、肌肉、 牛奶	GC、GC-MS、HPLC、 ELISA HPLC-MS-MS	0.3 0.1	不得检出
磺胺类	水产品、肌肉、 牛奶	HPLC HPLC-MS-MS	20 5	≤100
硝基呋喃类及代 谢物	肌肉、 牛奶 水产品、	HPLC/MS/MS GC/MS ELISA	0.5 1 0.1	不得检出
β-受体激动剂类	猪肉 猪肝、猪肺 猪尿	GC/MS、HPLC HPLC-MS-MS ELISA	1~2 1 1	不得检出
激素类	鱼肉 鸡肉 肉、蛋、奶和虾等	ELISA GC/MS、 LC-MS/MS	0.6 1 0.4~2	不得检出

第二节　食品中抗生素类兽药残留检验

一、四环素类抗生素残留检验

(一)概述

四环素类抗生素(tetracycline,TCs)是家畜、家禽常用的防病治病药物。其中使用较多的有四环素(tetracycline,TC)、土霉素(oxytetracycline,OTC)、金霉素(chlortetracycline,CTC)。

四环素类抗生素具有十二氢化并四苯基本结构。该类药物有共同的 A、B、C、D 四个环的母核,化学结构式为:

十二氢化并四苯

TC、OTC、CTC 的区别在于结构式中 R_5 和 R_7 位上连结不同的离子或基团。

		R_5	R_7	
		H	Cl	金霉素
		OH	H	土霉素
		H	H	四环素

化学结构中 4 位的二甲氨基显碱性,C3、C5、C6、C10、C12、C12a 含有酚羟基或烯醇基,显酸性,故为酸碱两性化合物。TCs 抗生素的理化性质见表 8-2。

表 8-2　四环素类抗生素的理化性质

名称	分子式	分子量	理化性质
TC	$C_{22}H_{24}N_2O_8$	444.44	淡黄色结晶性粉末,无臭,熔点 170~175℃,易溶于稀酸和稀碱,可溶于醇,乙酸乙酯及丙酮。微溶于水,不溶于乙醚、三氯甲烷、苯、石油醚及植物油中
OTC	$C_{22}H_{24}N_2O_9$	460.44	黄色结晶,无臭,熔点 181~182℃,难溶于水,微溶于乙醇,易溶于稀酸和稀碱
CTC	$C_{22}H_{23}ClN_2O_8$	478.89	金黄色结晶,无臭,味苦,溶于水,微溶于乙醇,不溶于丙酮、醚、苯等

在我国,四环素类兽药允许使用,但有最高残留限量规定的兽药。如果滥用,特别是在动物宰杀时休药期不够,容易在动物体内残留,对人体健康带来危害。四环素类 MRL 为≤100μg/kg。四环素类残留检验方法主要有 HPLC 法和 LC-MS/MS 法(GB/T 21317),以及 ELISA 法。

(二)高效液相色谱法

1. 原理　样品中四环素类兽药用 0.1mol/L Na_2EDTA-Mcllvaine 缓冲溶液(pH4.0±0.05)提取,经过滤和离心后,上清液用 HLB 固相萃取柱净化,用反相液相色谱分离,紫外检测器检测。用保留时间定性,标准曲线法或单点校正法定量。

2. 分析步骤

(1)样品制备与贮存:从采集的全部样品中取出约 500g 牛奶样品充分混匀,动物肌肉、肝、肾和水产品等用组织捣碎机充分捣碎均匀,密封,于 –18℃以下冷冻存放。

(2)提取:①动物肌肉、肝、肾和水产品:准确称取匀质样品,于聚丙烯离心管中,分别用 0.1mol/L EDTA-Mcllvaine 缓冲溶液漩涡混合,于冰水浴中超声提取三次,离心(温度低于15℃),合并上清液,定容,混匀,离心(温度低于15℃),过滤,待净化;②牛奶:精确称取匀质样品,用 0.1mol/L EDTA-Mcllvaine 缓冲溶液溶解定容,之后的操作同①。

(3)净化:准确吸取适量提取液,用 HLB 固相萃取柱净化,提取液流尽后,依次用水、甲醇水淋洗,弃去全部流出液。减压抽干,最后用适量甲醇 - 乙酸乙酯溶液洗脱。将洗脱液吹氮浓缩至干,用少量甲醇 - 三氟乙酸水溶液溶解残渣。过 0.45μm 滤膜,待测定。

(4)测定:色谱参考条件为 Inertsil C8-3 色谱柱(150mm×2.1mm,5μm);流动相:甲醇 - 乙腈 -10mmol/L 三氟乙酸;检测波长 350nm;柱温为 30℃;流速:1.5mL/min;进样量:100μl;梯度洗脱。绘制工作曲线,与标准比较定性、定量。

3. 方法说明　本法适用于动物肌肉、肝、肾、水产品、牛奶中米诺环素、土霉素、四环素、去甲基金霉素、金霉素、美他环素、多西环素等七种兽药残留测定。上述 7 种兽药的保留时间依次为 6.3 分钟、7.5 分钟、7.9 分钟、8.7 分钟、9.8 分钟、10.4 分钟、10.8 分钟。方法检测限均为 50μg/kg。

二、氯霉素类抗生素残留检验

氯霉素类（chloramphenicols，CAPs）兽药包括氯霉素（chloramphenicol，CAP）、棕榈氯霉素（chlo-ramphenicol palmitate，CRP）、乙酰氯霉素（cetofenicol，CF）、甲砜霉素（thiamphenicol，TAP）、氟甲砜霉素（florfenicol，FF）等。

（一）概述

氯霉素类抗生素是 1- 苯基 -2- 氨基 -1- 丙醇的二乙酰胺的衍生物。其结构如下。

$$R_1 \text{—} \bigcirc \text{—} \underset{\underset{HN\text{—}R_3}{|}}{\overset{\overset{OH}{|}}{CH}} \text{—CH—CH}_2 \text{—} R_2$$

不同的氯霉素类抗生素，R_1、R_2、R_3 位上连接的基团不同。常见的氯霉素类抗生素见表 8-3。

表 8-3 氯霉素类抗生素结构式及理化性质

名称	结构式	分子式	分子量	理化性质
CAP	$O_2N\text{—}\bigcirc\text{—}\overset{H}{\underset{OH}{C}}\text{—}\overset{NHCOCHCl_2}{\underset{H}{C}}\text{—CH}_2OH$	$C_{11}H_{12}Cl_2N_2O_5$	323.13	白色或微黄色的针状结晶，熔点为 150.5~151.5℃。易溶于水、醇、乙酸乙酯及丙酮，不溶于苯、石油醚及植物油。在中性、弱碱性介质中较稳定
TAP	$CH_3SO_2\text{—}\bigcirc\text{—}\overset{OH}{\underset{H}{C}}\text{—}\overset{H}{\underset{NHCOCHCl_2}{C}}\text{—CH}_2OH$	$C_{12}H_{15}Cl_2NO_5S$	356.22	白色晶体粉末，易溶于水、醇、二甲替甲酰胺，难溶于丙酮，不溶于乙醚，三氯甲烷或苯

CAPs 对骨髓细胞、肝细胞有毒性作用，可导致氯霉素敏感者发生严重的再生障碍性贫血，是禁止用于食品动物并不得在动物性食品中检出的抗生素。MRL 为不得检出。

食品中 CAPs 残留检验方法有 GC、HPLC、GC-MS、LC-MS/MS 和 ELISA 法。本章主要介绍 HPLC-MS/MS 法（GB/T 22338）。

（二）高效液相色谱 - 串联质谱法

1. 原理 针对不同样品中氯霉素类兽药残留，分别用乙腈、乙酸乙酯 - 乙醚或乙酸乙酯提取，提取液用固相萃取柱进行净化，液相色谱 - 串联质谱仪测定，氯霉素采用内标法定量；甲砜霉素、氟甲砜霉素采用标准曲线法定量。

2. 分析步骤

（1）样品制备：取代表性的样品，经匀质后，用四分法缩分，将样品均分为两份，装入清洁容器中，加封、标记。一份作测定，一份作留样。所制备的样品在 -20℃下保存。

（2）提取：①动物肌肉组织和水产品：称取适量样品，加入氯霉素氘代内标（氯霉素 -D_5）工作液和乙腈，匀浆，离心，将上清液加乙腈饱和的正己烷，振荡，静置分层，转移乙腈层。残渣再加入乙腈，再提取一次，合并上清液，取乙腈层加入正丙醇，于 40℃水浴中旋转蒸发浓缩近干，用氮气吹干，加丙酮 - 正己烷溶解残渣；②动物肝、肾组织：准确称取样品加入乙酸钠缓冲溶液,匀质,再加少量β-葡萄糖醛酸苷酶,于37℃温育过夜酶解样品,加入氯霉素氘代内标(氯霉素-D₅)工作液和乙酸乙酯-乙醚,振荡混匀后离心,取有机层于40℃水浴中旋转蒸发近干,用氮气吹干,加丙酮-正己烷溶解残渣。③蜂蜜:称取样品加氯霉素氘代内标(氯霉素-D)工作液和水,混匀,再加入乙酸乙酯,振荡混匀后离心,取有机层重复提取,合并有机层于40℃水浴中旋转蒸发至干,加水溶解残渣,混匀。

(3)净化:①动物组织和水产品:用丙酮-正己烷淋洗LC-Si硅胶小柱,弃去淋洗液,将提取液转移到小柱上,弃去流出液,用丙酮-正己烷洗脱,收集洗脱液于40℃水浴中旋转蒸发近干,用氮气吹干,加适量水定容,经0.45μm滤膜过滤,待测定;②蜂蜜:分别用少量甲醇、水活化EN固相萃取柱,将提取液转移上柱,用水淋洗,适量乙酸乙酯洗脱,洗脱液用氮气吹干,用水溶解后定容,过0.45μm滤膜,待测定。

(4)测定:①液相色谱测定条件:C₁₈色谱柱(150mm×2.1mm,5μm),或相当者;流动相:水-乙腈-10mol/L乙酸铵溶液,梯度洗脱。流速为0.6ml/min;柱温:40℃;进样量为20μl;②MS测定条件:电离模式,电喷雾离子源;扫描方式:负子扫描;检测方式:多重反应检测(MRM);电喷雾电压:−4500V;离子源温度:550℃;③氯霉素类定性、定量离子碰撞气能量和去族电压见表8-4。

表8-4　氯霉素类定性、定量离子、碰撞气能量和去族电压

药物名称	定性离子对 m/z (母离子/子离子)	定量离子对 m/z (母离子/子离子)	碰撞气能量 /eV	去族电压 /V
氯霉素	320.9/151.9	320.9/151.9	−25	−72
	320.9/256.9		−16	−73
甲氯霉素	353.9/289.9	353.8/289.9	−18	−75
	353.9/184.9		−28	−75
氟甲砜霉素	356.0/336.0	356.0/336.0	−15	−67
	356.0/184.9		−27	−67
氯霉素-D5	326.1/157.0	326.1/157.0	−25	−60
	326.1/262.0		−17	−60

定性鉴定:样品中化合物质量色谱峰的保留时间与标准溶液的保留时间相比,允许偏差在±2.5%之内;待测化合物定性离子对的重构离子色谱峰的信噪比(S/N)≥3;定量离子对的重构离子色谱峰的信噪比(S/N)≥10;定性离子对的相对丰度与浓度相当的标准溶液相比,相对丰度偏差不超过表8-5的规定,则可判断样品中存在相对的目标化合物。

表8-5　定性时相对离子丰度的最大允许偏差

相对离子丰度 /%	>50	>20~50	>10~20	≤10
允许的相对偏差 /%	±20	±25	±30	±50

定量测定:氯霉素采用内标法定量;甲砜霉素、氟甲砜霉素采用标准曲线法定量。

3. 方法说明　本法适用于水产品、畜禽产品、畜禽副产品和蜂蜜中氯霉素类药物残留

检验。方法测定低限为 0.1μg/kg。

三、磺胺类兽药残留检验

（一）概述

磺胺类药物（sulfonamides，SAs）是指具有对氨基苯磺酰胺结构的一类药物的总称，其基本结构如下：

结构式中 R 和 R′ 被不同的基团取代则得到各种不同的磺胺类药物。常用的有：磺胺嘧啶（sulfadiazine，SD）、磺胺甲噁唑（sulfamethoxazole，SMZ）、磺胺甲氧嘧啶（sulfamonomethoxine，SMM）、磺胺二甲基嘧啶（sulfamethazine，SM2）等。其结构式及理化性质见表 8-6。

表 8-6 磺胺类药物结构式及理化性质

名称	结构式	分子式	分子量	理化性质
SD		$C_{10}H_{10}N_4O_2S$	248.27	
SMZ		$C_{10}H_{11}N_3O_3S$	253.27	白色或类白色结晶性粉末，熔点 251~258℃（分解）。在空气中无变化，日光下颜色变深，在水中几乎不溶，微溶于乙醇或丙酮中，但可溶于稀盐酸、氢氧化钠或氨溶液中
SMM		$C_{11}H_{12}N_4O_3S$	281.35	
SM2		$C_{12}H_{14}N_4O_2S$	278.32	

磺胺类药物对过敏反应者有致敏作用，轻者引起皮肤瘙痒和荨麻疹，重者引起血管性水肿，严重的过敏患者甚至出现死亡。SAs 可在人体内蓄积，达到一定浓度，对肝、肾不良反应大；还可影响人的造血系统，造成溶血性贫血症，粒细胞缺乏症，血小板减少症等。中国和欧美等大多数国家规定动物性食品和饲料中的 SAs 总量及磺胺二甲基嘧啶等单个 SAs 的残留限量为≤0.1mg/kg；日本规定动物性食品中不得检出 SAs。SAs 残留检验方法有 HPLC 法、GC 法、GC-MS 法、ELISA 法、TLC 法和分光光度法等。本章介绍 HPLC 法（GB 29694）。

（二）高效液相色谱法

1. 原理　样品中残留的磺胺类兽药,用乙酸乙酯提取,提取液加入 0.1mol/L 盐酸,用正己烷除酯,MCX 固相萃取柱净化,样液用 HPLC- 紫外检测器检测。以保留时间定性,标准曲线法定量。

2. 分析步骤

（1）样品的制备与保存:取适量新鲜或冷冻的空白或待测样品,绞碎并匀质,向空白匀质样品加适宜浓度的标准工作液,作为空白加标样。于 –20℃保存。

（2）提取:准确称取样品于聚四氟乙烯离心管中,加乙酸乙酯,漩涡混匀后离心,取上清液,残渣再重复提取一次,合并提取液。

（3）净化:在提取液中加入 0.1mol/L 盐酸溶液,于 40℃下旋转蒸发浓缩至少于 3ml,加入正己烷,涡旋混合后离心,弃去正己烷,重复操作一次。取下层样液备用。

MCX 固相萃取柱依次用甲醇和 0.1mol/L 盐酸活化,取上述净化液过柱,依次用 0.1mol/L 盐酸和 50% 甲醇乙腈溶液淋洗,用氨水 - 甲醇（5+95）洗脱液洗脱,收集洗脱液,于 40℃氮吹至干。加适量 0.1% 甲酸 - 乙腈溶解残渣,滤膜过滤,供测定用。

（4）测定:高效液相色谱测定参考条件为 ODS-3 色谱柱（250mm × 4.5mm,5μm）,或相当者;流动相:0.1% 甲酸 - 乙腈,梯度洗脱,流速:1.0ml/min;柱温:30℃;检测波长:270nm;进样量:100μl。

3. 方法说明

（1）磺胺类药物的最大吸收波长在 260~280nm。本法同时测定多种磺胺类药物,因此,选用 270nm 为检测波长。

（2）本方法适用于猪和鸡的肌肉及肝组织中的磺胺嘧啶、磺胺甲噁唑、磺胺甲氧嘧啶、磺胺二甲基嘧啶、磺胺噁唑、磺胺甲基嘧啶、磺胺甲氧哒嗪、磺胺二甲氧哒嗪、苯酰磺胺、磺胺氯哒嗪、磺胺异噁唑、磺胺醋酰、磺胺吡唑单个或多个药物残留量的测定。

（3）本方法对于猪和鸡的肌肉的检测限为 5μg/kg。定量限为 10μg/kg。猪和鸡的肝组织的检测限为 12μg/kg,定量限为 25μg/kg。

第三节　硝基呋喃类兽药残留检验

一、概述

硝基呋喃类（nitrofurans,NFs）药物包括呋喃唑酮（furazolidone）、呋喃西林（nitrofural）、呋喃妥因（nitrofurantoin）等。硝基呋喃的分子式为:$C_8H_7N_3O_5$ 分子量 225.16,为黄色粉末或结晶性粉末,无臭,味苦,能溶于二甲基甲酰胺,在水、乙醇或三氯甲烷中微溶,溶点 253~257℃（分解）,其结构式为:

$$O_2N \overset{O}{\diagdown} CH = NH - N \overset{O}{\underset{O}{\diagup}}$$

硝基呋喃类药物和代谢物均可以使实验动物发生癌变和基因突变。国际食品法典委员会（CAC）、中国和欧美等国禁止使用此类兽药,MRL 值为不得检出。

硝基呋喃类药物在动物体内代谢迅速,难于检测,但其代谢产物能够与组织中蛋白质紧密结合,且毒性更强,是硝基呋喃类药物的残留标示物。呋喃唑酮、呋喃西林、呋喃妥因和呋喃它酮的代谢产物分别为 3- 氨基 -2- 噁唑酮(AOZ)、氨基脲(SEM)、1- 氨基 - 乙内酰脲(AHD)、5- 吗啉甲基 -3- 氨基 -2- 噁唑烷基酮(AMOZ)。

硝基呋喃类药物残留检验方法有 HPLC 法、LC-MS、LC-MS/MS 和 ELISA 法等。ELISA法常用于硝基呋喃类药物残留快速筛选检验。HPLC 法是实验室常用方法,LC-MS 和 LC-MS/MS 是确认方法。本章介绍 ELISA 法。

二、畜禽肉中呋喃唑酮残留标示物测定

1. 原理　样品中加入苯甲醛,与其中呋喃唑酮残留的标示物 3- 氨基 -2- 噁唑烷酮衍生化,衍生物经提取后,与结合在酶标板上的抗原共同竞争抗体,再与酶标形成的酶标记抗原 -抗体复合物与显色剂反应,用酶标仪测定吸光度值,计算样品中 3- 氨基 -2- 噁唑烷酮(AOZ)的含量。

2. 分析步骤

(1) 样品的制备:取适量新鲜或冷冻空白和待测样品,去除脂肪和筋膜(鱼肉去皮),绞碎匀质。–20℃储存备用,可保存 6 个月。

(2) 提取:准确称取匀质样于塑料离心管中,加入三羟甲基氨基甲烷溶液漩涡混匀,于60℃恒温水浴孵育 3 小时,冷却至室温,提取液中加入盐酸溶液、衍生液,充分振荡,置 37℃恒温水浴孵育 12 小时,冷却至室温,取一定量提取液,漩涡混匀,用氢氧化钠溶液调 pH 至7.0 ± 0.2,于 4℃离心。取上清液供测定。

(3) 测定:将若干孔条插入微孔架,依次向微孔中加入一定量标准溶液和样品溶液;然后加入抗体工作液,充分混匀后,置于湿盒中,37℃恒温水浴孵育 1 小时。弃去孔中液体,再将酶标板倒置在吸水纸上拍打,重复洗板 3 次。加入酶标抗体工作液,置于湿盒中,37℃恒温水浴孵育 1 小时,按上述方法洗板 5 次。然后加入底物液,置于湿盒中,37℃恒温水浴孵育,最后加入终止液;在 450nm 波长处,用酶标仪测定吸光度值,在加入终止液 60 分钟内读取吸光度值。

取各浓度标准溶液,按上述方法测定,计算百分吸光度值。以标准溶液浓度的自然对数为横坐标,百分吸光度值为纵坐标,绘制标准曲线。本法中百分吸光度值为标准或样品溶液的平均吸光度值除以试剂空白的平均吸光度值,它与溶液中 AOZ 浓度的自然对数成反比。

3. 方法说明

(1) 本法适用于猪和鸡的肌肉及肝组织、鱼肉组织中呋喃唑酮残留标示物 3- 氨基 -2- 噁唑烷酮测定。本方法的检出限为 0.15μg/kg;定量限为 0.25μg/kg。

(2) 本法所有操作应在室温(20~25℃)下进行。呋喃唑酮残留标记物试剂盒中所有试剂均应回升至室温后方可使用。

第四节　β受体激动剂类兽药残留检验

一、概述

β受体激动剂类药物具有苯乙醇胺结构母核,为苯乙醇胺类物质,按照苯环上取代基的

不同,可分为苯胺型(如克伦特罗,clenbuterol)和苯酚型(如沙丁胺醇,salbutamol;莱克多巴胺,ractopamine),而苯酚型β受体激动剂又分为苯二酚型(如特布他林,terbutaline)。几种主要β受体激动剂的结构式见表8-7。该类化合物能够改变动物体内的代谢途径,具有明显的促生长、提高瘦肉率及减少脂肪的效果。20世纪80年代初美国某公司意外发现盐酸克伦特罗的这种效果,并被用于养殖业,其商品名称为"瘦肉精"。这类药物既不是兽药,也不是饲料添加剂,而是肾上腺类神经兴奋剂,主要用作平喘剂,一次性过量摄入,会出现急性中毒反应。长期低剂量食用,可致染色体畸变,诱发恶性肿瘤等。因此,多种β受体激动剂被列为禁止使用的饲料添加剂,在动物性食品中不得检出。

表8-7 几种常见β-受体激动剂的结构式

β受体激动剂名称	分子式	分子结构	分子量
克伦特罗	$C_{12}H_{19}Cl_2N_2O$		277.19
莱克多巴胺	$C_{18}H_{23}NO_3$		301
沙丁胺醇	$C_{13}H_{21}NO_3$		239
特布他林	$C_{12}H_{19}NO_3$		225.29

上述β受体激动剂均为白色或类白色的结晶性粉末,无臭,味苦;熔点在119~167℃。溶于水、乙醇,微溶于丙酮,不溶于乙醚。化学性质稳定,一般烹调方法不能将其破坏,加热至172℃时才分解。

二、食品中β受体激动剂类兽药残留检验

β受体激动剂类药物的检验方法有HPLC法、GC-MS/MS法、LC-MS/MS法和ELISA法。本章介绍GC-MS多残留同时测定的方法(农业部1031号公告-3)。

1. 原理 食品样品中呈结合态的β-受体激动剂类药物,在乙酸铵缓冲溶液中经酶解后呈游离状态,调节pH,用乙酸乙酯-异丙醇混合溶剂萃取,萃取液旋转蒸干,用乙酸铵缓冲溶液溶解,过阳离子交换柱,样液用氮气吹干,用双三甲基硅基三氟乙酰胺(BSTFA)衍生后,

采用离子交换模式进行 GC/MS 分析,内标法定量。

2. 分析步骤

(1) 样品制备:取适量新鲜或冷冻猪肝样品,绞碎、混匀,−20℃冰箱中储存备用。

(2) 提取:称取匀质猪肝样品(猪尿样品用乙酸调节 pH 5.2),加入乙酸铵溶液,匀质,加入 β- 葡萄糖醛酸苷酶溶液和美托洛尔内标工作液,密闭,在 60℃酶解 2 小时,离心,取上清液,在残渣中加入乙酸铵溶液,匀质,离心,合并提取液,调节 pH 9.5 ± 0.2,再离心,取上清液,加入一定量氯化钠,振荡,待净化处理。

(3) 净化:在样品提取液中加入乙酸乙酯 - 异丙醇混合溶剂萃取,离心后吸取上清液,重复萃取一次,合并萃取液,在 60℃水浴中旋转浓缩至干,加入乙酸铵溶液待固相萃取净化。

将上述样液转移到已依次用甲醇、水和 30mmol/L 的盐酸活化的阳离子交换柱上,然后用甲醇和水淋洗,弃去淋洗液,抽干小柱,再用 4% 氨化甲醇洗脱,收集洗脱液,在 50℃水浴中用氮气吹干。

(4) 衍生化:在净化吹干的样品中加入准确量的甲苯和衍生化试剂 BSTFA,振荡混合后,密闭,在 80℃衍生化 60 分钟,冷却后进行 GC-MS 分析。

(5) 标准工作曲线制备:采用空白样品中添加标准工作液的方法制备标准工作曲线,每个浓度点做 3 个平行样,用平均值绘制标准曲线。

(6) 测定:HP-5MS 石英毛细管色谱柱,(30m × 0.25mm, 0.25μm)或相当者。载气为高纯 He;恒流 0.9mL/min;进样口温度,220℃;不分流进样;进样体积:1μl;程序升温,起始温度 70℃(保持 0.6min),以 25℃ /min 的升温速率升至 200℃(保持 4 分钟),再以 15℃ /min 的升温速率升至 280℃(保持 5 分钟)。

GC/MS 传输线温度:280℃;溶剂延迟,7 分钟;EM 电压,高于调谐电压 200V;离子源(EI)温度,200℃;四级杆温度,160℃;选择离子监测,(m/z)86,277,296,311(马布特罗);86,212,262,277(盐酸克伦特罗);86,350,369,440(沙丁胺醇);72,223(美托洛尔内标);86,277,333,352(班布特罗);163,234,250,502(莱克多巴胺)。

定性:样品峰与标样的保留时间之差小于 2 秒,人工比较选择离子的丰度。其中,试样峰的选择离子相对强度(与基峰的比例)不超过标准相应选择离子相对强度平均值的 ±20%(标样中选择离子峰与基峰的强度比大于 10%)或 ±50%(标样中选择离子峰与基峰的强度比小于 10%)。

定量方法:选择定量离子马布特罗(m/z 86)、盐酸克伦特罗(m/z 86)、沙丁胺醇(m/z 369)、班布特罗(m/z 86)和莱克多巴胺(m/z 250)与内标离子(m/z 72)的峰面积比进行单点或多点校准定量。

空白试验:除不加样品外,采用完全相同的测定步骤进行平行操作。

3. 方法说明

(1) 本方法检测限:盐酸克伦特罗、沙丁胺醇和班布特罗为 1μg/kg(或 μg/L),马布特罗和莱克多巴胺为 2.0μg/kg(或 μg/L)。

(2) 本法采用了 β 葡萄糖醛酸苷酶是细胞溶酶体酶解样品中各种有机体,适当加热可加速残留兽药的溶出,缩短提取时间。

(3) 经净化处理再进行衍生化,可防止具有相同官能团的杂质干扰测定。

第五节 动物源性食品中激素类兽药残留检验

一、概述

激素（hormone）是同化激素和其他生长促进剂的简称，包括糖皮质激素、肾上腺皮质激素、去甲肾上腺激素、雌激素类（estrogens），如雌二醇（estradiol）、炔雌醇（ethinylestradiol）、雄激素类（androgens），如甲基睾酮（methyltestosterone）、苯丙酸诺龙（nandrolone phenylpropionate）、孕激素类（progestogens），如孕酮（progesterone）、炔诺酮（norethisterone）等甾体（steroids）类同化激素和非甾体类同化激素，如己烯雌酚（diethylstilbestrol）、双烯雌酚（dienestrol）等50多种。

雌激素类是以18个碳原子雌烷（18-碳雌烷系）为基本结构构型的同化激素，化学结构如下A；雄激素类是以19个碳原子雄烷（19-碳雄烷系）为基本结构的同化激素。化学结构如下B。

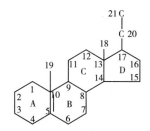

A   B

孕激素类是以21个碳原子雄烷（21-碳孕烷系）为基本结构的同化激素。化学结构如下：

同化激素（assimilation）一般是白色结晶或白色粉末，不溶于水，易溶于乙醚、乙醇、丙酮、三氯甲烷等有机溶剂和氢氧化钠溶液及植物油。各种激素的熔点不同，在100~240℃范围内。

激素残留对人体健康的危害主要是：扰乱体内激素平衡，导致出生缺陷、生育缺陷、性早熟，男性女性化，诱发内分泌相关肿瘤、女性乳腺癌、卵巢癌等疾病。中国、欧盟和日本等国将同化激素类列为所有食品动物中禁用的物质，在动物性食品中不得检出。

激素类药物残留检验方法有酶联免疫吸附法、荧光分光光度法、GC法、HPLC法、GC-MS法、LC-MS/MS法等。本章主要介绍HPLC法测定畜禽肉中己烯雌酚残留（GB/T 5009.108）和动物源食品中50种激素残留的LC-MS/MS法（GB/T 21981）。

二、高效液相色谱法测定畜禽肉中己烯雌酚残留

1. 原理　样品经匀浆后，经甲醇提取，过滤，用高效液相色谱分离，紫外检测器检测，根据保留时间定性，标准曲线法定量。

2. 分析步骤

（1）提取及净化：准确称取适量绞碎肉样，加甲醇振荡提取，离心，取上清液，重复提取 2 次，合并上清液。过滤，备用。

（2）工作曲线绘制：称取 5 份肉样，分别加入不同浓度的己烯雌酚标准液，按上述样品处理方法操作，备用。同时做空白实验。

（3）色谱条件：C_{18} 色谱柱（6.2mm×150mm，5μm）。检测波长为 230nm。流动相：甲醇 + 0.043mol/L 磷酸二氢钠（70+30），用磷酸调节为 pH5，流速：1ml/min。进样量：20μl。柱温：室温。

3. 方法说明　样品提取时，加入的甲醇可使样品中蛋白质凝聚，与蛋白质结合的兽药被提取出来。本方法最低检出量为 1.26ng，最低检出浓度为 0.25mg/kg。

三、液相色谱 - 质谱／质谱法测定动物源食品中多种激素残留

（一）原理

样品经匀质，酶解，用甲醇 - 水溶液提取多种残留激素化合物，用固相萃取富集、净化后，用液相色谱 - 质谱／质谱测定，内标法定量。

（二）分析步骤

1. 样品处理

（1）制备匀质试样：①动物肌肉、肝、虾：取代表性样品，剔除筋膜，虾去除头和壳，充分捣碎均匀，均分成两份，密封，于 –18℃以下存放；②鸡蛋、牛奶：取代表性样品，鸡蛋去壳，搅拌均匀；牛奶混匀，各均分成两份，密封，于 0~4℃以下冷藏存放。

（2）酶解提取：称取试样准确加入内标溶液和乙酸 - 乙酸钠缓冲溶液，漩涡混匀，再加入 β- 葡萄糖醛酸酶／芳香基硫酸酯酶溶液，于（37±1）℃振荡酶解 12 小时。取出冷却至室温，加入甲醇超声波提取，然后在 0~4℃下离心。取上清液加适量水混匀后待净化。

（3）固相萃取净化：将酶解提取液以 2~3ml/min 的速度加样于已活化的 ENVI-Carb 固相萃取小柱，减压抽干。再将活化的氨基柱串联在 ENVI-Carb 固相萃取小柱下方。用二氯甲烷 - 甲醇（7+3）溶液洗脱并收集洗脱液，取下 ENVI-Carb 小柱，再用二氯甲烷 - 甲醇溶液（7+3）洗氨基柱，洗脱液在微弱的氨气流下吹干，最后用 1ml 甲醇 - 水溶液（1+1）溶解残渣，供测定用。

2. 测定

（1）雄激素、孕激素、皮质醇激素测定：①液相色谱条件为 C_{18} 色谱柱（100mm×2.1mm，1.7μm），或相当者。使用前依次用二氯甲烷 - 甲醇溶液（7+3）、甲醇、水活化；流动相 A，0.1% 甲酸水溶液；B，甲醇；梯度洗脱。流速 0.3ml/min；柱温 40℃；进样量 10μl。②质谱测定参考条件。电离源，雄激素和孕激素采用电喷雾正离子模式，皮质醇激素采用电喷雾负离子模式；毛细管电压 3.5kV；源温度 100℃；脱溶剂气温度 450℃；脱溶剂气流量 700L/h；碰撞室压力 0.31Pa；

（2）雌激素测定：①液相色谱条件为 C_{18} 色谱柱（100mm×2.1mm，1.7μm），或相当者；流动相：A，水；B，乙腈；流速：0.3mL/min；柱温：40℃；进样量：10μl；梯度洗脱。②质谱测定条件：同皮质醇激素质谱测定参考条件。

常见雄激素、雌激素、孕激素和皮质醇激素和非甾体激素的特征离子，见表 8-8，其余激素的特征离子参见国标 GB/T 21981。

表 8-8　常见激素的定性、定量特征离子

化合物	保留时间（min）	母离子（m/z）	子离子（m/z）
睾酮（雄）	6.22	289.4	97.1[a]
			109.1
孕酮（孕）	9.57	315.5	97.0[a]
			297.5
可的松（皮）	2.49	405.6	329.5[a]
			359.4
雌二醇（雌）	3.27	271.4	183.1[a]
			145.2
己二烯雌酚（非）	4.95	265.2	92.9[a]
			171.2

注：a 为定量离子;（雄）为雄激素;（孕）为孕激素;（皮）为皮质激素;（雌）为雌激素;（非）为非甾体激素。

（3）定性：各测定目标化合物的定性保留时间和与两对离子（特征离子/定量离子对）所对应的 LC-MS/MS 色谱峰相对丰度进行比较，要求被测试样中目标化合物的保留时间与标准溶液中目标化合物的保留时间一致，同时被测试样中目标化合物的两对离子对应的 LC-MS/MS 色谱峰丰度比与标准溶液中目标化合物的色谱峰丰度比一致，最大允许偏差参见本章"第二节　食品中抗生素类兽药残留检验"表 8-5。

（4）定量：配制含有相应同位素内标物的标准系列进行测定，用内标法定量。

（三）方法说明

1. 操作过程中应防止样品被污染或其中的残留物发生变化。

2. 内标法定量比标准曲线法定量的准确度和精密度好，可以消除进样量的变化和色谱条件的微小变化引起的测量误差。应该在样品处理前加入内标物再进行前处理，可部分补偿待测组分在样品处理中的损失。也可以加入数种内标物，提高定量分析的精度。

3. 本法 50 种激素在不同基质中的测定低限为 0.4~2.0μg/kg，相对标准偏差为 2.4%~20.8%。

本 章 小 结

本章简要介绍了兽药和兽药残留的概念，兽药残留的原因和危害，兽药残留监控相关的技术法规及兽药残留检验的标准方法。重点介绍了四环素类药物、磺胺类药物、氯霉素类药物、硝基呋喃类药物、β 受体激动剂类药物和激素类药物残留的主要检验方法。

四环素类、磺胺类兽药属于允许使用或添加于饲料中并规定了最大残留限量的药物。本章重点介绍了 HPLC 法测定动物肌肉、肝等样品中四环素类兽药及磺胺类兽药残留测定的原理、样品处理和测定方法。

氯霉素类药物、硝基呋喃类药物、β 受体激动剂类药物和激素类药物是我国规定禁止用于动物食品且不得检出的药物。本章重点讨论了 ELISA 法测定畜禽肉中呋喃唑酮残留标示物 3- 氨基 -2- 噁唑烷酮的原理，分析步骤及其主要影响因素;介绍了氯霉素类药物残留测定及 50 种激素多残留同时测定的 HPLC-MS/MS 法;讨论了动物性食品中 β- 受体激动剂类药

物多残留同时测定的 GC-MS 法,该法用双三甲基硅基三氟乙酰胺(BSTFA)衍生化,采用离子交换模式进行 GC/MS 分析,内标法定量。

对于动物性食品中兽药残留的检验,样品一般需要经匀质,酶解,溶剂提取,固相萃取小柱富集、净化,再进行 GC、HPLC 测定或用 GC-MS、HPLC-MS/MS 测定。

思考题

1. 兽药、兽药残留的概念是什么? 动物性食品中主要残留的兽药有哪些? 兽药残留的原因和危害何在?

2. 我国动物性食品中兽药最高残留限量分为哪四类?

3. 兽药残留检验方法主要有哪些?

4. 气相色谱法测定兽药残留时,衍生化的作用是什么?

5. HPLC-MS/MS 联用技术在兽药残留检验中的主要优点是什么?

（代兴碧）

第九章 食品中真菌毒素检验

食品在生产、加工处理、运输、储藏等过程中容易被真菌污染。真菌在生长繁殖后期,因养分耗竭,体内三羧酸循环中间产物(初级代谢产物)如乙酰辅酶 A、丙酮酸等大量堆积,易导致真菌代谢性中毒,使真菌利用初级代谢产物合成次级代谢产物真菌毒素(mycotoxins),进一步污染食品。因此,检测食品中真菌毒素对保障食品安全具有重要意义。

第一节 概 述

一、真菌及真菌毒素

真菌(fungi)是指包括蕈类、霉菌和酵母在内的一类真核生物,现在已经发现的有 7 万多种,广泛分布于自然界中。霉菌(moulds)属真菌中的一大类,其菌丝体比较发达,但是没有子实体。已知的霉菌类真菌有数千种,大部分属于曲霉菌属、青霉菌属和镰刀菌属。真菌在一定条件下产生的次级代谢产物统称为真菌毒素,由霉菌而产生的次级代谢产物在命名上依然依据菌种不同而命名,如黄曲霉毒素、展青霉素等。目前已知能够产生真菌毒素的霉菌有 150 余种,产生的真菌毒素超过 300 种,但霉菌只限于少数菌种的个别菌株产毒,且产毒菌株与所产生的真菌毒素之间无严格的专一性,即不同种毒素可以由同一种菌种(或菌株)产生,而同种毒素又可由不同种霉菌产生。真菌毒素的产生受食品中的水分、pH、环境温度、湿度及氧气等因素影响,最适宜霉菌繁殖与产毒一般在有氧条件,酸度在中性附近,温度为 25~30℃,水分为 17% 左右。

常见毒性较大的真菌毒素有黄曲霉毒素(aflatoxin,AF)、赭曲霉毒素(ochratoxin,OT)、杂色曲霉素(sterigmatocytin)、展青霉素(patulin,PAT)、单端孢霉烯族化合物(trichothecenes)、玉米赤霉烯酮(zearalenone,ZEN)、伏马菌素(fumonisin,FUM)、桔青霉素(citrinin,CTN)等。

食品中真菌毒素的污染主要是霉菌类真菌引起的真菌毒素污染。因此,本章以常见且毒性较大的几种真菌毒素为例,介绍食品中真菌毒素检验。

二、真菌毒素的分类与命名

目前对真菌毒素的分类一般以毒素来源、化学结构、作用部位、作用机制等进行分类。①按来源可分为:曲霉毒素类、青霉毒素类、镰刀菌毒素类等;②按化学结构分为:二呋喃环类、醌类、环氧类、内酯环类等;③按毒作用部位:神经毒素、类似激素作用物质、免疫毒素、血液毒素、肝毒素、肾毒素等;④按作用机制:抑制蛋白质合成类、作用于离子通道类、作用于细胞骨架或细胞突触类等。真菌毒素的命名一般以产生毒素的真菌名称来确定,如黄曲霉菌产生黄曲霉毒素,串珠镰刀菌产生串珠镰刀菌素,杂色曲霉产生杂色曲霉素等。

三、毒性与危害

根据联合国粮农组织(FAO)资料,世界上约有 25% 的谷物被产毒真菌在生长、繁殖过程中产生的真菌毒素污染而不能食用,这不仅在经济上造成了巨大的损失,而且摄入被真菌毒素污染的食品还能引起人中毒、致癌,甚至死亡。真菌毒素种类较多,各毒素的毒性大小,毒性作用机制等不尽相同。可以引起急性中毒,但更多的是长期低剂量摄入引起的慢性中毒,主要表现为细胞毒性,肝、肾病变,消化、生殖、神经、免疫等系统的损害等。多数真菌毒素同时也能致癌、致畸和致突变,如黄曲霉毒素、赭曲霉毒素、单端孢霉烯族化合物、展青霉素等已被证明具有较强的致癌性,特别是黄曲霉毒素,其致癌作用不仅在实验动物中得到证实,而且人类流行病学的证据也在不断充实。

四、安全标准

我国食品安全国家标准《食品中真菌毒素限量》(GB 2761)规定了食品中黄曲霉毒素 B_1、黄曲霉毒素 M_1、脱氧雪腐镰刀菌烯醇、展青霉素、赭曲霉毒素 A 和玉米赤霉烯酮 6 种真菌毒素限量指标,见表 9-1。

表 9-1　我国食品中真菌毒素限量指标(μg/kg)

真菌毒素名称	食品种类	食品类别	限量
黄曲霉毒素 B_1	油脂及其制品	植物油脂(花生油、玉米油除外)	10
		花生油、玉米油	20
	调味品	酱油、醋、酿造酱(以粮食为主要原料)	5
	特殊膳食用食品	婴幼儿配方食品:婴儿、较大婴儿、幼儿、特殊医学用途婴儿配方食品	0.5
		婴幼儿辅助食品:婴幼儿谷类复制食品	0.5
黄曲霉毒素 M_1	乳及乳制品		0.5
	特殊膳食用食品	婴儿、较大婴儿、幼儿、特殊医学用途婴儿配方食品	0.5
脱氧雪腐镰刀菌烯醇	谷物及其制品	玉米、玉米面(渣、片)	1000
		大麦、小麦、麦片、小麦粉	1000
展青霉素	水果及其制品	水果制品(果丹皮除外)	50
	饮料类	果蔬汁类	50
	酒类		50
赭曲霉毒素 A	谷物及其制品	谷物、谷物碾磨加工品	5.0
	豆类及其制品	豆类	5.0
玉米赤霉烯酮	谷物及其制品	小麦、小麦粉	60
		玉米、玉米面(渣、片)	60

第二节　黄曲霉毒素检验

一、概述

(一) 理化性质

黄曲霉毒素(AF)是一类含有二呋喃环和氧杂萘邻酮(香豆素),化学结构和性质相似的化合物,在紫外光照射下可发出荧光。早期根据毒素在薄层板上产生荧光颜色不同,分为黄曲霉毒素 B 族(产生蓝色荧光)和 G 族(产生绿色荧光)。这种分类方法并不科学,但仍然沿用至今。黄曲霉毒素易溶于甲醇、三氯甲烷、苯、乙腈、二甲基甲酰胺等,难溶于水、乙醚、石油醚、正己烷等溶剂。在弱酸性和中性条件下稳定不易破坏,pH<3 时开始分解;在碱性溶液中不稳定,当 pH 9~10 时,可迅速分解成几乎无毒的盐。黄曲霉毒素对光很稳定,在日光下照射 24 小时,仅有少部分分解。一般的烹调加工不会使其破坏,如黄曲霉毒素 B_1(AFB$_1$)在 268℃以上才发生裂解。对氧化剂如次氯酸盐、漂白粉、高锰酸钾、过氧化氢不稳定,氧化剂浓度越高,分解越快。

目前已有 20 多种黄曲霉毒素及其衍生物得到分离与鉴定。天然食品中最常检出的黄曲霉毒素有 AFB$_1$、AFB$_2$、AFG$_1$、AFG$_2$、AFM$_1$。AFB$_2$、AFG$_2$ 由 AFB$_1$、AFG$_1$ 加氢而成,AFM$_1$ 是 AFB$_1$ 体内羟基化的产物。其中 AFB$_1$ 是典型代表,毒性大、污染率高。AFB$_1$ 纯品为无色结晶,分子式为 $C_{17}H_{12}O_6$,分子量 312。常见黄曲霉毒素的结构式如图 9-1。

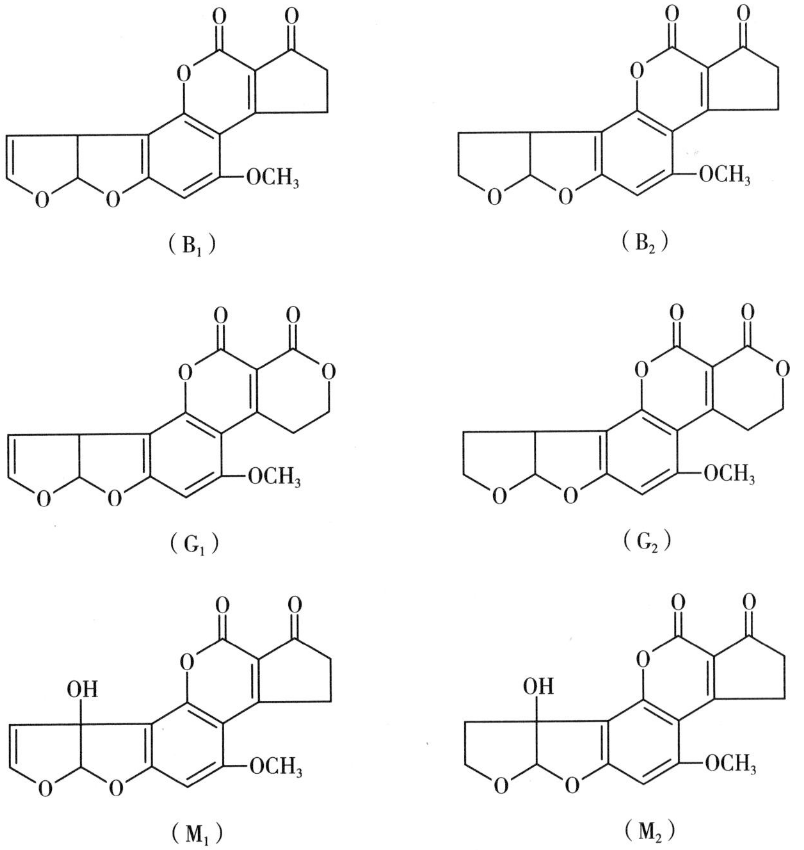

（B$_1$）　　　　　　　　　　（B$_2$）

（G$_1$）　　　　　　　　　　（G$_2$）

（M$_1$）　　　　　　　　　　（M$_2$）

图 9-1　黄曲霉毒素 B$_1$、B$_2$、G$_1$、G$_2$、M$_1$、M$_2$ 结构示意图

（二）主要来源

黄曲霉（A. flavus）、寄生曲霉（A. parasiticus）是黄曲霉毒素主要的产毒菌种,其产毒能力因菌株不同而差异很大。产毒株在自然界的分布因地区不同而异,一般寒冷地区产毒株少,而湿热地区产毒株多、产毒量高。当粮食及其制品、花生、玉米等坚果类产品未及时晒干或储藏不当时,容易被黄曲霉或寄生曲霉污染而产生此类毒素,尤其是玉米、花生污染最严重。动物因食用被污染的饲料而在其内脏、血液、奶和奶制品等中检出黄曲霉毒素。天然食品中检出率较高的毒素有 AFB$_1$、AFB$_2$、AFG$_1$、AFG$_2$,其中以 AFB$_1$ 最常见。奶和奶制品中易检出 AFM$_1$。

（三）毒性与危害

黄曲霉毒素属剧毒物质,是目前发现的最强化学致癌物之一,比二甲基亚硝胺诱发肝癌的能力高 75 倍,被世界卫生组织（WHO）的癌症研究机构定为 I 类致癌物。AFB$_1$ 毒性强,是氰化钾的 10 倍,是砒霜的 68 倍。AFB$_1$ 易引起慢性毒性和急性中毒,其毒作用部位主要为肝脏,表现为肝组织学变化、肝功能变化,最后导致肝癌的发生;也可引起其他部位的肿瘤,如胃癌、直肠癌等。

AFM$_1$ 和 AFQ 是 AFB$_1$ 在动物体内经羟化反应生成的两种主要代谢产物,前者的毒性和致癌性与 AFB$_1$ 相似,主要从动物的尿液和乳汁中排出,部分存留在肌肉中。因此,乳及其制品中 AFM$_1$ 的食品安全问题应该得到重视。

（四）分析方法

目前测定食品中黄曲霉毒素方法较多。我国的标准分析方法为薄层色谱法（GB/T 5009.23, GB 5009.24）、酶联免疫吸附法（GB/T 5009.22）和高效液相色谱法（GB/T 5009.23, GB/T 18979）。其中高效液相色谱法高效、快速,可同时测定多种毒素;酶联免疫吸附法样品处理简单、操作方便,但影响因素多,易出现假阳性或假阴性;微柱筛选法利用黄曲霉毒素在 365nm 紫外光照射下呈蓝紫色荧光而进行比较,但此法不能分离黄曲霉毒素 B$_1$、B$_2$、G$_1$、G$_2$,结果为黄曲霉毒素总量,与酶联免疫吸附法一样,可用于大批量样品筛选。

二、薄层色谱法

1. 原理　样品中黄曲霉毒素经甲醇 - 水溶液提取后,浓缩,苯 - 乙腈混合溶液定容,经薄层板分离后,在 365nm 紫外光下观察荧光,AFB$_1$、AFB$_2$ 产生蓝紫色荧光,AFG$_1$、AFG$_2$ 产生黄绿色荧光,根据荧光强度与标准比较定量。

2. 分析步骤

（1）样品处理:样品分别经正己烷（或石油醚）、甲醇 - 水溶液（55+45）振荡提取,再用三氯甲烷反提取甲醇水层,将三氯甲烷层经装有无水硫酸钠的滤纸过滤,水浴挥干,冷却后,用苯 - 乙腈（98+2）混合液溶解残渣,作点样液。

含油脂高的样品可用甲醇水溶液重复提取 3 次,再用三氯甲烷提取甲醇水溶液中的黄曲霉毒素;含水多的样品可直接用三氯甲烷提取。

（2）测定:根据展开方式不同,分为单向展开法和双向展开法,本书介绍前者。

1）定性:在硅胶 G 薄层板上点 4 个点:①混合标准溶液最低检出量点;②样液点;③样液点上滴加混合标准溶液最低检出量点;④样液点上滴加混合标准溶液定位用点。先用乙醚预展开,再用丙酮 - 三氯甲烷（8+92）展开,取出晾干,在 365nm 紫外光下观察。根据第二点（样液点）是否阴性或阳性,判断第三点黄曲霉毒素最低检出量能否正常出现或只是起定位作用;第四点主要起定位作用。若第二点在 AFB_1、AFB_2、AFG_1、AFG_2 对应的位置都无荧光点,则试样中 AFB_1、AFG_1 含量低于 $5\mu g/kg$,AFB_2、AFG_2 含量低于 $2.5\mu g/kg$;若相应位置上有荧光点,需进一步做确证试验。

2)确证实验:AFB_1、AFG_1 能与三氟乙酸(trifluoroacetic acid,TFA)反应生成相应的衍生物,而 AFB_2、AFG_2 无此类反应。方法是在薄层板上滴加标准混合溶液最低检出量点和样液点,并在此两点上各滴加 1 小滴 TFA,反应一定时间后,吹干。在同一薄层板上再点相同的两点,作为标准和样液衍生物的空白对照。按照上述方法展开、观察。若产生与 AFB_1、AFG_1 标准点相同的衍生物,即可确定。AFB_2、AFG_2 的确证采用苯 - 乙醇 - 水(46+35+19)展开,若标准点和样液点出现重叠,即可确定。

3)定量:样液中 AFB_1、AFB_2、AFG_1、AFG_2 荧光点的荧光强度与对应标准点的最低检出量的荧光强度一致,则试样中 AFB_1、AFG_1 含量为 $5\mu g/kg$,AFB_2、AFG_2 含量为 $2.5\mu g/kg$;若样液中任何一种黄曲霉毒素的荧光强度比其最低检出量的强,则需稀释后定量,直至样液点荧光强度与最低检出量点的荧光强度一致为止。再根据稀释倍数计算样品中黄曲霉毒素的含量。

3. 方法说明

(1)本方法适用于各种食品中 AFB_1、AFG_1、AFB_2、AFG_2 的测定。AFB_1、AFG_1 最低检出量为 $0.0004\mu g$,最低检出浓度为 $5\mu g/kg$;AFB_2、AFG_2 最低检出量为 $0.0002\mu g$,最低检出浓度为 $2.5\mu g/kg$;定位点用的混合液中每毫升相当于 $0.2\mu g$ 的 AFB_1、AFG_1,以及 $0.1\mu g$ 的 AFB_2、AFG_2。

(2)AFB_1、AFG_1 与三氟乙酸反应的衍生物比移值为 $B_1 > G_1$。

(3)样品处理时,样品中油脂、色素等杂质进入正己烷层,而黄曲霉毒素和水溶性杂质留在甲醇水层。用三氯甲烷反提取时,由于黄曲霉毒素更易溶解于三氯甲烷,从而进入三氯甲烷层,杂质留在甲醇水层。用乙醚预展开,可以将杂质与黄曲霉毒素预先分开,减少黄曲霉毒素相应处的杂质干扰,提高方法的灵敏度。

三、酶联免疫分析法

1. 原理 酶标微孔板用已知抗原包被后,洗除未吸附的抗原,加入一定量抗体抗原反应液(抗体与待测样品提取液的混合液),竞争孵育,在固相载体表面形成抗原抗体复合物。洗除多余抗体及游离的抗原抗体复合物,加入酶标记的第二抗体,与吸附在固体表面的抗原抗体复合物相结合,再加入酶的底物,在酶的催化作用下,底物被氧化,生成有色物质,根据样品的吸光度值,用标准曲线法计算样品中抗原($AFTB_1$)的含量。

2. 分析步骤

(1)样品处理:样品用甲醇 - 水(55+45)和石油醚提取,水浴挥干,残渣用一定量甲醇 - 磷酸盐缓冲溶液溶解,定量转移至试管中,静置备用。

对于脂肪含量低的大米、小米等样品,可以直接用三氯甲烷提取。

(2)测定:①包被微孔板:用 AFB_1– 牛血清白蛋白(BSA)结合物包被酶标微孔板,$4℃$ 过夜;②抗原抗体反应:将稀释后的 AFB_1 单克隆抗体(一抗)与相同体积不同浓度的 AFB_1 标准溶液混合,$4℃$ 静置,用作标准系列溶液;按照相同方法,将 AFB_1 抗体与等体积的样品提取液混合,$4℃$ 静置,用作样品分析溶液;③封闭:用洗液洗涤包被好的酶标板后,用封闭液封闭;④测定:将封闭好的酶标板再次洗涤后,加入抗原抗体反应液,一定条件下,竞争孵育。

未结合的抗体和游离的抗原抗体复合物被洗掉,向酶标板孔内加酶标二抗,孵育。加底物显色,硫酸终止反应。在酶标仪上,在490nm波长处测定各孔的吸光度值。

3. 方法说明

（1）ELISA法需要严格控制测定条件,否则误差大,数据不可靠。本方法对AFB_1的检出限为0.01μg/kg。

（2）本方法是间接竞争ELISA法,因此,样品中AFB_1的含量越高,吸光度值越低。二抗根据一抗的来源选择,如一抗是鼠单抗,则二抗选择酶标记的羊抗鼠或兔抗鼠抗体。

四、高效液相色谱法

（一）多功能柱净化-柱前衍生高效液相色谱法

1. 原理 样品中的黄曲霉毒素经乙腈-水提取,过滤,滤液经多功能净化柱后,净化液中黄曲霉毒素用三氟乙酸衍生,C_{18}柱分离,荧光检测器检测,以保留时间定性,标准曲线法定量。

2. 分析步骤

（1）样品处理:称取适量粉碎均匀的样品,加乙腈-水(86+14)溶液振荡提取,过滤,滤液供净化用。取一定量滤液加入多功能净化柱的玻璃管内,将多功能净化柱的填料管插入玻璃管中,并缓慢推动填料管,净化后的液体被收集到多功能净化柱的收集池中。

（2）衍生化反应:取净化液适量,在真空下或氮吹条件下吹干,正己烷溶解,用三氟乙酸在(40±1)℃烘箱中衍生。衍生后再次吹干,用乙腈-水(15+85)溶解,混匀,离心,上清液供测定用。标准系列溶液按同法衍生化处理。

（3）色谱参考条件:C_{18}色谱柱(125mm×2.1mm,5μm);柱温30℃;流动相为乙腈-水,梯度洗脱;流速为0.5ml/min;荧光检测器,λ_{ex}:360nm,λ_{em}:440nm。

3. 方法说明 多功能净化柱是一种内装有反相离子交换吸附剂的小柱,能吸附脂肪、蛋白质、色素和碳水化合物等干扰物质,从而达到净化的作用;提取液过多功能柱净化时,速度要慢,过快会引起杂质去除不完全。本方法检测黄曲霉毒素B_1、B_2、G_1、G_2时,色谱出峰顺序为G_1、B_1、G_2、B_2。

（二）免疫亲和层析-高效液相色谱法

1. 原理 试样用甲醇-水提取后,用免疫亲和层析柱净化,以水或含吐温-20的磷酸盐缓冲液洗柱除去杂质,再用甲醇洗脱交联在柱上的黄曲霉毒素,洗脱液经高效液相色谱分离,柱后衍生后,荧光检测器检测,标准曲线法定量。

2. 分析步骤

（1）样品处理:取适量试样加入氯化钠和甲醇-水(7+3),高速搅拌提取,过滤,准确取一定量滤液,用水稀释,过玻璃纤维滤纸1~2次,滤液备用。酱油样品根据含水量选择加甲醇的量,食醋样品需用pH 7.0磷酸盐缓冲液稀释后,再加氯化钠提取。将免疫亲和柱与玻璃注射器相接,样品提取液注入玻璃注射器中,以水淋洗柱子2次,再用定量体积的甲醇洗脱,洗脱液供检测用。酱油、食醋样品提取液过柱后,需先用含0.1%吐温的磷酸盐缓冲液清洗,再用水淋洗。

（2）测定:柱后衍生和色谱参考条件为C_{18}色谱柱(150mm×4.6mm,5μm);甲醇-水(45+55)作流动相,流速为0.8ml/min;柱后衍生化系统;0.05%碘溶液衍生,反应管温度70℃;荧光检测器:λ_{ex}:365nm,λ_{em}:440nm。

3. 方法说明　色谱出峰顺序为 AFG_2、AFG_1、AFB_2、AFB_1；若将甲醇洗脱下来的 AFG_2、AFG_1、AFB_2、AFB_1 衍生后，可用荧光光度法测定总黄曲霉毒素含量。

第三节　赭曲霉毒素 A 检验

一、概述

（一）理化性质

赭曲霉毒素（OT）是由曲霉属、青霉属中个别种属产生的一类化合物，基本结构是异香豆素连接到 β- 苯基丙氨酸的衍生物，结构式如下：

化合物	取代基	
	R_1	R_2
OTA	Cl	H
OTB	H	H
OTC	Cl	CH_3-CH_2-
MeOTA	Cl	CH_3-

因 R_1、R_2 取代基不同，赭曲霉毒素有 4 种不同类型化合物：赭曲霉毒素 A（OTA）、赭曲霉毒素 B（OTB）、赭曲霉毒素 C（OTC）和甲基赭曲霉毒素 A（MeOTA）。其中 OTA 是最重要的真菌代谢产物，毒性最大，在霉变谷物和饲料中最常见。

OTA 是一种白色结晶固体，分子式 $C_{20}H_{18}ClNO_6$，相对分子质量 403.81。熔点约 90℃。酸性条件下，溶于苯、三氯甲烷和稀碳酸氢钠溶液，微溶于水和石油醚，与碱生成盐而溶于水。OTA 一般很稳定，紫外光照射易分解，需避光保存。在紫外光照射下，OTA 能发出很强的绿色或蓝色荧光。

（二）主要来源

纯绿青霉、赭曲霉和碳黑曲霉是 OTA 的主要产毒菌株，纯绿青霉在寒冷气候下产毒，赭曲霉在热带和亚热带气候下产毒。碳黑曲霉主要污染水果及其制品，如新鲜葡萄、葡萄干、葡萄酒等。动物饲料、谷物、大豆、香辛料，特别是干红辣椒易受到 OTA 污染。

（三）毒性与危害

OTA 对实验动物的毒性主要表现为肾毒和肝毒，出现肾小管和肾小球病变、间质纤维化、肾功能损伤；肝叶变形，肝细胞核膜增厚，肝细胞内大量自噬泡，有些肝细胞完全溶解。动物食用污染 OTA 的饲料后，OTA 蓄积于动物体内，人也可通过食用动物食品而摄入 OTA。OTA 还有致畸、致癌作用，国际癌症研究机构（IARC）将其列为可能致癌物。OTA 被认为是巴尔干地区流行的地方性肾病病因。

（四）分析方法

食品中赭曲霉毒素的检测方法主要有：高效液相色谱法、荧光光度法和薄层色谱法。薄层色谱法（GB/T 5009.96）方法简单，但操作烦琐；荧光光度法和高效液相色谱法（GB/T 23502，GB/T 25220）灵敏、快速、准确。

二、高效液相色谱法

1. 原理　试样中 OTA 用甲醇 - 水提取后，利用抗体与抗原之间专一性免疫亲和反应，提取液经含 OTA 特异性抗体的免疫亲和层析柱净化,用高效液相色谱分离,荧光检测器检测,标准曲线法定量。

2. 分析步骤

(1)试样制备与提取:粮食及其制品需粉碎、过筛,在氯化钠存在下,用甲醇 - 水(80+20)高速搅拌提取;酱油、醋、酱及其制品直接用甲醇 - 水(80+20)超声波提取;酒类样品需脱气后用含 NaCl 和 NaHCO₃ 水溶液提取。提取液经玻璃纤维滤纸过滤,滤液供净化用。

(2)净化:将免疫亲和小柱连接在玻璃注射器下,将滤液分别注入注射器中,用空气压力泵使样液以约 1 滴 / 秒的流速通过小柱。粮食及其制品和酱油、醋、酱及其制品的滤液过柱后依次用真菌毒素清洗缓冲液冲洗,酒类样品用冲洗液冲洗,然后再用水冲洗小柱,流速约为 1~2 滴 / 秒,弃去全部流出液,抽干小柱。洗脱:以 1 滴 / 秒流速,加入定量甲醇洗脱,洗脱液供色谱测定。

(3)测定:色谱参考条件为 C₁₈ 色谱柱(150mm×4.6mm,5μm);柱温 35℃;流动相为乙腈 - 水 - 冰乙酸(99+99+2);流速 0.9ml/min;荧光检测波长,λ_{ex}:333nm,λ_{em}:477nm。

3. 方法说明　真菌毒素清洗缓冲液是含 2.5%NaCl、0.5%NaHCO₃ 和 0.01% 吐温 -20 的水溶液;酒类样品净化所用冲洗液是含 2.5%NaCl 和 0.5%NaHCO₃ 的水溶液。

三、薄层色谱法

1. 原理　样品中的 OTA 用三氯甲烷 - 磷酸溶液提取,提取液经净化、浓缩后,在硅胶 G 薄层板上展开。在 365nm 紫外光照射下,OTA 产生黄绿色荧光,根据样品与标准荧光强度,比较定量。

2. 分析步骤

(1)样品处理:粉碎、过筛的样品用三氯甲烷 -0.1mol/L 磷酸提取,在酸性条件下 OTA 进入有机层,过滤。滤液用 0.1mol/L 碳酸氢钠溶液碱化,OTA 盐进入水层,弃去有机层,碳酸氢钠水层用稀盐酸调节 pH 2~3,用三氯甲烷振摇萃取 OTA,静置分层后,三氯甲烷层置蒸气浴上挥干,加入苯 - 乙腈(98+2)溶解残渣,摇匀,供点样用。

(2)测定:①点样:在两块硅胶 G 薄层板上都滴加标准点和样品点,且在第二块板的样品点上滴加标准溶液;②展开:先用横展剂乙醚 - 甲醇 - 水(94+5+1)或乙醚将薄层板纵展 2~3cm,使杂质离开原点,OTA 留在原点不动。通风挥发溶剂,再将该薄层板靠标准点的长边置于同一展开槽内的溶剂中横展,使杂质偏离点样点的纵展方向,与 OTA 分离,避免杂质荧光的干扰。然后将横展后的薄层板在另一展开槽中纵展,纵展剂为甲苯 - 乙酸乙酯 - 甲酸 - 水(6+3+1.2+0.06)或甲苯 - 乙酸乙酯 - 甲酸(6+3+1.4)或苯 - 冰乙酸(9+1);③观察与评定:于波长 365nm 紫外光灯下观察。若第二块薄层板中样品点滴加标准溶液后的荧光强度与标准点的一致,且第一块板的样品点未出现荧光,则样品中 OTA 含量低于本方法的最低检出量;若第一块板样液点与第二块板样液点相同位置出现荧光斑点,则需要比较样液点与标准点的荧光强度,估计稀释倍数,再点样,确定与标准点荧光强度一致的样品稀释倍数,同时做确证实验;④确证实验:用含 6% 碳酸氢钠和 20% 乙醇的水溶液喷洒薄层色谱板,室温干燥,在长波紫外光灯下观察,此时 OTA 荧光点应由黄绿色变为蓝色,而且荧光强度有所增加,方法检出限达 5μg/kg。概略定量仍以喷洒前所观察的结果计算。

3. 方法说明

(1)防 OTA 见光分解,标准应用液需避光。横展时,若 OTA 点被横向拉长,说明点样量超过了硅胶的吸附能力。此时需比较样品点黄绿色荧光强度与标准点的荧光强度,估计点样体积或所需稀释倍数。

(2)本方法OTA的最低检出量为4ng,最低检测浓度为10μg/kg。

第四节 展青霉素检验

一、概述

(一)理化性质

展青霉素(PAT)又称为棒曲霉素,分子式$C_7H_6O_4$,相对分子质量154.12,为无色菱形结晶,熔点为110~112℃,在70~100℃时可升华。结构式如下:

展青霉素溶于水、三氯甲烷、丙酮、乙醇、乙酸乙酯等溶剂,微溶于乙醚和苯,不溶于石油醚。酸性条件下稳定,在碱性溶液中活性降低,易与含巯基(-SH)化合物反应。

(二)主要来源

展青霉素主要由曲霉、青霉和雪白丝表霉等真菌产生,是一种水果污染物,在多种水果、水果制品和果酒中都有发现,最常见于苹果及其制品中,如苹果汁、苹果酒、蜜饯。

(三)毒性与危害

展青霉素是一种神经毒素,可引起急性、亚急性毒性。中毒后会出现抽搐、呼吸困难、肺淤血、水肿、溃疡和出血,体重减轻、胃肠道反应、肾功能改变等症状。还可以引起染色体畸变、基因突变,改变免疫系统应答,抑制免疫细胞功能,具有胚胎毒性,可致畸。

(四)分析方法

展青霉素测定方法有薄层色谱法(GB/T 5009.185)、高效液相色谱法和液相色谱-质谱/质谱法(NY/T 1650,SN/T 2534)。

二、薄层色谱法

1. 原理 样品用乙酸乙酯提取、稀碳酸钠溶液净化后,经硅胶薄层板展开分离,薄层扫描仪紫外反射光扫描测定法检测,与标准比较定量。

2. 分析步骤

(1)样品处理:果汁、果酒直接用乙酸乙酯振摇提取,果酱加适量无水硫酸钠研磨脱水后,再用乙酸乙酯提取。乙酸乙酯层用1.5%碳酸钠溶液振摇,除杂质后,在水浴上真空减压浓缩近干,用少许三氯甲烷定容,供薄层色谱分析用。

(2)测定:在硅胶GF_{254}薄层板上,点3个点:标准点、样品点和位置参考点,标准点和样品点在基线位置,位置参考点在样品点垂直线距顶端2cm处。先用三氯甲烷-丙酮(30+1.5)横展剂横向展开至顶端,取出挥干,再用甲苯-乙酸乙酯-甲酸(50+15+1)纵向展开至顶端,挥干溶剂。254nm紫外光照射,标准点位置显示黑色斑点。若样品点位置也出现黑色斑点,则样品可能含展青霉素,需进一步确证。

（3）确证实验：将可疑阳性样品的薄层板喷以 3- 甲基 -2- 苯并噻唑酮腙水合盐酸盐（MBTH·HCl·H₂O）溶液，130℃烘烤 15 分钟，冷却至室温，于波长 365nm 紫外灯下观察，展青霉素应呈橙黄色斑点。经确证实验为阳性的样品需要根据样品点黑色斑点的强度大小进行稀释，使测定值在仪器线性范围内。以样品点展青霉素峰面积与标准点的进行比较，定量。

3. 方法说明　本方法适合于苹果、山楂制品中展青霉素的测定；在紫外灯照射下，硅胶 GF_{254} 薄层板背景显黄绿色荧光，有展青霉素的位置因为背景荧光猝灭而显黑色斑点。

三、高效液相色谱法

1. 原理　样品经乙腈提取，多功能净化柱净化，高效液相色谱分离，紫外检测器或二极管阵列检测器检测，标准曲线法定量。

2. 分析步骤

（1）样品处理：澄清的果汁用乙腈提取后，离心，上清液过多功能净化柱，控制流速为 1ml/min。取净化液在 40℃水浴上氮吹浓缩至干，残渣用 pH 4.0 水溶液溶解，0.45μm 滤膜过滤，供检测。果酱、浊汁、山楂片等需先用果胶酶酶解过夜，再用乙酸乙酯提取，提取液浓缩后，残渣用 1% 乙酸溶解，并用适量乙腈混匀后再净化处理。

（2）测定：色谱参考条件为 C_{18} 色谱柱（250mm × 4.6mm，5μm）；柱温 30℃；流动相为甲醇 - 水（10+90），流速 1ml/min；检测波长 276nm。

3. 方法说明　本方法适用苹果清汁、浊汁、番茄酱、山楂片中展青霉素的测定，方法检出限为 5μg/kg。

第五节　脱氧雪腐镰刀菌烯醇和雪腐镰刀菌烯醇检验

一、概述

（一）理化性质

单端孢霉素是由镰刀菌属产生的一类真菌代谢产物，又称单端孢霉烯族化合物，分子中只含有 C、H、O 三种元素。谷物中天然污染的单端孢霉烯族化合物分别属于 A、B 两型，化学结构式如下：

单端孢霉烯族类A型　　　　　　　　单端孢霉烯族类B型

A、B 两型单端孢霉烯族化合物结构中含有 12,13- 环氧环，认为是其毒性的化学基础。单端孢霉烯族化合物经过体内代谢，脱去环氧环结构，生成一类脱环氧单端孢霉烯族化合物，其毒性将大大降低。B 型单端孢霉烯族化合物去环氧环结构后，其结构式如下：

结构式中 R₁、R₂、R₃、R₄ 取代基不同，则得到不同的单端孢霉烯族化合物和脱环氧单端孢霉烯族化合物。常见的有：脱氧雪腐镰刀菌烯醇（deoxynivalenol，DON）、雪腐镰刀菌烯醇（nivalenol，NIV）、脱环氧雪腐镰刀菌烯醇（de-epoxy nivalenol，de-epoxy NIV）、脱环氧脱氧雪腐镰刀菌烯醇（de-epoxy deoxynivalenol，de-epoxy DON）等。DON 和 NIV 的结构都属于单端孢霉烯族化合物中的 B 型，它们的化学基本结构及理化性质，见表 9-2。

表 9-2　DON、NIV 化合物的化学基本结构及理化性质

化合物名称	R₁	R₂	R₃	R₄	分子式	分子量	理化性质
DON	OH	H	OH	OH	$C_{15}H_{20}O_6$	296.13	无色针状结晶，在酸性、中性、热中稳定，熔点 151~153℃，紫外光下无荧光
NIV	OH	OH	OH	OH	$C_{15}H_{20}O_7$	312.12	纯品显白色，熔点 222~223℃，极性比 DON 强，溶于甲醇、乙醇和水

（二）主要来源

DON、NIV 主要是雪腐镰刀菌污染玉米、小麦、大麦、燕麦等谷类植物而产生的代谢产物，其对谷物的污染率和污染水平居单端孢霉烯族化合物之首，且常与其他真菌毒素共存，在赤霉病麦中可检出高含量的 DON。

（三）毒性与危害

DON、NIV 的毒性主要表现为强细胞毒性和胚胎毒性，低剂量接触则表现为肠胃功能紊乱、免疫系统损害。猪对该类化合物最敏感，食用霉变的玉米饼、小麦等饲料能引起食欲缺乏、呕吐、全身无力等症状，故又称呕吐毒素。DON 可以引起人类食管癌、IgA 肾病、克山病、大骨节病等，而 NIV 在急性毒性、细胞毒性、皮肤毒性等其他生物作用方面均比 DON 强 10 倍。在谷物中 NIV 常与 DON 一起被检出。

（四）分析方法

食品中脱氧雪腐镰刀菌烯醇（DON）的分析方法有免疫亲和层析净化高效液相色谱法（GB/T 23503），谷物及其制品中 DON 的测定方法是薄层色谱法和免疫测定法（GB/T 5009.111）。其他检测方法有高效液相色谱 - 质谱 / 质谱法、气相色谱法等。

二、免疫亲和层析净化 - 高效液相色谱法

1. 原理　样品中脱氧雪腐镰刀菌烯醇（DON）经聚乙二醇提取后，滤液过免疫亲和层析柱净化，用高效液相色谱紫外检测器检测，标准曲线法定量。

2. 分析步骤

（1）样品处理：粮食及其制品试样粉碎、过筛，加入聚乙二醇 8000，高速搅拌 2 分钟，依次经滤纸、玻璃纤维滤纸过滤，收集滤液备用；含气酒类样品先脱气，再加聚乙二醇，混匀，用

玻璃纤维滤纸过滤,收集澄清滤液备用;酱油、醋、酱及其制品直接加入聚乙二醇,同粮食及其制品试样提取。

(2)净化:将净化柱连接在玻璃注射器下,提取液以1滴/秒速度通过净化柱,用pH 7.0的磷酸盐清洗缓冲液、水依次冲洗净化柱,控制流速1~2滴/秒。流出液弃去,并抽干小柱。

(3)洗脱:用甲醇洗脱结合在亲和柱上的DON,供高效液相色谱检测。

(4)测定:色谱参考条件为C_{18}色谱柱(150mm×4.6mm,5μm);柱温35℃;流动相为甲醇-水(20+80),流速0.8ml/min;检测波长218nm。

3. 方法说明

(1)pH 7.0磷酸盐清洗缓冲液是指含0.8%NaCl、0.12%Na_2HPO_4、0.02% KH_2PO_4和0.02%KCl的水溶液,盐酸调节pH。

(2)本方法除粮食及其制品的检出限为0.5mg/kg外,其他的检出限为0.1mg/kg。

三、薄层色谱法

1. 原理 谷物及其制品中的脱氧雪腐镰刀菌烯醇(DON)经提取、净化、浓缩后,用硅胶G薄层板点样、展开,在一定温度下,薄层板中$AlCl_3$与DON作用,使DON在波长365nm紫外光下显蓝色荧光,与标准比较定量。

2. 分析步骤

(1)样品提取:取粉碎样品,加适量水,用三氯甲烷-无水乙醇(8+2)提取,滤纸过滤,取部分滤液,置90℃水浴上通风挥干。

(2)样品净化:挥干后的残渣用石油醚分次溶解,再用少量甲醇-水(4+1)分次洗涤器皿,一并转入分液漏斗中,振摇,油脂进入石油醚层,而DON留在甲醇-水层。取甲醇-水提取液加入装有中性氧化铝和活性炭的层析柱中,过柱速度控制在2~3ml/min,待甲醇-水提取液过柱快完毕时,再用少量甲醇-水(4+1)淋洗柱,抽滤至柱内无液体流出,收集过柱后的净化液。

(3)点样液制备:将净化液置沸水浴上浓缩至干。趁热加入乙酸乙酯,加热至沸,使残渣中DON充分溶出,冷却至室温后转入浓缩瓶中,浓缩,最后用一定量三氯甲烷-乙腈(4+1)溶解残渣、定容,供薄层色谱分析。

(4)测定:①点样和展开:在硅胶G薄层板上需要点3个点:样品点和定位点,样品点在薄层板基线距左边缘1.8cm位置,定位点位于薄层板顶端1.5cm处,与样品点位置相对应。先将点好样品点和定位点的薄层板用乙醚-丙酮(95+5)或无水乙醚横展,使样品点中DON偏离原点,刚好与杂质荧光分开,然后在横展后的薄层板基线上、靠左边与样品点相距0.8cm处点第三点,即标准点,然后纵向展开,展开剂为三氯甲烷-丙酮-异丙醇(8+1+1)或三氯甲烷-丙酮-异丙醇-水(7.5+1+1.5+0.1);②测定:挥干溶剂后,薄层板用365nm紫外光照射,可见蓝紫色荧光干扰点,此时DON不显荧光。将此薄层板置于130℃烘箱中加热,取出,放冷后,再用365nm紫外光照射:若DON仍不显荧光,需在第二块薄层板上点3个点,分别是样品点+标准点、标准点、定位点,若滴加了标准液的样品点荧光斑点与标准点一致,且位置与定位点相对应,说明试样中DON含量为阴性或低于0.05mg/kg;若DON显荧光,且杂质点也有荧光,而且杂质荧光斑点与DON荧光点分开,不干扰DON测定,说明试样中含有DON,为阳性试样;③阳性试样概略定量:在薄层板上点6个点:基线上点试样点和2个标准点,此标准点DON含量可为50ng、75ng或100ng;距板顶端1.5cm处点3个标准点,其DON

含量约为 50ng,位置与基线上各点对应。若试样点荧光强度与标准点(如 DON 含量为 75ng 的标准点)荧光强度一致,则该试样点中 DON 含量为 75ng,再根据点样体积、稀释倍数、溶解残渣的三氯甲烷 - 乙腈混合液体积及与该体积相当的试样质量,对试样中 DON 含量概略定量。

3. 方法说明

(1)阳性试样概略定量时,薄层板顶端 3 个标准点是起定位作用,与基线上 2 个标准点一起,从横向和纵向确定样品 DON 点的位置,达到定性目的。

(2)DON 分离受空气湿度影响大,当 DON 有杂质干扰时,可选择极性不同的展开剂展开。

(3)如果需要同时测定 NIV,需考虑选用不同的色谱柱净化,并用不同的展开剂分别展开 DON 和 NIV。

第六节　T-2 毒素检验

一、概述

(一)理化性质

T-2 毒素(T-2 toxin)是倍半萜烯化合物,属单端孢霉烯族化合物中 A 型化合物。T-2 毒素为白色针状结晶,分子式为 $C_{24}H_{34}O_9$,相对分子质量 466.52,易溶于三氯甲烷、丙酮、二甲亚砜、甲醇、乙醇、丙二醇和乙酸乙酯,难溶于水和石油醚。在室温下非常稳定,放置 6~7 年或加热至 100~120℃ 1 小时毒性不减。其分子中含酯基,与碱作用可以生成相应的醇。T-2 毒素结构式如下:

(二)主要来源

T-2 毒素是镰孢菌属中的三线镰刀菌、拟枝孢镰刀菌和梨孢镰刀菌的代谢产物。主要污染玉米、黑麦,其次是大麦、大米、小麦。镰刀菌产毒与温度、湿度和环境酸碱度关系非常密切,环境温度、湿度变化大时容易产毒;湿度高、酸性环境时产毒多。

(三)毒性与危害

T-2 毒素是单端孢霉烯族化合物中毒性最大的一种真菌毒素,主要危害消化系统、神经系统和生殖系统。T-2 毒素经口、皮肤、注射等接触方式都可以引起造血、淋巴、胃肠组织及皮肤的损害。此外,我国某些地区克山病、食管癌和大骨节病的高发病率与 T-2 毒素有关。猪、牛、羊等家畜对 T-2 毒素敏感,反刍动物对 T-2 毒素的耐受性要强,可能是瘤胃微生物对其降解所致。

(四)分析方法

检测 T-2 毒素的方法主要有:免疫亲和层析净化高效液相色谱法(GB/T 23501,SN/T

1771),适用于粮食、粮食制品等食品中 T-2 毒素的测定,该法在色谱分析前需要将 T-2 毒素进行衍生化处理;酶联免疫吸附法(GB/T 5009.118,SN/T 2676)适用谷物或粮谷中 T-2 毒素的测定,方法灵敏度高,操作简单,但需严格实验操作步骤;饲料中的 T-2 毒素、黄曲霉毒素和玉米赤霉烯酮的同时测定可以采用液相色谱 - 质谱 / 质谱法检测。

二、竞争性酶联免疫吸附测定法

1. 原理 样品用甲醇 - 水提取,提取液中 T-2 毒素与 T-2 毒素酶标记物竞争结合包被在微孔板上的抗体,形成抗原抗体复合物,洗涤未结合的 T-2 毒素和 T-2 毒素酶标记物,加入反应底物,酶催化底物而显色,通过酶标检测仪,测定有色产物的吸光度值,标准曲线法定量。

2. 分析步骤

(1) 样品处理:取粉碎、过筛的样品,加甲醇 - 水(7+3)混匀样品、离心,滤液稀释后进行酶联免疫测定。

(2) 测定:在包被有抗体的微孔板中,加入相同体积不同浓度的 T-2 毒素标准溶液及样品溶液,向各孔中加入等体积的 T-2 毒素酶标记物,混匀,再依次加入等体积的 T-2 毒素抗体,于室温避光孵育 1 小时,洗去未结合的 T-2 毒素和 T-2 毒素酶标记物及游离的抗原抗体复合物,加入底物,酶催化底物而显色,用终止液终止反应,于波长 450nm 处测定吸光度值,绘制标准曲线,根据样品吸光度值,计算样品中 T-2 毒素含量。

3. 方法说明 竞争性结合前,必须将 T-2 毒素与 T-2 毒素酶标记物混匀。试样中 T-2 毒素含量越高,与微孔上抗体结合的 T-2 毒素越多,则微孔内催化底物显色的酶越少,显色越浅。试剂盒在 2~8℃ 保存,用前需在室温(20~24℃)下平衡。

试样中 T-2 毒素含量大于限定值时,需用其他方法确证。本方法检出限为 3.5μg/kg,适用谷物或粮谷中 T-2 毒素的测定。

第七节 玉米赤霉烯酮检验

一、概述

(一) 理化性质

玉米赤霉烯酮(ZEN)属二羟基苯甲酸内酯类真菌代谢产物,分子式为 $C_{18}H_{22}O_5$,相对分子质量 318.36,熔点 164~165℃,化学结构式如下。

ZEN 有许多种衍生物,如 α - 玉米赤霉烯醇(α-zearalenol,α-ZOL)、β - 玉米赤霉烯醇(β-zearalenol,β-ZOL)、玉米赤霉酮(zearalanone,ZAN)、α - 玉米赤霉醇(α-zearalanol,α-ZAL)、β - 玉米赤霉醇(β-zearalanol,β-ZAL)等。ZEN 为白色结晶化合物,熔点

164~165℃。溶于碱性水溶液、乙醚、苯、三氯甲烷、二氯甲烷、乙酸乙酯和酸类,微溶于石油醚,不溶于水、二硫化碳和四氯化碳。ZEN 对热稳定,110℃ 1 小时以上才能完全破坏。在碱性条件下,ZEN 结构中的内酯键可以打开,随着碱浓度的降低,酯键又可以恢复。

（二）主要来源

ZEN 主要由禾谷镰刀菌产生,粉红镰刀菌、三线镰刀菌、大刀镰刀菌等菌种也可以产生此种毒素。由于禾谷镰刀菌、大刀镰刀菌等也是 DON 的产毒菌株,因此,ZEN 往往与 DON 共同存在于污染的食物中。ZEN 主要污染玉米、小麦、大麦、燕麦、大米、小米等。玉米的阳性检出率可达 45%,小麦的阳性检出率可达 20%。

（三）毒性与危害

大鼠、雏鸡口服 ZEN 的半数致死量为 2g/kg 以上,因此,ZEA 引起的急性毒性少见。ZEA 具有类雌激素作用,主要作用于生殖系统。当 ZEN 剂量低于 1~5mg/kg 时,就能引起雄性猪仔睾丸萎缩、乳腺增大等雌性样改变。牛、羊等反刍类动物却能一定程度上抵抗 ZEA 的毒性,可能是胃内微生物将 ZEN 代谢成低毒化合物的原因。ZEN 酮基还原,形成 α- 玉米赤霉烯醇和 β- 玉米赤霉烯醇两种代谢产物,α- 玉米赤霉烯醇比 ZEN 的雌激素样作用更强。

（四）分析方法

玉米赤霉烯酮的检测方法主要有:高效液相色谱法（GB/T 23504、GB/T 5009.209、SN/T 1772）、荧光光度法（SN/T 1745）。两种方法需要利用 ZEA 免疫亲和层析柱对样品提取液进行净化,而且荧光光度法需要进一步衍生化后才能检测。

二、免疫亲和层析净化 - 高效液相色谱法

1. 原理　试样中玉米赤霉烯酮用乙腈水溶液提取,提取液经 ZEN 免疫亲和层析柱净化,甲醇洗脱后进样,高效液相色谱分离,荧光检测器检测,标准曲线法定量。

2. 分析步骤

（1）样品提取:粮食及其制品粉碎、过筛,加入氯化钠,用乙腈 - 水（9+1）高速搅拌提取,滤纸过滤,滤液进一步用玻璃纤维滤纸过滤至澄清;酱油、醋、酱及其制品直接加乙腈超声波提取,滤液分别用滤纸、玻璃纤维滤纸过滤至澄清;酒（含气酒样需预先脱气处理）类试样加乙腈摇匀,取适量乙腈提取溶液经玻璃纤维滤纸过滤。

（2）净化:将净化柱连接在玻璃注射器下,提取液以 1 滴 / 秒速度通过净化柱,用 pH7.0 的磷酸盐清洗缓冲液、水依次冲洗,控制流速 1~2 滴 / 秒。流出液弃去,并抽干小柱。

（3）洗脱:用甲醇洗脱结合在亲和柱上的 ZEN,供色谱检测用。

（4）测定:色谱参考条件为 C_{18} 色谱柱（150mm × 4.6mm,5μm）;柱温 35℃;流动相为乙腈 - 甲醇 - 水（46+8+46）,流速 1.0ml/min;检测波长 λ_{ex}:274nm,λ_{em}:440nm。

3. 方法说明

（1）粮食及其制品、酒类样品的检出限为 20μg/kg,酱油、醋、酱及其制品类样品的检出限为 50μg/kg;玉米、小麦等谷物类样品的检出限为 5μg/kg;大豆、油菜籽和植物油的检出限为 10μg/kg。

（2）选择亲和柱净化样品提取液时,要考虑亲和柱对真菌毒素的最大负荷量。滤液过柱时,针对不同的样品选择合适的溶剂洗涤净化柱。粮食、酒类、酱类选择 pH7.0 磷酸盐淋洗液,大豆、油菜籽和植物油选择含 0.1% 吐温 -20 的 pH 7.0 磷酸盐淋洗液,玉米、小麦等谷物的滤液直接用水洗涤。

三、免疫亲和柱净化 - 荧光光度法

1. 原理　试样中玉米赤霉烯酮(ZEN)用乙腈 - 水溶液提取、ZEN 免疫亲和柱净化,甲醇洗脱,洗脱液经氯化铝衍生化后,在激发波长 360nm、发射波长 450nm 处测定衍生产物的荧光强度,与标准比较定量。

2. 分析步骤

(1) 样品处理:大豆(磨细)、油菜籽或植物油试样与氯化钠混合,加入乙腈 - 水(9+1)溶液高速搅拌提取,滤纸过滤后,取适量滤液用含 0.1% 吐温 –20 的 pH 7.0 磷酸盐缓冲液稀释,玻璃纤维滤纸过滤至澄清。取澄清滤液同免疫亲和柱净化高效液相色谱法测定 ZEA 的净化、洗脱操作步骤,甲醇洗脱液供衍生化用。

(2) 测定:用硫酸奎宁标准溶液校正荧光分光光度计后,取样品洗脱液适量,加入氯化铝甲醇溶液,立即在激发波长 360nm、发射波长 450nm 波长下,测定试样溶液荧光强度值,与标准比较定量。

3. 方法说明　ZEN 的荧光本身很微弱,用三氯化铝处理后,能显示较强的蓝色荧光。本方法检测大豆、油菜籽和植物油中 ZEN 的检出限为 10µg/kg。

本 章 小 结

本章介绍了真菌、霉菌以及真菌毒素、霉菌毒素的概念、相互之间的关系,重点介绍了食品真菌毒素污染中几种常见且毒性较大的真菌毒素检验方法的原理、主要分析步骤和方法说明。

黄曲霉毒素检验中重点介绍了薄层色谱法、多功能柱净化 - 高效液相色谱法和免疫亲和层析 - 高效液相色谱法测定食品中黄曲霉毒素 B_1、B_2、G_1 和 G_2 及酶联免疫分析法测定黄曲霉毒素 B_1。

赭曲霉毒素检验中介绍了高效液相色谱法和薄层色谱法测定赭曲霉毒素 A。

对于展青霉素检验,介绍了薄层色谱法和高效液相色谱法测定食品中展青霉素。

脱氧雪腐镰刀菌烯醇和雪腐镰刀菌烯醇检验中介绍了高效液相色谱法和薄层色谱法测定食品中脱氧雪腐镰刀菌烯醇。

关于 T-2 毒素检验,介绍了竞争性酶联免疫吸附法测定 T-2 毒素。

玉米赤霉烯酮检验中介绍了免疫亲和层析净化高效液相色谱法和荧光分光光度法测定玉米赤霉烯酮。

本章着重介绍了高效液相色谱法和薄层色谱法在几种真菌毒素检验中的应用,黄曲霉毒素检验是本章的重点。目的是便于学习者学习,归纳总结各种方法的原理、适用范围、优缺点等,提升学习者掌握和运用知识的能力。

思考题

1. 简述真菌及真菌毒素的概念及霉菌与真菌、霉菌毒素与真菌毒素之间的关系。

2. 本章介绍了哪些常见的真菌毒素? 各自有哪些结构特点? 与它们的毒性有什么联系?

3. 薄层色谱法同时测定食品中 AFB_1、AFB_2、AFG_1、AFG_2 的原理及操作步骤是什么? 什么

是最低检出量法？

4. 试分析多功能柱净化 - 高效液相色谱法与免疫亲和层析 - 高效液相色谱法测定食品中黄曲霉毒素的异同点？

5. 免疫亲和柱层析为什么可以对不同的真菌毒素提取液进行净化？其原理是什么？

（杨慧仙）

第十章 食品中其他化学污染物的检验

食品污染按污染物的性质可大致分为化学性污染、生物性污染、放射性污染等。化学性污染是指有毒有害化学物质对食品的污染,主要包括农药兽药的残留、食品添加剂的不合理应用、食品容器或包装材料中化学污染物的迁移、环境污染和环境毒素对食物链的污染、不安全的食品加工方式形成的化学污染等。本章主要介绍食品中铅、砷、汞、镉无机有害元素及 N-亚硝胺、苯并[a]芘等有机化学污染物的性质、污染物来源、毒性、危害及主要检验方法。

第一节 食品中有害元素铅、砷、汞、镉检验

一、食品中铅检验

铅(lead,Pb),灰白色重金属,质软有延展性,原子量 207.2,密度 11.34,熔点 327℃。铅加热至 400~500℃时可产生大量铅烟。金属铅不溶于水,可溶于硝酸和热的硫酸溶液。铅的化合物主要有铅的氧化物和铅盐,大多难溶于水,其中硝酸铅在水中的溶解度最大。铅的有机化合物,如四乙基铅等烷基铅具有良好的抗震性,曾经被作为汽油的防爆剂广泛使用。铅还可以与多种金属在熔融状态下形成具有特殊性能的合金材料。

铅在自然界中的分布非常广泛。食品中铅的主要来源有:农作物通过根部直接吸收土壤中溶解状态的铅;工业"三废"排放和汽油燃烧,其中的铅通过沉降或雨水冲刷进入土壤、水体,通过"食物链"污染农产品、水产品等;食品在生产、加工、包装、运输过程中接触到的设备、工具、容器及包装材料都可能含有铅,在一定条件下会进入食品中,造成污染。

铅非人体必需元素。吸收进入血液的铅大部分与红细胞结合,随后逐渐以磷酸铅盐的形式蓄积于骨骼中,取代骨中的钙。铅在体内有蓄积作用,生物半衰期为 4 年,骨骼中约为 10 年。蓄积体内的铅对人体许多器官组织有不同程度的损害,对脑组织、造血系统和肾的损害最明显,铅也是一种潜在致癌物。铅中毒主要症状有胃肠炎、口腔金属味及齿龈金属线、头晕、失眠、贫血、便秘及腹痛,严重时可造成共济失调和瘫痪。铅可致染色体及 DNA 断裂,还可导致胚胎发育迟缓和畸形。特别值得关注的是,儿童对铅较成人更敏感,铅可严重影响婴幼儿和少年儿童的生长发育和智力。

食品安全国家标准《食品中污染物限量》(GB 2762)规定了铅在食品中的限量指标,如新鲜蔬菜(芸薹类蔬菜、叶类蔬菜、豆类蔬菜、薯类除外)及新鲜水果≤0.1mg/kg;谷类、豆类、食用淀粉≤0.2mg/kg;乳类(生乳、巴氏杀菌乳、灭菌乳、发酵乳、调制乳)≤0.05mg/kg;婴幼儿配方食品(液态产品除外)≤0.15mg/kg,液态产品≤0.02mg/kg;肉制品及畜禽内脏、皮蛋、食糖等≤0.5mg/kg;果蔬汁类、含乳饮料≤0.05mg/L。

食品中铅的测定方法很多。我国食品安全国家标准中对铅(GB/T 5009.12)规定了五种检验方法,石墨炉原子吸收光谱法、氢化物原子荧光光谱法、火焰原子吸收光谱法、二硫腙分光光度法及单扫描极谱法。石墨炉原子吸收和氢化物发生原子荧光光谱法灵敏度高,是较好的测定铅的方法,其他三种方法的灵敏度较低,难以应用于样品中微量铅的测定,目前应用较少。

(一)石墨炉原子吸收光谱法

1. 原理 试样经灰化或酸消化后,注入石墨炉中,电热原子化后吸收283.3nm共振线,在一定浓度范围内,其吸光度值与铅的浓度成正比,标准曲线法定量。

2. 分析步骤

(1)样品处理:可以根据样品和实验室条件,选择以下方法。

1)压力消解罐消解法:取适量混匀样品于聚四氟乙烯内罐,加硝酸浸泡过夜,再加过氧化氢,于120~140℃恒温干燥箱中加热3~4小时,冷却至室温,用蒸馏水定容。同时做试剂空白。

2)干法灰化:取适量样品,炭化至无烟后,于(500±25)℃下灰化6~8小时。若样品灰化不彻底,加入硝酸-高氯酸小火加热,直到消化完全。冷却,用稀硝酸溶解灰分,蒸馏水定容。同时做试剂空白。

3)过硫酸铵灰化法:将适量样品加硝酸浸泡1小时以上,炭化后冷却,加过硫酸铵盖于上面,继续炭化至不冒烟,转入马弗炉,500℃恒温2小时,再升至800℃,保持20分钟,取出冷却,加稀硝酸溶解残渣,用水洗涤并定容。同时做试剂空白。

4)湿消化法:称取适量样品,加硝酸-高氯酸混合酸浸泡过夜。在电炉上消解,至消化液呈无色透明或淡黄色为止。放冷,用水定容,混匀备用。同时做试剂空白。

(2)测定:仪器参考条件为波长283.3nm;狭缝0.2~10nm;灯电流5~7mA;干燥温度120℃,20秒;灰化温度450℃,15~20秒;原子化温度1700~2300℃,4~5秒;背景校正为氘灯或赛曼效应;进样量:10μl。

3. 方法说明 所有玻璃仪器均需用稀硝酸(1+3)浸泡24小时,依次用蒸馏水和一级水洗涤干净。样品消化时不能蒸干,以避免铅的挥发损失。对于成分复杂、基体干扰严重的样本,可注入适量基体改进剂20g/L的磷酸二氢铵溶液5~10μl,以消除干扰。标准溶液测定时也要加入与样品等量的基体改进剂。本法检测限为5μg/kg。

(二)氢化物原子荧光光谱法

1. 原理 样品经硝酸-高氯酸消化,在酸性介质中,二价铅离子与$NaBH_4$或KBH_4反应生成挥发性的PbH_4,PbH_4随载气(氩气)流进入电热石英管原子化器原子化,在特制铅空心阴极灯照射下,基态铅原子被激发,当激发态铅原子回到基态时,发射出特征波长的荧光,其荧光强度与铅含量成正比,标准曲线法定量。

2. 分析步骤

(1)样品处理:取适量固体或液体样品,加入硝酸-高氯酸混合酸,浸泡过夜。次日于电热板上加热消解至消化液呈淡黄色或无色,冷后加水,继续加热至消化液剩下0.5~1.0ml。加入盐酸和草酸,摇匀,加入铁氰化钾,用水定容。混匀,冷却后测定。同时做试剂空白。

(2)仪器参考条件:负高压323V;灯电流75mA;原子化器:炉温750~800℃;氩气流速:载气800ml/min,屏蔽气1000ml/min;加还原剂时间7.0秒;读数时间15秒,延迟时间0.0秒;进样体积2.0ml。

（3）测定：逐步将炉温升至所需温度，稳定后开始测定。先连续用标准零管进样，待读数稳定后，测定标准系列，绘制标准曲线。再测定空白消化液及样品消化液，计算出样品中铅含量。

3. 方法说明　该法简便、快速，检出限为 0.4ng/ml；消化过程中应注意驱酸，以免影响测定；样品消化后加入盐酸是为了维持反应所需的酸度；加入氧化剂铁氰化钾，可大大提高 PbH_4 的发生效率，又可抑制 Cu^{2+} 的干扰；加入草酸可以掩蔽铁、钼等干扰元素。标准溶液及样品消化液定容后摇匀，放置 30 分钟，使反应完全。

（三）火焰原子吸收光谱法

1. 原理　样品经无机化处理后，在弱碱性条件下，铅离子与二乙基二硫代氨基甲酸钠（DDTC）形成配合物，经 4- 甲基 -2- 戊酮（MIBK）萃取分离，导入原子化器，火焰原子化后，吸收 283.3nm 共振线，吸光度值与铅含量呈正比，用标准曲线法定量。

2. 分析步骤　采用硝酸 - 高氯酸湿消化或干灰化法处理样品。样液、试剂空白液及铅系列标准溶液中分别加入柠檬酸铵，以溴百里酚蓝水溶液为指示剂，用氨水调节溶液 pH 至弱碱性。依次加入硫酸铵溶液、DDTC 溶液，摇匀，放置 5 分钟后加入 MIBK，剧烈振摇，取 MIBK 层测定。

3. 方法说明　采用硝酸 - 高氯酸湿消化或干灰化法处理样品时，残渣中应无黑色炭粒，否则需加入少量酸，再消化完全。萃取时，加柠檬酸铵作掩蔽剂。用萃取液测定时，可适当减少乙炔气的流量。样品处理及测定过程中应防止污染，避免铅的挥发和吸附损失。本法最低检出浓度为 0.1mg/kg。

二、食品中砷检验

砷（arsenic,As），具有金属光泽的暗灰色固体元素，质脆，密度 5.73，熔点 814℃（3647.6kPa），615℃升华，180℃以上开始挥发。单质砷不溶于水，但能和强氧化性酸反应，几乎没有毒性。一般砷的化合物以 +5、+3、0、−3 四种价态存在，其中 As_2O_3 和 AsH_3 是剧毒化合物。As_2O_3 为两性氧化物，但其酸性大于碱性，故易溶于碱液，不溶于水和酸液。AsH_3 为气体，具有强还原性，遇热会分解。

砷广泛存在于自然界中，可以通过多种途径进入生物圈和食物链。食品中的砷污染主要源于工农业生产中砷的应用：含砷农药的使用，如砷酸铅、甲基砷酸钙、甲基砷酸铁胺和三氧化二砷等；畜牧养殖业中使用含砷化合物作为生长促进剂，如猪饲料中常用的氨基苯砷酸及其钠盐；食品加工时，使用某些含砷化学物质原料、食用色素或其他添加剂，可能使所加工的食品受到污染；工矿企业排放的"三废"常含有大量的砷。水生生物能富集砷，所以海产品中砷的含量较高。

单质砷毒性小，但砷化合物都有毒，且三价砷毒性大于五价砷，无机砷比有机砷的毒性更强。砷及其化合物能使红细胞溶解，破坏其正常生理机能，能与蛋白质和酶中的巯基结合，抑制体内丙酮酸氧化酶的巯基结合，使其失去活性。砷有蓄积性，在体内的生物半衰期为 80~90 天，可引起人体的急、慢性中毒。急性中毒可引起重度胃肠道损伤和心脏功能失调。表现为剧烈腹痛、昏迷、惊厥直至死亡。慢性中毒主要表现为神经衰弱、皮肤色素沉着及过度角化、四肢血管堵塞等。国际癌症研究机构确认，无机砷化合物具有致突变、致畸、致癌等作用，可引起人类肺癌和皮肤癌。

食品安全国家标准（GB 2762）规定了食品中砷的限量标准。谷物、蔬菜、食用菌、肉制品、乳粉、调味品等（总砷计）≤0.5mg/kg；鱼类制品、鱼类调味品、婴幼儿罐装食品等（无机砷计）≤0.1mg/kg；饮料、包装饮用水（总砷计）≤0.01mg/L。

测定食品中砷的方法较多，如原子吸收光度法、原子荧光光度法、分光光度法、阳极溶出伏安法等。我国食品安全国家标准中对总砷（GB/T 5009.11）规定了四种检验方法：氢化物发生原子荧光光度法、银盐法、硼氢化物还原光度法和砷斑法。无机砷测定为氢化物发生原子荧光法、银盐法及液相色谱-电感耦合等离子体质谱法（GB/T 23372，不同形态砷的分离、测定）。砷斑法为半定量分析法，银盐法操作繁琐，氢化物发生原子荧光法的灵敏度、检出限优于其他三种方法，且测定是在密闭条件下，废气及时被通风系统排出，较其他方法更为安全。

（一）氢化物发生原子荧光光度法

1. 原理　样品经湿消化或干灰化后，加入硫脲使五价砷还原为三价砷，再加入硼氢化钾（钠）使三价砷还原生成砷化氢，由氩气载入原子化器中，高温下分解为原子态砷，在特制砷空心阴极灯的发射光激发下产生原子荧光，其荧光强度在一定条件下与被测溶液中砷的浓度成正比，标准曲线法定量。

2. 分析步骤

（1）样品处理：①湿消化：取适量样品，加入硝酸、硫酸，放置过夜，次日加热消化，补加硝酸或高氯酸直至消解完全，除尽氮氧化合物，冷却，水溶残渣，加入硫脲，用水定容。同时做两份试剂空白；②干灰化法：取适量样品，加入硝酸镁溶液混匀，低热蒸干。将 MgO 盖于干渣上，先低温炭化至无黑烟，再于 550℃下灰化 4 小时。冷却，小心加入稀盐酸，中和过量的 MgO 并溶解灰分。移入容量瓶中，加硫脲，另用稀硫酸分次洗涤坩埚后合并，定容。同时做两份试剂空白。

（2）测定：仪器参考条件为光电倍增管电压 400V；砷空心阴极灯电流 35mA；原子化器温度 820~850℃，高度 7mm；氩气流速 600ml/min；读数延时 1 秒，读数时间 15 秒；硼氢化钠加入时间 5 秒；加样体积 2.0ml。

3. 方法说明

（1）本法灵敏度高，检出限为 2ng/ml，若取样量以 5g 计，则对样品的最低检出浓度为 0.01mg/kg。6 倍锑，20 倍铅，30 倍锡，200 倍的铜和锌无干扰。

（2）样品湿消化时应防止炭化，因碳可能把砷还原为元素态使结果偏低。干灰化时，加入的硝酸镁加热分解产生氧，可促进灰化。氧化镁除了保湿传热以外，还起着防止砷挥发损失的作用。因此，在灰化前应将 MgO 粉末仔细覆盖在全部蒸干的样品表面。

（3）NaBH₄ 溶液的浓度、碱度和加入量对测定灵敏度有显著影响。用量少，还原能力弱，灵敏度低；用量过多，产生的大量氢气使灵敏度降低。可通过加样时间和流速控制 NaBH₄ 的加入量。

（4）本法为总砷测定方法，也可用于样品中无机砷的测定。测定无机砷时，样品中加入盐酸，水浴浸提氯化砷，冷却后过脱脂棉，加入碘化钾-硫脲混合液，少量正辛醇作消泡剂，水定容后，选择仪器条件测定样品中的无机砷。

（二）银盐法

1. 原理　样品经消化后，用 KI 和 SnCl₂ 将高价砷还原为三价砷，然后与锌和酸反应生成的新生态氢反应生成砷化氢，经银盐溶液吸收后，形成红色胶态银，于 520nm 处测吸光度值，用标准曲线法定量。反应式如下：

$$H_3AsO_4+2KI+H_2SO_4 \longrightarrow H_3AsO_3+I_2+K_2SO_4+H_2O$$
$$I_2+SnCl_2+2HCl \longrightarrow 2HI+SnCl_4$$
$$H_3AsO_3+3Zn+3H_2SO_4 \longrightarrow AsH_3+3ZnSO_4+3H_2O$$
$$AsH_3+6AgDDC \longrightarrow 6Ag+3HDDC+As(DDC)_3$$

2. 分析步骤

（1）样品处理：①湿消化法：称适量样品，加入 HNO$_3$-HClO$_4$-H$_2$SO$_4$（或 HNO$_3$-H$_2$SO$_4$），消化完全，消化液加水煮沸，除尽氮氧化合物，定容。同时做试剂空白；②干灰化法：称适量样品，加 MgCl$_2$-Mg(NO$_3$)$_2$ 溶液，混匀，浸泡 4 小时，低温或水浴蒸干。炭化后在 550℃ 下灰化 3~4 小时。冷却，加水湿润、蒸干后，灰化 2 小时。慢慢加入稀盐酸溶解残渣，用稀盐酸和水洗涤坩埚，用水定容。同时做试剂空白。

（2）测定：取一定量样品消化液和相同量的试剂空白液及砷标准溶液，湿法消化液加水，加硫酸（1+1）使酸度、体积一致。灰化法的消化液，加盐酸使酸度一致。各加 KI 和酸性 SnCl$_2$ 溶液，混匀，静置。加锌粒，立即塞上装有乙酸铅棉花的导气管，并使导气管尖端插入盛有银盐吸收液的离心管液面下，常温下反应 45 分钟。于 520nm 处测定吸光度值，绘制标准曲线，计算样品中的砷含量。

3. 方法说明

（1）样品湿消化时，固体样品应粉碎过筛，混匀再称量。蔬菜、水果或水产品，应匀浆后再称量。酒精性或含二氧化碳饮料，应先定量移取后，微火加热去除乙醇或二氧化碳后再消化。样品消化后需加水煮沸处理两次，除尽残留的硝酸，以免影响反应、显色和测定，使结果产生误差。

（2）样品中的硫化物在酸性溶液中形成 H$_2$S，随 AsH$_3$ 一起挥发出来，进入吸收液，与 Ag-DDC 反应生成 Ag$_2$S 黑色沉淀，影响显色和测定。所以在导气管中装入乙酸铅棉花以消除 H$_2$S 的影响。

（3）吸收液用 Ag-DDC、三乙醇胺，以三氯甲烷为溶剂配制而成。其中三乙醇胺的作用是中和反应生成的 HDDC，也是胶态银的保护剂；吸收液为有机相，被还原的单质银在其中呈红色胶态分布，微量的水会使吸收液浑浊。因此，所有玻璃器皿必须干燥。

（4）反应后，有机溶剂可能挥发损失，应用三氯甲烷补足至 4ml。

（三）硼氢化物还原分光光度法

1. 原理 样品经高氯酸-硝酸-硫酸消化后，当溶液中氢离子浓度大于 1.0mol/L 时，加入抗坏血酸、碘化钾-硫脲并结合加热，将五价砷还原为三价砷，用硼氢化钾将三价砷还原为砷化氢。以硝酸-硝酸银-聚乙烯醇-乙醇为吸收液，砷化氢将吸收液中的 Ag$^+$ 还原为单质银，使溶液呈黄色，于 400nm 波长处测定吸光度值，标准曲线法定量。

2. 方法说明 该法是在银盐法基础上发展起来的，比银盐法灵敏高，最低检出限为 0.05mg/kg。吸收液中聚乙烯醇（聚合度 1700~1800）对胶态银有良好的分散作用，但通气时会产生大量气泡，故加入乙醇作为消泡剂。加入乙醇量以 50% 为宜，太多，溶液会出现浑浊。由于在中性条件下，Ag$^+$ 不稳定，生成的胶态颗粒大，故在吸收液中加适量的硝酸。

该反应要求温度在 15~30℃。用柠檬酸-柠檬酸铵缓冲溶液控制溶液酸度，以稳定砷化氢发生速率，减小实验误差。加入维生素 C 消除 Fe^{3+} 的干扰。碘化钾除起还原作用外，还可消除 Bi^{3+}、Zn^{2+}、Sb^{3+}、Cr^{6+} 的干扰。硫脲保护碘化钾不被氧化。

三、食品中汞检验

汞(hydrargyrum,Hg),俗称水银,是唯一在常温下呈银白色的液态金属,黏度小,具流动性。原子量200.59,沸点356.58℃,液体密度13.56(在熔点温度下),不溶于水、稀硫酸和盐酸,能溶于热硫酸和硝酸。空气中不容易被氧化,常温下有挥发性。

元素汞能与多种金属形成汞齐或汞合金。无机汞化合物包括亚汞和二价汞化合物,亚汞化合物大多为难溶或微溶于水的盐,只有硝酸、高氯酸和乙酸的亚汞盐能溶于水。重要的亚汞盐为Hg_2Cl_2,也称甘汞。二价汞盐中硫化汞、碘化汞、硫氰酸汞均不溶于水,其余可溶于水。硝酸汞水溶液易水解,所以在配制硝酸汞标准溶液时要加入强酸,以免生成碱式盐。亚汞离子和二价汞离子能与多种无机离子反应,生成沉淀或有色配合物,可用于汞的鉴别和分离。汞可与各种有机基团结合形成有机汞化合物。

各种形态的汞均有毒。单质汞易被呼吸道吸收,无机汞不容易吸收,毒性较小。烷基汞易被肠道吸收,毒性大。汞在人体内易蓄积,蓄积的部位主要在脑、肝和肾内。汞在人体内的生物半衰期平均为70天,脑组织中达180~250天。汞的毒性主要是损害细胞内酶系统和蛋白质的巯基,引起急性中毒或慢性中毒。甲基汞对人体的损害最大,其主要靶器官为脑,还可通过胎盘进入胎儿体内,影响胎儿正常生长发育。

食品中的汞主要来源于汞矿开发、工业"三废"污染以及含汞农药的使用、污水灌溉、含汞废水养鱼等。水体中的汞可通过水中悬浮物、浮游生物等吸附后沉降进入底泥,底泥中的汞在微生物作用下可转变为甲基汞。水生生物对甲基汞的富集系数可高达1×10^6。所以,鱼、虾、贝类等水产品或海产品含汞量远高于其他食品。

我国食品中汞的限量标准(GB 2762):新鲜蔬菜、乳及乳制品≤0.01mg/kg;肉类、鲜蛋≤0.05mg/kg;谷类及其制品、婴幼儿罐装食品≤0.02mg/kg;矿泉水≤0.001mg/L;肉食性鱼类及其制品(甲基汞计)≤1.0mg/kg,其他水产品甲基汞含量≤0.5mg/kg。

测定食品中总汞及烷基汞的方法主要有分光光度法、原子吸收法、原子荧光法及液相色谱 - 原子荧光光谱(LC-AFS)、电感耦合等离子体原子发射光谱(ICP-AES)、电感耦合等离子体质谱(ICP-MS)等联用法。二硫腙分光光度法操作简便,但由于选择性、灵敏度相对较差,使用较少。冷原子吸收和原子荧光光谱法为国家标准方法(GB/T 5009.17)。食品中无机汞、甲基汞和乙基汞的测定可采用 LC-AFS 法(SN/T 3034)。

(一)原子荧光光谱法

1. 原理 样品经酸加热消解后,在酸性介质中,Hg^{2+} 被 KBH_4 还原成原子汞,由载气带入原子化器,在汞空心阴极灯照射下,基态汞原子被激发至激发态,激发态不稳定,回到基态时,发射出具有特征波长的荧光,其荧光强度与溶液中的汞离子浓度呈正比,标准曲线法定量。

2. 分析步骤

(1)样品处理:①高压消解法:称取适量样品置于聚四氯乙烯内罐中,加硝酸浸泡过夜。加 H_2O_2,密封后,置干燥箱中,120℃恒温 3 小时,至消化完全。冷却后用稀硝酸定容;②微波消解法:称取适量样品于消化罐中,加入硝酸和过氧化氢,放入微波炉中,根据不同种类样品,设置最佳消解条件,至消化完全。冷却后用稀硝酸定容。

(2)测定:仪器参考条件为光电倍增管高压220V;汞空心阴极灯电流 30mA;原子化器温度300℃;高度 8.0mm;氩气,载气 500ml/min;屏蔽气 1000ml/min;读数延时 1.0 秒;读数时间 10.0 秒;硼氢化钾溶液加入时间 8.0 秒;加液体积 2.0ml。

3. 方法说明

（1）本法检出限 0.15μg/kg,线性范围 0~60μg/L。对一般样品的测定,标准系列为 0~10μg/L;对于水产品或海产品等样品的测定,标准系列为 0~60μg/L。

（2）硼氢化钾浓度为 5g/L,应现用现配。放置时间过长的溶液,其还原能力下降,导致方法灵敏度降低。气温高时（≥30℃）,测定信号不稳定,应控制实验室的温度。

（二）冷原子吸收光谱法

1. 原理　样品经 HNO_3-H_2SO_4 或 V_2O_5-HNO_3-H_2SO_4 消解后,在强酸性介质中,汞离子被 $SnCl_2$ 还原成原子汞,原子汞在载气带动下,进入测汞仪,吸收 253.7nm 波长的共振线,一定浓度范围内吸收值与汞浓度呈正比,标准曲线法定量。

2. 分析步骤

（1）样品处理:①回流消化法:样品加硝酸、硫酸消化,时时转动玻璃瓶防止局部炭化。小火加热回流 2 小时。放冷后于冷凝管上端加入 20ml 水,继续回流,冷却,消化液经玻璃棉过滤后用水定容。同时做空白;②五氧化二钒消化法:样品中加 V_2O_5 粉末、硝酸,振摇,放置 4 小时。加浓 H_2SO_4,混匀,在 140℃砂浴上加热消化。冷却后加 $KMnO_4$ 溶液,放置 4 小时,滴加 $NH_2OH \cdot HCl$,使紫色褪去,加水稀释至刻度。

（2）测定:取适量样品消化溶液于汞蒸气发生器内,沿瓶壁加 $SnCl_2$,通净化载气（氮气或空气）1L/min,使汞蒸气经过硅胶干燥管后,再进入测汞仪,读取最大读数。同样测定试剂空白。

3. 方法说明

（1）玻璃对汞有吸附作用,所有玻璃仪器都要用稀硝酸浸泡。

（2）回流消化适用于粮食、油脂、肉蛋及乳制品等的消化。含油脂多的样品消化时易发泡外溅,可在消化前加少量硫酸,样品轻微炭化后再加硝酸。五氧化二钒消化法通常用于水产品、蔬菜、水果等样品的处理。消化时要除尽残留的氮氧化物,以免对测定有严重干扰,使结果偏高。

（3）测汞仪中的气路和光路,要保持干燥,无水气凝集。否则应拆下,用无汞水煮,烘干备用。汞蒸气发生瓶至测汞仪的连接管不宜过长,宜用不吸附汞的聚氯乙烯塑料管。从汞蒸气发生瓶出来的汞蒸气常带有水分,须经干燥（变色硅胶）后才能进入仪器检测。否则会影响检测。本法最低检出限为 10μg/kg。

（三）液相色谱 - 原子荧光光谱联用法（LC-AFS）

1. 原理　样品中多种形态的汞用盐酸 - 硫脲 - 氯化钾提取液提取后,过 C_{18} 色谱柱分离,柱后洗脱液与 $K_2S_2O_8$ 溶液、空气混合,再经紫外消解器,将不同形态的汞在线转化为无机汞,与 HCl、KBH_4 混合后还原成原子态汞。基态汞原子随载气导入原子化器,在汞空心阴极灯照射下,被激发至激发态,激发态回到基态时,发射出具有特征波长的荧光,其荧光强度与溶液中的汞离子浓度呈正比,标准曲线法定量。

2. 分析步骤

（1）样品处理:水产品匀浆后称取适量样品,用盐酸 - 硫脲 - 氯化钾混合溶液提取,提取液用氨水调 pH 至 2~8,过 C_{18} 小柱净化处理,用乙腈 - 乙酸铵 - 半胱氨酸（流动相）混合液洗脱并定容。

（2）测定:液相色谱参考条件为 C_{18} 色谱柱（150mm × 4.6mm,5μm）;流动相:5% 乙

腈 +0.5% 乙酸铵 +0.1% 半胱氨酸；流速：1ml/min；进样量 100μl；高压液相泵，泵速 50r/min。原子荧光光谱参考条件：负高压：340V；灯电流 35mV；载气流速：600ml/min；屏蔽气流：1000ml/min。

配制浓度 1.25~10μg/L 范围的无机汞、甲基汞、乙基汞混合标准工作液，在上述色谱和原子荧光条件下，测定标准系列及样品溶液的荧光强度。标准溶液色谱图见图 10-1。

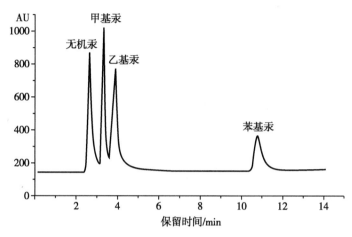

图 10-1　无机汞、甲基汞、乙基汞混合标准溶液色谱图

3. 方法说明　流动相中乙酸铵为缓冲盐，用于调节流动相酸度，L- 半胱氨酸为配位剂。上述条件下，无机汞、甲基汞和乙基汞保留时间约为 2.2 分钟、3.3 分钟、4 分钟。本方法适用于水产品中汞的检验，对无机汞、甲基汞和乙基汞的检出限均为 0.05mg/kg。

四、食品中镉检验

镉（cadmium，Cd），银白色软金属，有延展性。原子量 112.41，密度 8.6，熔点 320.9℃，沸点 767℃。易溶于酸，不溶于碱及冷硫酸。常温下在空气中迅速氧化而失去光泽。镉的化合物大多无色、水溶性较好、有毒。镉广泛应用于合金制造、电镀、镉电池、焊条、塑料、油漆等工业领域。

食品中镉的主要来源为工业污染，以及含镉农药和化肥的使用。农作物中水稻、苋菜、向日葵和蕨类植物对镉吸收力较强。此外，水生生物对镉有很强的富集作用，富集倍数可高达 4500 倍，所以海产品、水产品及动物内脏镉含量高于植物性食品。

在联合国环境规划署列出的 12 种全球性危险化学物质中，镉为首位。镉是蓄积性毒物，主要蓄积在肾和肝内，体内生物半衰期长达 10~30 年。镉对人体内巯基酶有很强的抑制作用，镉中毒主要损害肾、骨骼和消化系统。肾损伤使钙大量丢失，使骨钙迁移而发生骨质疏松和病理性骨折。研究表明，镉及其化合物对动物和人体有致畸、致癌和致突变作用。

镉在食品中的限量标准（GB 2762）为：新鲜蔬菜（叶类蔬菜、豆类蔬菜、块根和块茎蔬菜、茎类蔬菜除外）、新鲜水果、蛋及蛋制品≤0.05mg/kg；谷物及其制品、肉类、鱼类、豆类蔬菜≤0.1mg/kg；畜禽肝制品、花生等坚果、香菇、食用菌、甲壳类水产品、食用盐等≤0.5mg/kg；包装饮用水≤0.005mg/L；矿泉水≤0.003mg/L。

食品中痕量镉的常见分析方法有分光光度法、原子吸收光谱法、阳极溶出伏安法、X 线荧光法和电感耦合等离子体质谱法等。各种方法适用范围及灵敏度都不一样，其中石墨炉原子吸收光谱法、火焰原子吸收法、分光光度法和原子荧光法为国家标准分析方法（GB/T 5009.15）。

（一）石墨炉原子吸收光谱法

样品经灰化或硝酸消化后,在石墨炉中,镉离子经电热高温原子化后吸收 228.8nm 共振线,在一定浓度范围内其吸光度与镉含量呈正比,标准曲线法定量。此法的样品处理、测定及结果计算与石墨炉原子吸收光谱法测铅完全相同,只是仪器条件和标准系列不同。本法镉检出限为 0.1μg/kg,基体改进剂为磷酸二氢铵。

（二）火焰原子吸收法

1. 原理　样品经处理后,在一定 pH 条件下,Cd^{2+} 与配位剂生成配合物。经萃取,导入原子吸收仪中,原子化后,吸收波长 228.8nm 共振线,其吸光度与镉含量成正比,标准曲线法定量。

2. 分析步骤　有两种方法,一种是碘化钾 -4- 甲基 -2 戊酮（MIBK）法,另一种是二硫腙 - 乙酸丁酯法。

（1）KI-MIBK 法:称取适量均匀样品,低温炭化后,在（500±25）℃高温下灰化 8 小时,残渣用 HNO_3-$HClO_4$ 混合液反复处理到无黑色炭粒,再用稀盐酸溶解残渣并定容。同时做试剂空白。

取适量样品、试剂空白消化液,镉标准系列应用液加盐酸（1+11）至与样品消化液相同的体积,分别加入稀 H_2SO_4（1+1）和水混匀,然后加碘化钾溶液,混匀、静置。用 MIBK 振摇萃取。将 MIBK 层经脱脂棉脱水过滤,待测。

（2）二硫腙 - 乙酸丁酯法:称取适量样品,加入 HNO_3-$HClO_4$ 消化,除尽氮氧化物后,用水将内容物定量洗入分液漏斗中。同时做试剂空白。

取镉标准应用液置于分液漏斗中,加盐酸（1+11）至与样品消化液相同的体积。在样品消化液、空白液及镉标准溶液中分别加入柠檬酸钠缓冲液,以氨水调溶液 pH 至 5~6.4,加水混匀。再分别加入二硫腙 - 乙酸丁酯溶液,振摇,静置分层,取有机相待分析。

（3）测定:仪器参考条件为灯电流 6~7mA,波长 228.8nm,狭缝 0.15~0.2nm,空气流量 5L/min,氘灯背景校正。

3. 方法说明　大多数常见金属离子不干扰测定,如在 0.3μg 镉的萃取样液中加入 1mgCa^{2+}、Fe^{3+}、Sb^{4+}、Sn^{4+}、Pb^{2+}、Zn^{2+}、Mn^{2+}、Mg^{2+} 等金属离子,均不干扰镉的检出。本法检出限为 0.5μg/kg。

第二节　食品中 N- 亚硝胺化合物检验

一、概述

（一）理化性质

由亚硝酸盐与胺类合成,具有＝N—N＝O 基本结构的有机化合物,称为亚硝基类化合物,包括亚硝酰胺（通式:$RCOR_1N$—N＝O）和亚硝胺（R_1R_2N—N＝O）。当 N 原子上 R_1、R_2 均为烷基、环烷基、芳香或杂环取代基时,称为 N- 亚硝胺。当 R_1 和 R_2 为环状或杂环结构时,称为环状亚硝胺。低分子的亚硝胺在常温下为黄色液体,可溶于水,其余亚硝胺均不溶于水,而易溶于醇、醚和二氯甲烷等有机溶剂。有的亚硝胺具挥发性,可随水蒸汽蒸馏。亚硝胺在中性和碱性条件下稳定,不易水解,在酸性和紫外光照射下可水解,分解成仲胺和亚硝酸。

(二)污染来源

亚硝胺在自然界中含量甚微,但其前体亚硝酸盐、硝酸盐(可在微生物作用下还原为亚硝酸盐)和胺类在环境中广泛存在。一定条件下可在土壤、食品、动物及人体内生成亚硝胺。酸性条件下,在人体胃、唾液和膀胱内能合成一定量亚硝胺。反应式如下:

$$\begin{array}{c} R_1 \\ \diagdown \\ R_2 \end{array} NH + NO_2^- \xrightarrow{H^+} \begin{array}{c} R_1 \\ \diagdown \\ R_2 \end{array} N\!-\!N\!=\!O + H_2O$$

食品中广泛存在硝酸盐和亚硝酸盐。其主要来源于农业上大量使用的氮肥和含氮除草剂,蔬菜可从土壤中富集硝酸盐,如莴苣、生菜中最高可达 5800mg/kg。人体通过蔬菜的摄入量占硝酸盐总摄入量的 70%~90%。在肉制品加工时,往往加入硝酸盐或亚硝酸盐作为防腐剂和护色剂。在厌氧发酵过程中,硝酸盐可被某些微生物还原成亚硝酸盐,所以香肠、火腿及酸菜中亚硝酸盐含量较高。高蛋白食品在高温、烹调、烟熏、烧烤等过程中,能促使蛋白质分解,产生中间产物,使食品中胺类化合物的含量增加。啤酒麦芽干燥过程中可能产生亚硝胺。未加热的咸猪肉中含有非致癌物脯氨酸亚硝酸,油煎后可转变为致癌物亚硝基吡咯烷。大多数食品包装材料中含有吗啉,吗啉易形成 N- 亚硝基吗啉,迁移至食品中。此外,在奶酪、霉变食物、方便面调味料等食品中也发现有亚硝胺存在。

(三)毒性与危害

N- 亚硝胺类化合物具有较强的毒性和致癌性。急性亚硝胺中毒会造成肝、骨髓及淋巴组织损伤。遗传毒性研究发现,亚硝胺可通过机体代谢或直接作用,诱发基因突变、染色体异常和 DNA 修复障碍。动物试验证明,亚硝胺可引起肝癌、食管癌、脑或脊髓及末梢神经癌,致癌性与其化学结构有关。为预防亚硝胺的危害,首先应尽量减少摄入亚硝酸盐和仲胺含量高的食物,其次是阻断亚硝胺在体内的合成。

(四)食品安全标准

食品安全国家标准(GB 2762)规定了食品中亚硝胺的限量。表 10-1 同时将亚硝胺前体亚硝酸盐、硝酸盐的限量标准汇总如下。

表 10-1 食品中亚硝胺、亚硝酸盐、硝酸盐限量标准

品种	N- 二甲基亚硝胺 (μg/kg)	亚硝酸盐(NaNO₂ 计) (mg/kg)	硝酸盐(NaNO₃ 计) (mg/kg)
肉制品	3.0	30	–
水产品	4.0		–
腌渍蔬菜		20	–
生乳		0.4	–
乳粉		2.0	–
饮用水		0.005mg/L	–
矿泉水		0.1mg/L	45mg/L
婴幼儿食品		2.0	100

（五）检验方法

食品中亚硝胺的测定方法主要有两类：一类是测定总亚硝胺，如分光光度法；另一类是分别测定各种亚硝胺，如气相色谱 - 氮磷检测器法、气相色谱 - 热能分析法（GC-TEA）和气相色谱 - 质谱法（GB/T 5009.26）及液相色谱 - 质谱法等。

二、气相色谱 - 热能分析法

1. 原理　样品中的 N- 亚硝胺经硅藻土吸附或真空低温蒸馏，二氯甲烷提取，气相色谱分离。分离后的亚硝胺在热解室中经特异性催化裂解产生 NO 基团，后者与臭氧反应生成激发态 NO_2^*。当激发态 NO_2^* 返回基态时发射出近红外区光线（600~2800nm）。产生的近红外线区光线被光电倍增管检测，以保留时间定性，峰面积或峰高定量。

$$\underset{R_2}{\overset{R_1}{>}}N-NO \xrightarrow{\text{热解}} \underset{R_2}{\overset{R_1}{>}}N\cdot+\cdot NO$$

$$\cdot NO+O_3 \longrightarrow NO_2^*+O_2$$

$$NO_2^* \longrightarrow NO_2+hv$$

2. 分析步骤

（1）样品处理：样品可采用两种方法提取。①硅藻土吸附法：样品去除二氧化碳后称量，加入氢氧化钠和 N- 亚硝基二丙胺内标溶液，混匀后加入填有 Extrelut 色谱柱中，用二氯甲烷直接洗脱提取。②真空低温蒸馏法：在双颈蒸馏瓶中加入适量预先除去二氧化碳的样品和氢氧化钠溶液，先在抽真空（53.3kPa）下低温蒸馏，待样品剩余约 10ml 时，抽真空至 93.3kPa，蒸至近干。在蒸馏液中加稀盐酸，用二氯甲烷提取三次，合并提取液，用无水 Na_2SO_4 脱水。

将二氯甲烷提取液移入 K-D 浓缩器中，在 55℃水浴上浓缩至 10ml，氮气吹至 0.4~1.0ml，供测定。

（2）测定：仪器参考条件：①气相色谱条件：填充色谱柱，担体为 Chromosorb WAW-DMCS（80~100 目），固定液为聚乙二醇 /KOH 或 Carbowax/TPA；柱温 175℃；气化室温度 220℃；氩气为载气；进样量为 5~10μl；②热能分析仪条件：接口温度 250℃；热解室温度 500℃；真空度 133~266kPa；冷阱温度 –150℃。

3. 方法说明

（1）热能分析仪具有较高的灵敏度和选择性，本法最低检出量为 0.1ng。

（2）亚硝胺具有挥发性，标准品和标准溶液配制应避光妥善保存。样品提取液在浓缩时，应注意水浴温度和减压程度，以免损失亚硝胺。每批二氯甲烷取 100ml 浓缩至 1ml，在热能分析仪上检测应无阳性反应，否则需经全玻璃蒸馏装置重蒸后再试验。

（3）N- 亚硝胺为致癌物，操作在通风橱中进行，注意个人防护。

三、气相色谱 - 质谱法

1. 原理　样品中的 N- 亚硝胺类化合物经水蒸汽蒸馏和有机溶剂萃取后，浓缩至一定量，采用气相色谱 - 质谱联用法进行定性和定量分析。

2. 分析步骤

（1）样品处理：①水蒸汽蒸馏：利用亚硝胺类化合物的挥发性，与其他干扰组分分离。取固体试样加入一定量水和氯化钠，液体试样加入氯化钠，充分振摇后进行水蒸汽蒸馏。蒸馏液收集在加有二氯甲烷和少量冰块的接收瓶中；②萃取：在蒸馏液中加入氯化钠和少量硫酸（1+3），使待测物转移到二氯甲烷层，用二氯甲烷萃取三次，合并萃取液；③浓缩：将二氯甲烷萃取液用无水硫酸钠脱水后，转移到 K-D 浓缩器中，在 50℃水浴上浓缩至 1.0ml，备用。

（2）测定：用二氯甲烷配制标准溶液。样品和标准液经气相色谱柱分离后进入质谱仪，采用电子轰击源高分辨峰匹配法，用全氟煤油（PFK）的碎片离子，分别监视 N- 亚硝基二甲胺、N- 亚硝基二乙胺、N- 亚硝基二丙胺、N- 亚硝基吡咯烷的分子、离子（其分子、离子质荷比分别为 74.0480、102.0793、130.1106、100.0630），结合它们的保留时间定性，以该分子、离子峰高定量。

仪器参考条件：①色谱条件：玻璃色谱柱（2m×3.0mm），担体为 Chromosorb WAWDWCS（80~100 目），固定液为 15% PEG-20M/KOH。气化室温度为 190℃。色谱柱温度为对 N- 亚硝基二甲胺、N- 亚硝基二乙胺、N- 亚硝基二丙胺、N- 亚硝基吡咯烷分别为 130℃、145℃、130℃、160℃。载气：氮气，流速为 40ml/min；②质谱仪条件：分辨率：≤7000。离子化电压：70V。离子化电流：300μA。离子源温度：180℃。离子源真空度：$1.33×10^{-4}$Pa。界面温度：180℃。

3. 方法说明

（1）本法适用于酒类、肉及肉制品、蔬菜、豆制品、调味品、茶叶等食品中 N- 亚硝基二甲胺、N- 亚硝基二乙胺、N- 亚硝基二丙胺和 N- 亚硝基吡咯烷含量的测定。当取样量为 200g，进样量为 1μl 时，检测下限为 0.5μg/kg。

（2）在样品中加入氯化钠，是为了减低 N- 亚硝胺在水中溶解度，使之容易蒸发。萃取时，在水相中加入硫酸，以避免样品中碱性杂质进入有机相。加入氯化钠以促使分层。如样品中含较高浓度的乙醇，如蒸馏酒、配制酒等，由于亚硝胺易溶于乙醇，而乙醇极易溶于水，萃取时会造成亚硝胺的损失。所以须用氢氧化钠溶液洗涤有机相，以消除乙醇的干扰。浓缩时，如果温度过高（超过 60℃），会使亚硝胺明显损失。

四、分光光度法

该法是测定挥发性亚硝胺类化合物总量的方法。采用夹层保温水蒸汽蒸馏纯化挥发性亚硝胺，亚硝胺经紫外线照射后，分解出亚硝酸根，再通过强碱性离子交换树脂浓缩，在酸性条件下亚硝酸根与对氨基苯磺酸形成重氮盐，后者与盐酸萘乙二胺反应生成紫红色偶氮染料，分光光度法定量。

第三节　食品中苯并[a]芘检验

一、概述

（一）理化性质

苯并[a]芘，benzo[a]pyrene，B[a]P，是由五个苯环构成的多环芳烃（polynuclear aromatic hydrocarbons，PAH）。分子式 $C_{20}H_{12}$，分子量 252.32，熔点 179℃，沸点 496~510℃，相对密度 1.35。纯品为淡黄色针状结晶，难溶于水，易溶于苯、甲苯、乙醚、丙酮、三氯甲烷等有机溶剂。在碱性介质中稳定，酸性介质中不稳定。在紫外线照射下，苯并[a]芘的苯溶液呈蓝色或紫色荧光。其结构式为：

（二）污染来源

B［a］P 主要来源于工业生产及煤、石油、天然气及香烟的不完全燃烧等,食品中 B［a］P 的主要来源有环境污染和食品的加热烹调。在加热烹调过程中,烘烤、烟熏可使食品中 B［a］P 的含量显著增加。

（三）毒性及危害

B［a］P 是多环芳烃类化合物中致癌性和致畸性最强的一类化合物,也是全球持久性有机污染物中的重要类别之一,对食品安全和人类健康造成严重威胁。动物实验表明,B［a］P 对动物有局部和全身致癌作用,可诱发皮肤、肺、胃、乳腺及肝癌,并具有致畸性和生殖毒性。在小鼠和兔子的动物实验中,B［a］P 能通过胎盘屏障,造成子代肺腺瘤和皮肤乳头状瘤,同时对卵母细胞有破坏作用,降低生殖能力。

（四）食品安全标准

食品安全国家标准（GB 2762）规定了食品中 B［a］P 的限量标准:粮食、肉制品、水产品中的 B［a］P≤5μg/kg。

（五）检验方法

由于 B［a］P 在食品中含量甚微,且易与其他多环芳烃类化合物共存,所以食品中痕量 B［a］P 的分离是关键。分离提取主要有皂化法、索氏提取法、超声波提取法等。净化富集一般采用液-液分配、柱色谱（Florisil、硅胶、氧化铝柱等）、固相萃取法等。常用测定方法有荧光分光光度法、纸色谱法、薄层色谱法、气相色谱法、高效液相色谱法及气相色谱-质谱联用法。高效液相色谱法（HPLC）分离效果好且灵敏度高,是目前测定食品中 B［a］P 较理想的方法,动植物油脂（GB/T 22509）、水产品（SC/T 3041）、肉制品（NY/T 1666）等食品中的苯并［a］芘均采用 HPLC 法,可根据 B［a］P 和其他多环芳烃的荧光光谱或紫外吸收特性检测。对于植物油脂、水产品、食品接触材料中包括 B［a］P 在内的数十种多环芳烃的同时分离检验,也可采用气相色谱-质谱法（GB/T 23213,SC/T 3042、SN/T 2279）。

二、气相色谱-质谱法

（一）原理

植物油中的多环芳烃用乙腈-丙酮溶液超声提取,提取液浓缩后用乙酸乙酯-环己烷（5+5）溶解,再用凝胶渗透色谱净化;水产品中的 PAH 用氢氧化钾-甲醇溶液皂化,环己烷萃取,硫酸溶液洗涤,硅胶柱净化;气相色谱-质谱-选择离子法测定,内标法定量。

（二）分析步骤

1. 提取　①植物油样:取适量样品,加入内标工作液（氘代-菲 D10,氘代-蒽 D10,氘代-苯并［a］芘 D12 为内标物）,用乙腈-丙酮（5+5）提取。残渣用乙腈-丙酮重复提取,合并提取液并浓缩近干,用乙酸乙酯溶解残渣,N₂ 吹至近干,少量乙酸乙酯-环己烷（5+5）涡旋溶解后,过有机相滤膜,待净化;②水产品:准确称取均匀肉糜试样,加入氢氧化钾-甲醇溶液,于80℃水浴回流提取 2~4 小时。冷至室温后离心,取上清液,用环己烷洗涤回流瓶,离心后,合并上清液和洗液,振摇,静置分层,下层皂化液相再用环己烷提取一次,合并环己烷提取液。

2. 净化 ①植物油提取液:用内装 Bio Beads S-X3 填料的凝胶渗透色谱柱净化。流速 3.0ml/min,收集 10~18 分钟的馏分,于 40℃水浴旋转浓缩近干,用乙酸乙酯 - 环己烷(5+5)溶解,N_2 吹至近干,再于乙酸乙酯 - 环己烷液中涡旋溶解残渣,定容;②水产品提取液:依次用 50% 甲醇、水、60% 硫酸溶液分别洗涤提取液。静置分层后弃去下层液体。上层环己烷层用水洗至中性后用无水硫酸钠脱水,40℃水浴旋转蒸发浓缩。浓缩液用硅胶柱净化,以环己烷 - 二氯甲烷(8+2)溶液淋洗,收集洗脱液。于洗脱液中加入内标使用溶液,40℃水浴蒸发浓缩,氮气吹干,用正己烷定容。

3. 测定

(1) GC 参考条件:DB-17MS 色谱柱(30m×0.25mm,0.25μm)或等效色谱柱;恒压模式;载气:高纯氮气;进样口温度 290℃;进样量 1μl;升温程序如下:

$$70℃,2min \xrightarrow{25℃/min} 150℃ \xrightarrow{3℃/min} 200℃ \xrightarrow{8℃/min} 280℃,8min$$

(2) 质谱参数:离子源温度:150℃;四极杆温度 230℃;色谱 - 质谱接口温度 280℃;离子化方式,EI;电子能量:70eV;调谐方式:选择离子;不分流进样。

根据色谱峰的保留时间并选择待测多环芳烃的定性离子进行定性分析,依据为:在相同的测试条件下被测样品色谱峰的保留时间与标准工作液相比,变化必须在 ±0.08 分钟以内;每个组分至少要选择监测 3 个特征离子,被测样品的监测离子的相对丰度与标准工作溶液的相对丰度两者之差应不大于允许的最大偏差。

根据待测多环芳烃的定量离子和指定的内标物质,以标准溶液中被测组分浓度和内标物质浓度的比值为横坐标,标准溶液中被测组分峰面积和内标物质峰面积的比值为纵坐标,绘制标准曲线,内标法定量。

(三)方法说明

1. 本方法适用于植物油及水产品中多环芳烃的测定,方法检出限为 1μg/kg。

2. 检测多环芳烃的实验过程中要避免阳光直射;低分子量多环芳烃易挥发,浓缩时不能蒸干。某些多环芳烃有致癌性,操作应在通风橱中进行,注意防护。

3. Bio Beads S-X3 凝胶渗透色谱柱填料,其介质是中性、多空的聚苯乙烯二乙烯苯微球体,分子量排阻范围在 400~14 000,用于分离除去分子量小的有机多聚物和其他疏水杂质。

三、高效液相色谱法

(一)原理

样品中的苯并[a]芘用环己烷等有机溶剂提取,提取液通过弗罗里硅土柱或中性氧化铝柱时,苯并[a]芘被吸附,用正己烷或石油醚洗脱,浓缩后进样。经色谱柱分离,荧光检测器检测,保留时间定性,峰高或峰面积标准曲线法定量。

(二)分析步骤

1. 提取和净化

(1) 动植物油脂:取适量样品,用少量石油醚溶解。用中性氧化铝层析柱净化,以石油醚为洗脱剂,收集洗脱液,浓缩后用 N_2 吹干,用少量乙腈 - 四氢呋喃溶液溶解残渣,过 0.45μm 的滤膜,待测。

(2) 肉制品:取适量样品加入环己烷,匀浆后超声波提取。提取液浓缩后用二甲基亚砜萃取,萃取液经无水硫酸钠干燥后用环己烷反萃取,环己烷萃取液用 N_2 吹至近干后,用少量甲醇溶解,定容,过滤,待测。

（3）水产品：取适量匀浆后样品，加入一定量的甲醇、50% 氢氧化钾溶液，在 60℃ 水浴下浸提。超声波振荡后加入适量环己烷，离心提取。环己烷提取液经无水硫酸钠干燥后浓缩，浓缩液用正己烷转移至固相萃取柱净化，用环己烷 - 二氯甲烷溶液洗脱，洗脱液浓缩后用 N_2 吹至近干，用少量乙腈溶解残渣，过滤后，待分析。

2. 测定 色谱参考条件：PAH 色谱柱或 C_{18} 柱（250mm × 4.6mm，5μm）；流动相：乙腈 - 水（75+25 或 88+12）；流速：1ml/min；荧光检测器：激发波长 384nm，发射波长 406nm。

（三）方法说明

1. 用乙腈（水产品）、甲苯（动植物油脂）、甲醇（肉制品）为溶剂，配制苯并［a］芘的标准储备液，于 4℃ 冰箱中密封保存。上述色谱条件下，B［a］P 的保留时间在 13.4 分钟左右；方法检出限为 0.1μg/kg。

2. 中性氧化铝是具有电中性表面的极性吸附剂，对芳香胺和脂肪胺有较好的保留，远大于对油脂的吸附能力。在动植物油脂样品净化时，用少量石油醚淋洗除去油脂及其他脂溶性杂质，再用大体积石油醚洗脱 B［a］P。

3. 肉制品脂肪含量高，其中的 B［a］P 先用环己烷提取，然后加入亲水性有机溶剂二甲基亚砜反萃取，使脂肪等杂质仍留在环己烷层（弃去），而 B［a］P 进入亲水性有机溶剂中，再以环己烷萃取使待测成分净化。加入无水硫酸钠干燥，促进分层。

4. B［a］P 属于强致癌物，操作时应避免接触皮肤和衣服；标准溶液配制应在通风柜内进行操作；检测后的残渣残液应做妥善的安全处理。

四、荧光分光光度法

样品用有机溶剂提取，皂化，经液 - 液分配或色谱柱净化，然后在乙酰化滤纸上分离。B［a］P 在紫外线照射下，呈蓝紫色荧光斑点。将滤纸上有 B［a］P 荧光斑点的部分剪下，溶剂浸出，用荧光分光光度计测定，与标准比较定量（GB 5009.27）。

第四节 食品中多氯联苯的检验

一、概述

（一）理化性质

多氯联苯（polychlorinated biphenyls，PCBs）是苯环上的氢原子被氯原子取代而形成的氯代芳烃类化合物的总称。结构式如下图，其中（m+n）≤10。理论上 PCBs 有 209 种同系物，商品 PCBs 是一定数量各种同系物的混合物。国际纯粹化学和应用化学联合会（IUPAC）已经对所有 209 种多氯联苯编号，如 PCB198。

PCB198

纯净的 PCBs 为晶状,混合物为黄色或淡黄液体。PCBs 难溶于水,易溶于有机溶剂,沸点 278~475℃,其相对密度、熔点、沸点随氯原子数目增加而增大。其化学性质极为稳定,稳定程度随氯原子数目的增加而提高。当 PCBs 分子中氯原子数多于 4 个时,在常温下不能燃烧和氧化,并具有抗酸、抗碱、耐腐蚀、不易被生物降解等特性。PCBs 的介电常数、热导性、闪点均较高,具有广泛的工业和商业用途。主要用于变压器、电容器空气绝缘油、导热媒体、特种润滑油、涂料、油漆、橡胶软化剂、复写纸、地板砖抗氧化剂和耐腐蚀剂、无碳再生纸、黏合剂、增塑剂、密封胶和金属表面防腐剂等。

二噁英(dioxin)与 PCBs 在结构和理化性质上有很多相似之处,如多氯二苯并二噁英(polychlorinated dibenzo-p-dioxine,PCDD),多氯二苯并呋喃(polychlorinated dibenzofuram,PCDF),因此,二噁英和 PCBs 常混杂在一起。PCDD 和 PCDF 结构式如下:

$$\text{PCDF} \qquad\qquad \text{PCDD}$$

其中(m+n)≤10。

(二)污染来源

PCBs 于 1929 年商业化生产,尽管 20 世纪 70 年代大多数国家已经禁止其生产和使用,但 PCBs 曾经被广泛使用多年。PCBs 通过泄漏、流失、废弃、蒸发、焚烧、掩埋及废水处理等环节而进入环境,污染大气、水源及土壤。PCBs 在自然环境中难以降解,同时由于其低溶解性、高稳定性和半挥发性特点使其能够远程迁移,造成 PCBs 的全球性环境污染,是斯德哥尔摩公约中优先控制的 12 类持久性有机污染物之一。据 WHO1976 年公布,存在于全球大气、水、土壤环境中 PCBs 的污染总量达 25 万吨 ~30 万吨。我国 PCBs 污染物存有量大约在 2 万吨左右,特别是废弃电容器、变压器中的绝缘油泄漏和固体废物的焚烧,造成 PCBs 对环境的严重污染。

食品中的 PCBs 主要来源于环境污染。由于具有生物富集作用,海产品及蛋类、肉类、奶类等动物源性食品及其制品中 PCBs 的含量较高。另外,某些食用油加工过程中由于加热管道内的 PCBs 泄漏,使得 PCBs 含量也较高。

(三)毒性及危害

动物实验表明,PCBs 对皮肤、肝、胃肠系统、神经系统、生殖系统、免疫系统等都有毒性。PCBs 对大鼠和家兔的 LD_{50} 分别为 4~11.3g/kg 和 8~11g/kg,并可引起动物和人体一系列的毒性反应。动物急性中毒可见腹泻、甲状腺功能紊乱、抑制中枢神经系统等直至死亡。慢性毒性可导致肝功能障碍、免疫抑制、内分泌功能失调等。实验证明,PCBs 氯原子数、取代位置及分子空间结构不同,毒性也不同。共平面结构、邻位取代及氯原子数愈少其毒性愈强。PCBs 是肿瘤的引发剂和促进剂,可诱发鼠和鸟类肝癌,国际癌症研究中心已将 PCBs 列为人体致癌物质。

(四)食品安全标准

食品安全国家标准(GB 2762)规定了水产动物及制品中多氯联苯的限量,以 PCB28、PCB52、PCB101、PCB118、PCB138、PCB153、PCB180 总和计,PCBs≤0.5mg/kg。

（五）检验方法

由于PCBs各种异构体和同系物毒性不同，所以除测定其总量以外，还需分别测定各异构体含量。国内外PCBs的测定方法有气相色谱法、高效液相色谱法、红外光谱法及仪器联用技术等。我国标准检验方法为气相色谱 - 质谱法或气相色谱法（GB/T 5009.190、GB/T 22331、NY/T 1661）。

二、动物源性食品中多氯联苯的气相色谱分析

（一）原理

乳及乳制品用碱皂化，正己烷提取；水产品以PCB209为定量内标，正己烷 - 丙酮混合溶液提取，浓硫酸硅胶净化柱净化；其他食品以PCB198为内标，正己烷等振荡提取后，经硫酸处理、色谱柱净化。采用气相色谱法，电子捕获检测器检测，以保留时间或相对保留时间定性，水产品中以内标法定量，乳及乳制品用标准曲线法定量。

（二）分析步骤

1. 样品处理

（1）水产品：取适量匀浆样品，加入一定量PCB209内标溶液及无水硫酸钠，用正己烷 - 丙酮（5+5）混合液超声波提取。提取液浓缩后加入酸化硅胶，涡旋静置，上清液用硅胶柱吸附，正己烷洗脱，洗脱液蒸发至近干后，用正己烷定容。

（2）乳及乳制品：样品加一定量的氢氧化钾 - 乙醇溶液皂化，水浴回流提取。皂化液冷至室温后，用环己烷洗涤回流瓶，合并环己烷，加水振摇，静置分层。水相重复提取2次，合并正己烷层用水洗至中性后，过无水硫酸钠柱脱水，浓缩近干。用正己烷定容，缓慢加入适量浓硫酸净化除脂，剧烈振荡，离心，取上清液待测。

（3）其他固体或液体样品：固体样品捣匀后以正己烷 - 二氯甲烷提取；液体样品以乙醚 - 正己烷提取、离心后，上清液过硫酸钠柱，残渣重复提取，合并提取液，旋转蒸发浓缩。浓缩液用正己烷定容，用浓硫酸净化除脂，洗涤有机层至无色。将硫酸净化液转移至碱性氧化铝柱上，依次用正己烷、正己烷 - 二氯甲烷（95+5）洗脱，洗脱液浓缩近干，待分析。

2. 测定 仪器参考条件为DB-5色谱柱（30m×0.25mm，0.25μm）或等效色谱柱；进样口温度290℃；ECD检测器，载气为高纯氮气；不分流进样。升温程序如下：

$$90℃，0.5min \xrightarrow{15℃/min} 200℃，5min \xrightarrow{2.5℃/min} 250℃，2min \xrightarrow{20℃/min} 260℃，5min$$

（三）方法说明

1. 国家标准（GB/T 22331）适用于水产品中PCBs的检验，方法检出限为0.3μg/kg；农业部标准（NY/T 1661）适用于乳及乳制品；其他动物源性食品中的PCBs依据国家标准（GB/T 5009.190）检验。

2. PCBs是脂溶性物质，水产品用正己烷 - 丙酮提取后，脂肪随PCBs一并提取出来。提取液中加入酸化硅胶可去除脂肪，硅胶柱可对提取液进一步除脂净化。

第五节 食品中氯丙醇检验

一、概述

（一）理化性质

氯丙醇（chloropropanols）是甘油上的羟基被氯原子取代后所形成的一类化合物，包括：

单氯取代的 3- 氯 -1,2- 丙二醇(3-monochloro-1,2-propanediol,3-MCPD)和 2- 氯 -1,3- 丙二醇(2-monochloro-1,3-propanediol,2-MCPD);双氯取代的 1,3- 二氯 -2- 丙醇(1,3-dichloro-2-propanol,1,3-DCP)和 2,3- 二氯 -1- 丙醇(2,3-dichloro-1- propanol,2,3-DCP)。四种氯丙醇结构式如下：

$$
\begin{array}{cccc}
H_2C{-}OH & H_2C{-}OH & H_2C{-}Cl & H_2C{-}OH \\
| & | & | & | \\
HC{-}OH & HC{-}Cl & HC{-}OH & HC{-}Cl \\
| & | & | & | \\
H_2C{-}Cl & H_2C{-}OH & H_2C{-}Cl & H_2C{-}Cl
\end{array}
$$

3- 氯 -1,2- 丙二醇　　2- 氯 -1,3- 丙二醇　　1,3- 二氯 -2- 丙醇　2,3- 二氯 -1- 丙醇

常温下 3-MCPD 为无色、有甜味的液体。分子量 94.5,沸点 165℃,相对密度 1.131,可溶于水,溶于丙酮、苯、甘油、乙醇、乙醚和四氯化碳等有机溶剂。化学性质较活泼,放置后渐变为稻黄色,易潮解。可用于制造环氧丙烷或丙二醇,广泛用于生产聚氨基甲酸酯和其他不饱和聚酯树脂,也用于合成药品氯丙嗪。

（二）污染来源

食品中的氯丙醇主要来源于酸水解植物蛋白液(hydrolysed vegetable protein,HVP)。HVP 是以含有植物蛋白的豆粕、花生、小麦、玉米等为原料,通过盐酸水解或蛋白酶分解,再经碱中和制成的多肽和氨基酸调味液,常被用于配制酱油、鸡精、方便面调料、保健食品等。植物蛋白中的残留脂肪(甘油三酯)高温下水解生成的甘油与盐酸中的氯离子发生氯化取代反应,生成了一系列氯丙醇。在植物蛋白的酸水解液中,以 3-MCPD 为主,所以通常只需测定该成分。此外,环氧树脂是目前食品工业中的主要包装材料之一,也是水纯化处理常用的交换树脂,它可水解产生 3-MCPD,造成食品污染。

（三）毒性与危害

氯丙醇主要损害人体的肝、肾、神经系统和血液循环系统。急性毒性试验显示:3-MCPD 大鼠经口 LD_{50} 为 150mg/kg,可引起肝、肾和雄性生殖能力损害。3-MCPD 和 1,3-DCP 具有致癌性,可引起大鼠肝、肾、口腔、甲状腺癌变。1,3-DCP 还具有体外遗传毒性,可致染色单体断裂,使精子减少和精子活性减低,使生殖能力减弱。由于氯丙醇的毒性,各国均采取措施限制其在食品中的含量。

（四）食品安全标准

食品安全国家标准(GB 2762)仅对添加酸水解植物蛋白的液态和固态调味品中的 3- 氯 -1,2- 丙二醇含量规定了限量,分别为≤0.4mg/kg 和 1.0mg/kg。

（五）检验方法

食品中氯丙醇的检验,先要提取样品中的氯丙醇,再将其衍生化后采用气相色谱 - 电子捕获器检测或气相色谱 - 质谱法(GB 5009.191)分析。样品的提取、净化方法有液 - 液萃取、基质固相分散萃取及固相微萃取等,多采用硅藻土吸附、正己烷除脂、乙醚洗脱的提取净化步骤。氯丙醇极性较大,沸点较高,衍生化后可以提高检测灵敏度,较好的衍生试剂有七氟丁酰基咪唑、三氟乙酸酐、4- 庚酮等。

二、气相色谱 - 质谱法

（一）原理

采用同位素稀释技术,在样品中加入 d^5-3- 氯 -1,2- 丙二醇(d^5-3-MCPD)内标溶液,以硅

藻土（Extrelut™20）为吸附剂，采用柱色谱分离，用正己烷-乙醚（9+1）洗脱样品中非极性的脂质组分，用乙醚洗脱样品中的3-MCPD，用七氟丁酰基咪唑（HFBI）溶液为衍生化试剂。采用选择离子监测（SIM）质谱扫描模式进行定量分析，内标法定量。

（二）分析步骤

1. 样品制备　取适量样品，加 d^5-3-MCPD 内标液，加2~3倍量的氯化钠饱和溶液，超声波提取或放置过夜，离心，取上清液提取。

2. 提取　将一袋 Extrelut™20 柱填料分为两份，一份加到样品溶液中，另一份装入色谱柱中（下端填以玻璃棉）。将样品与吸附剂的混合物装入色谱柱中，上层加无水硫酸钠。放置后，用正己烷-乙醚淋洗非极性成分，乙醚洗脱3-MCPD（流速约为8ml/min）。洗脱液中加无水硫酸钠，静置过滤。滤液于35℃下浓缩，乙醚定容。加少量无水硫酸钠，振摇，放置。

3. 衍生化　取样液1ml，在室温下用氮气吹至近干，立即加入2,2,4-三甲基戊烷1ml，七氟丁酰基咪唑0.05ml，立即密塞，涡漩混合后，于70℃保温20分钟。在室温下，加饱和氯化钠溶液，涡漩混合，待两相分离后，取有机相加无水硫酸钠干燥。供GC-MS测定。同时做试剂空白。

4. 测定

（1）标准溶液配制：取标准系列（0~6mg/L），加入 d^5-3-MCPD 内标溶液和2,2,4-三甲基戊烷和七氟丁酰基咪唑，立即密塞。以下步骤同样品衍生化步骤。

（2）色谱参考条件：DB-5-MS色谱柱（30m×0.25mm,0.25μm）；进样口温度：230℃；传输线温度：250℃；程序温度：50℃保持1分钟，以2℃/min速度升至90℃，再以40℃/min的速度升至250℃，并保持5分钟。载气：氦气，柱前压为6psi；不分流进样，进样体积1μl。

质谱参数：电离模式：电子轰击源（EI）能量为70eV；电离源温度为200℃；分析器电压450V；溶剂延迟为12分钟；质谱采集时间12~18分钟。

扫描方式：采用选择离子扫描（SIM）采集。3-MCPD的特征离子为 m/z 253、275、289、291和453；d^5-3-MCPD的特征离子为 m/z 257、294、296和456。选择不同的离子通道，以 m/z 253作为3-MCPD的定量离子，m/z 257作为 d^5-3-MCPD的定量离子。以 m/z 253、275、289、291和453作为3-MCPD定性鉴别离子，考察各碎片离子与 m/z 453离子的强度比。要求：四个离子（m/z 253、275、289和291）中至少两个离子的强度比不得超过标准溶液的相同离子强度比的 ±20%。

（3）测定：3-MCPD 和 d^5-3-MCPD的保留时间为16分钟左右。记录3-MCPD 和 d^5-3-MCPD的峰面积。计算3-MCPD（m/z 253）和 d^5-3-MCPD（m/z 257）的峰面积比，以各系列标准溶液的进样量（ng）与对应的3-MCPD（m/z 253）和 d^5-3-MCPD（m/z 257）的峰面积比，绘制标准曲线。

（三）方法说明

1. 试剂空白　取饱和氯化钠溶液10ml，加 d^5-3-MCPD 内标溶液50μl，超声波15分钟。后面的步骤与样品提取及衍生化方法相同。

2. Extrelut硅藻土吸水性好，可降低氯丙醇在水相中的溶解度；正己烷-乙醚淋洗液去除脂溶性杂质，而3-MCPD不被洗脱；采用同位素内标后，3-MCPD的回收率在78%以上。

3. 同位素稀释技术　是用同位素标记标准物质加入到样品和标准系列中，作为内标物，以内标法定量。采用同位素稀释法，可有效降低目标化合物的损失、不定量分离、基体效应、信号波动等对分析结果准确度的影响。本法测定限为5μg/kg。

第六节　食品中邻苯二甲酸酯类化合物检验

一、概述

（一）理化性质

邻苯二甲酸酯（phthalates，PAEs），又称酞酸酯，是邻苯二甲酸形成的酯类物质的统称。PAEs 主要用于聚氯乙烯材料，使聚氯乙烯由硬塑胶变为有弹性的塑胶，起到增塑剂（塑化剂）的作用。常用的增塑剂为邻苯二甲酸与 4~15 个碳的醇形成的酯，其结构式为：

PAEs 类物质大多是无色透明的油状液体，有特殊气味，一般难溶于水，易溶于有机溶剂，属中等极性物质，可通过呼吸、饮食和皮肤接触等进入人和动物体内。PAEs 普遍应用于玩具、食品包装材料、医用血袋和胶管、乙烯地板、壁纸、清洁剂、润滑油、个人护理用品等多种产品中，是目前使用最广泛、品种最多、产量最大的增塑剂。

（二）污染来源

食品中的 PAEs 主要污染途径是：食品包装材料中含有大量的增塑剂，如白酒包装中使用的塑料瓶盖，韧性包装中使用的印刷油墨、包装纸和塑料制品中使用的胶、铝箔薄片及密封圈等，接触食品后导致迁移；食品在加工、运输和包装过程中使用了含邻苯二甲酸酯类物质的塑料管道、设备及润滑剂导致污染，如牛奶场使用的塑料吸奶器、塑料软管；甚至非法加入食品中改变其感官性状，以牟取暴利。

（三）毒性及危害

世界卫生组织（WHO）早在 1995 年就将邻苯二甲酸酯定为必须控制的一类内分泌干扰激素。PAEs 通过食品接触材料迁移到食品中，进入人体，直接或间接影响人体正常的激素代谢，引起各种病理改变。PAEs 有类似雌性激素的作用，可使男子精液量和精子数量减少，严重者会导致睾丸癌。PAEs 还能增加女性患乳腺癌的概率，并有可能危害其将来生育的男婴生殖系统。该物质对儿童的神经发育也有影响。

（四）食品安全标准

邻苯二甲酸酯类物质不是食品原料，也不是食品添加剂，严禁在食品、食品添加剂中人为添加。但可用于食品塑料包装材料的增塑剂，其使用必须符合国家强制性标准 GB 9685《食品容器、包装材料用添加剂使用卫生标准》。同时规定食品、食品添加剂中的邻苯二甲酸二（2-乙基）己酯、邻苯二甲酸二异壬酯和邻苯二甲酸二丁酯最大迁移量分别为 1.5mg/kg、9.0mg/kg和 0.3mg/kg。

GB 9685 中明确规定了食品塑料容器、包装材料中使用邻苯二甲酸酯类化合物可以使用的品种、范围和使用限量。如邻苯二甲酸二（2- 乙基）己酯（DEHP）、邻苯二甲酸二异辛酯（DIOP）、邻苯二甲酸二甲酯、邻苯二甲酸二异丁酯、邻苯二甲酸二异壬酯、邻苯二甲酸二丁酯和邻苯二甲酸二烯丙酯等可以适量添加在塑料包装材料中，规定 DIOP、DEHP 不得添加在接触脂肪性食品的容器中,且不得用于接触婴幼儿食品用的材料。

（五）检验方法

国家和进出口检验检疫行业标准中对食品中邻苯二甲酸酯（GB/T 21911）、食品塑料包装材料（GB/T 21928）、出口食品（SN/T 3147）及与食品接触的塑料成型品（SN/T 2037）中邻苯二甲酸酯的含量或迁移量的测定主要为气相色谱 - 质谱联用法。

二、气相色谱 - 质谱法

（一）原理

食品样品经提取、净化后,用气相色谱 - 质谱法进行测定。采用特征选择离子监测扫描模式（SIM）,以色谱保留时间和碎片的丰度比定性,根据标准的定量离子的峰面积,用标准曲线法定量。

（二）分析步骤

1. 样品处理

（1）液体样品:含有二氧化碳的样品应先除去二氧化碳。不易乳化的试样,加入氯化钠至水相饱和,用正己烷提取;易乳化的样品,先用乙腈提取,在提取液中加入氯化钠至水相饱和,涡旋后静置或离心分层,将乙腈层吹氮浓缩至近干后挥干,再用正己烷定容,供 GC-MS 分析。

（2）固体或半固体试样:对不含油脂的样品,视试样水分含量加水、加氯化钠至水相饱和,加入乙腈提取样品中的 PAEs,提取液挥干后用正己烷定容。含油脂试样用乙腈提取、氮气吹至近干、甲醇定容后,放入 −18℃的冰箱冷藏 2 小时,冷冻离心,取上清液,待分析。

固体试样处理也可采用固相萃取（SPE）法。称取适量样品,加入正己烷、乙腈,涡旋混合并离心分层,取下层清液。用乙腈重复提取一次,合并提取液于 40℃下氮气吹至近干。加入少量正己烷振荡混匀后加入到 SPE 小柱上,控制流速 1ml/min,收集流出液;再依次加入正己烷、4% 丙酮 - 正己烷溶液洗涤,收集并合并流出液,挥干后用少量正己烷定容。

（3）食品塑料包装材料:将试样粉碎至单个颗粒≤0.02g 的细小颗粒,混合均匀,准确称取适量试样,加入正己烷,超声波提取,滤纸过滤。用正己烷重复提取三次,合并提取液用正己烷定容,依据试样中邻苯二甲酸酯含量做相应稀释。

2. 仪器参考条件

（1）色谱条件:TG/DB-5MS 色谱柱（60m × 0.25mm,0.25μm）或相当柱;进样口温度:280℃;载气:高纯氦气,恒流模式,流速 1.5ml/min;不分流进样,进样体积 1μl。程序温度如下:

$$60℃,1min \xrightarrow{30℃/min} 160℃,1min \xrightarrow{3.5℃/min} 220℃,2min \xrightarrow{5℃/min}$$
$$270℃,5min \xrightarrow{2℃/min} 280℃,7min \xrightarrow{10℃/min} 300℃,1min$$

（2）质谱参数:电子轰击电离源（EI）能量为 70eV;离子源温度 250℃;选择离子检测模式（SIM）;接口温度 300℃;溶剂延迟时间为 10 分钟。

3. 测定　分别称取 23 种邻苯二甲酸酯标准品,用正己烷配制标准系列,取标准系列、样品处理液及空白溶液分别进样 1μl。记录不同浓度下 23 种邻苯二甲酸酯的峰面积,分别绘制标准曲线。根据样品峰面积与相应 PAE 的标准曲线求得样品中所含某种邻苯二甲酸酯的浓度。

上述条件下,23种邻苯二甲酸酯标准溶液的GC-MS-SIM见图10-2。

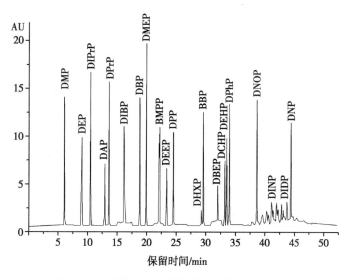

图10-2　邻苯二甲酸酯混合标准溶液的色谱图

（三）方法说明

1. 样品制备过程应避免接触塑料,防止样品受到污染或被测物含量变化。液体样品混合均匀;固体或半固体样品粉碎混匀;胶囊、锭状或粉状样品粉碎并研磨成细粉状。粉状试样于0~4℃保存;其他试样于−18℃以下冷冻保存。

2. 本法适用于液体饮料、固体饮料、果酱、果浆、果冻、调味品、香精香料、油脂类食品、乳制品、面淀粉制品及糕点中23种邻苯二甲酸酯的测定。测定限对邻苯二甲酸二异壬酯、邻苯二甲酸二异癸酯为0.5mg/kg,其他化合物为0.1mg/kg。

3. 定性时,样液的保留时间与标准溶液应一致(±5%),扣除背景后的样品质谱图中,所选择的离子均应出现,而且所选择的离子丰度比与标准样品的离子丰度比相一致。

4. 所用SPE固相萃取小柱为ProElut PSA玻璃柱,使用前需分别加入丙酮和正己烷活化。

本 章 小 结

本章主要介绍了食品中铅、砷、汞、镉、N-亚硝胺、苯并[a]芘、多氯联苯、氯丙醇及邻苯二甲酸酯类等常见化学污染物的检验。

检验食品中Pb、As、Hg、Cd等有害元素时,首先要对样品进行无机化处理,处理方法一般采用压力消解罐消解法、干灰化法、过硫酸铵灰化法及湿消化法等。采用石墨炉原子吸收法或原子荧光法测定Pb;原子荧光法、银盐法或硼氢化物还原分光光度法测定As;石墨炉或火焰原子吸收法测定Cd;一般采用荧光或冷原子吸收法测定Hg,形态Hg的分析为液相色谱-原子荧光光谱联用法。

对于食品中有机化学污染物的检验,需对样品进行提取、分离、净化后再分析。采用气相色谱-热能分析法（GC-TEA）或气相色谱-质谱法（GC-MS）测定N-亚硝胺化合物;GC-MS、HPLC或荧光光度法测定苯并[a]芘;一般采用GC法检验食品中的多氯联苯;氯丙醇和邻苯二甲酸酯类化合物采用GC-MS法测定。

思考题

1. 简述国家标准规定的食品中铅、砷、汞、镉的测定方法（第一法）的测定原理。

2. 试述食品中 N- 亚硝胺类化合物的主要来源、样品提取方法及气相色谱 - 热能分析法的测定原理。

3. 简述食品中苯并[a]芘的主要来源及对人体的危害,苯并[a]芘检验过程中应注意哪些安全问题。高效液相色谱法测定苯并[a]芘的方法原理。

4. 以牛奶样品为例,简述其多氯联苯残留的气相色谱测定法。

5. 氯丙醇的性质、食品中的来源、对人体的危害及其检验方法是什么?

6. 试述食品中邻苯二甲酸酯的污染途径、对人体的危害及主要检验方法。

（石红梅）

第十一章　几类常见食品理化检验

食品从种植、养殖到餐桌的各个环节,有可能因为污染、腐败变质、掺伪及某些加工工艺等而存在有毒有害物质,出现食品安全问题。因此,世界各国和地区都制定了相应的食品标准,对相关指标及检验方法做了明确的规定。本章针对几类常见食品的安全管理要求,介绍相关理化指标的检验方法。

第一节　粮　食　检　验

一、概述

粮食是供食用的谷物、豆类和薯类的统称。谷物包括稻类(稻谷等)、麦类(小麦、大麦、燕麦、黑麦等)、旱粮类(玉米、高粱、粟、稷、薏仁、荞麦等)、杂粮类(绿豆、豌豆、赤豆、小扁豆、鹰嘴豆等)、成品粮(大米粉、小麦粉、全麦粉、玉米糁、高粱米、大麦粉、荞麦粉、莜麦粉、甘薯粉等)。粮食的主要食品安全问题有:真菌和真菌毒素的污染、有害金属的污染、农药(包括粮食熏蒸剂)残留、混杂有毒种子及仓库害虫等。为了确保粮食的质量与安全,根据食品安全国家标准(GB 2761~2763)及国家标准《粮食卫生标准》(GB 2715)需进行理化检验的指标有:总砷(谷物及其碾磨加工品)、无机砷(稻谷、糙米、大米)、汞、铅、镉、粮食熏蒸剂残留、有机氯农药、有机磷农药、溴氰菊酯等农药残留、真菌毒素;谷物及其制品还应检测铬和苯并[a]芘的含量。在本书相应章节中已经讲述了以上指标的检验方法,本节着重对粮食熏蒸剂进行讨论。

熏蒸剂(fumigant)是指在特定的温度和压力下,能够形成足够的气态浓度使储粮有害微生物致死的化学药剂。

粮食在贮存过程中,可滋生仓储害虫。当仓库温度在18~21℃、相对湿度为65%以上时,适宜虫卵孵化及害虫繁殖。从世界范围来看,已发现有近300种仓储害虫,我国常见的有甲虫、螨虫、蛾类等50多种。为了防治仓储害虫,常使用粮食熏蒸剂。目前使用的粮食熏蒸剂有磷化物、氯化苦、硫酰氟、马拉硫磷、甲基毒死蜱等。多数熏蒸剂在处理后的粮食上能较快挥发,但使用浓度过高或受到气象条件的影响,可能会较长时间残留于粮食中,对人体产生危害。我国《食品安全国家标准　食品中农药最大残留限量》(GB 2763)规定的常见熏蒸剂最大残留限量见表11-1。

二、粮食中磷化物检验

磷化物(phosphide)包括磷化铝、磷化镁、磷化锌等,遇水和酸放出磷化氢气体(PH_3)。磷化氢气体无色,有芥子气味,熔点 –133.5℃,沸点 –87.5℃,不稳定,加热易分解。磷化氢气体急性中毒时主要表现为头晕、头痛、恶心、乏力、食欲缺乏、胸闷及上腹部疼痛,严重者有中毒性精神症状、脑水肿、肺水肿、肝、肾及心肌损害、心律不齐等症状;慢性损害主要表现为头晕、失眠、鼻咽部干燥、恶心与乏力等。

表 11-1　粮食中常见熏蒸剂最大残留限量(mg/kg)

项目	食品类别/名称	最大残留限量
磷化铝(以 H_3P 计)	稻谷、麦类、旱粮类、杂粮类、成品粮	≤0.05
磷化镁(以 H_3P 计)	稻谷	≤0.05
氯化苦	稻谷、麦类、旱粮类、杂粮类	≤0.1
马拉硫磷	糙米	≤1
	稻谷、麦类、旱粮类、杂粮类	≤8
	大米	≤0.1
	鲜食玉米	≤0.5
甲基毒死蜱	稻谷、麦类、旱粮类、杂粮类、成品粮	≤0.5

粮食中磷化物残留量的测定主要采用钼蓝分光光度法(GB/T 5009.36,GB/T 25222)。

1. 原理　磷化物遇水和酸产生磷化氢,蒸出后吸收于酸性高锰酸钾溶液中,被氧化成磷酸,再与钼酸铵作用生成磷钼酸铵,被氯化亚锡还原成蓝色化合物钼蓝,与标准系列比较定量。反应方程式为:

$$P^{3-}+3H^+ \longrightarrow PH_3\uparrow$$
$$5PH_3+8KMnO_4+12H_2SO_4 \longrightarrow 5H_3PO_4+4K_2SO_4+8MnSO_4+12H_2O$$
$$2H_3PO_4+24(NH_4)_2MoO_4+21H_2SO_4 \longrightarrow 2[(NH_4)_3PO_4\cdot12MoO_3]+21(NH_4)_2SO_4+24H_2O$$
$$(NH_4)_3PO_4\cdot12MoO_3+2SnCl_2+7HCl \longrightarrow 3NH_4Cl+2SnCl_4+2H_2O+(Mo_2O_5\cdot4MoO_3)_2\cdot H_3PO_4$$
$$\text{钼蓝}$$

2. 分析步骤　按图 11-1 安装磷化氢发生装置。于气体吸收管中加适量高锰酸钾溶液和硫酸。二氧化碳发生瓶中装大理石碎块,从分液漏斗中加入盐酸,产生的二氧化碳气体依次通过装有饱和硝酸汞溶液,酸性高锰酸钾溶液,饱和硫酸肼溶液的洗气瓶,经洗涤后进入反应瓶中。将一定量样品装入反应瓶,由分液漏斗放入硫酸,反应瓶置于沸水浴中,继续通入二氧化碳。反应完毕后,取下吸收管,滴加饱和亚硫酸钠溶液使高锰酸钾溶液褪色,吸收液用于测定。

在样品与标准溶液中分别加硫酸和钼酸铵溶液,混匀,加入氯化亚锡溶液,于 680nm 波长处测定吸光度值,标准曲线法定量。

3. 方法说明

(1)因磷化铝、磷化镁、磷化锌等磷化物不稳定,故用磷酸二氢钾配制标准溶液。

(2)大理石中可能存在含硫化合物等,在酸性条件下能产生一些影响氧化还原反应的气体,如硫化氢等,需要通过洗气消除它们的影响。

(3)应控制钼蓝显色的酸度在 0.78~0.93mol/L 范围内,酸度过高,不显蓝色,酸度过低时,钼酸铵可能被氯化亚锡还原而呈现出假阳性。

(4)当取样量为 50g 时,方法检出限为 0.020mg/kg。

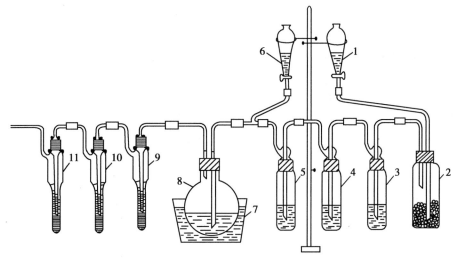

图 11-1　磷化氢发生装置

1,6. 分液漏斗；2. 二氧化碳发生瓶；3,4,5. 洗气瓶；7. 水浴；8. 反应瓶；9,10,11. 气体吸收管

三、粮食中氯化苦检验

氯化苦(chloropicrin)，化学名为三氯硝基甲烷，为无色或微黄色油状液体，沸点 111.9℃，冰点 –69.2℃，相对密度 1.66，其蒸气较空气重 4.7 倍，难溶于水，易溶于乙醇、苯、二硫化碳等多数有机溶剂。化学性质稳定，一般酸碱均不能使其分解。氯化苦是催泪性很强的有毒物质，人吸入其蒸气后可出现咳嗽、呼吸困难、全身无力等症状，重者可中毒死亡。

测定粮食中氯化苦残留量常用分光光度法及气相色谱法，前者为我国国家标准检验方法（GB/T 5009.36）。

（一）分光光度法

1. 原理　氯化苦被乙醇钠分解生成亚硝酸盐，在弱酸性溶液中与对氨基苯磺酸进行重氮化，然后再与 N-1- 萘基乙二胺盐酸偶合生成紫红色化合物，在 538nm 波长处测定吸光度值，与标准系列比较定量。反应式如下：

$$CCl_3NO_2 + 4C_2H_5ONa \longrightarrow C(OC_2H_5)_4 + 3NaCl + NaNO_2$$

（反应式图）

紫红色

179

2. 方法说明

（1）金属钠与乙醇作用放出氢气,配制乙醇钠时应远离火源,戴防护眼镜和手套。金属钠一般保存于煤油中,遇水会激烈反应产生氢气,切勿与水相遇,避免着火,剩余的金属钠及切下的碎片应放回原煤油中保存。

（2）配制氯化苦标准溶液时,应将氯化苦加入盛有适量乙醇溶剂的容量瓶中,用增重法得出氯化苦的质量,再稀释后配制一定浓度的标准使用液;无氯化苦标准品时,可用亚硝酸钠代替。

（3）当取样量 20g 时,该法检出限为 0.050mg/kg。

（二）气相色谱法

1. 原理　残留在粮食中的氯化苦,通氮吹蒸,吸收于石油醚中,经气相色谱分离,电子捕获检测器检测。根据保留时间定性,标准曲线法定量。

2. 测定　色谱参考条件为玻璃色谱柱(1.5m×3mm),内装涂以 10%DC-200 的 Chromosorb W 担体(60~80 目);柱温:100℃;气化室温度:150℃;检测室温度:200℃;载气(氮气)流速:10ml/min。

3. 方法说明　本法可同时分离测定二硫化碳、溴甲烷、四氯化碳,出峰顺序为空气、二硫化碳、氯化苦、四氯化碳。采用的蒸馏装置见图 11-2。

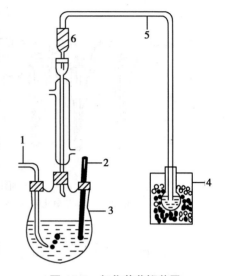

图 11-2　氯化苦蒸馏装置
1. 进气管;2. 温度计;3. 三颈烧瓶;
4. 冰盐浴;5. 导气管;6. 干燥管

第二节　食用油脂检验

一、概述

（一）食用油脂的主要安全问题

食用油脂按其来源可分为植物油和动物脂肪。植物油如花生油、豆油、菜籽油、棉籽油、芝麻油、葵花籽油、玉米胚芽油、米糠油、椰子油等。动物脂肪如猪油、黄油、牛油、羊油等。食用油脂是以甘油三酯为主,并包含其他多种组分的混合物。食用油脂常因原料不纯、生产工艺不合理及储运不当等原因,产生一系列的安全问题。

1. 油脂酸败(rancidity)及高温劣变　油脂由于含有杂质或在不适宜条件下久藏而发生一系列化学变化和感官性状恶化,称为油脂酸败。油脂酸败的过程主要是水解和氧化。水解后分解成甘油、甘油一酯或甘油二酯及相应的脂肪酸。氧化一般多发生在不饱和脂肪酸,特别是多不饱和脂肪酸。不饱和脂肪酸在紫外线和氧的作用下双键打开形成过氧化物,再继续分解为低分子脂肪酸、醛、酮、醇等物质。油脂在高温煎炸条件下发生氧化、分解、聚合等一系列复杂化学反应,产生各种分解产物及聚合物,使油脂的品质劣变。

油脂酸败及高温劣变的产物非常复杂,其中一些产物可作为评价油脂酸败及高温劣变的指标。

（1）过氧化值(peroxide value,POV):油脂中不饱和脂肪酸被氧化形成的过氧化物含量称为过氧化值,一般以 100g 油脂能使碘化钾析出碘的克数表示。POV 是油脂酸败的早期指标,在油脂分解的早期,酸败尚不明显时,POV上升。但油脂严重酸败和劣变时,过氧化值反而下降,因其分解大于产生。

（2）酸价（acid value,AV）:酸价是指中和1g油脂中的游离脂肪酸所需氢氧化钾的毫克数。油脂酸败时游离脂肪酸增加,酸价也随之增高,所以酸价是衡量油脂酸败程度的重要指标。

（3）极性组分（polar compound,PC）:在食品煎炸工艺条件下,食用油脂发生劣变,产生比正常油脂分子（甘油三酯）极性更大的一些成分的总称。包括甘油三酯的热氧化产物、热聚合产物、热氧化聚合产物、水解产物等。极性组分的含量是衡量煎炸油是否过度地被反复使用和有害程度的一个关键指标。

2. 油脂污染及天然存在的有害物质　油料种子被霉菌及其毒素污染后,其毒素可能转移到油脂中,最常见的是黄曲霉毒素;油脂在生产和使用过程中可能受到多环芳烃类化合物、砷、汞等有害物的污染;有些油料作物的种子天然存在一些对人体健康产生毒害作用的物质,在制取油脂过程中有的可大部分或部分转入油脂中,如油菜籽中含有的芥子苷,棉籽中含有的棉酚等。

（二）食用油脂安全标准

我国制定了《食用植物油卫生标准》（GB 2716）、《食用植物油在煎炸过程中的卫生标准》（GB 7102.1）等国家标准,规定的食用植物油理化指标见表11-2。根据GB 2760~2763,食用油脂还需检验抗氧化剂、黄曲霉毒素B_1、铅、总砷、镍（氢化植物油及氢化植物油为主的产品）、苯并[a]芘、有机磷、有机氯、拟除虫菊酯农药等项目。本节将重点介绍过氧化值、酸价、极性组分及游离棉酚的测定。

表11-2　食用植物油理化指标

项目		指标		
		植物原油	食用植物油	煎炸过程中食用植物油
酸价*,（KOH）mg/g	≤	4	3	5
过氧化值*,g/100g	≤	0.25	0.25	—
极性组分,%	≤	—	—	27
浸出油溶剂残留量,mg/kg	≤	100	50	—
游离棉酚,%	≤	—	0.02（棉籽油）	—

注:* 表内项目如具体产品的强制性国家标准中已有规定,按已规定的指标执行

二、过氧化值测定

过氧化值的测定方法主要有滴定法、分光光度法及速测卡等方法。前两法是国家标准《食用植物油卫生标准的分析方法》（GB/T 5009.37）规定方法。速测卡通常用于现场快速筛选。

（一）滴定法

1. 原理　在冰乙酸存在下,油脂中过氧化物与碘化钾反应,生成游离碘,用硫代硫酸钠标准溶液滴定,根据消耗硫代硫酸钠的用量,计算油脂的过氧化值。化学反应式为:

$$R-\underset{|}{\overset{O-O}{\underset{|}{CH}}}-CH-R'+2KI+2HAc \longrightarrow R-\overset{O}{\overset{\diagup\diagdown}{CH-CH}}-R'+I_2+2KAc+H_2O$$

$$I_2+2NaS_2O_3 \longrightarrow 2NaI+Na_2S_4O_6$$

2. 分析步骤　称取一定量的样品于碘量瓶中,加三氯甲烷 - 乙酸混合液溶解样品;加饱和碘化钾溶液,置暗处;取出加水,摇匀,立即用硫代硫酸钠标准溶液滴定,至淡黄色时,加淀粉指示液,继续滴定至蓝色消失为终点,按同一方法做试剂空白试验。根据消耗硫代硫酸钠的体积与浓度,计算样品中过氧化值(g/100g),1.000mol/L 硫代硫酸钠标准溶液 1.00ml 相当于碘的质量为 0.1269g。

3. 方法说明

(1)饱和碘化钾溶液中不能存在游离碘和碘酸盐,在进行空白试验时,当加入淀粉溶液后,若显蓝色,应考虑试剂是否符合要求。

(2)三氯甲烷和乙酸的比例,加入碘化钾后静置时间的长短及加水量等,对测定结果均有影响。三氯甲烷不得含有光气等氧化物,否则应进行处理。

(3)为防止碘被空气中的 O_2 氧化,应避免光线照射,当 I_2 完全析出后,立即用硫代硫酸钠标准溶液滴定。滴定时不要剧烈振摇溶液,避免碘挥发。

(二)分光光度法

1. 原理　样品用三氯甲烷 - 甲醇混合溶剂溶解,样品中的过氧化物将二价铁离子氧化成三价铁离子,三价铁离子与硫氰酸盐反应生成橙红色硫氰酸铁配合物,与标准系列比较定量。化学反应式为:

$$R-\underset{|}{\overset{O-O}{\underset{|}{CH}}}-CH-R'+2FeCl_2+2HCl \longrightarrow R-\overset{O}{\overset{\diagup\diagdown}{CH-CH}}-R'+$$

$$2FeCl_3+H_2OFeCl_3+3KSCN \longrightarrow Fe(SCN)_3+3KCl$$

橙红色

2. 分析步骤　称取一定量样品,用三氯甲烷 - 甲醇(7+3)混合溶剂溶解。在适量样液中加入氯化亚铁溶液,同时取三价铁标准系列,均用三氯甲烷 - 甲醇混合溶剂稀释定容。各加入硫氰酸钾溶液,混匀。于 500nm 波长处测定吸光度值,绘制标准曲线,计算过氧化值。

三、酸价测定

1. 原理　用中性乙醇 - 乙醚混合溶剂溶解油样,以酚酞作指示剂,用碱标准溶液滴定其中的游离脂肪酸,根据消耗碱标准溶液的量计算出油脂的酸价(以氢氧化钾计)。

2. 方法说明

(1)当样液颜色较深时可采用:酸度计指示终点;减少试样用量,或适当增加混合溶剂的用量;可将酚酞指示剂加到样液中,加入适量中性饱和氯化钠溶液,再进行滴定,观察氯化钠溶液的颜色变化确定终点;还可采用碱性蓝 6B、麝香草酚酞等指示剂。

(2)滴定中加入中性乙醇 - 乙醚混合液的量应超过氢氧化钾标准溶液用量的 5 倍,以保证有足够的乙醚使油脂充分溶解,有足量的乙醇防止皂化反应生成的脂肪酸钾盐水解或沉淀析出。

四、极性组分检验

极性组分测定方法有柱色谱法、近红外光谱法、核磁共振法、图像分析法、高效空间排阻色谱法和食用油传感器测定法等。柱色谱法是目前我国标准检验方法（GB/T 5009.202），后5种方法都具有快速和试剂用量少等优点，特别是传感器测定法，其设备简单，便于携带和现场使用。

（一）柱色谱法

1. 原理 油脂通过硅胶柱，用石油醚 - 乙醚洗脱液洗脱，其中的甘油三酯首先被洗脱，挥去溶剂，称量，即为非极性组分的质量，用上柱样品的质量减去非极性组分的质量则为极性组分的质量。

2. 方法说明 要求采用两种类型色谱柱，当实验室温度低于 25℃时，采用常用的色谱柱，见图 11-3 A 型柱，当实验室温度高于 25℃时，为了防止柱内产生气泡，采用带有循环水套的色谱柱，见图 11-3 B 型柱。采用 B 型柱时，冷却水可采用高位瓶法将用冰块调节水温度约为 20℃的水导入柱的夹套，以保证柱温度低于 25℃。

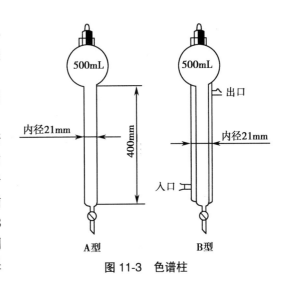

图 11-3 色谱柱

（二）传感器测定法

每种物质的导电率在一定条件下是恒定的，当煎炸油脂发生热分解和氧化时，极性组分增加，其电导率也随之增大，因此，可根据其电导率变化判定油脂是否发生劣变及劣变程度。采用传感器能检测到不同极性组分含量油脂的导电率，再根据柱色谱法测定相应极性组分的含量，建立导电率和含量之间相关关系。该方法具有经济、简单、快速和无化学试剂等优点，适用于快速粗略测定煎炸油脂极性组分含量。

五、游离棉酚检验

棉酚（gossypol），又称棉籽醇，分子式为 $C_{30}H_{30}O_8$，化学名为 2,2'- 双 -1,6,7- 三羟基 -3- 甲基 -5- 异丙基 -8- 甲醛 - 二萘。有醛式、烯醇式、醌式三种互变异构体，其中醛式棉酚的结构式为：

常温下，纯棉酚为黄色结晶，熔点 181.0~181.5℃，易溶于甲醇、乙醇、乙醚、丙酮及三氯甲烷等有机溶剂，也溶于油脂，但不溶于水、正己烷及低沸点的石油醚。棉酚分子中 7 位羟基上的氢，因受邻位羰基的影响易解离而显弱酸性，故可与强碱反应生成盐。棉酚的盐不溶于油脂及有机溶剂,而溶于水。

棉酚主要存在于棉籽中,有游离型和结合型两种,结合棉酚不溶于油脂中,不能被消化道吸收,故认为是无毒的,游离棉酚具有毒性作用,长期食用游离棉酚含量高的棉籽油可引起中毒,其临床表现为皮肤灼热、头晕及低钾血症等,还可导致性功能减退及不育症。

棉籽油中游离棉酚的测定常用紫外分光光度法、苯胺分光光度法、薄层色谱法、高效液相色谱法、高效液相 - 质谱联用法等。其中紫外分光光度法(GB/T 5009.37)和高效液相色谱法(GB/T 5009.148)应用较广泛。

(一)紫外分光光度法

1. 原理　样品中游离棉酚用丙酮提取后,在最大吸收波长 378nm 处测定吸光度值,与标准系列比较定量。

2. 分析步骤　称取一定量的油样,加 70% 丙酮,振荡提取,然后在冰箱中放置过夜。取上清液,过滤。取棉酚标准系列和处理后的样液,各加入 70% 丙酮。以 70% 丙酮做空白对照,于 378nm 波长处测定吸光度值,标准曲线法定量。

3. 方法说明　本法操作简便易行,但若样品处理不当,往往存在干扰,导致结果不理想。

(二)苯胺分光光度法

1. 原理　样品中游离棉酚经丙酮提取后,在乙醇溶液中与苯胺反应生成黄色的二苯胺棉酚,与标准系列比较定量。反应式为:

$$+ 2C_6H_5NH_2 \longrightarrow$$

$$+ 2H_2O$$

2. 分析步骤　称取一定量样品,加入 70% 丙酮,振摇提取,在冰箱中过夜,过滤,取两份滤液各 2.0ml。配制棉酚标准系列,每个浓度各取两份,均加入 70% 丙酮至 2.0ml。将样液和标准分成甲、乙两组,在甲组标准管与样品管中加入苯胺,在水浴中加热,取出冷至室温,再加入 95% 乙醇至 25ml;乙组标准管与样品管中各加入 95% 乙醇至 25ml。放置 15 分钟,在 445nm 波长处,以各组标准零管调节零点,测定两组的吸光度值,以两组对应标准管的吸光度值之差与相应的标准浓度绘制标准曲线,以甲组样液与乙甲组样液的吸光度值之差从标准曲线得出棉酚含量。采用分两组操作,可以消除样品本身颜色等的干扰。

(三)高效液相色谱法

1. 原理　植物油中的游离棉酚用无水乙醇提取,经 C_{18} 柱将棉酚和试样中杂质分离后,在 360nm 波长处检测,与标准比较,根据色谱峰保留时间定性,峰高定量。

2. 分析步骤 植物油样品用无水乙醇提取;对于水溶性样品,用无水乙醚提取,取适量乙醚用氮气吹干后加无水乙醇定容,过滤后测定。

色谱参考条件为 C_{18} 不锈钢色谱柱(250mm×6mm);柱温:40℃;流动相:甲醇-磷酸溶液(85+15);流速:1.0ml/min;进样量:10μl。

3. 方法说明 该方法适用于植物油或以棉籽饼为原料的其他食品中游离棉酚的测定。方法最低检出限为 5ng,检出浓度为 2.5mg/kg。

第三节 肉与肉制品检验

一、概述

肉及肉制品包括鲜(冻)禽畜肉及其副产品、灌肠类、酱卤肉类、熏烤肉类、肴肉类、腌腊肉、火腿、肉松、板鸭等。肉与肉制品的主要安全问题有:畜禽疾病、腐败变质、添加剂、兽药残留及其他化学性污染等。为了确保肉与肉制品的质量安全,根据食品安全国家标准(GB 2762、GB 2763)、《鲜(冻)畜肉卫生标准》(GB 2707)、《鲜(冻)禽产品》(GB 16869)及相关肉制品国家标准(GB 2726~2730)规定,需要进行理化检验的项目指标有:铅、镉、铬、总砷、总汞(肉类)、苯并[a]芘(熏、烧、烤肉类)、N-二甲基亚硝胺(肉类罐头除外)、有机氯农药及兽药残留限量(畜禽肉及其副产品)、挥发性盐基氮〔鲜(冻)畜、禽肉产品〕、亚硝酸盐等食品添加剂(肉制品)、酸价及过氧化值(腌腊肉等制品)。本节重点介绍肉类的腐败变质及其相关指标挥发性盐基氮的测定。

食品腐败变质(food spoilage),一般是指食品在微生物为主的各种因素作用下,所发生的食品成分与感官性状的变化,从而使食品降低或丧失食用价值。肉与肉制品富含蛋白质、脂肪等多种营养成分,如果在生产、加工、运输、贮存、销售等过程中受到微生物的污染,再加上食品酶和其他因素的作用,容易发生腐败变质。其中蛋白质分解产生多种产物,如有机酸、硫化氢、氨、腐胺、尸胺、甲胺、二甲胺及三甲胺等;有些分解产物的含量与肉及肉制品的腐败变质程度相关,通过对相关分解产物的测定可以判断肉与肉制品的新鲜度,常用的指标是挥发性盐基氮(volatile basic nitrogen,VBN),是指动物性食品在腐败过程中,由于酶和细菌的作用,使蛋白质分解产生的氨和胺类等碱性含氮物质。此类物质在碱性溶液中具有挥发性,可用标准酸溶液滴定计算其含量。国家标准(GB 2707 及 GB 16869)规定鲜(冻)畜、禽肉产品的挥发性盐基氮不得超过 15mg/100g。

二、挥发性盐基氮检验

挥发性盐基氮的测定常用半微量定氮法和微量扩散法(GB/T 5009.44)。

(一)半微量定氮法

1. 原理 挥发性盐基氮在弱碱性条件下(氧化镁)被蒸馏出来,吸收于硼酸溶液中,用标准酸溶液滴定,根据消耗酸标准溶液的体积,计算挥发性盐基氮的含量。反应式为:

$$2NH_3+4H_3BO_3 \longrightarrow (NH_4)_2B_4O_7+5H_2O$$

$$(NH_4)_2B_4O_7+2HCl+5H_2O \longrightarrow 2NH_4Cl+4H_3BO_3$$

2. 分析步骤 将样品除去脂肪、骨及肌腱后,切碎搅匀,称取适量,加 10 倍量无氨蒸馏水浸渍 30 分钟,振摇,过滤,滤液置冰箱备用。取适量样液用半微量定氮装置蒸馏,经硼酸溶液吸收后,用盐酸或硫酸标准溶液滴定。

3. 方法说明

(1)实验前用蒸馏水、水蒸汽充分洗涤半微量定氮装置。实验结束后,依次用稀硫酸溶液、蒸馏水并通入水蒸汽洗净内室残留物。

(2)取 2g/L 甲基红乙醇溶液与 1g/L 次甲基蓝乙醇溶液,临用前等体积混合配制混合指示剂。变色点为 pH5.4,呈蓝紫色。

(二)微量扩散法

1. 原理 挥发性盐基氮可在 37℃饱和碳酸钾溶液中释出,挥发后吸收于硼酸溶液中,用标准酸溶液滴定,计算含量。

2. 分析步骤 样品处理同半微量定氮法。

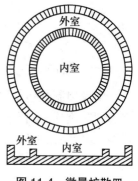

图 11-4 微量扩散皿

在扩散皿(图 11-4)的边缘涂上水溶性胶,在皿中央内室加硼酸吸收液及混合指示剂。在外室一侧加入样品滤液,另一侧加饱和碳酸钾溶液,立即密封,轻轻转动使样品滤液与碱液混合,于 37℃放置 2 小时。用盐酸或硫酸标准溶液滴定,终点呈蓝紫色。同时做试剂空白试验。

3. 方法说明

(1)水溶性胶的制备:称取 10g 阿拉伯胶,加 10ml 水,再加 5ml 甘油及 5g 无水碳酸钾(或无水碳酸钠),研匀。

(2)加盖密封前,勿使外室两侧溶液接触,以防挥发性含氮物质的挥发损失。

(3)扩散皿洗涤时,先经皂液煮洗再经稀酸液中和,蒸馏水冲洗,烘干后才能使用。

第四节 水产品检验

一、概述

(一)水产品的主要安全问题

水产品(aquatic products)包括鱼类、贝类、甲壳类等鲜、冻品及其加工制品,其主要安全问题是腐败变质、天然毒素及各种污染等。

水产品的腐败变质与肉类相似,其中蛋白质分解产生多种产物,挥发性盐基氮增加,而且有些青皮红肉鱼体中含有较多的组氨酸,腐败变质时组氨酸脱羧形成大量的组胺(histamine)。反应式为:

$$\underset{\text{HN}\diagdown \text{N}}{\bigtriangleup}\!\!-\!\underset{\text{NH}_2}{\overset{\text{CH}_2-\text{CH}-\text{COOH}}{}} \xrightarrow{\text{脱羧酶}} \underset{\text{HN}\diagdown \text{N}}{\bigtriangleup}\!\!-\!\text{CH}_2-\text{CH}_2-\text{NH}_2 \quad +\text{CO}_2$$

组胺分子式为 $C_5H_9N_3$,属于生物碱,溶于水及乙醇等极性溶剂。可引起过敏性中毒,表现出皮肤潮红、眼结膜充血、头痛、心跳加快、血压下降等症状。

水产品种类丰富,其中绝大多数不含天然毒素,但也有少数品种含有天然有毒物质,如河豚含河豚毒素,文蛤及石房蛤等含岩蛤毒素,深海鱼中含雪卡毒素等。

水产品中化学污染物包括有害金属、药物残留、有机污染物等。由于有些化学污染物的毒性与其存在的形态密切相关,不同形态的毒性相差悬殊,如三价砷的毒性大于五价砷,无机砷毒性大于有机砷;有机汞的毒性大于无机汞,尤其甲基汞是汞不同形态中毒性最强的一种。海产品易于富集砷化合物,其总砷含量高,并含有多种有机砷化合物。汞污染水体后,在微生物的作用下可转变为甲基汞,甲基汞通过生物富集和生物放大作用,在水产品中的含量沿着食物链逐级增高。因此,对水产品中这些有害物质仅进行总量的测定不能正确反映其在食品中的安全性,更重要的是进行不同形态的分离测定。

(二)水产品安全国家标准

我国制定了水产品的卫生管理办法、国家标准及其分析方法。根据 GB 2762、GB 2763 及《鲜、冻动物性水产品卫生标准》(GB 2733)和《动物性水产干制品卫生标准》(GB 10144),水产品需要检测的主要理化项目有铅、镉、无机砷、甲基汞、铬、苯并[a]芘(熏、烤水产品)、N-二甲基亚硝胺(罐头除外的水产制品)、多氯联苯、有机氯农药、兽药残留、挥发性盐基氮及组胺(非鲜活水产品)、酸价及过氧化值(动物性水产干制品)。部分指标见表 11-3。本节重点讨论组胺、无机砷及甲基汞的分离测定。

表 11-3 水产品部分理化指标

项目	指标
组胺[a],mg/100g	
鲐鱼	≤100
其他鱼类	≤30
无机砷(以 As 计),mg/kg	
鱼类及其制品	≤0.1
其他水产动物及其制品	≤0.5
甲基汞,mg/kg	
肉食性鱼类及其制品	≤1.0
其他水产动物及其制品	≤0.5

注:[a] 不适用于活的水产品

二、水产品中组胺检验

水产品中组胺的测定方法有生物学法、荧光分光光度法、分光光度法、高效液相色谱法等,其中分光光度法是我国国家标准检验方法(GB/T 5009.45)。

(一)分光光度法

1. 原理 样品中的组胺用正戊醇提取后,在弱碱性条件下与对重氮盐发生反应,生成橙色的偶氮化合物,与标准系列比较定量。反应式如下:

$$\text{(NH}_2\text{苯环NO}_2) + \text{NaNO}_2 + \text{HCl} \longrightarrow (\text{N}^+\equiv\text{N NCl}^-\text{苯环NO}_2) + \text{NaCl} + 2\text{H}_2\text{O}$$

橙色

2. 分析步骤　称取一定量绞碎并混匀的样品,加入三氯乙酸溶液浸泡以提取组胺并沉淀蛋白质,过滤。取适量滤液,用氢氧化钠溶液调至碱性,使组胺游离,用正戊醇萃取游离组胺。取适量正戊醇提取液,加盐酸至酸性,使组胺成为盐酸盐而易溶于水,被反萃取至盐酸溶液中,合并盐酸提取液并稀释,定容。将样液及组胺标准溶液分别调至弱碱性,加偶氮试剂,于480nm波长处测定吸光度值,标准曲线法定量,方法检出限为50mg/kg。

(二)高效液相色谱法

水产品中组胺可采用柱前或柱后衍生高效液相色谱法测定,方法灵敏度优于分光光度法。

用甲醇/水直接提取水产品中组胺,柱前衍生后,用反相高效液相色谱分析。或用三氯乙酸提取样品中组胺,经阳离子交换树脂(Na⁺型)柱净化,高效液相色谱分离后,与邻苯二甲醛反应生成强荧光衍生物,用荧光检测器检测,根据保留时间定性,峰高标准曲线法定量。

柱后衍生高效液相色谱参考条件为:色谱柱(200mm×4mm,10μm),填充剂 Partisil 10 SCX;流动相:柠檬酸盐缓冲液,pH6.4,1.0ml/min;反应液:1g/L 邻苯二甲醛溶液,pH12.0,0.5ml/min;荧光检测器:激发波长 360nm,荧光波长 455nm。

三、水产品中无机砷检验

水产品中无机砷的测定主要采用酸提取法、减压蒸馏法及溶剂萃取法进行提取分离,通过氢化物原子荧光分光光度法、原子吸收法或银盐法检测,或采用仪器联用技术如 HPLC 和 ICP-MS、HG-AFS、ICP-AAS、ICP-AES 的联用等方法进行分离和测定。我国国家标准检验方法为氢化物原子荧光光度法及银盐法(GB/T 5009.11),两者均采用酸提取后直接测定,方法简便。液相色谱 - 电感耦合等离子体质谱法(GB/T 23372)可以同时进行砷的形态分析。

(一)酸提取法

样品在6mol/L盐酸溶液中,经水浴加热后,无机砷以氯化物的形式被提取,实现无机砷和有机砷的分离。然后在2mol/L盐酸条件下用氢化物原子荧光光度法或银盐法测定总无机砷。

在提取时,为了防止泡沫的影响,可加辛醇作消泡剂。本方法的检出限分别为 0.04mg/kg 和 0.1mg/kg。

氢化物原子荧光光度法仪器参考条件为:光电倍增管负高压:30V;砷空心阴极灯电流:40mA;原子化器高度:9mm;载气流速: 600ml/min;读数延迟时间:2 秒;读数时间:12 秒;读数方式:峰面积;标准溶液或试样加入体积:0.5ml。

(二)减压蒸馏法

样品中五价砷经碘化钾还原为三价砷,与盐酸作用生成三氯化砷,经减压蒸馏(减压蒸馏装置见图 11-5),三氯化砷能挥发逸出,冷凝并吸收于水中,而有机砷既不分解也不挥发逸出,以达到分离的目的。然后按银盐分光光度法测定无机砷的含量。

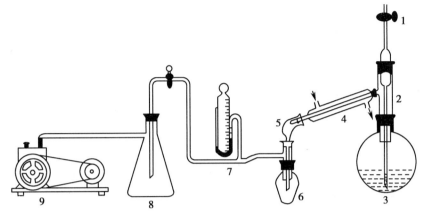

图 11-5 减压蒸馏装置

1. 通气管;2. 单管蒸馏头;3. 短颈球瓶;4. 冷凝器;5. 真空蒸馏接受管;
6. 梨形烧瓶;7. 水银压力计;8. 安全瓶;9. 真空泵

(三)溶剂萃取法

样品中五价砷经碘化钾还原为三价砷,在 8mol/L 以上盐酸介质中被乙酸丁酯或苯等有机溶剂所萃取,此时有机砷不被萃取。利用无机砷在小于 2mol/L 盐酸介质中易溶于水的性质,将有机溶剂萃取液加水稀释,有机溶剂中三价砷被反萃取于水中,然后用银盐法测定无机砷的含量。

(四)液相色谱 - 电感耦合等离子体质谱法

1. 原理 样品中无机砷经提取、净化后,用液相色谱仪对砷的各种形态进行分离,电感耦合等离子体质谱仪检测。根据保留时间定性,标准曲线法定量。

2. 分析步骤 准确称取粉碎的样品适量,加水,混匀后超声波萃取,加入乙酸溶液沉淀蛋白,于 4℃ 冰箱中静置,上清液经滤膜过滤和离心;样品处理液和标准工作液分别经液相色谱分离,电感耦合等离子体质谱仪检测。以保留时间定性,峰面积计算样液中被测物质的含量。

液相色谱分离参考条件:阴离子保护柱 IonPac AG19(50mm×4mm)或相当者;阴离子分析柱 IonPac AG 19(250mm×4mm)或相当者;流动相:A 相组成(10mmol/L 无水乙酸钠,3mmol/L 硝酸钾,2mmol/ 磷酸二氢钠,0.2mmol/L 乙二胺四乙酸铁钠,4% 氢氧化钠水溶液调 pH=10.7),B 相组成(无水乙醇),A+B(99+1);流速:1.0ml/min;进样量:5~50μl。

电感耦合等离子体质谱参考条件:积分时间:0.5 秒;功率:1550W;雾化器:同心雾化器,自动提升。载气流量:0.60~1.20L/min;辅助气流量:与载气流量的总和保持在 1.0~1.2L/min;采样深度:9.5mm;采集质量数:砷 75;灵敏度:中质量数≥300Mcps/(mg/L);进样管内径≤0.2mm;载气:氩气,纯度≥99.999%;色谱柱与 ICP-MS 相联的管线距离不超过 0.5m。

3. 方法说明

(1)该方法可以同时分析包括砷酸根 As(V)、亚砷酸根 As(Ⅲ)、砷甜菜碱、一甲基砷、二甲基砷五种形态砷。适用于海产品、乳及其制品、肉类及果蔬等食品中无机砷的测定。方法检出限为 As(Ⅲ)0.002mg/kg,As(V)0.004mg/kg。

(2)油脂含量高的动物性样品需过聚二乙烯基苯聚合物反相填料(或等效的脱脂柱)的

样品前处理柱去除油脂。蔬菜等色素较深的样品经石墨化炭黑小柱去除颜色。脱脂或脱色柱使用前采用适量的甲醇和水活化,保持湿润状态。

四、水产品中甲基汞检验

水产品中甲基汞容易与组织中硫高度亲和,必须经化学处理才能被溶剂提取。传统的甲基汞测定方法主要是经酸提取巯基棉法、溶剂萃取法、碱消化萃取法等提取分离,采用气相色谱法和原子吸收光度法进行检测。其中酸提取巯基棉法是我国国家标准方法(GB/T 5009.17)。近年有机汞的形态分析主要采用联用技术,常见的有气相色谱、高效液相色谱与原子荧光、电感耦合等离子体质谱联用。

(一)酸提取巯基棉法

1. 原理　样品中的甲基汞经含有 Cu^{2+} 的稀盐酸溶液萃取后,在 pH3~3.5 条件下用巯基棉吸附,再用盐酸溶液洗脱后,以苯萃取,经气相色谱分离,电子捕获检测器检测。或用碱性氯化亚锡将甲基汞还原成汞蒸气,采用测汞仪进行测定。

2. 分析步骤　样品加氯化钠研磨后,加入铜盐置换出与组织结合的甲基汞,用盐酸(1+11)萃取后,经离心或过滤,将上清液调至 pH 3~3.5,过巯基棉柱,此时有机汞和无机汞均被载留在巯基棉上,用 pH 3~3.5 的水洗去杂质,然后用盐酸(1+5)选择性地洗脱甲基汞,收集洗脱液。在洗脱液和适量标准使用液分别加入 1.0ml 苯,振摇,分层后吸出苯液,加无水硫酸钠摇匀,静置,取一定量样液进行气相色谱测定,单点校正法定量。

色谱参考条件为玻璃色谱柱(1.5m × 3mm),内装涂有 7% 丁二酸乙二醇聚酯(PEGS),或 1.5%OV-17 和 1.95%QF-1,或涂有 5% 丁二乙酸二乙二醇酯(DEGS)固定液的 Chromosorb W AW DMCS(60~80 目);柱温 185℃,Ni^{63} 电子捕获检测器:260℃,气化室温度 215℃ (氚源电子捕获检测器:190℃,气化室温度 185℃);载气:高纯氮,流量为 60ml/min。

3. 方法说明

(1)巯基棉的制备:棉花是葡萄糖的聚合物,含有很多羟基,在乙酸、乙酸酐和硫酸的存在下,能与硫代乙醇酸缩合,而带上巯基。反应式为:

$$R-OH + \overset{\overset{\displaystyle SH}{\displaystyle |}}{CH_2}-COOH \longrightarrow RO-\overset{\overset{\displaystyle O}{\displaystyle ||}}{C}-CH_2SH + H_2O$$

巯基棉上的巯基在特定的条件下能与多种金属及其化合物结合,在一定的条件下又能被洗脱,因此,巯基棉常用于金属及其化合物的分离、净化和富集。

巯基棉对汞的吸附效率受 pH 影响很大,在 pH 3~3.5 范围时,对汞的吸附效率最大。

(2)样品加入等量氯化钠研磨,既有助研磨样品,又可盐析样品中蛋白质,还可提供足够的氯离子,使甲基汞稳定。

(二)半胱氨酸 - 气相色谱法

样品经含有氯化钠和硫酸铜的酸性混合液研磨成糊状,用苯萃取其中甲基汞,加入半胱氨酸乙酸盐溶液,甲基汞与半胱氨酸结合进入水相,在半胱氨酸溶液中加入 HCl 使与半胱氨酸结合的甲基汞转化成氯化甲基汞,再用苯萃取后,经气相色谱分离,电子捕获检测器检测,标准曲线法定量。

色谱参考条件为色谱柱:涂有 2%OV-17 及 1.5%QF-1 固定液的 Chromosorb W AW DMCS (60~80 目);温度:柱温 185℃,检测器温度 195℃,气化室温度 200℃;载气(高纯氮)流速:

60ml/min。

（三）溶剂萃取-测汞仪法

在L-抗坏血酸和碘化钾共存下,甲基汞形成碘化甲基汞,能被苯萃取,采用测汞仪检测,根据峰高求出样品中汞的含量。

其中加入的还原剂L-抗坏血酸可以防止生成游离碘而影响甲基汞的萃取,使回收率明显提高。

（四）仪器联用技术

近些年 GC-AFS、GC-ICP-MS、HPLC-AFS、HPLC-ICP-MS 因其分离能力和灵敏度高,已成为汞形态分析的主要联用技术。

采用气相色谱与光谱或质谱联用技术时,不同形态的汞通常要衍生化,使其变得易挥发而且具有一定的热稳定性。样品常用氢氧化钾-甲醇溶液或四甲基氢氧化铵-甲醇溶液碱解提取,经四乙基硼化钠衍生化,使 Hg^{2+} 与四乙基硼化钠反应生成二乙基汞,甲基汞则反应生成甲基乙基汞,采用气相色谱使不同形态 Hg 分离,然后经 MS 或 ICP-MS 检测,或将分离后不同形态的汞转变为元素汞,用原子荧光检测器进行检测。

采用液相色谱分离时,不同形态汞无需衍生化步骤,样品一般用氯化钠和硫酸铜的酸或碱体系,经超声波提取后,调节 pH 4~7,加入 2-巯基乙醇溶液与无机汞、甲基汞及其他有机汞形成复合物,增大极性差异,便于色谱分离。经微孔有机滤膜过滤,滤液用 C_{18} 反相色谱柱分离,ICP-MS 检测,或色谱柱分离后收集适当的流出液进入原子荧光光谱仪的消解系统,经氧化及紫外消解转化为无机汞进行测定。根据保留时间定性,标准曲线法定量。

第五节　乳及乳制品检验

一、概述

（一）乳及乳制品主要安全问题

乳及乳制品包括生乳、巴氏杀菌乳、灭菌乳、调制乳、发酵乳、乳粉、炼乳、奶油、干酪及其他乳制品。乳及乳制品在生产、加工、贮藏、运输、销售等每一个环节中可能因为不规范操作而出现安全问题。

乳及乳制品富含多种营养成分,适宜微生物的生长繁殖。微生物污染乳与乳制品后,在其中大量繁殖并分解营养成分,造成腐败变质。蛋白质分解产物,如硫化氢、吲哚等可产生臭味,不仅影响乳及乳制品的感官性状,而且使其失去食用价值。乳及乳制品中的乳糖分解成乳酸,使其 pH 下降呈酸味并导致蛋白质凝固,所以可通过感官检查及酸度的测定判断其新鲜程度。

饲料中真菌毒素、农药残留、有害元素,患病乳畜使用抗生素等兽药及人畜共患传染病的病原体等均会对乳及乳制品造成污染。此外,乳与乳制品的掺伪也是目前应引起足够重视的安全问题。

（二）乳及乳制品安全国家标准

根据食品安全国家标准（GB 2761~2763）,乳及乳制品中有毒有害物质的限量指标有:黄曲霉毒素 M_1、铅、总汞（生乳、巴氏杀菌乳、灭菌乳、调制乳、发酵乳）、总砷和铬（生乳、巴氏杀菌乳、灭菌乳、调制乳、发酵乳、乳粉）、亚硝酸盐（生乳、乳粉）、农药残留（生乳）;生乳还要求兽药残留应符合国家有关规定；调制乳、调制乳粉及风味发酵乳食品添加剂及营养强化剂使用应符合食品安全国家标准 GB 2760 及 GB 148880 规定；各种乳及乳制品蛋白质、脂肪等理化指标应符合相应国家标准 GB 25190~25192、GB 19644~19646 等的规定。《食品安全国家标准　生乳》（GB 19301）所规定的理化指标见表 11-4。本节重点讨论乳及乳制品中脂肪、酸度的测定。

表 11-4　生乳理化指标

项目	指标
冰点 [a b]，℃	−0.500~−0.560
相对密度（20℃ /4℃ ）	≥1.027
蛋白质，g/100g	≥2.8
脂肪，g/100g	≥3.1
非脂乳固体，g/100g	≥8.1
酸度，°T	
牛乳 [b]	12~18
羊乳	6~13
杂质度，mg/kg	≤4.0

注：[a] 挤出 3h 检测，[b] 仅用于荷斯坦奶牛

二、乳与乳制品中脂肪检验

乳与乳制品中脂肪以脂肪球形式存在，脂肪球被酪蛋白钙盐包裹，处于高度分散的胶体分散系中，不能直接被乙醚、石油醚提取，需预先处理使脂肪游离出来，再进行测定。主要测定方法有：碱性乙醚提取法（包括毛氏法和罗紫 - 哥特里法）、盖勃法、巴布科克法和伊尼霍夫碱法。罗紫 - 哥特里法（Roses-Gottlieb method）和盖勃法（Gerber method）为国际标准化组织（ISO）、国际乳品联合会（IDF）等采用，是乳及乳制品脂类定量的国际标准方法。《食品安全国家标准婴幼儿食品和乳品中脂肪的测定》（GB 5413.3）第一法是碱性乙醚提取法（毛氏法），第二法为盖勃法。此外，乳与乳制品脂肪的测定还可以采用自动化仪器分析法等。

（一）碱性乙醚提取法

1. 原理　利用氨水使包裹脂肪球的酪蛋白钙盐成为可溶性的铵盐，使脂肪游离出来，再用乙醚 - 石油醚提取出脂肪，蒸馏去除溶剂后，残留物即为乳或乳制品脂肪。

2. 分析步骤　毛氏法或罗紫 - 哥特里法采用的抽脂瓶不同，分析步骤也有少许差别。

（1）毛氏法：取一定量样品于毛氏抽脂瓶中（图 11-6），液体乳直接加入氨水，其他乳制品加水溶解后再加入氨水，混合后放入水浴中加热，不时振荡。冷却后加入乙醇，混合，依次加乙醚和石油醚，密塞振摇，放入毛氏离心机离心或静置至上层澄清。将上层样液倒入已加入沸石的脂肪收集瓶中。重复抽取 2~3 次，合并提取液。挥去溶剂后，于（102 ± 2）℃干燥

图 11-6　毛氏抽脂瓶

至恒重。计算样品中脂肪含量。

（2）罗紫-哥特里法:取一定量样品于罗紫-哥特里抽脂瓶中(图11-7),加入氨水,充分混匀,置水浴中加热,振摇后加入乙醇,摇匀,依次加乙醚和石油醚振摇,读取醚层体积,取一定量醚层于脂肪收集瓶中,挥去溶剂后,干燥至恒重。计算样品中脂肪含量。

3. 方法说明

（1）提取时,加入乙醇的目的是沉淀蛋白质,溶解醇溶性物质,使其留在水相中。加入石油醚的作用是降低乙醚的极性,有利于乙醚与水分层,且避免水溶性物质进入醚层。

（2）抽取物应全部是脂溶性成分,否则测定结果偏高。可以验证和处理如下:向脂肪收集瓶中加入石油醚,微热,振摇,直到脂肪全部溶解。如果抽提物全部溶于石油醚中,说明没有非脂溶性成分。若抽提物未全部溶解,或怀疑抽提物是否全部为脂肪,则用热的石油醚洗提,小心倒出石油醚,不要倒出任何不溶物,重复此操作3次以上。将脂肪收集瓶干燥至恒重,得到不溶物。计算时扣除不溶物。

（3）碱性乙醚提取法适用于巴氏杀菌乳、灭菌乳、生乳、发酵乳、调制乳、乳粉、炼乳、奶油、稀奶油和婴幼儿配方食品中脂肪的测定。对于含淀粉的样品,放入抽脂瓶后,应先加入适量的淀粉酶和45℃的水,置65℃水浴中至淀粉完全水解后按上述分析步骤进行测定。

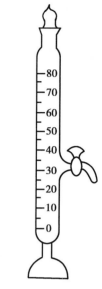

图 11-7　罗紫-哥特里抽脂瓶

（二）盖勃法

1. 原理　在样品中加入浓硫酸破坏乳的胶体性,并且将乳中的酪蛋白钙盐转变成可溶性的重硫酸酪蛋白,使脂肪游离出来,再利用加热离心,使脂肪完全迅速分离,直接读取脂肪的百分数。

2. 分析步骤　将 10ml 硫酸加入图 11-8 所示盖勃乳脂计（Gerber butyrometers)中,再沿着管壁小心准确加入 10.75ml 样品,然后加入 1ml 异戊醇,密塞,瓶口向下,用力振摇后静置;于 65~70℃水浴中 5 分钟,取出后放入乳脂离心机离心 5 分钟,再将乳脂瓶置于 65~70℃水浴中加热,取出立即读数,即为脂肪的百分数。

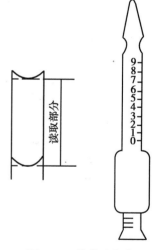

图 11-8　盖勃乳脂计

3. 方法说明

（1）硫酸不仅可破坏脂肪球膜,使脂肪游离,还可增加液体的相对密度,使脂肪容易浮出,但硫酸的浓度应严格控制,如过浓会使乳炭化成黑色溶液而影响读数,过稀则不能使酪蛋白完全溶解,会使测定值偏低或使脂肪层浑浊。

（2）加入异戊醇的作用是促使脂肪析出,并能降低脂肪球的表面张力,有利于形成连续的脂肪层。

（3）该方法适用于巴氏杀菌乳、灭菌乳、生乳中脂肪的测定。但不适合测定含巧克力、糖的乳制品,因为硫酸可使巧克力和糖等炭化,测定误差较大。

（三）自动化仪器分析法

目前,乳脂肪自动化仪器分析法主要有乳脂快速测定仪和牛乳成分综合分析仪。这两类仪器最大的优点是操作简便,速度快,每小时可完成几十个甚至数百个样品的分析。

乳脂快速测定仪专用于检测牛乳的脂肪含量,带有配套的稀释剂,稀释剂由 EDTA(乙二胺四乙酸二钠)、氢氧化钠、表面活性剂和消泡剂组成。测定原理是利用配合剂破坏牛乳中悬浮的酪蛋白胶束,使其溶解。悬浮物中只有脂肪球,用均质机将脂肪球的大小调整均匀,再经稀释使其符合朗伯 - 比尔定律所要求的浓度范围,利用比浊分析测定脂肪含量。

牛乳成分综合分析仪是利用红外光谱法,可同时测定牛乳中的脂肪、蛋白质、乳糖等组分,它们的特征波长分别是:脂肪为 5.723μm(脂肪酯键中的羰基)、蛋白质为 6.465μm(蛋白质的肽键)、乳糖为 9.610μm(乳糖中的羟基)。

三、乳与乳制品酸度测定

乳的酸度是反映其新鲜程度的重要指标,分为固有酸度和发酵酸度,两者之和为总酸度。固有酸度主要来源于乳中的酪蛋白、白蛋白、柠檬酸盐及磷酸盐等酸性成分;发酵酸度由乳酸菌作用于乳糖产生乳酸而升高的那部分酸度。

乳与乳制品的酸度通常采用滴定法进行测定,用 °T 表示。乳粉的酸度(°T)度数是以酚酞为指示剂或 pH 计指示终点,中和 100ml 干物质为 12% 的复原乳至终点(pH 为 8.3)所消耗的 0.1000mol/L 氢氧化钠毫升数。乳与其他乳制品的酸度(°T)度数是以酚酞为指示剂或 pH 计指示终点,中和 100g 试样至终点(pH 为 8.3)所需 0.1000mol/L 氢氧化钠标准溶液的毫升数。《食品安全国家标准乳和乳制品酸度的测定》(GB 5413.34)规定电位滴定法为测定乳粉酸度的基准法即仲裁法,酚酞指示剂滴定法为普通法。

正常生牛乳的酸度为 12~18°T,这是因为牛乳的蛋白质同时含有氨基和羧基,另一方面含酸性磷酸盐,对酚酞显酸性反应。酸度高于 18°T 视为不新鲜乳,酸度低于 12°T,可怀疑掺水或掺中和剂,通常患乳房炎的牛所产的乳酸度也低于正常乳。

第六节　酒　检　验

一、概述

（一）酒的分类

酒是含酒精饮料的统称,也是人们常用的饮料之一。酒是由富含糖或淀粉的原料在酶的作用下,变成可发酵糖(糖化过程),然后在酵母菌所产生的一系列酶的作用下发生复杂的反应,最后分解为酒精等成分(发酵过程)而成的。酒的品种繁多,根据其生产工艺不同可分为三大类。

1. 发酵酒(fermented wines)　又称酿造酒,系指以粮谷、水果、乳类等为主要原料,经发酵或部分发酵酿制而成的饮料酒。如啤酒、葡萄酒、黄酒、清酒、果酒等。发酵酒的酒精度较低,一般酒精含量为 4%~18%。

2. 蒸馏酒(distilled wines)　系指以粮谷、薯类、水果、乳类等为主要原料,经发酵、蒸馏、勾兑而成的饮料酒。如白酒、伏特加、威士忌、白兰地等。这类酒的酒精度较高,酒精含量大多在 40% 以上,其他固形物含量极少,刺激性较强。

3. 配制酒（mixed wines） 系指以发酵酒、蒸馏酒和（或）食用酒精为酒基，加入可食用的辅料或食品添加剂，进行调配、混合或再加工制成的，已改变了其原酒基风格的饮料酒。如桂花酒、橘子酒、人参酒、玫瑰酒及汽酒等。这类酒含有糖分、色素及不同量的固形物，酒精含量大多在 15%~40%。

（二）酒中主要有害物质

酒类所用的原料、生产工艺、存贮条件等都可能使之存在有毒有害的物质，主要有甲醇、醛类、氰化物、有害金属、真菌毒素等。

1. 甲醇（methanol） 主要来自原料中的果胶，其基本结构是 D- 半乳糖醛酸按 α-1,4 糖苷键聚合而成的聚半乳糖醛酸，其中部分羧基被甲基酯化，在发酵过程中甲基酯水解便生成甲醇。用果胶含量高的水果或薯类酿酒，甲醇含量高。甲醇是一种剧烈的神经毒，主要侵害视神经和中枢神经系统，导致视力减退和双目失明，呼吸抑制，昏迷，甚至死亡。特别是以工业酒精勾兑的假酒常因甲醇含量过高而导致中毒、死亡。

2. 醛类（aldehydes） 主要来自糠麸和谷壳等原料，包括甲醛、乙醛、丁醛、戊醛等。毒性比相应的醇高，其中毒性较大的是甲醛，属细胞原浆毒，可使蛋白质变性和酶失活，是已确认的人类致癌物。

3. 氰化物（cyanide） 主要来源于含氰苷的木薯或果核等原料，氰苷在一定的条件下能水解产生毒性极强的氢氰酸，氢氰酸具有挥发性，能经蒸馏随水蒸汽一起进入酒中。

4. 有害金属（harmful metal） 酒中有害金属主要是铅。因蒸馏器、冷凝器、贮酒容器及管道等可能含有铅，在生产和贮存过程中铅可能溶出。

5. 真菌毒素（fungal toxin） 不经蒸馏的酒类，如果原料受到真菌毒素污染，因其不具挥发性，将保留在酒中。

此外为了抑制微生物生长繁殖、澄清和护色目的，在果酒、啤酒生产过程中需加入适量的二氧化硫或亚硫酸盐。配制酒调配时添加香精、色素等添加剂。若使用不当，可造成食品添加剂残留过量。

（三）酒类安全国家标准

根据《食品安全国家标准蒸馏酒及其配制酒》（GB 2757）、《发酵酒及其配制酒》（GB 2758）及食品安全国家标准（GB 2760~2762），酒类理化检验的指标包括：着色剂、糖精钠（配制酒）及防腐剂等食品添加剂和有害物质，主要理化指标见表 11-5。本节介绍酒中甲醇和氰化物检验。

表 11-5　酒类主要理化指标

	项目	酿酒原料或酒种类	指标
蒸馏酒	甲醇 [a]，g/L	粮谷类	≤0.6
及其配制酒		其他	≤2.0
	氰化物 [a]（以 HCN 计），mg/L		≤8.0
	铅（以 Pb 计），mg/kg	蒸馏酒	≤0.5
		其他	≤0.2
发酵酒	甲醛，mg/L	啤酒	≤2.0
及其配制酒	铅（以 Pb 计），mg/kg	黄酒	≤0.5

续表

项目		酿酒原料或酒种类	指标
		其他	≤0.2
展青霉素, μg/kg		苹果、山楂	≤50
总二氧化硫（以 SO₂ 计）, g/L		葡萄酒、果酒	≤0.25
发酵酒及其配制酒	g/kg	啤酒	≤0.01
苯甲酸及其钠盐（以苯甲酸计）, g/kg		果酒	≤0.8
	g/kg	配制酒（仅限预调酒）	≤0.4

注：ᵃ 甲醇、氰化物指标均按 100% 酒精度折算

二、酒中甲醇检验

酒中甲醇的测定方法有气相色谱法、品红亚硫酸分光光度法、对品红亚硫酸分光光度法、变色酸分光光度法及酒醇速测仪等。酒醇速测仪适用于 80 度以下蒸馏酒、配制酒中甲醇含量超过 1% 或 2% 时的现场快速测定。气相色谱法和品红亚硫酸分光光度法是我国国家标准检验方法（GB/T 5009.48）。

（一）气相色谱法

气相色谱法可同时测定酒中甲醇和高级醇类，是我国国家标准检验方法第一法，也是目前最常用的方法，操作简便，灵敏度高。

甲醇和高级醇类属于中等极性或弱极性化合物，可形成氢键，故可选择中等极性或易形成氢键的固定相制备色谱柱，常用高分子多孔微球 -102（GDX-102），或用涂有聚乙二醇（polyethylene glycol，PEG）-20M 的 GDX-102 作为色谱固定相填充色谱柱。

1. 原理　酒样中甲醇和高级醇类经气相色谱柱分离，由火焰离子化检测器检测，与标准比较，根据保留时间定性，标准曲线法定量。

2. 测定　色谱参考条件：玻璃或不锈钢色谱柱（2m×4mm）；固定相：GDX-102（60~80 目）；气化室温度 190℃，柱温 170℃，检测器温度 190℃；流速：载气（N₂）40ml/min，氢气 40ml/min，空气 450ml/min；进样量 0.5μl。

3. 方法说明

（1）蒸馏酒、配制酒经蒸馏后测定乙醇浓度，测定结果乘以 100/n，n 为样品实测得的乙醇浓度（度）。

（2）该方法最低检出限：正丙醇、正丁醇 0.2ng；异戊醇、正戊醇 0.15ng；仲丁醇、异丁醇 0.22ng。

（二）品红亚硫酸分光光度法

1. 原理　甲醇在酸性条件下，被高锰酸钾氧化成甲醛，过量的高锰酸钾及在反应中生成的二氧化锰用草酸还原除去，甲醛与品红亚硫酸作用生成蓝紫色化合物，在最大吸收波长590nm 处测定吸光度值，与标准比较，计算酒样中甲醇的含量。反应式如下：

$$5CH_3OH + 2KMnO_4 + 4H_3PO_4 \longrightarrow 5HCHO + 2KH_2PO_4 + 2MnHPO_4 + 8H_2O$$

$$H_2C_2O_4 + MnO_2 + H_2SO_4 \longrightarrow MnSO_4 + 2CO_2\uparrow + H_2O$$

$$5H_2C_2O_4 + 2KMnO_4 + 3H_2SO_4 \longrightarrow 2MnSO_4 + 10CO_2\uparrow + K_2SO_4 + 8H_2O$$

品红（红色）

品红亚硫酸（无色）

蓝紫色

2. 分析步骤

（1）样品处理：着色或浑浊的蒸馏酒、配制酒应采用全玻璃蒸馏器蒸馏，取馏出液进行分析。如样品中含有甲醛，预先除去样品中甲醛，再测定甲醇。除甲醛的方法：吸取 100ml 酒样于蒸馏瓶中，加入硝酸银溶液，氢氧化钾溶液，放置片刻，加 50ml 水，蒸馏，收集馏出液 100ml 供测定。反应式如下：

$$AgNO_3 + KOH \longrightarrow AgOH + KNO_3$$

$$2AgOH \longrightarrow Ag_2O+H_2O$$
$$Ag_2O+HCHO \longrightarrow HCOOH+2Ag$$

（2）测定：用酒精计测定样液乙醇浓度，根据乙醇浓度取样，以保证定容后的样品管乙醇浓度为 6%。配制甲醇标准系列，加入无甲醇的乙醇使样品管和标准管的乙醇浓度一致。定容后依次加高锰酸钾 - 磷酸溶液，摇匀，放置，加草酸 - 硫酸溶液，混匀脱色，然后加品红 - 亚硫酸溶液显色，于最大波长处测定吸光度值。

3. 方法说明

（1）样品有色、浑浊或含有甘油、果胶等氧化后能生成甲醛的物质，会影响测定结果。

（2）配制品红 - 亚硫酸溶液时，亚硫酸钠的加入量要适当，过量会降低显色反应的灵敏度。品红 - 亚硫酸溶液宜于冰箱中保存。如果试剂变红，不可再用。

（3）甲醇显色反应的灵敏度与溶液中乙醇浓度相关，乙醇浓度过低或过高，均会导致显色灵敏度下降，溶液中的乙醇浓度以 5%~6% 为宜。加入草酸 - 硫酸溶液后，溶液温度升高，此时应冷却，待溶液降温后，再加入品红 - 亚硫酸溶液，以免显色剂分解。酒中其他醛类与品红 - 亚硫酸反应也会显色，但在一定浓度的硫酸酸性溶液中，除甲醛可形成经久不褪的蓝紫色外，其他醛类所产生的颜色会在一定的时间内褪去，故应于 20~30℃ 显色 30 分钟。

（4）无甲醇乙醇的制备方法：取 95% 乙醇加入少许高锰酸钾，蒸馏，收集馏出液。加入硝酸银和氢氧化钠溶液，混匀后取上清液蒸馏，收集中间馏出液，备用。

三、酒中氰化物检验

氰化物的检验通常是将各种形态的氰转化成 CN⁻ 形式进行定量。分析方法有异烟酸 - 吡唑酮分光光度法、吡啶 - 巴比妥酸分光光度法、气相色谱法等。前者为我国国家标准检验方法（GB/T 5009.48）。

（一）异烟酸 - 吡唑酮分光光度法

1. 原理　在酸性条件下蒸馏酒样，使其中的氰化物蒸出并吸收于碱性溶液中，在 pH7.0 条件下，氯胺 T 能将氰化物转变为氯化氰，氯化氰再与异烟酸 - 吡唑酮作用，生成蓝色化合物，标准系列比较定量。反应式如下：

蓝色化合物

2. 方法说明

（1）异烟酸 - 吡唑酮试剂，宜临用新配。将异烟酸溶于 20g/L NaOH 溶液后再加水稀释；将吡唑酮溶于二甲基甲酰胺中，临用时两者等体积混合。

（2）醇对本法有干扰，可使吸光度值严重降低，故应去除醇后再测定氰化物含量。可将蒸馏液在碱性条件下，置水浴上加热除去醇类。

（3）必须严格控制显色的 pH 及温度，在 35~40℃显色 30 分钟吸光度值最大，可在 20 分钟内稳定。

（二）气相色谱法

1. 原理　氰化物在酸性溶液中与溴作用生成溴化氰，多余的溴用亚砷酸钠除去，然后用乙醚提取。提取液经气相色谱分离，电子捕获检测器检测。根据保留时间定性，以峰高或峰面积标准曲线法定量。

2. 测定　色谱参考条件为锈钢色谱柱（2m×4mm），填充 Porapak QS（80~100 目）；气化室温度 220℃，柱温 210℃，检测器温度 265℃；载气（高纯氮）流速：91ml/min。

本 章 小 结

本章简要介绍了粮食、食用油脂、肉类食品、水产品、乳与乳制品、酒类等常见食品中影响其安全的主要因素及相应的国家安全标准和检验方法。针对上述每类食品的特点，重点讨论了相关理化指标的常用检验方法、原理及检测时需注意的重要事项及其原因。主要包括以下几方面。

粮食熏蒸剂的概念和常用种类；钼蓝分光光度法测定粮食中磷化物残留量的原理、装置及影响因素控制；分光光度法及气相色谱法测定氯化苦残留量的原理，前者利用氯化苦被乙醇钠分解生成亚硝酸盐后显色测定，后者采用电子捕获检测器检测。

食用油脂主要理化指标酸价、过氧化值及极性组分的定义、测定意义、测定方法及其原理，油脂中游离棉酚的来源及测定方法。

肉与肉制品的腐败变质；评价动物性食品腐败变质常用指标挥发性盐基氮的定义，半微量定氮法和微量扩散法测定的基本原理：挥发性盐基氮在碱性溶液中具有挥发性，用硼酸吸收后，标准酸溶液滴定，计算其含量。

水产品中组胺来源、测定方法及原理；无机砷的分析方法：酸提取法、减压蒸馏法、溶剂萃取法和液相色谱 - 电感耦合等离子体质谱法原理；水产品中有机汞分析方法：酸提取巯基棉法、溶剂萃取法及仪器联用技术的原理和特点。

乳与乳制品中乳脂肪以脂肪球形式存在，脂肪球被酪蛋白钙盐包裹，不能直接被乙醚、石油醚提取。常用碱性乙醚提取法和盖勃法测定。

酒中存在的主要有害物质甲醇、氰化物的常用测定方法：分光光度法和气相色谱法的原理及检测时注意事项。

思考题

　　1. 分别说明磷化物及氯化苦残留量测定方法与原理。

　　2. 常用哪些指标评价动物性食品腐败变质及油脂酸败劣变？说明其定义、测定方法和原理。

　　3. 水产品中有机汞及无机砷的分离常用哪些方法？简述原理并比较其优缺点。

　　4. 结合乳及乳制品中脂肪的存在形式简述碱性乙醚提取法及盖勃法测定乳脂的原理。

　　5. 酒中主要有害物质有哪些？说明甲醇常用的测定方法及原理。

（叶蔚云）

第十二章　食品中转基因成分检验

以基因工程为核心的生物技术是一个新兴的技术领域。转基因生物技术有提高农作物产量和改善品质、减少除虫剂或除草剂使用、增加某些营养成分含量等优点。但同时由于转基因生物的健康风险和环境危害等具有不确定性,公众对转基因产品安全性的关注与日俱增。为了加强农业转基因生物安全管理,保障公众健康和动植物、微生物安全,保护生态环境,促进农业转基因生物技术研究,我国颁布了《农业转基因生物安全管理条例》和《农业转基因生物标识管理办法》,对农业转基因生物安全实行分级管理、安全评价和标识制度。对转基因食品实行管理和安全性评价的前提是对食品中转基因成分进行检测,确定其是否为转基因食品(定性鉴定)及其含量(定量分析)。因此,对食品中转基因成分进行检测是非常必要和重要的。

第一节　概　　述

一、转基因食品相关定义

1. **转基因生物**(genetically modified organism,GMO)　指利用基因工程技术(gene engineering)改变基因组构成,用于农业生产或者农产品加工的动植物、微生物及其产品。其中主要是转基因植物。

2. **转基因食品**(genetically modified food,GMF)　指利用基因工程技术改变基因组构成的动物、植物和微生物生产的食品和食品添加剂,包括:①转基因动植物、微生物产品,如转基因大豆;②转基因动植物、微生物直接加工品,如由转基因大豆加工的大豆油;③以转基因动植物、微生物或者以其直接加工品为原料生产的食品和食品添加剂,如用转基因大豆油加工的人造奶油等。转基因食品主要指用作食品的转基因植物。

3. **转基因成分**(genetically modified component)　物种本身不具有的,而是来源于其他物种的功能基因序列。亦称外源基因成分。

二、转基因食品特征

转基因食品一般具有原有食品的基本性状,并包含外源基因及其表达产物,具有以下几方面特性:①产品具有食品或食品添加剂的特征,具有其原有基因所表现的性状和功能;②产品中存在外源DNA,并且基因组构成发生了改变,其成分中存在外源DNA的表达产物及其生物活性。

基因工程技术为了将具有应用价值的外源目的基因导入受体,并获得稳定整合和表达,需要将外源基因通过一定的技术插入到表达载体上构成基因重组体。外源DNA构成的植物基因重组体元件包括以下几种。

（1）载体（vector）：特殊的能自我复制的DNA，将目的基因转移至受体细胞的运载工具。通过载体本身对受体生物细胞的转化或转染作用，携带基因重组体进入受体细胞。

（2）目的基因（target gene）：以修饰受体细胞遗传组成并表达其遗传效应为目的，与转基因生物的性状改变直接相关的DNA片段。转入的目的基因能使转基因植物获得抗虫害、抗病毒、抗除草剂等性状。目的基因可以从动物、植物和微生物中提取获得，也可人工合成。常见的目的基因有：苏云金杆菌杀虫（*bt*）基因、豇豆胰蛋白酶抑制（*cpti*）基因、植物凝集素基因（lectin gene）、病毒外壳蛋白（coat protein，*CP*）基因、病毒卫星RNA（satellite RNA，Sat-RNA）、病毒非结构蛋白基因（特别是复制酶基因）等。为了使植物获得其他性状，还有许多目的基因可开发利用。

（3）调控元件（regulatory element）：在构建基因重组体时，为使目的基因表达能精确开始和终止，并使目的基因表达增强，常使用启动子（promoter）和终止子（terminator）调控元件。启动子是一类为目的基因转录提供起始信号和起始位点的特殊核苷酸序列。常用的启动子有：花椰菜花叶病毒35S启动子、农杆菌冠瘿碱合成酶启动子、章鱼碱合成酶启动子等。终止子是一类为目的基因转录提供终结信号和终止位点的特殊核苷酸序列。常用的终止子有：胭脂碱合成酶终止子、花椰菜花叶病毒35S终止子和章鱼碱合成酶终止子。

| 基因组 | 启动子 | 外源目的基因 | 终止子 | 基因组 |

图12-1　基因重组体示意图

（4）标记基因（marker gene）和报告基因（reporter gene）：标记基因是基因重组过程中进行标记以便筛选转化细胞的构件，使之与非转化细胞分离。转化细胞携带各种抗性标记基因，从而具有了某些抗性，如抗生素抗性、除草剂抗性等。报告基因是一种编码某种易于检测蛋白质或酶的基因，通过它的表达产物来标定目的基因的表达调控。其优点是高灵敏度、可信性及检测方便且适合大规模检测。目前植物基因工程中使用的报告基因主要有：β-葡萄糖苷酶（*gus*）基因、氯霉素乙酰转移酶（*cat*）基因、冠瘿碱合成酶基因等。近年来，绿色荧光蛋白（*gfp*）基因作为一种新型的报告基因在植物基因转化及基因表达调控研究中得到应用并显示出其优越性。

外源基因表达产物主要包括目的基因、标记基因和报告基因表达的蛋白，或意外未知表达的蛋白。这些外源基因及表达产物使得转基因食品具有与其相对应的传统食品所不同的生物特性和由此产生的安全性问题。利用转基因食品的这些特点，可以对食品中转基因成分进行检测。

第二节　食品中转基因成分检验

一、概述

食品转基因成分检测主要针对外源DNA及其表达产物（蛋白质）进行，其检测方法主要有两大类：一类是建立在DNA分析基础上的PCR法；另一类是基于蛋白质抗原特性检测的酶联免疫法（ELISA）和蛋白印迹法。PCR技术是目前食品转基因成分检测中广泛应用的方法,具有高灵敏性、高特异性和高效性等特点。ELISA 法适用于食品原材料和浅加工产品的检测,不适合对加工过程中抗原性被破坏的产品检测,具有分析速度快、成本较低等优点。常用的食品转基因成分检测方法有各种聚合酶链式反应(polymerase chain reaction,PCR)、环介导等温扩增(loop-mediated isothermal amplification,LAMP)、变性高效液相色谱(denaturing high performance liquid chromatography,DHPLC)、酶联免疫吸附(enzyme-linked immunosorbent assay,ELISA)、杂交(blotting)技术、基因芯片(gene chip)、近红外光谱(near infrared spectroscopy,NIR)、质谱分析和生物传感器技术等。

转基因产品检测的一般工作流程为:采样→混样→样品制备(待检状态)→核酸和(或)蛋白质等目标物质提取→ PCR 实验(包括扩增和产物分析)或蛋白质检测→结果判定→结果报告。

二、采样要求

我国国家和行业标准《转基因产品检测 抽样和制样方法》(GB/T 19495.7)、《转基因植物及其产品检测抽样》(NY/T 673)、《植物及其转基因成分检测抽样和制样方法》(SN/T 1194)等规定了植物及其产品转基因成分检测的抽样和制样方法。

1. 一般规定 在抽样及制备过程中应确保所用器具清洁、干燥、无 DNA 和蛋白质污染,抽样不应该被雨水、灰尘等环境污染。抽样过程中应避免样品散落,防止有活性的生物污染生态环境。所有抽样操作应在尽可能短的时间内完成,避免样品的组成发生变化。

2. 抽样方法 样品的采集必须按照随机原则,使采集的样品具有代表性,能保证检测结果的可靠性和准确性。原料物质(如大豆、玉米、西红柿等)由于在收割、贮存过程中容易造成"分层"现象,产生异质性,因此,采样时应遵照"三层五点"的随机采样原则抽取初次样品。加工产品由于加工过程可能对 DNA 造成一定程度的破坏,必要时应加大采样量。

3. 抽样数量 根据转基因限量水平确定每批中应抽取的原始样品最小数量。一般情况下,送检样品的最小量按照表 12-1 确定。大豆、玉米、棉花种子等抽取的样品均匀混合后,按照四分法制备成送检样品。抽取的大豆油、番茄酱等样品按照质量等比例混合后,从中取出送检样品。

表 12-1 送检样品最小量

样品类别	单个样品最小(质)量
大豆种子、大豆、玉米种子、玉米、油菜种子、油菜籽、棉花种子、番茄种子	10 000 粒以上种子
大豆粉、玉米粉、油菜籽粕	0.5kg 以上
鲜番茄	3kg 以上
大豆油、玉米油、油菜籽油	1000ml 以上
糊状样品(如番茄酱)	500g 以上
其他	2 个包装或 200g 以上

4. 样品准备与保存 抽检样品应尽快送检分析,送检运输过程应保证不破坏样品的 DNA 和蛋白质,不影响转基因成分的检测。样品应分成三份,分别用于检测、复检和备查。样品制备前需要对抽检样品进行必要的去皮(壳)、除水、除油等初步处理。实验室样品经必要的破碎、研磨后缩分成试样,试样最低留量为 50g。含水量大的样品可保存在 −20℃;需长

期保存的样品,建议保存在 −80℃;大豆种子、玉米种子等干燥样品和大豆油等油样品可以在 4℃干燥环境中密封保存。抽取的样品应及时加贴唯一的标签,标签内容应包括样品的编号、货物名称、品种或批号、抽样时间、抽样人及其他必要信息。

三、外源基因检测

根据检测目的和检测结果特异性水平不同,转基因食品的外源 DNA 检验方法可分为四类。

1. 初筛试验(screening detection)　直接检测大多数转基因生物中普遍存在的基因重组通用元件,包括 35S 启动子、胭脂碱合成酶终止子和抗性筛选基因 NPT Ⅱ 基因等。初筛试验仅能鉴别产品是否含有基因重组体,不能鉴定转基因产品的种类。由于自然界存在的花椰菜花叶病毒 35S 启动子可能会污染检测样品,所以需要通过进一步确认实验排除假阳性结果。

2. 基因特异性试验(gene-specific detection)　检测基因重组体中含有的外源性基因,特别是外源目的基因,从而提高检测结果的特异性。由于不同转基因品系所转入的目的基因不同,针对目的基因的检测可以大致区分转基因植物的品系差异。也可以针对标记基因或报告基因进行特异性检测。

3. 组成结构特异性试验(construct-specific detection)　鉴定和检测目的基因与调控基因连接处的核苷酸序列。虽然不同的转基因植物品系可能采用了相同(或相似)的目的基因,但是由于和调控基因的连接方式和组成不同,所以对组成结构的检测可以区分植物不同的转基因株系,具有较高的特异性。

4. 事件特异性试验(event-specific detection)　检测插入的基因序列和植物基因组之间的连接区(cross-border),鉴别同一插入序列在基因组中的重组状态差异。由于采用的基因重组体构成元件转化进入受体植物均为随机整合的非定向重组,所以转基因植物品系不同、同一转基因植物品系制备的时间不同、基因重组体插入受体植物基因的位置不同,使得插入序列与植物基因组之间的连接区具有特异性。因此,对连接区的检测可直接鉴定转基因植物的品系,其特异性最高。

食品中转基因成分的检测可根据检测目的的不同,选择不同特异性水平的目标序列作为检测对象。如果是筛选目的,可选用通用元件,如 35S、胭脂碱合成酶、NPT Ⅱ 基因等;如果是鉴定目的,则选择特异性较强的组成结构特异性试验,对连接区域的序列进行检测。利用 PCR 技术可实现对上述目标序列的定性和定量检测。

(一) DNA 提取及纯化

植物细胞中 DNA 主要存在于细胞核和细胞质中,细胞内各种 DNA 称为总 DNA,其中 95% 以上的 DNA 是与蛋白质结合存在的。植物细胞中还存在大量的多糖、蛋白质、脂肪、多酚类物质和 RNA 等成分。转基因成分检测时需要先提取总 DNA,利用去污剂或有机溶剂破坏细胞膜,裂解细胞,使 DNA 与蛋白质分离并游离释放于提取液中,然后去除杂质成分。去除的杂质及采用的方法有:用相应的酶或溶剂去除果胶、纤维、半纤维、淀粉等多糖;用有机溶剂除去脂肪;用 RNA 酶或蛋白酶除去 RNA 或蛋白质;最后除去提取和纯化过程中所引入的各种溶剂和盐类物质等残留物。

DNA 纯化的基本原理是根据乙醇或异丙醇竞争结合水分子能力远强于 DNA,在 DNA 提取液中加入乙醇或异丙醇,DNA 因溶解度降低而沉淀析出。此外,根据 DNA 与树脂、吸附剂等有较高亲和力的特点,也可用阴离子交换树脂、二氧化硅等进行纯化。在提取和纯化过程中应注意保证 DNA 的纯度和一级结构完整性。

目前 DNA 提取方法主要有两类:一类是改进的传统方法,如苯酚 - 三氯甲烷法、溴化十六烷基三甲基胺(cetyltrimethyl ammonium bromide,CTAB)法、二氧化硅法等;第二类是试剂盒法。在传统方法中使用最多的是 CTAB 法,试剂盒法因操作简便等优点也有广泛应用。我国标准《转基因产品检测 核酸提取纯化方法》(GB/T 19495.3)和《转基因植物及其产品检测 DNA 提取和纯化》(NY/T 674)中规定了转基因产品核酸提取和纯化的方法。下面以 CTAB 法为例介绍 DNA 提取及纯化的主要步骤。

1. 试样准备 样品的制备方法视样品的状态和特性而定。固体试样宜研磨成大小在 2mm 以下的颗粒状,或用液氮研磨至 DNA 充分释放并满足 DNA 的提取要求;液态试样可以通过离心沉淀、加热蒸发、冷冻干燥等方法得到干物质用于 DNA 提取。

2. CTAB 法

(1)原理:CTAB 能溶解细胞膜并能与 DNA 形成 CTAB-DNA 复合物。该复合物可溶于高盐溶液(NaCl)中,蛋白质、多糖等物质在此溶液中因溶解性降低生成沉淀,经离心后与复合物分离;然后将该复合物置于低盐溶液中,因其不溶性而沉淀析出,多糖、色素、多酚类物质溶于低盐溶液,经离心可进一步将复合物与其他杂质分离;最后将复合物沉淀溶解于高盐溶液中,加入乙醇使 DNA 沉淀,离心后获得纯化的 DNA。

(2)CTAB 法主要试剂:该法的两个关键试剂是 CTAB 缓冲液和 CTAB 沉淀液。按表 12-2 配制试剂,调节 pH 至 8,定容至 200ml,高压灭菌。

表 12-2 CTAB 法核酸提取试剂(g)

试剂	组成	用量
CTAB 提取缓冲液(pH8.0)	CTAB	4.00
	NaCl	16.38
	Tris	2.42
	Na_2EDTA	1.5
CTAB 沉淀液(pH8.0)	CTAB	1.00
	NaCl	0.5

(3)操作步骤:提取纯化 DNA 包括裂解、抽提、沉淀及洗涤等步骤组成。

1)称取一定量样品至离心管中,加入 CTAB 提取缓冲液和一定量 RNase A 酶,混匀后于 65℃温育。所形成的 CTAB-DNA 复合物溶于提取缓冲液中,与蛋白质、多糖、多酚等物质分离。

2)高速离心,除去杂质沉淀。

3)上清液中加入三氯甲烷,混匀,高速离心,使上清液中残留的蛋白质、脂类、多糖、多酚类等杂质沉淀除去。

4)在上清液中加入 CTAB 沉淀液,混匀,静置后高速离心。沉淀剂使复合物发生沉淀,而残留杂质存在于上清液中,弃去上清液。在沉淀中加入氯化钠溶液使 DNA 溶解。

5)溶解液中加入三氯甲烷,高速离心弃去杂质沉淀。

6）上清液中加入预冷的异丙醇，混匀，静置后高速离心，该沉淀物即为纯化的 DNA。

7）沉淀中加入 70% 预冷乙醇，洗涤纯化 DNA。该操作重复两次。在室温或真空干燥系统中挥干溶剂，加去离子水或缓冲液溶解 DNA 保存备用。

3. DNA 质量和纯度检测　用琼脂糖凝胶电泳或核酸定量检测方法对所提取的 DNA 进行质量和含量的检测。

取一定量 DNA 在含溴化乙锭琼脂糖凝胶里进行电泳，紫外灯下观察 DNA 电泳条带，判断 DNA 的分子结构完整性、降解度及是否存在 RNA 污染。

取一定量 DNA，用紫外分光光度计检测其 260nm 吸光度值，计算 DNA 含量。如果在 260nm 波长处检测溶液的吸光度值为 1，则其中含有 $50\mu g/ml$ 双链 DNA，或 $38\mu g/ml$ 单链 DNA。根据 A_{260}/A_{280} 吸光度比值判断 DNA 溶液的纯度，一般比值在 1.7~1.9 的范围内纯度较高，适合于 PCR 检测；比值低于 1.6，表明有蛋白质或有机溶剂污染；比值高于 1.9，表明有 RNA 污染。纯度不符合要求的 DNA 提取液需要用酚 / 三氯甲烷进一步纯化。

4. 方法说明

（1）CTAB 法通过高盐和低盐的选择性沉淀能有效去除多糖类、多酚类和蛋白质等杂质，特别适合于多糖类、多酚类含量较高的植物样品处理。该法获得的 DNA 质量好、纯度高，但提取率较低。CTAB 法结合活性炭、二氧化硅等改良方法可以提高 DNA 提取率。

（2）CTAB 法一般需要约 100mg 样品提取 DNA。对于深加工产品，因为 DNA 降解严重、含量较低，可适当增加取样量。

（3）如提取后立刻进行 PCR 检测，可用去离子水溶解 DNA；如需较长时间后再检测，则用 TE 缓冲溶液溶解保存 DNA。该缓冲液溶液能提供 DNA 稳定、适宜的 pH；EDTA 能抑制核酸酶活性，防止 DNA 降解。TE 缓冲液组成为：10mmol/L 三羟甲基氨基甲烷（hydroxymethyl aminomethane，Tris），1mmol/L Na$_2$EDTA，调节 pH 至 8。

（二）核酸 PCR 检测

PCR（聚合酶链式反应）由美国化学家 K.B.Mullis 等在 1985 年发明，他因此于 1993 年获得了诺贝尔化学奖。PCR 法能在体外（试管内）扩增特定 DNA 序列，该法被发明后即应用于生命科学各个领域，是转基因生物检测使用最广泛的方法。

PCR 反应体系由 DNA 模板、引物（根据模板序列设计的一定长度和顺序的寡核苷酸链）、四种脱氧核糖核酸（deoxyribonucleoside triphosphate，dNTP）、DNA 聚合酶（polymerase）、镁离子和缓冲液等组成。模板 DNA 经高温变性成为两条单链，在适宜反应条件下两条引物分别与模板 DNA 两条链上的一段互补序列发生退火而相互结合，接着在 DNA 聚合酶的催化下以 dNTP 为底物，使退火引物延伸从而合成 DNA，如此反复循环变性—退火（复性）—延伸三个基本反应步骤，使目的 DNA 片段呈几何倍数扩增。影响 PCR 反应的关键性因素是：DNA 模板、引物、酶、dNTP 和 Mg^{2+}，决定了是否能对目的 DNA 片段进行有效扩增，其中引物是最主要的因素，特异性引物的设计决定了对模板 DNA 某一目的片段进行扩增和扩增产物的特异性。引物多采用计算机软件根据引物设计原则，辅以人工分析设计而成。

我国标准《转基因产品检测　核酸定性 PCR 检测方法》（GB/T 19495.4）、《食品中转基因植物成分定性 PCR 检测方法》（SN/T 1202）、《转基因产品检测　核酸定量 PCR 检测方法》（GB/T 19495.5）等规定了转基因成分定性或定量 PCR 检测方法。

1. 核酸 PCR 定性检测

（1）原理：定性 PCR 检测对象包括转基因食品的目的基因、启动子、终止子、标记基因等外源基因和元件。根据转基因产品的特异性序列设计引物，对试样中外源目的基因进行 PCR 扩增。依据扩增产物中是否存在预期特异性 DNA 片段，判断样品中是否含有转基因成分。

（2）分析步骤：在 PCR 反应管中依次加入提取纯化的 DNA 和反应试剂（引物、dNTPs 混合液、氯化镁、PCR 缓冲液、Taq 酶等），混匀，加入少量石蜡油后进行 PCR 扩增反应。反应程序为：94℃预变性 5 分钟；94℃变性 30 秒；56℃退火 30 秒；72℃延伸 30 秒；进行 35 次循环；72℃延伸 7 分钟。反应结束后取一定量 PCR 反应产物在含有溴化乙锭的琼脂糖凝胶上进行电泳，电泳结束后将凝胶置于凝胶成像仪或紫外透射仪上成像观察并分析。

（3）方法说明：具体反应参数应根据检测对象和仪器进行适当调整。除了检测待测目标序列外，还需要检测内源参照基因。内源参照基因指在某种植物基因组中拷贝数恒定、不显示等位基因变化的基因。所选的内源参照基因应该是物种特异的、在种内普遍存在的。检测内源参照基因可以判定检测过程和结果的可靠性，避免出现假阴性结果。

为提高反应准确性，在试样 PCR 反应的同时，应设置阴性和阳性对照。在阳性对照 PCR 反应时，内源基因和待测样品的特异性序列均得到扩增，阴性对照中没有任何扩增片段，表明 PCR 反应体系正常工作，否则重新检测。如果样品中内源基因和特异性序列均得到扩增，且扩增片段大小与预期片段大小一致，则检测结果为阳性，试样中检测出转基因成分。

2. 核酸 PCR 定量检测　食品中转基因成分定量检测的方法主要包括半定量 PCR 法、实时定量 PCR（real-time quantitative PCR）、竞争性定量 PCR（double competitive PCR，DC-PCR）、数字 PCR（digital PCR，D-PCR）等。实时定量 PCR 法是转基因产品定量检测最可靠的方法，根据检测原理的不同，又可以分为 TaqMan 荧光探针法、SYBR 荧光染料法、杂交探针法和分子信标法等。转基因食品检测最常用的是实时荧光定量 PCR 法。

实时荧光定量 PCR 是在普通 PCR 反应体系中，增加能与模板结合的两端有荧光基团标记的寡聚核苷酸探针。在 PCR 扩增时，两条引物分别与待扩增目的 DNA 片段的 5′ 端和 3′ 端互补结合；探针则与两条引物之间的目的 DNA 片段特异地互补结合。探针的一端标记报告（荧光）基团（reporter，R），另一端标记淬灭基团（quencher，Q）。当探针完整的时候，由于探针的连接，报告基团所发射的荧光能量被淬灭基团吸收，仪器检测不到荧光信号。当探针被破坏时，发光基团与淬灭基团分离，利用检测器可检出发光基团发出的荧光。在 PCR 扩增过程中，利用 Taq 酶的 5′→3′ 外切酶活性，接触到探针后逐渐将其切除，发光基团发出荧光信号。随着引物的延伸，每合成一条新链，释放出一个发光基团，故发光基团的荧光信号与 PCR 产物扩增完全同步，并随着 PCR 产物的积累而不断增加，因此，检测荧光信号的积累即可实时检测 PCR 的进程。扩增反应所经历的 PCR 循环数称为循环阈值 Ct 值。Ct 是每个反应管内的荧光信号达到设定的荧光阈值时所经历的循环数。Ct 值与模板起始拷贝数的对数呈线性关系，在检测未知含量的样品时，以 Ct 值为纵坐标，以阳性标准物质（含量）或阳性标准分子（拷贝数）的对数为横坐标绘制成标准曲线，只要获得测试样品的 Ct 值，即可利用标准曲线计算出该样品中目标核酸的绝对含量。

下面以转基因大豆 GTS-40-3-2 为例介绍实时荧光定量 PCR 检测方法。

（1）原理：转基因大豆 GTS-40-3-2 具有抗草甘膦的特性，转入了 *CaMV35S* 启动子、*Ctp4*

牵牛花叶绿体转移肽基因、*Ctp*4-*Epsps* 和 *Nos* 终止子外源基因。采用实时荧光 PCR 技术和标记荧光的探针,扩增测试样品 DNA,并实时检测 PCR 产物。同时,用相同的引物、探针和条件扩增已知浓度的阳性标准物(或阳性标准分子),以获得稳定的标准曲线。根据内源基因和外源基因的标准曲线可分别计算出样品中对应基因的绝对含量(拷贝数或浓度),并由绝对含量计算转基因大豆 GTS-40-3-2 在测试样品中的相对含量。

(2)分析步骤:设计转基因大豆 GTS-40-3-2 结构特异性基因及大豆内源 Lectin 基因所用引物序列和探针。在 PCR 反应管中依次加入提取纯化的 DNA 和反应试剂(引物、dNTPs 混合液、PCR 缓冲液、Taq 酶、探针等),混匀,加入少量石蜡油后进行 PCR 扩增反应。反应程序为:50℃延续 120 秒去污染;95℃活化 DNA 合成酶和预变性 600 秒;进行 45 次循环;95℃变性 15 秒;60℃延伸 60 秒。

(3)结果分析与计算:检测结果用统计分析软件进行分析和计算,获得待测样品外源基因和内源基因 Ct 值,根据外源 DNA 和内源参照基因的线性回归方程,计算获得待测样品外源 DNA 和内源参照基因的浓度或百分含量。

(4)方法说明:根据检测对象和仪器,适当调整 PCR 反应参数。实验中应设置阴性对照、阳性对照和空白对照。

3. LAMP 检测　环介导恒温扩增(loop-mediated isothermal amplification,LAMP)技术是由日本学者 Notomi 在 2000 年研发的一种采用恒温核酸扩增技术用于基因诊断的方法。LAMP 技术特异性高,不需要热循环设备,具有操作简单、快速的优点。该方法在基层和现场检测方面将有广泛的应用前景。LAMP 法先针对靶基因的几个区域设计数种特异引物,然后在链置换 DNA 聚合酶的作用下,于 60~65℃恒温条件下进行核酸扩增。最后采用电泳、核酸染色、沉淀反应等方法检测核酸扩增产物是否有阳性扩增发生,据此判断样品中是否存在转基因成分。

四、蛋白质检测

抗原性未被破坏的转基因产品,也可以通过外源基因的表达蛋白进行检测。检测方法包括酶联免疫法、试纸法、蛋白印迹法、蛋白质试剂盒法等。在加工过程中蛋白质失活变性的转基因产品,如果使用这些技术检测则结果的可靠性、重现性将受到很大的制约。国家标准《转基因产品检测　蛋白质检测方法》(GB/T 19495.8)适用于以检测目标蛋白为基础的转基因产品定性定量检测。下面对该方法做简要介绍。

1. 原理　从测试样品中按照一定的程序提取含有目标蛋白的基质,利用抗体与目标蛋白(抗原)特异性结合的特性,通过对偶联抗体与抗原体复合物的作用产生的信号进行检测,实现转基因产品特异蛋白质的检测。

2. 分析步骤　将原料样品粉碎后,加入缓冲液混匀,振荡抽提蛋白质,离心后取上清液稀释,加入偶联抗体孵育,在一定条件下使特异蛋白进行显色反应,测定其吸光度值。同时使用与基质一致的阳性标准品制作标准曲线。根据标准曲线计算相应外源蛋白浓度。每一轮反应应当包括空白、阴性标准品、阳性标准品和测试样品。

3. 方法说明　实验所用试剂应该是分子生物级的。酶联免疫法容易产生假阴性,不适合用于经过深加工的、抗原发生变性的转基因产品检测;样品中的酚复合物、脂肪酸、内源性磷脂酶等杂质可影响 ELISA 法的准确性和精确性,需要去除。样品使用聚丙烯管抽提,以免蛋白吸附。

五、其他检测方法

除PCR检测技术和蛋白质免疫检测技术外,检测食品转基因成分还有蛋白质组学分析、近红外光谱和质谱分析、变性高效液相色谱等方法。

1. 蛋白质组学技术分析 通过研究外源基因在同种或不同作物中的蛋白质差异性表达检测转基因产品。目前主要采用双向电泳 - 质谱技术(two-dimensional gelelectrophoresis, 2DE/MS)及基于同位素标记的质谱分析技术进行蛋白质组学分析。前者是根据蛋白质等电点(PI)不同先在 pH 梯度胶中等电聚焦分离,然后利用分子量的不同在第二向中利用十二烷基磺酸钠 - 聚丙烯酰胺凝胶电泳(sodium dodecyl sulfate polyacrylamide gel electrophoresis, SDS-PAGE)进行电泳分离,再通过串联质谱(MS/MS)等方法测定。后者是对蛋白质进行质谱峰强度和蛋白质的肽段数分析定量,或者采用内标同位素法,精确定量蛋白质不同状态下的表达。蛋白质组学法不仅能鉴定差异表达的蛋白质,而且还能对其进行较为准确的定量。

2. 近红外光谱分析法(NIR) 该法利用波长在 700~2500nm 范围内的透射及反射光谱,对样品中有机分子的含氢基团进行定性和定量分析,从而区分转基因作物与非转基因作物。NIR 分析不需对样品做预处理,即能实现农产品无损检测,并且具有快速、稳定、检测简便及反应指标多等优点。

3. 变性高效液相色谱法(denaturing high performance liquid chromatography,DHPLC) 又称核酸片段分析,其检测原理是基于异源双链 DNA 与同源双链 DNA 的解链特性不同,在部分变性条件下,异源双链因有错配区的存在而更易变性,在色谱柱中的保留时间比同源双链短,故先被洗脱下来,在色谱图中表现为双峰或多峰的洗脱曲线,从而实现转基因成分的检测。DHPLC 只能鉴定是否存在转基因成分,不能检测转基因具体发生的位置及该区域的基因序列等信息。

第三节 基因芯片技术在转基因食品检验中的应用

基因芯片(gene chip)技术是 20 世纪 90 年代发展起来的分子生物学技术,可以同时对数以千计的样品进行处理分析,大大提高了检测效率,降低了检测成本。并能克服普通 PCR 法检测数量少、易污染、假阳性高等缺点。基因芯片技术的飞速发展和应用为转基因食品的高通量检测提供了有效的技术平台。目前国家标准《转基因产品检测基因芯片检测方法》(GB/T 19495.6)规定了转基因产品基因芯片检测方法。

一、基因芯片技术相关定义

1. 基因芯片 又称 DNA 芯片(DNA chip)或 DNA 微阵列(DNA microarray),属于生物芯片(biochip)的一种。该技术将大量特定的寡核苷酸片段或基因片段有序地、高密度地排列固定于载体上,测试样品的核酸分子经过标记,与固定在载体上的 DNA 列阵中的点按碱基配对原理同时进行杂交,通过激光共聚焦荧光检测系统扫描芯片,用计算机软件分析杂交信号强度而获得样品分子的数量和序列信息,从而实现转基因成分的检测。根据芯片探针来源不同,可分为寡核苷酸微阵列(oligo-microarray)、cDNA 微阵列(cDNA-microarry)及 DNA 微阵列(基因组 DNA 作为探针)等。

2. 基片(substrate) 或称为载片,是基因芯片中用于固定探针的基质,通常采用标准的载玻片或其他固体载体,经过化学修饰制备而成。

3. 基因芯片探针(DNA microarray probe)　又称寡核苷酸探针,是基因芯片中固定于基质表面、能与样本 DNA 互补、用于探测样本 DNA 信息的核酸分子。转基因食品检测时可用寡核苷酸片段做探针。

4. 杂交(hybridization)　是指两条互补的单链核酸形成的一条稳定的双螺旋分子过程。杂交反应可以发生于溶液中两个互补分子之间;也可以发生在溶液中的分子与另一个被固定在支持物上的分子之间。

二、基因芯片检测

1. 原理　探针与待测样品中的目标序列按碱基互补原理发生特异性杂交反应,从而实现对目标序列的检测。

该技术与传统核酸分子杂交技术相比有许多不同之处。

(1)核酸分子杂交技术是将样品的目标序列固定于固相支持物(载体)上,探针置于杂交液中;基因芯片技术则将探针固化于载体上,样品的目标序列置于杂交液中。

(2)核酸分子杂交技术的杂交是对探针进行标记;而基因芯片技术在大多数情况下是对样品目标序列进行标记(少数情况下对探针标记)。

(3)核酸分子杂交技术一次可检测 1 至几个目标序列;而基因芯片杂交一次可同时检测十几个至 1 万以上目标序列。

(4)核酸分子杂交信号检测灵敏度、准确度不够高,一般做定性分析;而基因芯片杂交信号的检测灵敏度、准确度高,不仅可做定性分析,还可做半定量甚至定量检测,并且信号检测和数据分析也实现了自动化、程序化。

2. 分析步骤　基因芯片的检测流程大致如下(图 12-2)。

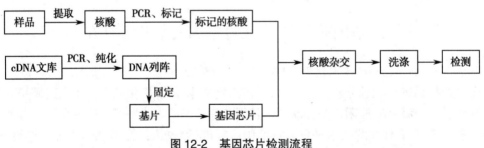

图 12-2　基因芯片检测流程

(1)基因芯片准备:包括基片的选择、活化、探针的制备和基因芯片的制备。

1)基片材料选择:大部分选用固体片或薄膜类,具有如下特点:①能适应透射光和反射光的测量;②具有能与生物分子或修饰分子偶联进行化学反应的活性基团;③能使单位载体上结合的分子数达到最大容量;④材料具有惰性和足够的稳定性。制作基因芯片的材料有普通玻璃片、硅片、聚丙烯膜、尼龙膜等。

2)基片活化:对载体的表面进行化学预处理以达到活化作用,使探针稳定固定于介质表面。在片基表面上结合的活性基团包括:氨基、巯基、醛基、环氧化物等,与配基结合后形成具有生物特异性的亲和表面,可以固定蛋白质、核酸、多肽等生物活性分子。

3)探针制备:探针的获得即制备基因组文库,其方法有直接基因分离、化学合成和酶促核酸三种,然后通过 PCR 扩增等技术快速制备大量特异性目的核酸片段。

4）基因芯片制备：将探针固定化在已活化的基片/载体上，通过与样品中靶序列作用来获取生物信息。常用的基因芯片制作方法包括点接触法及喷墨法、光引导原位合成法、压电打印原位合成法及分子印章法等。

（2）样品中靶序列提取、PCR扩增及示踪标记：样品核酸（DNA和mRNA）的提取纯化和PCR扩增方法与一般分子生物实验方法基本一致。样品核酸中的靶序列的扩增和示踪标记是同步进行的，扩增过程中将合成新链所需要的4种底物（dNTP）其中的一种单核苷酸先用标记物进行示踪标记，以便于杂交信号的检测。目前使用最多的标记物是荧光染料，它具有极高的分辨力和灵敏度。

（3）杂交反应：将基因芯片和待测样品靶分子两者放置于杂交反应体系中，在一定条件下（杂交双方的浓度、离子强度、pH、温度）进行杂交反应，使探针与目标序列按碱基互补原则进行特异性结合。反应后洗涤芯片，去除未杂交的部分和非特异性结合，以降低检测的噪音。

（4）杂交信号检测：杂交反应完成后，将基因芯片用激光共聚焦芯片扫描仪进行扫描，激光的激发光源使荧光生色基团产生高强度的发射荧光，光电倍增管将光信号转换、放大成点信号后收集，通过计算机处理获得的数据，统计并分析结果。

三、基因芯片技术在转基因食品检验中的应用

基因芯片技术作为一种新技术，具有高通量、快速、灵敏、灵活等优点，可以同时平行检测大量样本，因此，在转基因食品检测中具有广阔的应用前景。按照功能，基因芯片可分为检测芯片和表达谱芯片。前者主要应用于转基因成分的筛选和鉴定；后者主要应用于转基因食品安全性评价。

（一）检测芯片应用

1. 转基因成分筛选　针对转基因技术中通用的报告基因、抗性基因、启动子和终止子等特异性片段设计探针点制成基因芯片。用此芯片能实现大量不同类型转基因食品的检测。结合其他的方法，还可以对转基因成分实现定量检测。

2. 转基因食品品系或品种鉴定　针对转基因品种特异的边界序列设计探针，点制成芯片后可以对转基因食品品系或品种进行鉴定，并且还可以明确转基因食品转入了何种目的基因。

3. 转基因重组体构成元件分析　针对基因重组体构成元件（目的基因、报告基因、标记基因、启动子、终止子等）设计探针并制成基因芯片，利用此芯片就可以检测出样品是否为转基因食品，采用了哪种特异性片段，以及目的基因是否发生了变异等。如果将已知转基因食品的基因重组体构成元件及构成元件和植物基因组连接区设计成探针，固化制成芯片，就可以对转基因食品进行筛选、鉴定及多种相关信息分析。因此，根据不同的检测目标可以设计不同的探针，制成不同类型和能实现同步检测大量的多种目标序列的基因芯片，满足转基因食品检测的多种需求。

（二）表达谱芯片应用

制作表达谱芯片时，将待测样品与对照样品的mRNA用荧光分子进行标记，然后同时与芯片进行杂交，通过分析两种样品与探针杂交的荧光强度的比值，来检测基因表达水平的变化。表达芯片在转基因食品领域中主要用于安全性评价，即转基因食品中外源特异性成分产生了怎样的影响。包括：营养成分、毒性、过敏物质等变化；基因突变或代谢途径改变；

人体内发生突变而有害人体健康的可能性等。非期望效应是评价转基因食品安全性的主要方法,表达谱芯片可将相关的营养成分、毒性物质、过敏物质、代谢产物等设计探针并制成芯片,通过对样品和对照品进行大量基因的表达谱的对比分析,进一步分析基因结构和功能,尤其致敏、毒性基因表达的变化,从而发现两者基因表达谱的差别,两者的差别越大则可以明确非期望效应的性质和可能产生的安全性问题越大。随着新技术的发展、生产和应用成本的降低、标准化和普及化基因芯片技术的不断推出,基因芯片技术在转基因食品检测中的应用将日趋广泛。

本 章 小 结

本章介绍了转基因食品的概念、特征。重点讲解了常见的食品中转基因成分检验方法。

食品中转基因成分的检测技术主要有两大类:核酸检测和蛋白质检测。核酸检测主要有定性 PCR 检测、实时荧光定量 PCR 检测。PCR 检测方法应用范围广、灵敏度高,但易被污染、容易出现假阳性。蛋白质检测技术以免疫反应为基础,具有专一性高、简便等特点,但由于蛋白质容易失活、变性,对加工食品的检测受到制约。

基因芯片技术可以实现转基因成分的快速检测,具有高通量、高灵敏度、高效、高自动化程度等特点,是具有发展潜力的转基因食品检测技术。此外,环介导等温扩增反应、变性色谱技术、质谱技术、近红外光谱技术等在转基因食品检测方面也有所应用。

思考题

1. 转基因食品具有什么特征? 食品中常见的转基因成分有哪些?

2. 按检测对象分类,转基因食品的检测方法可分为哪几种? 它们各有什么优缺点?

3. 转基因成分分析前先进行 DNA 提取和纯化的目的是什么? 举例说明常见的进行 DNA 提取和纯化方法。

4. PCR 和实时荧光 PCR 检测技术的原理是什么? 简述它们的主要检测步骤。

5. ELISA 技术检测转基因食品的原理是什么? 该技术有什么优点和局限?

6. 简述基因芯片检测转基因成分食品的原理,该技术有哪些优点和不足?

(蒋立勤)

第十三章 食品容器和包装材料检验

食品容器和包装材料（food containers and packaging materials）是指包装和盛放食品用的纸、竹、木、金属、搪瓷、陶瓷、塑料、橡胶、天然纤维、化学纤维、玻璃、复合包装材料等制品和接触食品的涂料，包括食品在生产、经营过程中接触食品的机械、管道、传送带、容器、用具、餐具等。由于它们同食品相接触，某些材料的成分可能迁移到食品中，从而造成食品的化学性污染，对人体产生危害。为了保证食品安全，各国都制定了相应的标准与法规，严格控制它们的质量和安全，防止有害物质向食品迁移，以保障消费者的身体健康。

我国国家标准规定了常用的塑料及橡胶制品、涂料、陶瓷及搪瓷、铝制品及包装用纸的检验方法。针对食品容器和包装材料的理化特点，采用浸泡试验，分别模拟水性、酸性、酒性、油性等食品对容器或材料进行浸泡，然后用浸泡液做综合检验及有毒有害成分的单项检验，以检测食品容器和包装材料中可能溶出的有害物质含量。

第一节 样品采集、制备与浸泡试验

一、样品采集和制备

根据我国食品用包装材料及其制品的浸泡试验方法通则（GB/T 5009.156）进行样品采集、制备和浸泡试验。

（一）样品采集

采样时应记录产品名称、生产日期、批号、生产厂商。所采集样品应完整、平稳、无变形、画面无残缺，容量一致，不具有影响检验结果的其他疵点。采样一式三份，供检验、复检与仲裁之用。

1. 塑料成型品及复合食品包装袋、塑料薄膜袋　按产量的 0.1% 随机采样，小批量不少于 10 件，容量小于 500ml 的取 20 件。

2. 塑料薄膜　每批随机抽取 10 捆，每捆剪取 50cm×50cm 一张，共 10 张，检验时再裁成 5cm×5cm 样片充分混合。

3. 铝制品、搪瓷陶瓷制品及不锈钢制品　按产量的 0.1% 随机采样，小批量不少于 6 件，容量小于 500ml 的取 10 件。重点抽取色彩浓重或面积体积比值小的容器。

4. 食品用橡胶制品、橡胶奶嘴和食品用包装原纸　每批随机取样 500g［原纸随机截取 10 张（10cm×10cm）］，高压锅密封圈每批不少于 6 个。

5. 塑料树脂颗粒　每批随机取包数的 10%，小批量不少于 3 包，每包随机取 2kg 混匀，用四分法缩分成 500g 一份，共 3 份。

6. 涂料 由生产厂按产品相同工艺条件制备全覆盖涂料的试片 10cm×10cm 或 5cm×15cm 厚度小于 2mm 的金属片共 6~10 片,若所提供的试片为单面覆盖涂料的,则应同时提供基材作为对照。

7. 管材(包括橡胶管) 随机截取材质、内径相同的管材 5 根,长度为 L+A,L 为所需浸泡液毫升数除以管横截面积,A 为两端玻璃塞所占部分的长度。

(二)样品清洗

试样用自来水冲洗后用餐具洗涤剂清洗,用自来水反复冲洗至无泡沫止,再用纯水冲洗 3 次,烘干或晾干,必要时用洁净的滤纸吸净试样表面的水分,但不得有纸纤维残留。清洗过的试样应防止污染,注意不能用手直接触摸。

二、样品体积或面积测定

1. 空心制品的体积测定 将空心制品置于水平桌面上,用量筒加水至离上边缘(溢出面)5mm 处,记录体积,精确至 ±2%。易拉罐内壁涂层同空心制品。

2. 扁平制品参考面积测定 将扁平制品反扣于有平方毫米的标准计算纸上,沿制品边缘画下轮廓,记录此为参考面积 S;圆形的扁平制品也可以量取其直径(D,以 cm 表示)计算其参考面积 S。

$$S = \pi \left(\frac{D}{2} - 0.5 \right)^2$$

3. 不同形状制品面积测定

(1)匙:全部浸泡入溶剂,其面积 S 可分解为 1 个椭圆面积、2 个相同的梯形面积和另一个不同的梯形面积总和的 2 倍。面积计算见下式和图 13-1。

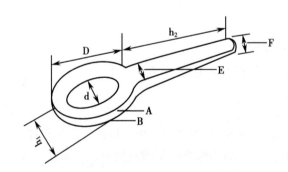

图 13-1 匙面积计算图

$$S = \left\{ \frac{Dd\pi}{4} + \left[2 \times \frac{(A+B)}{2} \times h_1 \right] + \left[\frac{(E+F)}{2} \times h_2 \right] \right\} \times 2$$

$$= \left\{ 0.785 \times Dd + (A+B) h_1 + \left[\frac{(E+F) h_2}{2} \right] \right\} \times 2$$

(2)汤勺:勺内浸泡,面积 S 为球冠面积,全部浸泡时乘以 2。面积计算见下式和图 13-2。

$$S = \pi (r^2 + h^2)$$

(3)塑料饮料吸管:全部浸泡,面积 S 为圆柱体侧面积的 2 倍。面积计算见下式和图 13-3。

$$S = \pi D h \times 2$$

图 13-2　汤勺面积计算图

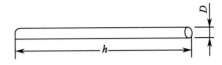

图 13-3　塑料饮料吸管面积计算图

（4）奶瓶盖：全部浸泡，面积 S 为环面积加圆周面积之和的 2 倍。面积计算见下式和图 13-4。

$$S=\left[\pi\left(r_1^2-r_2^2\right)+2\pi r_1 h\right]\times 2$$

（5）碗边缘：边缘有花饰者需倒扣于溶剂内，浸入 2cm 深，面积 S 为被浸泡的圆台侧面积的 2 倍。面积计算见下式和图 13-5。

$$S=\left[\pi l\left(r_1-r_2\right)\right]\times 2=4\pi\left(r_1+r_2\right)$$

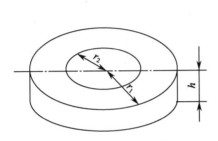

图 13-4　奶瓶盖面积计算图

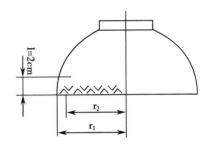

图 13-5　碗边缘面积计算图

（6）圆柱形杯口边缘：边缘有花饰者需倒扣于溶剂内，浸入 2cm 深，面积 S 为被浸泡的圆柱体面积的 2 倍。面积计算见下式和图 13-6。

$$S=2\pi r\times 2\times 2=8\pi r$$

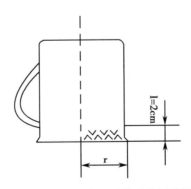

图 13-6　圆柱形杯口边缘面积计算图

三、样品浸泡试验

浸泡试验（immersion test）是模拟所接触食品的性质，选择适当的溶剂，在一定的温度和时间内浸泡食品容器和包装材料（或其原料）等样品，使有害物质迁移入浸泡液中，然后对浸泡液中有害物质进行检验。

1. 溶剂选择　按试验目的选择模拟食品的四种溶剂，分别为纯水（代表中性食品及饮料)、4%乙酸溶液(代表酸性食品及饮料)、20%乙醇溶液或65%乙醇溶液(代表酒类及含乙醇的饮料和食品)、正己烷(代表油脂类食品)。

2. 浸泡液用量

(1)空心制品:按上法测得的试样体积准确量取浸泡液加入空心制品中;大于1.1L的塑料容器可裁成试片进行测定;可盛放溶剂的塑料薄膜袋可将袋口张开置于适当的烧杯中,加入适量浸泡液按相应的条件浸泡;复合食品包装袋按2ml/cm²加入浸泡液按相应的条件浸泡。

(2)扁平制品、板材、薄膜、试片:按2ml/cm²注入浸泡液按相应的条件单面浸泡,或全部浸泡(面积以两面计算)。

(3)橡胶制品:按接触面注入2ml/cm²浸泡液,无法计算接触面积的,按20ml/g注入浸泡液。

(4)滴塑垫片:能整片剥落的按2ml/cm²加浸泡液;不能整片剥落的取边缘较厚的部分剪成宽0.3~0.5cm,长1.5~2.5cm的条状,称量质量,按60ml/g注入浸泡液。

3. 浸泡条件 根据不同样品的检测项目,浸泡温度和浸泡时间不同,通常浸泡温度为室温、60℃、95℃、100℃,浸泡时间为0.5小时、1小时、2小时、6小时、24小时。

4. 检验项目 根据不同的样品性质,检验项目应具有针对性,如塑料制品中游离单体的检测;金属和陶瓷制品及包装用纸的铅、镉等有害元素的检测;涂料中游离酚和游离甲醛的测定等。此外,还有几种综合项目的检验。

(1)高锰酸钾消耗量:样品经纯水浸泡,测定其高锰酸钾消耗量,表示样品向食品迁移的可溶出有机物和易氧化物质的总量。

(2)重金属:样品经4%乙酸溶液浸泡后,其中所含的重金属可溶出,在酸性条件下与硫化钠反应形成黄棕色产物,与标准比较定量,表示样品中的重金属向食品中迁移的情况。

(3)蒸发残渣(或提取物):样品经四种不同的溶剂浸泡、蒸发、干燥后,称其质量,表示在不同条件下食品包装材料或食品容器中的相关物质向食品迁移的溶出量。

5. 注意事项

(1)浸泡液总量应能满足各检测项目的需求。例如,一般蒸发残渣的测定,每份浸泡液应不少于200ml;高锰酸钾消耗量的测定,每份浸泡液应不少于100ml。

(2)用4%乙酸浸泡时,应先将所需要量的水加热到所需温度,再加入计算量的乙酸,使其浓度达到4%。

(3)浸泡时应适当搅动,清除可能附着于试样表面上的气泡。浸泡结束后,如观察浸泡液有蒸发损失,则应补充新鲜溶剂至原体积。

(4)对外边缘带有彩饰的容器、食具(如碗、杯等)应将其倒扣于浸泡液中,使浸泡液浸泡至离边缘2cm处。

四、结果计算及评价

1. 结果计算

(1)空心制品:以测定所得mg/L表示。

(2)扁平制品、板材、薄膜、复合食品包装袋、试片:测定结果a(mg/L)按下式计算。

$$a = \frac{cV}{2S}$$

式中：c 为测得值，mg/L；V 为浸泡液体积，ml；S 为样品参考面积或实测面积，cm²；2 为样品每平方厘米面积所需的溶剂体积，ml/cm²。

2. 评价　如有项目的检验结果不符合国家标准，应进行样品的复检；如复检结果仍有检测项目不符合相应标准，产品即判为不合格。

第二节　食品用塑料制品检验

一、概述

塑料（plastics）是以合成树脂或天然树脂为基础原料（或在加工过程中用单体直接聚合），加入（或不加）各种增塑剂、填充剂、润滑剂、着色剂等添加剂，在一定温度、压力下，加工塑制成型或交联固化成型得到的固体材料或制品。树脂的原料主要为乙烯、丙烯、乙炔、丁二烯、苯、甲苯、二甲苯等低分子有机化合物，来源于石油、天然气、电石、煤炭等。因此，塑料中有害单体和小分子物质迁移、油墨和胶粘剂等溶剂残留是不容忽视的安全问题。用于食品包装的塑料大致可分为两大类，热塑性塑料和热固性塑料。热固性塑料成型后不可通过压力和加热使之再成型。部分热固性塑料用作涂层，尤其是罐头的涂层。热塑性塑料是成型后可被熔化、再成型的塑料。几乎所有用于食品包装的塑料都是热塑性塑料，如聚乙烯、聚丙烯、聚苯乙烯、聚氯乙烯、聚碳酸酯等。但不得使用回收塑料再加工用作食品用容器和包装材料。

常用作食品容器和包装材料的塑料种类。

1. 聚对苯二甲酸乙二醇酯（polyethylene glycol terephthalate，PET）　对苯二甲酸或对苯二甲酸二甲酯与乙二醇聚合而成的热塑性饱和聚酯，标号"1"。PET 拥有优良的物理、化学、机械性能，其机械强度大，耐油、耐酸、耐药品性较好，气密性及透明度极佳。PET 瓶主要用于矿泉水、碳酸饮料、果汁饮料、啤酒及保健食品等的包装。以 PET 为基材可与多种塑料制成复合膜，根据其不同的特性，可包装咸菜、加工肉制品、蒸煮食品及冷冻食品。但 PET 瓶只能耐热至 70℃，装高温液体或加热易变形，同时也会溶出对人体有害的物质。另外，PET 包装容器使用 10 个月后，可能释放出致癌物邻苯二甲酸酯（phthalic acid esters，PAEs）。同时，这类容器也不能被太阳暴晒，不能装酒、油等物质，否则也会产生对人体有毒有害的物质。

2. 高密度聚乙烯（high-density polyethylene，HDPE）　乙烯在催化剂作用下，在接近平常大气压的压力和较低的温度（50~70℃）下进行聚合而成，标号"2"。HDPE 具有良好的耐热性和耐寒性，化学稳定性好，耐油性优良，还具有较高的刚性和韧性，机械强度好，制作的容器能在 100℃ 煮沸消毒。HDPE 薄膜具有手感舒适、坚韧的特性，HDPE 可与其他塑料制成复合薄膜，用于水产品、农产品、其他食品的包装。作为蒸煮袋，可包装豆制品、生面条等，还可用于保健食品的包装瓶等。

3. 聚氯乙烯（polyvinyl chloride，PVC）　由氯乙烯聚合而成，标号"3"。耐腐蚀、牢固耐用，在制造过程中往往添加增塑剂和抗老化剂来增强其耐热性、韧性、延展性等。PVC 只能耐热至 81℃，高温时容易产生有毒物质 DEHP。如果生产过程中未使用增塑剂，生产的软质薄膜，也可用于蔬菜、水果、冷冻食品、点心等的包装；半硬薄片可制成杯状容器包装冰淇淋、果冻、酱菜等。

4. 低密度聚乙烯（low-density polyethylene，LDPE）　乙烯在高压下与氧、过氧化物或偶氮化合物等产生的自由基相互碰撞聚合而成,标号"4"。LDPE 透明度、柔软性良好,延展性好,抗冲击性、耐低温性能好,化学性质稳定。主要用于生产食品保鲜膜和塑料包装袋。但LDPE 保鲜膜耐热性不强,通常温度超过 110℃时会出现热熔现象。用保鲜膜包裹食物加热,食物中的油脂很容易将其中的有害物质溶解出来转移到食品中。

5. 聚丙烯(polypropylence,PP)　由丙烯聚合而成,标号"5"。耐热性高、机械强度高、坚韧而耐震、耐酸碱性好。常制成包装容器和薄膜,可放进微波炉加热,也可以存放食物、油类和调味品等。常用于点心、面包、水果、冰淇淋、糖果、罐头食品,尤其是香烟的包装。

6. 聚苯乙烯(polystyrene,PS)　由苯乙烯聚合而成,标号"6"。稳定性高,透明无色,主要加工成薄膜和泡沫塑料使用。薄膜用于水果、蔬菜的包装;泡沫塑料多用于方便面盒、快餐盒等,但是不能用于微波炉加热,要尽量避免用 PS 快餐盒包装高温食物,以免因温度过高而释放出有毒化学物。不能盛放强酸强碱的食品。

7. 聚碳酸酯(polycarbonate,PC)　由双酚 A 与碳酸二苯酯或光气反应而成,标号"7"。PC 光学透明性好、抗冲击强度高、热稳定性和抗寒性优良。但不耐强酸、强碱、紫外线,耐磨性差。常用于生产水杯、保鲜盒、奶瓶等。PC 材质制成的塑料容器可能会释放双酚 A,温度愈高释放愈多,速度也愈快。双酚 A(bisphenol A,BPA),学名 2,2- 二(4- 羟基苯基)丙烷,是已知的内分泌干扰物,我国禁止用于婴幼儿奶瓶。

8. 三聚氰胺 - 甲醛(melamine-formaldehyde,MF)　由三聚氰胺与甲醛缩聚而成。固化后的三聚氰胺甲醛树脂在沸水中稳定,可耐 120℃高温,可作食品容器及包装材料。严禁在微波炉中加热,主要问题是会释放具有一定毒性的游离甲醛和三聚氰胺。

常用塑料成型品的国家标准(GB 9688,GB 13113,GB 9687,GB 9689,GB 9681,GB 14942,GB 9690)规定的理化指标见表 13-1。

表 13-1　常用塑料成型品的理化指标国家标准(≤mg/L)

项目	PET	PE	PVC	PP	PS	PC	MF(mg/dm²)
蒸发残渣							
蒸馏水	30	—	—	—	—	30	2
4% 乙酸	30	30	30	30	30	30	—
20% 乙醇	—	—	30	—	—	30	—
65% 乙醇	30	30	—	—	30	—	—
正己烷	30	60	150	30	—	30	—
高锰酸钾消耗量	10	10	10	10	10	10	2
重金属(4% 乙酸)	1.0	1	1	1	1	1	0.2
脱色试验				均为阴性			
甲醛(4% 乙酸)	—	—	—	—	—	—	2.5
三聚氰胺(4% 乙酸)	—	—	—	—	—	—	0.2
酚(蒸馏水)	—	—	—	—	—	0.05	—
锑(4% 乙酸)	0.05	—	—	—	—	—	—
氯乙烯单体(mg/kg)	—	—	1	—	—	—	—

二、塑料鉴别的常用方法

随着塑料工业的发展,塑料的品种越来越多,在食品容器及包装材料用树脂及成型品安全性检验时,需要先鉴别塑料的材质。鉴别方法有:密度,硬度,溶解性,燃烧试验,热裂解试验,甲醛试验,单体测定等。

(一)燃烧试验

塑料的种类不同,其燃烧的难易程度,火焰颜色,燃烧状态,以及产生的气味都各不相同,根据塑料燃烧特征进行鉴别。常用塑料的燃烧特征见表 13-2。

表 13-2 常用塑料燃烧特征

材料	可燃烧性	火焰特点	气味
PET	能点燃,离开火源继续燃烧	橙黄黑烟	甜的芳香味
PE	易燃,离开火源继续燃烧	熔化、滴落,火焰明亮,内芯蓝色	蜡味
PVC	软:易燃,离开火源继续燃烧	火焰明亮,有烟	盐酸刺激味
	硬:难点燃,离开火源即熄灭	有铜丝存在时有碳化现象	
PP	易燃,离开火源继续燃烧	熔化、滴落,火焰明亮,内芯蓝色	蜡味
PS	易燃,离开火源继续燃烧	熔化、滴落,火焰明亮,产生烟垢	有风信子一样的甜味
PC	能点燃,开火源即熄灭	火焰明亮,产生黑烟	
MF	难点燃,开火源即熄灭	火焰膨胀,外圈白色,内黄色	氨、甲醛味和鱼味

(二)热裂解试验

将少量样品在热裂解管中加热裂解,利用所生成的挥发性物质使试纸颜色发生变化进行鉴别。如 PP 可使 pH 试纸显中性、使氧化汞试纸显黄色;PC 使对二甲氨基苯甲醛试纸显蓝色;PS、PE 使 2,6- 二溴氯醌亚胺试纸显蓝色或蓝褐色;PET 使石蕊试纸变红色;MF 使石蕊试纸变蓝色;而 PE、PP、PC、PVC、PS 使石蕊试纸基本不变色等。

三、食品用塑料制品检验

(一)综合项目的检验

1. 高锰酸钾消耗量 准确取 100ml 水浸泡液(有残渣则需过滤),加入硫酸(1+2)和高锰酸钾标准溶液,准确煮沸 5 分钟后,趁热加入草酸标准溶液,再以高锰酸钾标准溶液滴定至溶液呈微红色,维持 15 秒以上不褪色。同时取水做空白试验。因高锰酸钾易分解,故加热时间应一致。

2. 蒸发残渣 取相应的浸泡液 200ml,分别置于预先恒重的玻璃蒸发皿或小瓶浓缩器(回收正己烷)中,水浴蒸干后,于(100±5)℃干燥至恒重。同时进行空白试验。试验过程中应防止异物落入。

3. 重金属 取 20ml 乙酸浸泡液加水定容,混匀;另取 10μg/ml 铅标准溶液 2ml,加 4% 乙酸 20ml,定容,混匀。每管各加硫化钠溶液两滴,混匀并放置 5 分钟后,目测比色。如样品管呈色大于标准管,则重金属含量[以铅(Pb)计]≥1mg/L。因硫化钠在酸性溶液中可缓慢产生硫的白色沉淀,故应在静置 5 分钟后立即比色。

4. 脱色试验 取洗净待测食具,用沾有冷餐油、65% 乙醇的棉花,在接触食品部位的小面积内,用力往返擦拭 100 次,棉花上不得染有颜色。同时,所有四种浸泡液也不得染有颜色。

(二)单项指标检验

1. 锑(stibium,Sb)测定 国家标准分析方法(GB/T 5009.101)有石墨炉原子吸收光谱法(第一法)和孔雀绿分光光度法(第二法)。适用于热可塑性聚酯树脂及其成型品中锑的测定,也可用于搪瓷餐具、容器中锑的测定。

(1)石墨炉原子吸收光谱法

1)原理:在盐酸介质中,经碘化钾还原后的三价锑和吡咯烷二硫代甲酸铵(APDC)反应生成的配合物,经 4- 甲基 -2- 戊酮(MIBK)萃取后,用石墨炉原子吸收分光光度计测定,标准曲线法定量。

2)分析步骤:树脂样品于沸水浴上以 4% 乙酸加热回流 2 小时,过滤,滤液定容,供测定用。成型品以 4% 乙酸于 60℃(受热食品容器则为 95℃)浸泡 30 分钟,浸泡液供测定用。

准确取样液依次加入碘化钾和盐酸溶液,混匀后放置,加入 APDC 溶液,混匀,再加 MIBK,剧烈振摇后静置分层,弃去水相,将 MIBK 层经脱脂棉过滤。取 20μl 有机相测定,与标准曲线比较定量。同时以 4% 乙酸做空白试验。萃取后样液需在 4 小时内完成测定。

(2)孔雀绿分光光度法:用氯化亚锡将样品浸泡液中锑还原为三价锑,再用亚硝酸钠将其氧化成五价锑。加三苯基甲烷染料孔雀绿与五价锑形成有色配合物,在一定的 pH 介质中被乙酸异戊酯萃取后,于 628nm 波长下测定,标准曲线法定量。同时以 4% 乙酸做空白试验。

2. 灼烧残渣(residue on ignition)测定 适用于食品容器及包装材料用 PE 树脂原料的无机物污染测定。

准确称取一定量样品于已恒重的坩埚中,炭化后放于 800℃高温灼烧至恒重(两次称量之差≤2mg),计算样品的灼烧残渣值。

3. 氯乙烯(chloroethylene)单体测定 国家标准分析方法为气相色谱法(GB/T 23296.13),适用于食品接触的聚氯乙烯或者氯乙烯共聚体中氯乙烯单体的测定。

(1)原理:将试样放入密封平衡瓶中,用 N,N- 二甲基乙酰胺(DMA)溶解。通过自动顶空进样器进样,采用气相色谱毛细管柱分离,火焰离子化检测器(FID)检测,根据保留时间定性,标准曲线法定量。

(2)分析步骤:用 DMA 将样品溶解于密封平衡瓶中,于 70℃ ±1℃恒温水浴中平衡 30 分钟,取液上气体注入气相色谱仪测定。

色谱参考条件:色谱柱,聚乙二醇毛细管色谱柱(30m×0.32mm,1μm)或相当者;检测器,FID;柱温程序,初温 40℃,保持 1 分钟,以 2℃ /min 速率升至 60℃,保持 1 分钟,以 2℃ /min 速率升至 200℃,保持 1 分钟;气化室温度,200℃;检测器温度,200℃;载气,氮气 1ml/min;进样方式,分流,分流比 1:1。

(3)方法说明:标准及样品配制应在通风橱中进行;在相同色谱条件下,DMA 中不应检出与氯乙烯相同保留值的任何杂峰,否则用曝气法蒸馏除去干扰;液态氯乙烯标准应保存于干冰保温瓶中,氯乙烯标准溶液应贮存于冰箱中;可采用手动顶空进样,内标法定量,内标物为乙醚或其他合适的溶剂;进样用注射器应预热到与样品相同的温度。

4. 苯乙烯(phenylethylene)及乙苯(ethylbenzene)等挥发成分测定 国家标准分析

方法（GB/T 5009.59）为气相色谱法,适用于食品容器及包装材料用 PS 原料及成型品的测定。

（1）原理:用二硫化碳溶解样品,采用气相色谱法,火焰离子化检测器检测,以正十二烷为内标物,根据保留时间定性,以各组分峰高和内标峰高比值与标准液中各组分与内标峰高比值进行比较定量。

（2）色谱参考条件:不锈钢色谱柱（4m×4mm）内装涂有 20% 聚乙二醇丁二酸酯的 60~80 目釉化 6201 红色担体;检测器,FID;柱温,130℃;气化室温度,200℃;检测器温度, 200℃;载气,氮气,柱前压力 1.8~2kg/cm^2。

（3）方法说明:若无内标物,可采用标准曲线法,但各组分的配入量应尽量接近实际含量,以减少偏差。

5. 双酚 A 测定　目前国家标准分析方法为高效液相色谱法（GB/T 23296.16）,中国出入境检验检疫行业标准分析方法为气相色谱 - 质谱法（SN/T 2379）。

（1）高效液相色谱法

1）原理:水基食品模拟物（food simulant）或橄榄油模拟物通过甲醇溶液萃取后,通过高效液相色谱柱分离,荧光检测器检测。采用标准曲线法定量。

2）分析步骤:①样品处理:水基食品模拟物,准确取试样,通过 0.2μm 滤膜过滤后待分析;橄榄油模拟物,准确称取试样,加正己烷充分混合,加甲醇 - 水混合液,旋涡振荡,静置分层。取下层水溶液,滤膜过滤后待分析;②测定:色谱参考条件为 C$_{18}$ 色谱柱（250mm×4.6mm,5μm）或性能相当的分析柱;流动相:甲醇 + 水（70+30）;流速:1ml/min;柱温:室温;检测器:荧光检测器（激发波长 227nm,发射波长 313nm）。

3）方法说明:本法适用于水、3% 乙酸溶液、10% 乙醇溶液和橄榄油四种食品模拟物中 BPA 的测定;双酚 A 标准储备液应在 -20~20℃条件下密封避光保存;食品模拟物如不能立即测定,应在 4℃冰箱避光保存;同条件下进行空白试验;样品应平行制样两份。

（2）气相色谱 - 质谱法

1）原理:试样经丙酮超声波提取后,用五氟丙酸酐衍生化处理,氮气吹干,正己烷定容,用气相色谱 - 质谱法测定。

2）分析步骤:样品经液氮冷冻后,破碎成粒度小于 0.5mm 的颗粒;准确称取粉碎样品,加丙酮超声波提取,离心,取上清液过 0.2μm 有机滤膜;准确取滤液,加入五氟丙酸酐衍生化,氮气吹干,加正己烷溶解,定容。做平行样。

色谱 - 质谱参考条件:石英毛细管色谱柱,HP-5MS（30mm×0.25mm,0.25μm）或性能相当者;柱温程序,初温 70℃,保持 1 分钟,以 30℃/min 速率升至 210℃,再以 10℃/min 速率升至 260℃,保持 2 分钟;气化室温度,260℃;质谱接口温度,280℃;载气,氮气,纯度 ≥99.99%,流速 1.0ml/min;进样方式,不分流,1.0 分钟后开阀;进样量,1μl;电离方式,EI;电离能量,70eV;测定方式,选择离子监测方式;选择监测离子（m/z）,265、505、520;溶剂延迟时间,5 分钟。

3）方法说明:本法适用于聚碳酸酯树脂及其成型品中双酚 A 的测定;标准溶液和样液应等体积交替检测;定性离子（m/z）:265、505、520;定量离子（m/z）:505。

6. 甲醛（formaldehyde）测定　国家标准分析方法（GB/T 5009.61）为盐酸苯肼分光光度法。

（1）原理:甲醛与盐酸苯肼在酸性条件下经氧化生成红色化合物,用标准曲线法定量。

（2）分析步骤：准确吸取一定量4%乙酸浸泡液，加水定容。取一定量稀释样液，加盐酸苯肼反应，再加铁氰化钾和盐酸，反应生成的红色苯腙化合物于520nm波长下测定吸光度值，与标准系列比较定量。

（3）方法说明：本法适用于以三聚氰胺为原料制作的各种食具、容器及其他各种食品用工具的甲醛的测定；样品中甲醛的溶出量取决于温度，随着温度的升高，甲醛溶出量增加，因此，应严格按规定的浸泡条件操作；盐酸苯肼溶液配制后如出现棕色沉淀，应过滤后再用；样品反应后10~40分钟上机测定。

7. 三聚氰胺（melamine）测定　国家标准方法（GB/T 23296.15）为高效液相色谱法。

（1）原理：水基食品模拟物过滤，橄榄油模拟物用水 - 异丙醇溶液萃取、过滤，样液经高效液相色谱分离，紫外检测器检测，标准曲线法定量。

（2）分析步骤：①样品处理：水基食品模拟物，准确量取适量试样，过0.2μm滤膜后供高效液相色谱分析；橄榄油模拟物，准确称取一定量试样，加异辛烷混合，加10%异丙醇溶液，70℃恒温水浴中超声波萃取，离心。取下层水溶液，过0.2μm滤膜后待分析；②测定：色谱参考条件为氨基色谱柱（200mm×4.6mm，5μm）或性能相当的分析柱；流动相：乙腈 -0.005mol/L 磷酸缓冲液（pH 6.5）比例为75：25；流速：1ml/min；柱温：室温；紫外检测器：检测波长230nm。

（3）方法说明：本法适用于水、3%乙酸溶液、10%乙醇溶液和橄榄油四种食品模拟物中三聚氰胺的测定；三聚氰胺标准储备液应在 -20~20℃条件下密封避光保存；食品模拟物如不能立即测定，应在4℃冰箱避光保存；同条件下进行空白试验；样品应平行制样两份。

第三节　食品用橡胶制品检验

一、概述

橡胶（rubber）制品是以天然橡胶或合成橡胶为主要原料，配以特定助剂制成的高分子化合物。随着食品工业的迅速发展，食品接触用橡胶制品应用日益广泛，例如，保温瓶、水壶的橡胶密封垫片，高压锅密封圈，橡胶奶嘴，液体输送胶管等。大多数食品接触用橡胶制品均反复使用，特别在高温、水蒸汽、酸性、油脂等存在下，其中的有机化合物和重金属可能向食品中迁移，对食品造成污染。食品接触用橡胶制品及生产过程中加入的各种添加剂必须符合我国国家标准（GB 9685），禁止再生胶、乌洛托品（促进剂 H）、乙撑硫脲、α-硫基咪唑啉、α- 硫醇基苯并噻唑（促进剂 M）、二硫化二苯并噻唑（促进剂 DM）、乙苯基 -β-萘胺（防老剂 J）、对苯二胺类、苯乙烯化苯酚、防老剂 124 等材料及助剂在食品用橡胶制品中使用。

二、橡胶鉴别的常用方法

橡胶按原料来源分为天然橡胶和合成橡胶两类，天然橡胶是从橡胶树、橡胶草等植物中提取胶乳后加工制成，是异戊二烯的共聚物，具有弹性好，强度高，耐酸碱等优点，本身无毒。合成橡胶的种类繁多，由各种单体经聚合反应而得。用于食品接触用橡胶制品的橡胶主要有硅橡胶（聚二甲基硅氧烷）、丁苯橡胶、丁腈橡胶、氯丁橡胶、丁基橡胶等。我国规定加工生产奶嘴只能以天然橡胶或硅橡胶为主要原料,其他橡胶不得作为奶嘴原料。

橡胶种类的鉴别方法主要有:①燃烧试验:观察其燃烧难易、有无自熄性、火焰特征、气体气味和残渣状态等判断;②热分解试验:利用加热裂解过程中生成的挥发性物质使不同试纸或试剂的显色反应进行鉴别;③红外光谱法:样品的热裂解产物进行红外光谱分析;④气相色谱法:根据样品裂解产物的气相色谱指纹图谱鉴定。

三、食品用橡胶制品检验

根据国家标准(GB 4806.1),接触食品用橡胶制品外观检查应色泽正常,无异嗅,无异味和杂质;样品浸泡液不应有着色、混浊、沉淀,无异嗅,无异味,在室内自然光下应无荧光。添加剂的使用要求应符合 GB 9685,国家标准(GB 4806.1,GB 4806.2)规定的理化指标见表 13-3。

表 13-3 食品接触用橡胶制品的理化指标国家标准(≤mg/L)

项目	高压锅密封圈	奶嘴	其他
蒸发残渣			
蒸馏水	50	30	30
4% 乙酸	—	120	2000
20% 乙醇	—	—	40
正己烷	500	—	2000
高锰酸钾消耗量	40	30	40
重金属(4% 乙酸)	1.0	1.0	1.0
锌(4% 乙酸)	100	30	20
残留丙烯腈(mg/kg)	11	—	11

注:含丙烯腈橡胶必须测定残留丙烯腈

其中重金属测定同食品用塑料制品检验。其余理化指标简述如下。

1. 锌测定 在酸性条件下,锌与亚铁氰化钾反应生成亚铁氰化锌,产生沉淀,与标准混浊程度比较定量。

2. 丙烯腈(acrylonitrile)测定 目前国家标准分析方法(GB/T 5009.152;GB/T 23296.8)为顶空气相色谱法,可分别采用氮 - 磷检测器(NPD)和火焰离子化检测器(FID)。本节主要介绍气相色谱氮 - 磷检测器法。

1)原理:试样置于顶空瓶中,加入含有已知量内标物的 N,N- 二甲基甲酰胺(DMF)溶剂,立即密封,待气液平衡后,取液上气体进行气相色谱分析,根据内标法定量。

2)分析步骤:准确称取试样于顶空瓶中,定量加入已知浓度丙腈内标物的 DMF,密封,充分振摇,使试样完全溶解或分散。顶空瓶于(90 ± 1)℃恒温平衡 50 分钟,取上层气体分析。

色谱参考条件:①不锈钢色谱柱(4m × 3mm)内装涂有 15% 聚乙二醇 -20M 于上试101 白色酸性担体(60~80 目);检测器:NPD;柱温:130℃;气化室温度:180℃;检测器温度:200℃;载气:氮气,25~30ml/min,纯度为 99.95% 或更高。②聚乙二醇毛细管色谱柱(30m × 0.32mm,0.25μm)或相当者;检测器:NPD;柱温:初温 70℃(10 分钟),以 10℃ /min 升至 100℃（5分钟）；气化室温度：200℃；检测器温度：250℃；载气：氮气，2ml/min；进样方式：分流，分流比 20：1。

3）方法说明：溶剂也可用 N,N- 二甲基乙酰胺（DMA）；在相同色谱条件下，溶剂不应检出与丙烯腈和丙腈相同保留值的任何杂峰；样品测定前应先进行内标法校准，测定相对校正因子；最好使用具有自动采集分析顶空气的装置；手动进样时，注射器应预热到与样品相同的温度。采集的样品全部保存于密封瓶中，制成的试样溶液应于 24 小时内分析完毕。本法适用于丙烯腈 - 苯乙烯以及丙烯腈 - 丁二烯 - 苯乙烯树脂及其成型品中残留丙烯腈单体的测定，也适用于橡胶改性的丙烯腈 - 丁二烯 - 苯乙烯树脂及成型品中残留丙烯腈单体的测定。

第四节　食品容器涂料及食品包装用原纸检验

一、食品容器涂料

食品容器涂料属于食品包装辅助材料的一种，涂料（coating）是指能涂敷于食品容器内壁并形成内壁涂层的液体或固体高分子材料。它既可以对食品容器起到防腐和防粘的作用，又可防止容器中的有害物质向食品迁移。但由于这类涂料直接与食品接触，故需要防止其中的有害物质或单体向食品迁移，污染食品。目前我国允许使用的食品容器涂料有以下几种。

1. 过氯乙烯涂料　以过氯乙烯树脂为主要原料，配以颜料和助剂组成的涂料。经喷、刷工艺制成涂层，常用于接触酒类的贮存池、槽车等容器内壁，作为防腐蚀之用。可能含有氯乙烯单体残留及铅、砷等重金属杂质，与食品接触时可向食品迁移。

2. 环氧酚醛涂料　以高分子环氧树脂和酚醛树脂共聚而成，经印铁高温成膜，常用于食品罐头内壁喷涂。成膜后的共聚物中仍可能含有游离酚和游离甲醛等。

3. 环氧聚酰胺树脂涂料　由环氧树脂及聚酰胺固化剂组成，常用于接触酒、酱油、发酵食品、腌制食品及食用油的贮存池、槽车等内壁，作为防腐蚀之用。此种涂料的安全性取决于环氧树脂的质量、固化剂的配比及固化度。

4. 聚四氟乙烯涂料　以聚四氟乙烯为主要原料，配以一定助剂组成。常涂覆于铝材、铁板等金属表面，经高温烧结，作为接触非酸性食品的容器的防粘涂料，使用温度限制在250℃以下。存在游离氟和金属铬向接触食品迁移的可能。

5. 漆酚涂料　以生漆为原料经加工去掉杂质或在清漆中加入一定量的环氧树脂，用醇、酮类溶剂稀释而成。常用作接触酒、酱油、食醋、饮料、发酵食品等食品容器内壁或食具的防腐蚀涂料。存在游离酚和游离甲醛等向接触食品迁移的可能。

6. 有机硅防粘涂料　由含羟基的聚甲基硅氧烷或聚甲基苯基硅氧烷组成。常涂覆于铝板、镀锡铁板等金属表面，经自然挥发，高温烘烤固化成膜后作为食品模具防粘涂料。此种涂料化学性质稳定，但其中的杂质有可能迁移。

7. 水基改性环氧树脂涂料　以环氧树脂为主要原料，配以苯乙烯、丙烯酸等改性剂，经过改性、中和、水稀释的涂料。主要用于接触啤酒、碳酸饮料的全铝二片易拉罐内壁喷涂，用作防腐蚀之用。同样存在游离酚和游离甲醛等向接触食品迁移的可能。

常用食品容器涂料的理化指标（GB 7105，GB 4805，GB 9686，GB 11678，GB 9680，GB 11676，GB 11677），见表 13-4。

表 13-4　常用食品容器涂料的理化指标（≤mg/L）

项目	过氯乙烯涂料	环氧酚醛涂料	环氧聚酰胺树脂涂料（mg/dm²）	聚四氟乙烯涂料	漆酚涂料	有机硅防粘涂料（mg/dm²）	水基改性环氧树脂涂料（mg/dm²）
蒸发残渣							
蒸馏水	—	30	—	30	30	6.0	6
4% 乙酸	30	30	6	60	30	6.0	6
20% 乙醇	—	30	—	—	—	—	6
65% 乙醇	30	—	6	—	30	—	6
正己烷	—	30	6	30	30	6.0	—
高锰酸钾消耗量	10	10	2	10	10	2.0	2
重金属（4% 乙酸）	1	1	0.2	—	1	0.2	0.2
游离甲醛	—	0.1	—	—	5	—	0.02
游离酚（水）	—	0.1	—	—	0.1	—	0.02
砷（4% 乙酸）	0.5	—	—	—	—	—	—
铬（4% 乙酸）	—	—	—	0.01	—	—	—
氟（水）	—	—	—	0.2	—	—	—
氯乙烯单体（mg/kg）	1	—	—	—	—	—	—

二、食品容器涂料检验

常采用一定规格的金属板或玻璃板为底材,按实际施工工艺涂成样板供浸泡试验;罐头容器采集涂料铁皮及空罐做浸泡试验。食品容器涂料检验中砷的测定采用银盐法;铬测定采用原子吸收法;氟测定采用氟离子选择性电极法分析;氯乙烯单体检验同塑料制品。

（一）游离酚测定

游离酚测定主要采用硫酸钠滴定法,4- 氨基安替吡啉分光光度法及示波极谱法（GB/T 5009.69）。下面简要介绍 4- 氨基安替吡啉分光光度法。

1. 原理　在碱性（pH 9.0~10.5）条件下,酚与 4- 氨基安替吡啉经铁氰化钾氧化,生成红色的安替吡啉染料,红色的深浅与酚的含量成正比,用有机溶剂萃取,与标准比较定量。

2. 分析步骤　取适量样品水浸泡液加硫酸铜溶液,用磷酸（1+9）调节 pH<4 后蒸馏,用氢氧化钠溶液接收馏出液;取馏出液分别加入无酚水、氯化铵 - 氨水缓冲液、4- 氨基安替吡啉溶液、铁氰化钾溶液,摇匀后放置 10 分钟,加三氯甲烷,振摇,静置分层,三氯甲烷层经无水硫酸钠过滤,于 460nm 波长下测定吸光度值,标准曲线法定量。

3. 方法说明　用苯酚配制酚标准溶液;用无酚水同样蒸馏做试剂空白试验;反应时每加入一种试剂,都要充分摇匀。用三氯甲烷萃取,以提高检测灵敏度。

（二）游离甲醛测定

测定方法主要有变色酸分光光度法（GB/T 5009.69）、盐酸苯肼分光光度法（GB/T

5009.61)、乙酰丙酮分光光度法(GB/T 23296.26)和示波极谱法(GB/T 5009.178)。简要介绍变色酸分光光度法。

1. 原理　在硫酸存在下,甲醛与变色酸反应生成紫色化合物,颜色的深浅与甲醛的含量成正比,与标准比较定量。

2. 分析步骤　量取样品水浸泡液,加硫酸蒸馏,用硫酸(1+359)接收蒸馏液。取一定量蒸馏液,加变色酸显色,待冷却至室温后,于575nm波长下测定吸光度值,标准曲线法定量。

3. 方法说明　需用硫代硫酸钠标准溶液标定所配制的甲醛标准溶液;用纯水同样蒸馏做试剂空白试验。

三、食品包装用原纸检验

食品包装用原纸(paper for food packaging)是指直接接触食品的各种原纸,包括食品包装纸、糖果包装纸、茶叶袋滤纸、冰棍包装纸等。纸包装容器有纸袋、纸盒、纸杯、纸碗、纸罐、纸餐具、纸浆模塑制品、纸箱等。食品包装用原纸的卫生质量与纸浆、添加剂、油墨等因素有关,主要安全问题是化学物污染和微生物污染。回收纸中含有铅、镉、多氯联苯等有害物质的残留,我国规定食品包装用原纸不得采用回收废纸作为原料,禁止添加荧光增白剂等有害助剂;涂蜡纸用蜡应采用食品级石蜡;纸上印刷的油墨、颜料应符合食品安全要求,油墨颜料不得印刷在接触食品面。

食品包装用原纸的理化指标(GB 11680):用4%乙酸浸泡后,铅(以Pb计)≤5.0mg/kg;砷(以As计)≤1.0mg/kg;在任何一张纸样中最大荧光面积≤5cm²;水和正己烷浸泡液不得染有颜色。其中铅的测定采用原子吸收分光光度法;砷用砷斑法测定;荧光检查:从试样中随机取5张100cm²的纸样,置于波长365nm和254nm紫外灯下检查,纸样中最大荧光面积应符合上述要求。

第五节　陶瓷、搪瓷、不锈钢和铝制食具容器检验

一、概述

1. 陶瓷制食具容器(ceramic for food containers)　以黏土、陶土、高岭土为主要原料,经烧制成型的食具容器。由于陶瓷器大多挂釉彩后高温烧制,而釉彩均为金属氧化颜料,含有铅、镉等重金属,与食品接触时可能向食品迁移,污染食品。

2. 搪瓷制食具容器(enamel for food containers)　在金属坯体表面涂覆搪瓷釉经烧结而制成的食具容器。与食品接触时重金属可能向食品迁移。

3. 不锈钢制品(stainless steel product)　以不锈钢为主体制成的食具容器及食品生产经营工具、设备,接触食品有害金属的迁移是主要安全问题。

4. 铝制食具容器(aluminium-wares for food use)　以铝为原料冲压或浇铸成型的各种炊具和食具。主要安全问题同样是可能存在的金属向接触食品的迁移。

根据国家标准(GB 13121,GB 4804,GB 11333,GB 9684),上述四种制品要求接触食品的表面应光洁、无污垢、锈迹,焊接部应光洁,涂搪、釉彩均匀,花饰无脱落,无气孔、毛刺、裂缝、缺口、脱瓷等现象。其理化指标见表13-5。

表 13-5　陶瓷、搪瓷、不锈钢和铝制食具容器的理化指标(≤mg/L)

名称	Pb	Cd	Ni	Cr	As	Zn	Sb
陶瓷食具容器	7	0.5					
搪瓷食具容器	1.0	0.5					0.7
不锈钢制品(mg/dm^2)	0.01	0.005	0.1	0.4	0.008		
铝制食具容器	精铝0.2;回收铝5	0.02			0.04	1	

二、陶瓷、搪瓷、不锈钢和铝制食具容器检验

样品经洗净晾干后,陶瓷和搪瓷食具容器加入煮沸的 4% 乙酸,室温浸泡 24 小时;不锈钢制品和铝制食具容器、炊具加 4% 乙酸,煮沸 30 分钟,室温浸泡 24 小时;铝制食具容器加 4% 乙酸,室温(>20℃)浸泡 24 小时。浸泡液备用。

1. 陶瓷、搪瓷和铝制食具容器中铅、镉测定　按国家标准(GB/T 5009.62)。如灵敏度不足时,可取浸泡液浓缩后进行测定。

2. 不锈钢制品中铅、铬、镍测定　按国家标准(GB/T 5009.81),铅测定首选石墨炉原子吸收光谱法;也可用二硫腙分光光度法测定;铬还可用二苯碳酰二肼分光光度法测定,镍还可用丁二酮肟分光光度法测定。

3. 搪瓷制食具容器中锑测定　按照国家标准(GB/T 5009.63),锑测定为孔雀绿分光光度法。

4. 铝制及不锈钢制食具容器中砷测定　根据国家标准(GB/T 5009.72),砷测定采用砷斑法。

5. 铝制食具容器中锌测定　采用二硫腙分光光度法(GB/T 5009.72),样品浸泡液加甲基红指示剂,用氨水中和至溶液由红刚变黄,加乙酸盐缓冲液和硫代硫酸钠溶液,再加二硫腙 - 四氯化碳溶液振摇,静置分层后取四氯化碳层于 520nm 波长下测定,标准曲线法定量。

本 章 小 结

食品容器和包装材料由于接触食品,某些材料中的有害成分可能迁移到食品中,从而造成食品的化学性污染,对公众健康造成危害。本章介绍了常用的塑料及橡胶制品、涂料、陶瓷及搪瓷食具容器、不锈钢和铝制品及食品包装用原纸的检验方法。针对不同食品容器和包装材料的特点,通常采用浸泡试验,分别用水、4% 乙酸、乙醇和正己烷等对食品容器或包装材料进行浸泡,用浸泡液检测高锰酸钾消耗量、蒸发残渣、重金属、脱色试验等综合项目,以及分别检验其中可能溶出的有害物质单项指标。

对于食品用塑料制品,应针对性检验氯乙烯单体、苯乙烯、乙苯等挥发成分及金属锑、双酚 A、甲醛、三聚氰胺等指标;食品用橡胶制品主要检验锌和丙烯腈;食品容器涂料检验砷、铬、氟、氯乙烯单体、游离酚、游离甲醛等指标;食品包装用原纸主要检验铅、砷、荧光物质等指标;陶瓷、搪瓷、不锈钢和铝制食具容器主要的检验指标是有害金属:铅、镉、铬、镍、锌等。

食品容器和包装材料中有害金属常用原子吸收法和分光光度法检验;游离酚和甲醛主要采用分光光度法检验;氟采用氟离子选择性电极法检测;有机物检验方法主要为气相色谱法、液相色谱法和气相色谱 - 质谱联用法。

思考题

1. 食品容器和食品包装材料指的是什么？其检验意义何在？

2. 什么是浸泡试验？选择哪些浸泡试剂？分别模拟哪类食品？

3. 食品容器和食品包装材料的综合检验项目有哪几项？各有何意义？

4. 常用作食品容器和包装材料的塑料有哪几类？常用简便鉴别方法有哪些？

5. 哪类食品容器和包装材料需要检测双酚A，简述其国家标准分析方法的原理？

6. 试述食品用橡胶制品中丙烯腈的国家标准分析方法和原理。

7. 食品容器涂料有几种？哪种涂料需要检测游离甲醛？简述国家标准分析方法的原理。请总结所学过的甲醛分析方法及其适用范围。

8. 陶瓷、搪瓷、不锈钢和铝制食具国家标准规定的主要理化检验项目有哪些？

（陈文军）

第十四章　化学性食物中毒快速检验

化学性食物中毒(food poisoning by chemicals)是指摄入了含有或污染了有毒有害化学物质的食品或将其误作食品摄入后,出现的非传染性的以急性或亚急性中毒症状为主的疾病。化学性食物中毒多为突发公共卫生事件,发生季节不明显;短时间内可能有大量人员发病;多为急性肠胃炎症状,具有中毒症状重,愈后效果差,死亡率高等特点;由于不同有毒化学物质所引起的症状不同,原因难查,对公众健康危害很大。

化学性食物中毒的快速检验(rapid assay of chemical food poisoning)是指在化学性食物中毒发生时,采用一系列快速检验方法对毒物进行定性或半定量分析。主要目的是尽快查明中毒原因,为中毒应急处理和救治提供科学依据。

第一节　概　　述

一、化学性毒物分类

化学性毒物的种类很多,分类方法各异。主要有毒理学分类法和毒物化学分类法。本书按照毒物的一般理化性质、常见来源和用途等进行分类,将化学性毒物分为以下七类。

1. 挥发性毒物(volatile poison)　分子量较小,易挥发。常见的有氰化物、甲醇、苯酚、硝基苯和苯胺等。

2. 水溶性毒物(water-soluble poison)　易溶于水,如强酸、强碱、亚硝酸盐等。

3. 金属毒物(metallic poison)　包括某些金属元素和类金属及其化合物。常见的有砷、汞、钡、硒、镉、铬等及其化合物。

4. 不挥发性有机毒物(nonvolatile poison)　多为分子量较大、结构较复杂的药物。如国家管控的麻醉药品和精神药品、生物碱、强心苷等。

5. 农药和兽药(pesticide and veterinary drugs)　常见的包括有机磷、氨基甲酸酯、拟除虫菊酯农药以及盐酸克伦特罗等兽药残留。

6. 灭鼠药(raticide)　常见的有毒鼠强、敌蚜胺、敌鼠等灭鼠药。

7. 生物毒素(biotoxin)　如真菌毒素、河豚毒素、毒蕈毒素、桐油酸等。

二、化学性食物中毒快速检验的程序

毒物快速检验的程序一般为:调查中毒情况,采集样品,快速检验,得出结论。

1. 调查中毒情况　食物中毒事件发生后,应先询问情况或赴现场了解中毒经过和患者的临床症状和体征,初步确定可疑食物、可疑毒物、拟定采样点和采样方法。

在现场调查过程中可借助可疑毒物的颜色、嗅味、理化性质和简单的快速检测(预实

229

验),初步判断毒物种类以缩小检测范围。

2. 样品采集 食物中毒采集的样品应具有典型性。

(1)样品:尽可能采取含毒物最多的部位,避免简单混匀的取样方法。采集的样品可分为现场样品(中毒者曾经吃过所剩余的食物、药物、盛装容器或中毒者的呕吐物)和中毒者的生物材料(血、尿甚至是中毒死亡者的脏器)。

(2)采样量:一般应取分析量的3倍,供测定、复核和留作物证保存。

(3)样品的保存和运输:样品应尽快测定,如不能立即测定,则应低温保存和运输,以减缓毒物的分解和挥发性损失。

(4)采样者的自身防护:除必备的乳胶手套、口罩和适宜的采样工具外,在危害不明原因的情形下,应考虑配戴化学或生物危害的防护装备,注意自身防护。

3. 检验和结论 毒物快速检验通常是定性或半定量检验,应尽可能采用快速、可靠的方法,采用两种以上方法进行确证。为获得可靠的分析结果,应同时做空白对照和阳性对照试验。由于不同价态的金属化合物的毒性差异较大,有时需要做形态分析。在条件允许时,应尽快采用仪器分析和仪器联用技术进行确证。

化学性食物中毒的结论通常分为阳性和阴性结论。由于各种快速检验方法会受其灵敏度和特异性的限制,在做检验结论时,应以检验结果为依据,注意措辞严谨。

三、化学性食物中毒的快速检验方法

化学性食物中毒的快速检验方法通常采用快速定性分析和实验室确证分析。快速定性分析适合于可疑目标毒物的快速筛查,通常采用试纸、液体或固体试剂、试剂盒等,通过沉淀反应、颜色反应、免疫学反应、酶抑制率等与标准物质比较定性或半定量。常用的有比色(比浊)法、免疫法及生物芯片、生物传感器、金(荧光素)标记法等一些现场快速筛选法。目前实验室常用的确证分析方法也可以用于快速检测,如气相色谱法、液相色谱法、气相色谱-质谱法、液相色谱-质谱法等仪器方法,尤其是与相应的质谱数据库配合使用,可以对可疑毒物进行快速筛查和确证。

第二节 水溶性毒物快速检验

一、样品提取

水溶性毒物一般采用水浸法或透析法进行分离提取。

1. 水浸法(soaking) 将送检样品捣碎或均质化,以水浸泡或温热使其中毒物溶解,然后过滤或离心,取滤液或上清液作为待检液。

2. 透析法(dialysis) 利用无机化合物或小分子有机物可以自由通过半透膜,而大分子化合物及水不溶性物质不能通过而与待检毒物分离。

二、亚硝酸盐快速检验

亚硝酸盐主要指亚硝酸钠和亚硝酸钾,呈白色和淡黄色结晶或粉末,无嗅,味微咸带涩,易溶于水,呈弱碱性。因其外观与食盐相似,容易误为食盐或面碱加入而引起食物中毒。亚硝酸盐的毒性较强,摄入亚硝酸盐0.2~0.5g可中毒,1~2g可致死。当亚硝酸盐摄入

过量时,会将血液中低铁血红蛋白氧化成高铁血红蛋白而失去携氧功能,导致组织缺氧。亚硝酸盐中毒发病快速,潜伏期一般 1~3 小时,主要中毒表现为口唇、指甲及全身皮肤出现发绀等机体缺氧表现,中毒者自觉症状有头晕、无力、嗜睡、呼吸困难等,严重者可因呼吸衰竭而死亡。

亚硝酸盐食物中毒快速检验常用格氏法和联苯胺 - 冰乙酸法,也可用安替比林法。

1. 格氏法(Griess method) 利用亚硝酸盐在酸性介质中能与对氨基苯磺酸发生重氮化反应,生成的重氮化合物再与 α- 萘胺偶合生成红色偶氮染料,用以检出亚硝酸盐的存在。

样品用水浸法提取。如待检液颜色较深,可用活性炭脱色。将样品提取液、亚硝酸钠标准溶液和空白管,分别加入格氏试剂(对氨基苯磺酸、α- 萘胺和酒石酸),放置片刻,如样品管和对照管均呈现相同的红色,而空白管不显色,则表示样品中有亚硝酸盐存在。也可采用快速检测管,将格氏试剂的组分分别密封,用时混合,再加入样品提取液,显红色表示样品中有亚硝酸盐存在。

2. 联苯胺 - 冰乙酸法 利用亚硝酸盐在酸性溶液中可与联苯胺重氮化,然后水解并氧化成红色的联苯醌,可在白色点滴板上进行颜色反应,以检验亚硝酸盐的存在。反应方程式:

$$H_2N\!-\!\!\langle\rangle\!-\!\!\langle\rangle\!-\!NH_2 + 2HAc \longrightarrow Ac^-\cdot H_3\overset{+}{N}\!-\!\!\langle\rangle\!-\!\!\langle\rangle\!-\!\overset{+}{N}H_3\cdot Ac^-$$

再与亚硝酸作用生成重氮盐:

$$Ac^-\cdot H_3\overset{+}{N}\!-\!\!\langle\rangle\!-\!\!\langle\rangle\!-\!\overset{+}{N}H_3\cdot Ac^- + 2HNO_2 \longrightarrow$$

$$Ac^-\cdot N\!\!\equiv\!\!\overset{+}{N}\!-\!\!\langle\rangle\!-\!\!\langle\rangle\!-\!\overset{+}{N}\!\!\equiv\!\!N\cdot Ac^- + 4H_2O$$

重氮盐水解生成联苯二酚:

$$Ac^-\cdot N\!\!\equiv\!\!\overset{+}{N}\!-\!\!\langle\rangle\!-\!\!\langle\rangle\!-\!\overset{+}{N}\!\!\equiv\!\!N\cdot Ac^- + 2H_2O \longrightarrow HO\!-\!\!\langle\rangle\!-\!\!\langle\rangle\!-\!OH + 2N_2 + 2HAc$$

最后脱氢,氧化成紫红色醌式化合物:

$$HO\!-\!\!\langle\rangle\!-\!\!\langle\rangle\!-\!OH + 1/2O_2 \longrightarrow O\!=\!\!\langle\rangle\!-\!\!\langle\rangle\!=\!O + H_2O$$

第三节 挥发性毒物快速检验

挥发性毒物是指那些相对分子质量较小,在酸性水溶液中能随水蒸汽蒸馏出来的毒物。常见的有氰化物(氰类和腈类)、酚类、醛、硝基苯等。本节着重介绍氰化物和酚类两种毒物的检验方法。

一、挥发性毒物分离

对于沸点低,蒸气压高的挥发性毒物,常用直接蒸馏法,也可采用扩散法或顶空法;沸点高且难溶于水的挥发性毒物,常用水蒸汽蒸馏法分离。水蒸汽蒸馏可使挥发性毒物在较原沸点更低的温度下随水蒸汽蒸出,从而达到分离的目的。蒸馏前通常采用酒石酸进行酸化,使氰化物转变为氢氰酸,酚盐转变成酚的形式蒸出,以碱液吸收。

二、氰化物快速检验

常见剧毒或高毒的氰化物有氢氰酸、氰化钠、氰化钾等。此外,以氰苷的形式广泛存在某些植物(如水果果仁)中的苦杏仁苷、木薯中的木薯毒苷等,可在一定的条件下被酸或共存的酶分解,释放出氢氰酸。氰化钠的口服最低致死剂量为 $0.1g$,氰化钾为 $0.12g$。氰化物食物中毒主要表现为恶心呕吐、头晕、心悸等。严重者出现呼吸困难、昏迷,最后死于呼吸麻痹。若大量摄入或误服氰化物,可在数分钟内呼吸、心跳停止,造成"闪电型"中毒。

氢氰酸易挥发,能水解或与醛反应而分解,采样时应注意加碱固定密封,并尽快测定,以免分解损失而影响检出。若样品中含有硫化物时,应去除硫化物后再加碱固定。

氰化物的快速检验方法,常用普鲁士蓝法、对硝基苯甲醛法和苦味酸试纸法。前两种方法具有灵敏度高、选择性好等优点,苦味酸法易受硫化物等物质的干扰。也可采用液态氰根离子,选用快速试剂管进行检验,如水合茚三酮法。

1. 普鲁士蓝法　氰化物在酸性条件下生成的氰化氢气体,可与氢氧化钠 - 硫酸亚铁生成亚铁氰化钠,用盐酸酸化后,与部分亚铁离子氧化生成的高铁离子作用,形成蓝色的亚铁氰化高铁,即普鲁士蓝。

$$HCN+NaOH \longrightarrow NaCN+H_2O$$
$$FeSO_4+6NaCN \longrightarrow Na_4Fe(CN)_6+Na_2SO_4$$
$$4FeCl_3+3Na_4Fe(CN)_6 \longrightarrow Fe_4\left[Fe(CN)_6\right]_3+12NaCl$$

本法灵敏度较高,常可作为氰化物的确证试验。氢氧化钠 - 硫酸亚铁试纸应临用新制,以免亚铁在空气中被氧化成三价铁。此外,若样品中含有氰配合物,在酸性条件下加热,也会放出氰化氢气体而干扰测定。

2. 对硝基苯甲醛法　对硝基苯甲醛在氰根离子催化下能发生缩合反应,生成4,4-二硝基安息香,在碱性介质中生成4,4-二硝基安息香红色醌式化合物,从而可以检测样品中氰化物的存在。本法灵敏度很高,但容易产生假阳性,故应结合空白试验和其他检验方法判断结果。

3. 苦味酸试纸法　在酸性条件下,氰化物可放出氰化氢气体,在碳酸钠存在下,与苦味

232

酸反应生成异氰紫酸钠而呈红色,借以检出氰化物的存在。

该方法并非特效反应,当有硫代硫酸盐、亚硫酸盐或硫化物存在时,均能使苦味酸还原成红色化合物而干扰测定。

4. 气-质联用(GC-MS)法 样品在酸性条件下蒸馏出无机氰化物,将氰根离子衍生化,用气相毛细管色谱柱分离,以离子阱质谱检测器检测,为快速检验氰化物是否存在的确证方法,该方法可以定量。

三、挥发性酚类快速检验

挥发性酚类是指蒸馏时能够随水蒸汽一起挥发的酚类物质,其沸点低于230℃,绝大多数为一元酚。最简单的酚类是苯酚,又名石炭酸,为无色结晶,不纯时为淡红色,具有特殊臭味。由于广泛应用于工业和医疗卫生部门,因此,误服中毒事故较多。酚为原生质毒物,毒性较大,具有急性毒性作用和慢性毒性作用。其致死量为10~15g。常用的快速检验方法有溴化法、三氯化铁法和米龙氏法。

1. 溴化法 苯酚与溴水反应,能生成三溴苯酚的白色沉淀或浑浊,借以检出苯酚的存在。

$$\text{OH} + 3Br_2 \rightarrow Br\underset{Br}{\overset{OH}{\diagdown}}Br\downarrow + 3HBr$$

(白色)

此反应不是酚类的特效反应,需做阴性对照。

2. 三氯化铁法 三氯化铁能与酚类物质形成蓝紫色化合物,借以检出酚类物质的存在。

该方法并非特效反应,水杨酸会有干扰。通常在自蓝色化合物出现后,逐滴加入乙醇,如蓝色消失则样品中不含苯酚。三氯化铁溶液应临用新配。

3. 气相色谱法 食物中毒样品经蒸馏提取挥发性酚类物质后,通过固相萃取柱净化、浓缩后进行气相色谱分离,常用的色谱柱为含硝基对苯二酸改性聚乙二醇的不锈钢色谱柱,或经溴化或酯化后注入毛细管色谱柱(5%苯基甲基硅氧烷),用火焰离子化检测器(溴化时采用ECD检测器)检测,以保留时间定性、峰面积定量。

第四节 不挥发性有机毒物快速检验

不挥发性有机毒物是指相对分子质量较大、结构较复杂、不易被蒸馏出来的有机毒物。按其化学性质可分为以下几类。

1. 酸性有机毒物 此类毒物不溶于酸性水溶液,可与碱作用生成易溶于水的盐类。如巴比妥类安眠药、水杨酸等。

2. 碱性有机毒物 此类毒物碱性条件下能溶于有机溶剂,可与酸作用能生成易溶于水的盐类,常见的如士的宁、阿托品、乌头碱、氯丙嗪等。

3. 两性有机毒物 其分子中同时存在酸性和碱性官能团,在水溶液中遇碱或酸均生成盐而易溶于水,在氨性溶液中可被有机溶剂萃取,如吗啡。

4. 中性有机毒物 这类毒物在酸、碱性水溶液中均不溶解,但溶于某些有机溶剂。常见的有甲喹酮、甲丙氨酯、乙酰苯胺、非那西汀等。

本节重点讨论巴比妥类安眠药和生物碱类提取、分离和快速检验方法。

一、不挥发性有机毒物提取分离

提取有机毒物常用斯 - 奥（Stas-Otto）法、乙酸酸化提取法、固相萃取法等。斯 - 奥氏法是提取不挥发有机毒物的经典方法。酸化提取法适宜于含杂质少的样品提取，操作步骤简便。

1. 斯 - 奥法　又称乙醇 - 乙醚提取法。当被测毒物不够明确或有多种不同的毒物存在时，可采用斯 - 奥法进行分离提取。其主要原理和操作如下。

（1）样品酸化后乙醇提取，样品中的的蛋白质、脂质、糖、纤维素及一些无机盐不溶于乙醇，而有机毒物则溶于乙醇中，过滤，弃不溶性杂质，乙醇滤液供测定。

（2）将乙醇滤液蒸至近干后，用无水乙醇溶解、过滤、蒸干，反复处理数次，除去大部分杂质，再制成水溶液，按照乙酸酸化提取法依次在不同酸、碱性的条件下，用有机溶剂萃取或反萃取，从而将有机毒物分成酸性、中性、碱性及两性等四类组分，净化后分别进行检验或筛选。

2. 乙酸酸化快速提取法　其基本过程如下：

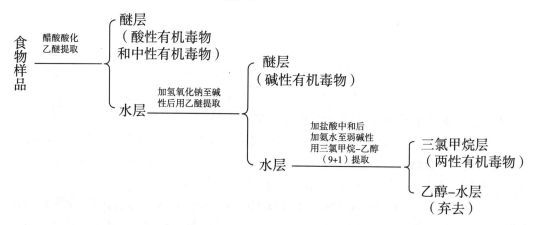

二、巴比妥类安眠药快速检验

巴比妥类（barbitones）安眠药常见的有巴比妥、苯巴比妥等，种类很多，使用范围较广。这类药物进入人体内后，作用于中枢神经系统，起镇静和催眠作用。服用过量，能抑制呼吸中枢而致死。可采集可疑食物或药物、呕吐物、洗胃液或脏器组织作为样品。

1. 结构和性质　巴比妥类安眠药是巴比妥酸的衍生物。结构式如下：

巴比妥酸（衍生物）　　　　巴比妥　　　　苯巴比妥

巴比妥类安眠药多为白色结晶或结晶形粉末，无臭，味苦，呈弱酸性。难溶于水和石油醚，易溶于乙醇、乙醚、三氯甲烷等有机溶剂。加碱生成盐，易溶于水，并能溶于乙醇，不溶于乙醚、三氯甲烷等有机溶剂。

2. 快速检验方法

（1）硝酸钴法：在氨性介质中,巴比妥类安眠药中 -NH-CO- 基团与钴盐作用能生成紫堇色。操作步骤：在酸性介质中以有机溶剂提取,挥干溶剂,加入硝酸钴的无水乙醇溶液,再挥干,放在氨水瓶口熏,如出现紫堇色为阳性;如出现绿色或黄绿色为阴性。反应式如下：

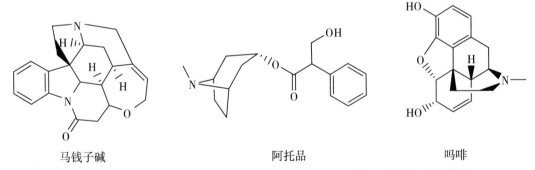

硝酸钴法灵敏度较低。

（2）薄层色谱法：样品按上述方法提取后,提取液在硅胶 GF_{254} 薄层板上点样、以三氯甲烷 - 丙酮(4+1)为展开剂展开,以硝酸汞(或硫酸汞)和二苯卡巴腙醇溶液作显色剂,由于巴比妥类安眠药相互间存在结构差异,以斑点的颜色和比移值定性。

三、生物碱类快速检验

生物碱(alkaloids)是一类含氮碱性有机化合物,分子中多具有含氮的杂环结构,也有极少数为有机胺类。游离态生物碱大都难溶于水,但能溶于醇、醚、三氯甲烷、苯等有机溶剂,也可溶于稀酸而生成盐类。常见的生物碱有士的宁、阿托品、吗啡等,在自然界中大都存在于植物中。

| 马钱子碱 | 阿托品 | 吗啡 |

生物碱类的快速检验常用沉淀反应和颜色反应,也可用薄层色谱法进行分离。

1. 沉淀反应 生物碱沉淀剂能使生物碱生成难溶于水的有色沉淀,常用的沉淀剂有：酸类(如苦味酸、磷钨酸、磷钼酸);重金属与碘的配合物(如碘化汞钾、碘化铋钾、碘 - 碘化钾)等。常见生物碱的沉淀反应见表 14-1。

表 14-1 常见生物碱的沉淀反应

生物碱	碘 - 碘化钾	碘化汞钾	碘化铋钾
士的宁	红棕色	白色	淡黄色
烟碱	红棕色	白色	红变白
乌头碱	棕色	白色	黄色
吗啡	红棕色	白色	橙色
阿托品	红棕色	白色	橙色

方法说明:①蛋白质也能与生物碱沉淀剂生成沉淀,故当沉淀反应为阴性时,可以否定生物碱的存在;如呈阳性反应,尚需进一步做确证试验;②各种生物碱沉淀剂对不同生物碱的沉淀反应灵敏度不同,如经3种以上试剂反应均呈阴性,则可否定生物碱的存在;③碘化汞钾试剂与生物碱生成的沉淀可溶于过量的试剂中,应逐滴加入试剂并注意观察,否则会得出错误的结论。

2. 颜色反应 生物碱能与一些显色剂反应生成不同颜色,常见生物碱显色剂有:钒硫酸(钒酸铵的硫酸溶液)、钼硫酸(钼酸铵的硫酸溶液)、甲醛硫酸、硝硫酸等。其颜色反应见表14-2。

表 14-2 常见生物碱的颜色反应

生物碱	钒硫酸	钼硫酸	甲醛硫酸	硝硫酸
士的宁	蓝紫	无色	无色加热变棕	淡黄色
吗啡	红变蓝紫	紫色	紫色	红色
乌头碱	淡棕变橙	黄棕色	无色	紫色
阿托品	红变黄	无色	微棕色	无色

应注意:如样品中有较多杂质或脱色不完全时,加入显色剂可能产生颜色而掩盖或改变反应所生成的颜色,需要进一步净化后再检测,并用已知生物碱做对照试验。

3. 薄层色谱法 采用硅胶G薄层板,以强碱性试剂作为展开剂,展开后先在紫外光灯下观察有无荧光斑点;加入显色剂碘化铋钾或碘化铂钾显色,根据斑点颜色和比移值定性。该法不必将生物碱的盐类转化成游离碱,可同时检验数种生物碱。部分生物碱的薄层色谱情况见表14-3。

表 14-3 常见生物碱的薄层色谱

生物碱	R_f 值	紫外灯下观察荧光	与碘化铋钾显色	与碘化铂钾显色
可待因	0.42~0.44		红	淡红
吗啡	0.39~0.41	微黄	橙	深蓝
罂粟碱	0.8l~0.83		橙	黄
士的宁	0.18~0.20		淡黄	黄
可卡因	0.60~0.62		淡红	紫
阿托品	0.15~0.19	蓝	橙	蓝紫

对于巴比妥类和生物碱的检验,还可采用气相色谱法或高效液相色谱法,根据保留时间与标准品对照作出判断。

第五节 有毒元素快速检验

可能引起化学性食物中毒的元素有砷、汞、钡、铬、锰等。其中以砷、汞最为常见。

砷及其化合物的具体理化性质见本书"第十章 食品中其他化学污染物的检验",单质砷毒性很小,但其化合物均有毒,其毒性随价态的增高而降低,如砷化氢 > 三氧化二砷 > 五氧化二砷。其中以三氧化二砷中毒最为常见,它是一种白色粉末,俗称砒霜或白砒。由于砷化物在工农业和医药中用途广泛,容易获得,常误作碱面或石膏混入食品中发生中毒事件。三氧化二砷中毒剂量为 0.005~0.05g,致死剂量为 0.1~0.3g。砷中毒后出现胃肠型和神经性症状,中毒者可以用二巯丙醇解毒。检测时应尽快取剩余食物或药物、呕吐物或洗胃液进行快速检验。

常见的汞化合物有氯化汞、硝酸汞、硫酸汞和有机汞制剂等。凡能溶于水或稀酸的汞化合物,其毒性都很大,容易造成食物中毒。氯化汞的中毒量为 0.1~0.2g,致死剂量为 0.5g。

氯化钡和硝酸钡为无臭、无味,白色结晶粉末,可溶于水和稀酸,其毒性较大。碳酸钡不溶于水,易溶于盐酸和硝酸中,常用作灭鼠药,而硫酸钡难溶于水,无毒。中毒剂量:氯化钡 0.2~0.5g;致死剂量:氯化钡 0.8~0.9g;碳酸钡 2.0~4.0g。

一、雷因许预试验

雷因许试验(Reinsch test)是指在酸性条件下,金属铜能使砷、汞、银、锑、铋等金属还原成元素状态或生成铜合金而沉积于铜的表面,显示出不同的颜色及光泽,常用于砷、汞的快速鉴定。当反应呈阴性时,可排除上述有毒金属的存在;反应呈阳性时,必须采用其他方法进行确证实验。反应式为:

$$As_2O_3+6HCl \longrightarrow 2AsCl_3+3H_2O \qquad 2AsCl_3+6Cu \longrightarrow Cu_3As_2\downarrow+3CuCl_2$$
$$\text{灰黑色}$$

$$HgCl_2+Cu \longrightarrow Hg(Cu)\downarrow+CuCl_2$$
$$\text{银白色}$$

1. 分析步骤　在样品中加入盐酸和少量氯化亚锡,放入经硝酸、乙醇、乙醚处理后的铜丝(或铜片),缓缓加热煮沸,观察其表面的变化情况。当铜丝(或铜片)变色时,取出后依次用水、乙醇、丙酮洗净晾干,若铜丝(或铜片)变为灰色或黑色,则可能有砷化物存在;若铜丝(或铜片)变成银白色,则可能有汞化物存在;如加热至 30 分钟不变色,即可确定样品中不存在砷、汞、银、锑、铋等金属物质。

2. 方法说明　①盐酸浓度应保持在 0.5~2mol/L,如果酸度过低,反应速度较慢;酸度过高,易引起砷和汞的挥发损失。加热煮沸过程中,应补加相应盐酸溶液,以保持溶液的体积和酸度;②加入氯化亚锡是使样品中可能存在的五价砷还原成三价砷;③当食品中蛋白质和脂肪含量高时,应先消化以排除干扰;④如样品中存在硫化物或亚硫酸盐,也可使铜丝变黑。应在样品中加入盐酸后,先加热除去硫化氢和二氧化硫气体,然后再放入铜丝(或铜片)。

二、砷的确证试验

1. 升华法　将上述预试验变色的铜丝放入一端封口的毛细管中,小火加热至铜丝变回原色。显微镜下观察有无升华物及升华物的晶体形状,若有正四面体或八面体闪光结晶,可确定有砷化物存在。但必须结合对照试验进行。

2. 砷斑法(Gutzeit test)　又称古蔡法,该法灵敏度很高,最低检出限可达 1μg 砷。适用于各种含砷物质的分析。酸性条件下,五价砷化合物能被碘化钾或氯化亚锡还原成三价砷化合物,然后与新生态的氢反应生成砷化氢,砷化氢遇溴化汞试纸能产生黄色至棕色的斑点,用以检验砷化物的存在,其反应式如下:

$$AsO_4^{3-}+2I^-+2H^+ \longrightarrow AsO_3^{3-}+I_2+H_2O \qquad I_2+SnCl_2+2HCl \longrightarrow 2HI+SnCl_4$$
$$AsO_3^{3-}+3Zn+9HCl \longrightarrow AsH_3\uparrow+3Zn^{2+}+9Cl^-+3H_2O$$

或
$$Cu_3As_2+3Zn+6HCl \longrightarrow 2AsH_3\uparrow+3Cu+3ZnCl_2$$
$$AsH_3+3HgBr_2 \longrightarrow As(HgBr)_3(黄色)+3HBr$$
$$AsH_3+2As(HgBr)_3 \longrightarrow 3AsH(HgBr)_2(棕色)$$
$$AsH_3+3AsH(HgBr)_2 \longrightarrow 2As_2Hg_3(黑色)+6HBr$$

锑化合物对本法有干扰,也能与溴化汞生成灰色锑斑,但在碘化钾和氯化亚锡溶液中,能有效抑制锑化氢的发生。硫化物和磷化物均能使溴化汞试纸产生黄斑,可用乙酸铅棉花除去硫化氢的干扰。而磷斑与砷斑可用氨水来鉴别,磷斑遇氨水无变化,而砷斑遇氨水变为黑色。

三、汞的确证试验

1. **升华法**　将预试验变色的铜丝,按砷的确证实验升华法同样操作,在显微镜下观察,如呈现黑色光亮小球者,表示有汞存在。

2. **碘化亚铜法**　用预试验呈阳性的铜丝做检验,其中的汞已被还原成金属汞而附于铜丝表面,可与碘化亚铜试纸生成橙红色 Cu_2HgI_4。

$$2Cu_2I_2+Hg \longrightarrow Cu_2HgI_4(橙红色)+2Cu$$

或直接取样进行检验,其中汞以二价汞离子形式存在,遇到碘化亚铜时发生如下反应:

$$2Cu_2I_2+Hg^{2+} \longrightarrow Cu_2HgI_4(橙红色)+2Cu^+$$

3. **二苯碳酰二肼法**　样品经破坏有机质后,在 0.2mol/L 硝酸溶液中,汞离子与二苯碳酰二肼生成蓝紫色的配合物,借以检出汞离子的存在,其反应式如下:

四、钡快速检验

主要有硫酸钡沉淀法和玫瑰红酸钡沉淀法。反应式分别为:

$$BaCl_2+H_2SO_4 \longrightarrow BaSO_4\downarrow(白色)+2HCl$$

白色硫酸钡沉淀既不溶于酸,也不溶于乙醇,用以检验钡离子的存在。在中性介质中钡离子与玫瑰红酸钠反应,生成玫瑰红酸钡沉淀。应该注意的是:在强酸性溶液中,玫瑰红酸钠则会生成离解度较小的玫瑰红酸,而不能与钡离子产生沉淀,使检测灵敏度降低。

第六节　农药快速检验

随着农药的广泛使用,每年因投毒、误服及环境污染、农药残留造成农药中毒死亡的事件逐渐增多,成为目前食物中毒意外死亡的主要原因之一。因此,农药中毒快速检验已成为化学性食物中毒快速检验的重要内容。

引起化学性食物中毒的农药主要有杀虫剂和除草剂等有机合成农药,包括有机氯、有机磷、氨基甲酸酯类及拟除虫菊酯农药等。由于有机磷农药和氨基甲酸酯类农药使用广泛,引起食物中毒的情况比较突出,因此,本节主要介绍此两类农药的快速检验方法。

一、有机磷农药和氨基甲酸酯类农药快速筛检

有机磷农药是一类人工合成磷酸酯类化合物,具有高效、低残留的优点,是目前我国和世界上使用最多的一类农药。氨基甲酸酯农药是一类含氮杀虫剂,是继有机氯和有机磷之后开发的第三代农药,其理化性质见本书"第七章 食品中农药残留量检验"。在快速检测中,主要利用酶化学或免疫化学的原理制成试纸、速测卡或试剂盒,对有机磷或氨基甲酸酯类农药进行快速筛检或半定量。

1. 速测卡法(卡片法)

(1)原理:胆碱酯酶可催化靛酚乙酸酯(红色)水解为乙酸与靛酚(蓝色),有机磷或氨基甲酸酯类农药对胆碱酯酶有抑制作用,使催化、水解、变色的过程发生改变,由此可快速判断样品中是否存在有机磷或氨基甲酸酯类农药。

(2)分析步骤:取适量可疑物或中毒残留物,以乙酸乙酯提取,取提取液 2~3 滴于速测卡白色药片上(胆碱酯酶),放置 10 分钟进行预反应,将速测卡对折使胆碱酯酶与靛酚乙酸酯重叠接触(红色药片与白色药片叠合),用手捏 3 分钟,打开速测卡。结果判断:不产生蓝色为阳性,表示胆碱酯酶被样品中有机磷或氨基甲酸酯类农药抑制;产生蓝色为阴性,说明胆碱酯酶未被抑制,即未检出样品中存在有机磷或氨基甲酸酯类农药。每批测定应同时做缓冲溶液的空白(阴性)对照卡。

2. 酶抑制率法(分光光度法)

(1)原理:在一定条件下,有机磷和氨基甲酸酯类农药对胆碱酯酶的正常功能有抑制作用,其抑制率与农药的浓度呈正相关。正常情况下,酶催化神经传导代谢产物(乙酰胆碱)水解,其水解产物与显色剂反应,产生黄色物质,用分光光度计在 412nm 波长处测定吸光度值随时间的变化,计算抑制率,根据抑制率可以判断样品中是否有有机磷或氨基甲酸酯类农药的存在。

(2)分析步骤:分别取缓冲溶液和适量样品提取液,先后加入胆碱酯酶液、显色剂二硫代二硝基苯甲酸(DTNB),摇匀,于 37℃放置 15 分钟以上,加入反应底物硫代乙酰胆碱,摇匀,立即进行测定,分别记录标准溶液和样品溶液反应 3 分钟时的吸光度值变化 $\triangle A_0$ 和 $\triangle A_t$,注意保持操作条件的一致性。

$$抑制率(\%)=[(\triangle A_0-\triangle A_t)/\triangle A_0] \times 100$$

当样品提取液对酶的抑制率≥50% 时,表示样品中含有机磷或氨基甲酸酯类农药,对阳性结果,采用其他方法进行农药种类的确证实验。

3. 酶联免疫吸附法(试剂盒法) 采用间接竞争 ELISA 法。用甲醇提取样品中的有机磷农药。在微孔条上预包被偶联抗原,样品中的残留物有机磷农药与微孔条上预包被的偶联抗原竞争性结合有机磷农药的抗体,形成包被抗原-抗体复合物,再加入酶标二抗体后,用底物四甲基联苯胺(TMB)显色,样品的吸光度值与其所含有机磷农药的含量成负相关,根据抗原抗体的反应,确定待测的有机磷农药。与标准曲线比较可得出有机磷农药残留物的

含量。测定机磷农药的线性范围 0.5~10μg/ml;灵敏度:1μg/ml。

4. 免疫传感器法 免疫传感器(immunosensor)是根据农药和特异性抗体结合发生免疫反应的原理研制成的生物传感器,具有稳定性强、选择性高、检测速度快等特点。以免疫生物分子作为识别元件,通过固定化技术将农药和抗体结合到感受器表面,发生免疫识别反应后,生成的免疫复合物与电化学传感元件产生的物理或化学信号相关联,由能量转化器将农药的浓度信号转化为相应的检测信号,对农药进行快速检测。

二、化学定性鉴定法

1. 对硫磷(parathion)检验 对硫磷又名 1605 或 E605,淡黄色油状液体,具有一定的挥发性,易碱性水解。在水中溶解度小,不溶于稀酸和石油醚,但能溶于醇、丙酮、苯、三氯甲烷、乙醚和植物油。对人畜毒性大。

(1)硝基酚反应:氢氧化钠将对硫磷水解成对硝基苯酚的钠盐,在碱性条件下互变异构生成黄色醌型化合物。

$$C_2H_5O \diagdown \overset{\displaystyle S}{\underset{\displaystyle \|}{P}} \diagup O-\langle\ \rangle-NO_2 \quad +NaOH\rightarrow \quad C_2H_5O \diagdown \overset{\displaystyle S}{\underset{\displaystyle \|}{P}} \diagup OH \quad +NaO-\langle\ \rangle-NO_2$$

$$NaO-\langle\ \rangle-NO_2 \xrightarrow{碱性} O=\langle\ \rangle=N \diagup^{ONa}_{O}$$
黄色

在样品中加入氢氧化钠溶液,在水浴上加热,可产生黄色;加酸时,则黄色退去;再加碱,其黄色又复出现,则可判断对硫磷的存在。但此系硝基酚的共同反应,应注意区别。

(2)靛酚反应:利用氢氧化钠使对硫磷水解成对硝基酚钠,然后加入锌粉,生成的氢还原对硝基酚钠成对氨基酚钠,与邻甲酚作用,并在空气中氧化下生成蓝色化合物。

$$C_2H_5O \diagdown \overset{\displaystyle S}{\underset{\displaystyle \|}{P}} \diagup O-\langle\ \rangle-NO_2 \quad +NaOH\rightarrow \quad C_2H_5O \diagdown \overset{\displaystyle S}{\underset{\displaystyle \|}{P}} \diagup OH \quad +NaO-\langle\ \rangle-NO_2$$

$$2NaOH + Zn \rightarrow 2(H) + Na_2ZnO_2$$

$$NaO-\langle\ \rangle-NO_2 \ + \ 6(H) \longrightarrow NaO-\langle\ \rangle-NH_2+2H_2O$$

$$NaO-\langle\ \rangle-NH_2 + \langle\ \rangle\overset{CH_3}{-}OH \xrightarrow{(O_2)} NaO-\langle\ \rangle-N=\langle\ \rangle\overset{CH_3}{=}O+2H_2O$$
蓝色

2. 敌敌畏(dichlorvos)和敌百虫(trichlorfon)的检验 敌敌畏又名 DDVP,其纯品为无色或微黄色液体,微臭,挥发性强,其水溶液不稳定。敌百虫的纯品为白色结晶形粉末,有特殊臭味,易溶于水和多种有机溶剂,几乎不溶于石油醚。在碱性条件下不稳定,但敌百虫在分解中形成毒性更强的敌敌畏,故通常用同一种方法进行检验。其定性原理是在碱性条件下,其水解生成的二氯乙醛可与其他化合物发生化学反应,产生特殊臭味或有色化合物等。

（1）异腈反应：敌百虫在碱性水溶液中生成敌敌畏，再进一步水解成二氯乙醛。在强碱性介质中，二氯乙醛与苯胺作用，生成具有特殊臭味的异腈化苯。

$$CHCl_2CHO+ \quad \text{（苯胺）} \quad +2NaOH\rightarrow 2 \quad \text{（异腈化苯）} \uparrow +2NaCl+3H_2O$$

异腈化苯

可将检样用苯提取，提取液加热中挥去苯，残渣用水溶解后，取适量加苯胺和氢氧化钠，小火加热，如有敌敌畏或敌百虫，则有特殊臭味的异腈化苯气体放出。

（2）间苯二酚反应：敌敌畏或敌百虫水解产生二氯乙醛，能与间苯二酚发生缩合反应，生成红色化合物。

(红色)

三、仪器快速测定方法

样品中农药毒物经有机溶剂提取、固相萃取提取和净化分离提纯后，进行定量检测。主要方法有：薄层色谱扫描法、气相色谱法（GC）、气相色谱/质谱联用分析法（GC/MS）。通过已建立的农药色谱图数据库、质谱图数据库，可对已知农药或未知农药进行快速的定性和定量。定量测定方法在本书农药残留测定中有详细介绍。

第七节 兽药快速检验

一、概述

兽药是指预防、治疗、诊断动物疾病或者有目的地调节动物生理功能的物质。正常使用时，药品和兽药残留物质对人体不产生毒害作用。但是由于药物滥用及非法用药作为饲料添加剂，动物性食品中兽药残留会引起毒性作用、过敏反应、激素样作用等危害，尤其是一次性摄入大量含有残留兽药的食品，会出现急性毒性作用，引起化学性食物中毒。引起食物中毒的兽药主要是违法使用瘦肉精、氯霉素、甲喹酮、雌激素、孔雀石绿、陆眠灵等禁用化学药物。本节主要介绍瘦肉精的快速检测方法。

二、瘦肉精快速检测

瘦肉精是一类药物的统称，包括肾上腺类、β-受体激动剂等，能够明显促进动物生长，改善脂肪和肌肉的分配比例，提高瘦肉率。主要有盐酸克伦特罗、莱克多巴胺、沙丁胺醇等。急性中毒表现为肌肉震颤、心动过速、心悸、战栗、头疼、恶心、呕吐等症状，特别是对高血压、心脏病、甲亢和前列腺肥大等疾病患者危害更大，严重者可导致死亡。其理化性质及定量分析在本书兽药残留检验中有详细介绍,国家标准方法常用 ELISA 法筛选,再用 GC-MS 法确认。本节主要介绍盐酸克伦特罗的快速检验方法:免疫胶体金试纸法。

1. 原理　利用抗原抗体的特异反应、侧向层析技术和胶体金技术,对样品中盐酸克伦特罗进行快速定性检测。

将半抗原盐酸克伦特罗(CL)小分子与牛血清白蛋白(BSA)偶联成为结合抗原,与胶体金颗粒结合后,包被在硝酸纤维素膜(NC)上;在 NC 膜上将 CL 抗体和 BSA 抗体分别包被在检测线和质控线上。加样后,样液中的盐酸克伦特罗与结合抗原层析泳动到检测线竞争与 CL 抗体结合,剩余的结合抗原继续泳动到质控线与 BSA 抗体结合。当样液中的 CL 浓度超过一定量后,结合抗原就不能与抗体结合,此时检测线无紫红色线条;当样品中 CL 浓度低于一定值或样品中无 CL 时,胶体金偶联物与抗体结合,检测线为紫红色线条;出现紫红色质控线条,表示检测有效。

2. 分析步骤　测试前将未开封的检测卡恢复至室温。取食物中毒样品剪碎,密封后放入沸水浴中加热至有液汁浸出,取出放至室温。取出检测卡平放,滴加 1 滴无气泡的样品渗出液于加样孔,再加入展开液反应后,展开区出现红色条带为阴性结果,无条带者为阳性结果。

3. 方法说明　该方法也适合莱克多巴胺、沙丁胺醇的快速检测。

第八节　灭鼠药快速检验

在化学性食物中毒中,鼠药中毒占有相当大的比例。常见的灭鼠药(ratsbane)有磷化锌、磷化铝、敌鼠、安妥、毒鼠强和氟乙酰胺等,后两种是国家"三禁"(禁止生产、禁止销售、禁止使用)鼠药。几种鼠药的化学性质与快速检验方法如下。

一、磷化锌检验

磷化锌(zinc phosphide)是一种常用的灭鼠药,深灰色粉末,遇水和酸产生剧毒的具有蒜臭的磷化氢气体。人误服磷化锌后,在胃酸作用下产生磷化氢,出现中毒症状,严重者可致死亡。

检验磷化锌时,必须同时检出磷和锌,才能确证为磷化锌。可先用硝酸银法进行预试,对硝酸银试纸呈阳性的样品,应分别以钼蓝法检测磷、以亚铁氰化钾法检测锌,进行确证实验。

1. 硝酸银预试法　磷化锌在酸性溶液中放出磷化氢气体,遇硝酸银试纸生成黑色磷化银斑点沉淀,使试纸变黑,表示可能有磷化锌存在。

$$Zn_3P_2 + 6HCl \longrightarrow 2PH_3\uparrow + 3ZnCl_2$$

$$Zn_3P_2 + 3H_2C_4H_4O_6 \longrightarrow 2PH_3\uparrow + 3ZnC_4H_4O_6$$

$$PH_3 + 3AgNO_3 \longrightarrow Ag_3P\downarrow + 3HNO_3$$

2. 钼蓝法　用溴水将硝酸银预试法中试纸上的磷化银氧化生成磷酸,与钼酸铵作用生成磷钼酸铵,以氯化亚锡还原为钼蓝,可确证磷存在。操作方法:取预试法中得到的黑色磷化银试纸条,置于瓷蒸发皿内,加饱和溴水数滴使磷化银溶解,弃试纸条。加热蒸干内容物,加硫酸和钼酸铵溶液,混匀后加氯化亚锡溶液,如溶液呈蓝色,可确证有磷存在。

3. 亚铁氰化钾法　在微酸性溶液中,锌与亚铁氰化钾作用生成亚铁氰化锌白色沉淀,该沉淀不溶于酸,可溶于过量的碱。

$$2Zn^{2+} + Fe(CN)_6^{4-} \longrightarrow Zn_2Fe(CN)_8\downarrow$$

取硝酸银预试法留下的内容物过滤,加氨水使滤液至呈碱性并过量,摇匀后过滤,除去铁、铝等离子的氢氧化物沉淀。取滤液加乙酸至酸性,滴加亚铁氰化钾溶液数滴,如有白色沉淀或浑浊,离心后,加氢氧化钾溶液,沉淀又溶解,表示有锌存在。

二、敌鼠检验

敌鼠(diphacinone)化学名称为 2-(二苯基乙酰基)3- 茚满二酮,是目前应用最广泛的第一代抗凝血灭鼠品种之一。纯品为黄色针状结晶,无臭、无味,不溶于乙醇、丙酮、三氯甲烷等有机溶剂中。分子式:$C_{23}H_{16}O_3$;分子量:340.11。结构式如下:

市售敌鼠主要为其钠盐,呈黄色粉末,无臭,易溶于甲醇、乙醇、丙酮等有机溶剂中,在沸水中可溶解 5%。口服 0.06~0.25g 可引起中毒,0.5~2.5g 可致死。对人和家畜毒性较低,可用维生素 K 解毒药进行解救。

1. 提取 试样以无水乙醇温浸提取,过滤,蒸干滤液得黄色或淡黄色残渣,取残渣待检验。

2. 三氯化铁试验 以无水乙醇溶解上述残渣,取适量样液滴于试纸上,待试纸稍干后,加 1 滴三氯化铁溶液,如出现砖红色斑点为强阳性反应;出现红色环状为弱阳性反应。方法灵敏度:检出限量为 5μg。

3. 薄层色谱法 取上述残渣,溶于适当有机溶剂,点样于硅胶 G 薄层板,用三氯甲烷一丙酮(1+1)展开,与敌鼠标准品斑点对照进行检验。紫外光下观察,敌鼠或敌鼠钠呈亮黄色斑点;以 10g/L 三氯化铁溶液作显色剂,敌鼠或敌鼠强呈红色斑点。

三、毒鼠强检验

毒鼠强(tetramine)化学名称为四亚甲基二砜四胺,分子式 $C_4H_8N_4O_4S_2$,分子量 240.25。纯品为白色粉末,熔点 250~254℃,在水中溶解度约 0.25mg/ml,在丙酮、乙酸乙酯、苯中的溶解度大于水,溶于二甲亚砜。可经消化道及呼吸道吸收。不易经完整的皮肤吸收。哺乳动物口服最低致死剂量为 0.10mg/kg,人致死量为 6~12mg。

毒鼠强的快速测定可采用变色酸法。

1. 原理 样品中毒鼠强经有机溶剂提取净化后,加入硫酸分解为甲醛和二甲磺胺,利用分解产物甲醛与变色酸在硫酸作用下生成紫红色化合物,定性。其反应式如下:

2. 分析步骤　样品用乙酸乙酯振摇提取。提取液在水浴中加热挥干溶剂,加硫酸湿润残渣,置80℃水浴反应10分钟,冷却后沿管壁小心加水,再加变色酸溶液和硫酸溶液,置沸水浴加热15分钟,同时做空白和阳性对照。阳性反应为淡紫红到深紫红色,阴性为淡黄色。

3. 方法说明　本方法为快速筛选方法,可根据此原理制成快速检测试剂盒或速测管。进一步确证可采用GC、HPLC或GC/MS分析。

四、氟乙酰胺检验

氟乙酰胺(fluoroacetamide)又称敌蚜胺,为有机氟内吸性杀虫剂。结构式如下:

分子式:C_2H_4FNO;分子量:77.03;在干燥条件下比较稳定,易溶于水,在中性和酸性水溶液中可水解成氟乙酸,在碱性水溶液中可水解成氟乙酸钠释放出氨。对人畜具有剧毒性,且可造成人畜二次中毒。快速测定氟乙酰胺可采用纳氏试剂法。

1. 原理　在碱性水溶液中氟乙酰胺水解成氟乙酸钠,同时释放出氨,氨与纳氏试剂生成红橙棕色沉淀,可定性和半定量。

2. 分析步骤　无色液体可直接测定;有色液体加少量活性炭或中性氧化铝振摇脱色,过滤后测定。研碎后的固体样品和半流体样品加适量蒸馏水振摇提取,取滤液煮沸浓缩至1ml左右,待测定。

取处理后的样液,加入纳氏试剂,20分钟后观察结果,如含有氟乙酰胺,则出现红棕色沉淀,同时做空白对照试验。检出限为50μg/ml。

3. 方法说明　本方法为快速筛选方法,应采用气相色谱-质谱或高效液相色谱做进一步确证。

第九节　生物毒素快速检验

生物毒素是由各种生物(动物、植物、微生物)产生的有毒化学物质,为天然毒素。包含有毒动物、有毒植物、微生物毒素等,常见的有:河豚鱼、毒蕈、杏仁、木薯、桐籽、棉籽、真菌等。

一、真菌毒素快速检验

真菌毒素是真菌在食品或饲料里生长所产生的代谢产物,对人类和动物都有害。通常以霉菌毒素为主,常见的有黄曲霉毒素、脱氧雪腐镰刀菌烯醇、3-硝基丙酸等。摄食含有真菌毒素的食物后,会出现恶心、呕吐、腹泻、头痛、发热等症状,严重者可导致死亡。其中以黄曲霉毒素毒性最强,通常采用酶联免疫吸附法(ELISA)、胶体金免疫层析等方法进行快速筛检。ELISA法在本书真菌毒素检测中已详细介绍。本节主要介绍胶体金免疫层析法。

胶体金免疫层析法(快速检测卡法):将样品提取液加入检测卡上的加样孔,检测液中的黄曲霉毒素 B_1(AFTB$_1$)与金标垫上的金标抗体结合形成复合物,若 AFTB$_1$ 在检测液中的浓度低于灵敏度值,未结合的金标抗体在检测区(T区)与固定在硝酸纤维素(NC)膜上的 AFTB$_1$-BSA 偶联物结合,形成可见 T 线;若 AFTB$_1$ 在检测液中的浓度高于灵敏度值,金标抗体全部形成复合物,不会再与 AFTB$_1$-BSA 偶联物结合形成可见 T 线。未固定的复合物与对照区（C区）的二抗体形成对照线,表明检测卡有效。本法灵敏度5ppb。

二、河豚毒素快速检验

河豚毒素（tetrodotoxin,TTX）是一类存在于河豚鱼及其他生物体内含有的剧毒生物碱,又称蝶螈毒素、东方鲀毒素,是一种通过阻断钠离子通道抑制神经冲动的小分子非蛋白类神经毒素,其毒性比氰化钾大近1000倍,对人的致死量为0.5mg。分子式为:$C_{11}H_{17}O_8N_3$,分子量为319,纯品为无色柱状结晶,对热稳定,220℃以上分解。结构式如下:

河豚毒素的快速检验方法主要有化学分析法、生物检验法、固定酶法、间接竞争ELISA法,我国规定鲜河豚鱼中河豚毒素的标准分析方法（GB/T5009.206）为酶联免疫吸附法。根据固定酶法、ELISA法原理制成河豚毒素快速试剂盒用于河豚毒素的定性、半定量和快速筛选,再以HPLC、GC/MS、HPLC/MS等方法进行确证实验。本节介绍河豚毒素快速试剂盒法。通常先将共存的杂质分离除去后,用化学显色反应和生物方法进行检验。

1. 毒素提取　试样经沉淀蛋白质、胆碱类物质后,根据河豚毒素易溶于酸性溶液的性质,可经0.5%乙酸溶液煮沸提取两次,离心,取上清液供检测。

2. 快速筛检

（1）硫酸-重铬酸钾显色实验:将上述提取液,加入重铬酸钾,如果样品中有河豚毒素,则显绿色。

（2）生物检测:将毒素提取液,灭菌,放冷后注射于青蛙体内,如果数分钟后青蛙呈麻痹状态,最后因呼吸麻痹而死亡,则表明样品中含河豚毒素。

3. 酶联免疫吸附法　取上述河豚毒素提取液,以乙醚振摇脱脂后,与定量的特异性酶标抗体反应,多余的游离酶标抗体与酶标板内的包被抗原结合,加入反应底物四甲基联苯胺（TMB）后显色,以硫酸中止反应,在450nm波长下测定吸光度值,标准曲线法定量。

三、毒蕈快速检验

毒蕈（noxious mushroom）是指食后能引起中毒的蕈类。我国有近300种食蕈;毒蕈约80种,较常见的有毒蝇蕈、白帽蕈、瓢蕈、月夜蕈等。其中有毒成分主要为毒蝇碱（amanita muscaria）和毒肽（phallotoxins）。常见的毒蕈毒素的快速检验方法有结晶鉴别法、纸色谱法和薄层色谱法。以下介绍常见的鹅膏亭毒素和毒蝇碱的快速检测方法。

1. 毒肽（鹅膏亭毒素）检验　取适量样品加甲醇,水浴加热浸提,过滤,蒸干滤液。残渣用数滴甲醇溶解,作为待检液。在层析纸上点样,以丁酮-丙酮-水-正丁醇（20+6+5+1）作展开剂,展开40分钟,晾干后喷显色剂肉桂酸甲醇溶液,自然挥干后,将用浓盐酸熏5~10分钟,层析纸上若有紫色或蓝色斑点出现,则表示样品中有鹅膏亭毒素存在。若出现橙色、黄色或粉红色斑点则为阴性。

2. 毒蝇碱检验　毒蝇碱又称蝇蕈碱,分子式为:$C_9H_{20}O_2N$;分子量为:174。常以季铵盐的形式存在,易溶于乙醇和水,不溶于乙醚。

采用氨水 - 乙醇（1+19）溶液提取，使毒蝇碱的氯化物转变成毒蝇碱的氢氧化物，经减压浓缩后，加四硫氰基二氨铬酸铵（NH_4[$Cr(SCN)_4·(NH_3)_2$]·H_2O）生成沉淀而与杂质分离。洗净沉淀，用丙酮溶解，加入硫酸银和氯化钡溶液，生成氯化毒蝇碱而转入溶液。溶液再减压浓缩，以此为点样液。在 pH4.5 条件下，于层析纸上点样，以正丁醇 - 甲醇 - 水（10+3+20）为展开剂，展开 2 小时，晾干后用碱式碳酸铋、碘化钾和冰乙酸混合液作为显色剂，喷于层析纸上。如出现暗橙色表示样品中有毒蝇碱存在。

本 章 小 结

本章主要介绍了化学性食物中毒的概念、化学毒物的分类、快速检验的程序及检测方法。

水溶性毒物常用水浸法或透析法进行分离提取，亚硝酸盐食物中毒的快速检验常用格氏法和联苯胺 - 冰乙酸法。

挥发性毒物的分离常采用蒸馏法，氰化物中毒常采用普鲁士蓝法、对硝基苯甲醛法和苦味酸试纸法进行快速检测，可用气 - 质联用法（GC-MS）确证。对于挥发性酚类常用的快速检验方法有溴化法、三氯化铁法和米龙法。

对于不挥发性有机毒物，按照毒物化学性质的不同，采用经典的斯 - 奥法或乙酸酸化提取法分离提取。通常以化学反应产生的沉淀、颜色等来进行快速检测，也可用薄层色谱的方法进行定性和半定量分析。

引起化学性食物中毒的有毒元素有砷、汞、钡、铬、锰等。其中以砷、汞最为常见。砷、汞中毒通常采用雷因许预试验结合确证实验进行快速定性分析。

对于有机磷农药和氨基甲酸酯类农药进行快速筛检的方法，可以采用速测卡法、酶抑制率法、酶联免疫吸附法、免疫传感器法等方法。可采用免疫胶体金试纸法、酶联免疫吸附法进行瘦肉精的快速检测。

对常见鼠药磷化锌、敌鼠、毒鼠强和氟乙酰胺采用化学方法和薄层色谱法进行快速定性鉴定，再采用色谱或质谱联用法进行确证。

常见的生物毒素包含有毒动物、有毒植物、微生物毒素等，通常采用胶体金免疫层析法、薄层色谱法、酶联免疫吸附法、化学方法以及生物法进行快速定性鉴定。

思考题

1. 简述化学性食物中毒的概念及化学毒物的分类。
2. 简述化学性食物中毒快速检验的程序。
3. 格氏法检测亚硝酸盐的基本原理是什么？
4. 什么是雷因许试验？如何对预试验为阳性的有毒金属进行确证试验？
5. 简述有机磷或氨基甲酸酯类农药进行定性实验的常用方法。
6. 磷化锌快速检测的原理是什么？
7. 简述纳氏试剂法测定氟乙酰胺的原理。

（徐希柱）

第十五章 食品掺伪检验

在食品的生产加工和销售过程中,掺假、掺杂、伪造等不法现象屡有发生,严重影响食品安全,干扰市场经济,危害消费者的身体健康。《中华人民共和国食品安全法》明确规定:禁止生产经营用非食品原料生产的食品或者添加食品添加剂以外的化学物质和其他可能危害人体健康物质的食品,或者用回收食品作为原料生产的食品;禁止生产经营混有异物、掺假掺杂或者感官性状异常的食品。因此,食品掺伪检验是食品检验工作的重要任务之一。

第一节 概　　述

一、食品掺伪的概念

食品掺伪(food adulteration)是掺假、掺杂和伪造的总称,这三者之间没有明显的界限,在同一种食品中可能同时存在。

食品掺假是指向食品中非法掺入外观、物理性状或形态与该食品相似的非同种类物质。掺入的物质足以以假乱真,在外观上难以鉴别,常需借助一定的设备和方法才能确定。如小麦粉中掺入滑石粉,味精中掺入食盐,食用油中掺入地沟油,食醋中掺入游离矿酸等。

食品掺杂是指向食品中非法掺入非同一类或同种类的杂物,以增加食品的重量。如大米中掺入砂石,糯米中掺入大米,辣椒粉中掺入红砖木,木耳中掺入铁屑等。

食品伪造是指人为用一种或几种物质进行加工仿造,以冒充某种食品在市场销售的违法行为。如用工业酒精兑制白酒,用工业明胶、六偏磷酸钠、海藻、甲醛等原料生产鱼翅丝等。

非食用物质(inedible materials)是指在食品中添加的不能食用且会对人体健康造成危害的非法添加物。那些不属于传统食品原料、不属于批准使用的新资源食品、不属于卫生部公布的食药两用或作为普通食品管理物质,也未列入国家食品安全国家标准《食品添加剂使用标准》(GB 2760)、《食品营养强化剂使用标准》(GB 14880)及我国法律法规允许使用物质之外的物质,均为非食用物质。

为了进一步打击在食品生产、流通、餐饮服务中违法添加非食用物质的行为,保障消费者健康,2008 年以来,我国陆续发布了六批《食品中可能违法添加的非食用物质和易滥用的食品添加剂名单》,其中常见的部分非食用物质见表 15-1。

二、食品掺伪的特点

随着化工和食品加工业的发展,食品掺伪的手段也日趋复杂,掺入的物质种类和数量也不尽相同,根据食品掺伪的目的与方式,其特点主要有以下几方面。

表 15-1　食品中可能违法添加的部分非食用物质

名称	可能的用途	可能添加的食品品种
吊白块	增白、防腐等	腐竹、粉丝、面粉、竹笋
苏丹红	着色	辣椒粉、含辣椒类的食品
三聚氰胺	虚高蛋白含量	乳及乳制品
硼酸与硼砂	增筋	腐竹、凉粉、凉皮、面条
玫瑰红 B	着色	调味品
工业用甲醛	改善外观、质地	海参、鱿鱼等干水产品
硫化钠	改善色泽	味精
工业染料	着色	小米、玉米粉、熟肉制品等
革皮水解物	虚高蛋白含量	乳与乳制品、含乳饮料
废弃食用油脂	掺假谋利	食用油脂
工业明胶	改善形状、掺假	冰淇淋、肉皮冻等
工业酒精	掺假谋利	勾兑假酒
毛发水	掺假谋利	酱油等
工业用乙酸	掺假谋利	勾兑食醋
荧光增白物质	增白	双孢蘑菇、金针菇、白灵菇
孔雀石绿	杀菌	鱼类

1. 利用市场价格差掺假谋利　掺入的物质往往价廉易得,且物理性状与被掺食品相似,以达到通过增加食品的净含量来谋利的目的。例如,将价格低廉的水掺入价格高的白酒、啤酒、奶类中;将砂石掺入大米中等。

2. 将食品进行伪装、粉饰　不法生产者和经营者为了扩大销量、迎合消费者的心理,对食品进行调味、调色,加以精致漂亮的包装,甚至将劣质食品通过包装、加工粉饰进行销售。例如,标示今年生产的月饼却使用已过期变质的月饼馅,加工、包装后出售。

3. 非法延长食品保质期　食品都有一定的保质期,使用非食品防腐剂或超出食品防腐剂最高使用限量以延长食品保质期,如用甲醛处理的水发海产品,食后对人体健康造成较大危害。

4. 生产和销售不符合国家法规　掺伪食品多数是小厂、非法个体作坊或地下工厂生产出来的,销售途径非常复杂,销售地点多选在乡村集贸市场或偏僻商店等。

掺伪食品对公众健康的危害主要取决于违法添加的非食用物质的种类和性质。若添加物原属于正常食品或原、辅料,这些添加物可能会降低所掺入食品的营养价值,干扰市场经济;某些添加的非食用物质在食用后可能对消化道黏膜产生刺激和损伤,或具有明显的毒害作用及蓄积毒性,出现急性、慢性中毒,甚至还可能产生致癌、致畸、致突变等作用。

三、食品掺伪的检验程序

食品掺伪的检验需要通过现场调查收集相关的证据和线索,采集样品之后拟定检验方案进行分析判断。

1. 现场调查　包括制造现场和销售现场的调查。销售现场一般通过知情人、消费者提供的线索,或工商执法及技术监督管理部门到农贸市场、食品批发市场等地例行检查,了解情况。对可疑食品首先进行感官检查,作出初步判断。如用手摸掺入硼砂的食品,有爽滑的感觉,并能闻到轻微的碱味。如果怀疑掺伪,应采样进一步检验,同时查找食品的来历以便追溯掺伪食品的制造现场。对制造现场的调查,主要检查有无合法的生产许可证、卫生许可证等,并且对制造食品的原料、配方、生产工艺等进行详细调查。

2. 采样　所采集的样品具有代表性和典型性。采样时要选择掺入量明显的部分,采集的数量应满足检验项目的需要,一式三份,供检验、复验、备查或仲裁用。一般每份不少于0.5kg,采样容器根据检验项目,选用硬质玻璃瓶或聚乙烯制品。

3. 检验方案及结果分析　一方面是对食品本底不含有的物质进行定性检验,如牛乳中不应含有豆粉,粉丝、面粉中不应有甲醛次硫酸氢钠(吊白块)等。用定性鉴定时需结合正常样品与阳性样品的对照试验作出判断。另一方面是对食品本身可能含有或有规定含量的物质进行检验,如某些海产品、酒类等自身存在甲醛,单凭定性结果不足以判定是否掺入了甲醛或甲醛次硫酸氢钠。对于这类食品的掺伪检验,需结合定量方法和国家标准规定的限量进行综合分析判断。

制订掺伪食品的检验方案时,应根据现场调查的初步判断,采用国家标准或公认的分析方法进行检验。尽量选择现场检验的方法,如果现场不能完成,则应将样品按要求保存带回实验室尽快检验。

第二节　乳及乳制品掺伪检验

一、牛乳掺伪检验

牛乳掺伪物质种类繁多,通常可分为以下几类:非电解质类:如三聚氰胺、尿素、蔗糖等;胶体物质:如米汁(米汤)、淀粉、豆浆、明胶等;电解质类:如食盐、硝酸钠、芒硝、碳酸铵、石灰水、氢氧化钠等;防腐剂类:如甲醛、硼酸(或硼砂)、苯甲酸(或苯甲酸钠)、水杨酸(或水杨酸钠)、过氧化氢等;抗生素类:如青霉素;其他杂质:如革皮水解物、尿液等。

正常牛乳的理化指标比较稳定:相对密度(20℃/4℃)为 1.027~1.032,酸度为 12~18° T,乳清相对密度为1.027~1.030。当掺入上述物质时,其相对密度等理化指标会发生不同的改变。

1. 掺水检验　正常牛乳的密度在1.027~1.032,牛乳掺水后相对密度降低,可用相对密度计法测定。但要注意掺水又掺入电解质等其他物质时,相对密度可能正常。

2. 掺入中和剂检验　其目的是降低牛乳酸度以掩盖牛乳的酸败,防止牛乳煮沸时发生凝固结块现象。常见的有碳酸铵、碳酸钠、碳酸氢钠、氢氧化钠、石灰水等碱性物质,可用玫瑰红酸法和溴甲酚紫法检验。玫瑰红酸法是向被检牛乳中加入玫瑰红酸的乙醇溶液,若出现玫瑰红色,表示牛乳中加有过量的中和剂。溴甲酚紫法是在被检牛乳中加入溴甲酚紫的乙醇溶液,出现天蓝色则表示牛乳中有过量的中和剂。

3. 掺入食盐检验　可通过鉴定氯离子的方法检验。向牛乳中加入一定量的铬酸钾溶液和硝酸银溶液,由于正常牛乳中氯离子含量低(0.09%~0.12%),硝酸银主要与铬酸钾反应,生成红色铬酸银沉淀。如果牛乳中掺入氯化钠,则与硝酸银反应生成氯化银白色沉淀,并与铬酸钾沉淀共存呈黄色。当取样量为1ml时,乳中 Cl⁻ 含量大于 0.14% 可检出。

4. 掺入蔗糖检验　利用蔗糖与间苯二酚反应生成红色化合物,或利用蔗糖与蒽酮试剂反应生成蓝绿色化合物进行检验。

5. 掺入豆浆检验　可用脲酶检验法鉴定。豆浆中含有脲酶,脲酶催化水解碱-镍缩二脲后,与二甲基乙二肟的乙醇溶液反应,生成红色沉淀。

6. 掺入淀粉或米汤检验　淀粉遇碘变蓝色。取适量待检乳样,煮沸,冷却后加入几滴碘乙醇溶液。如出现蓝色,说明乳样中掺有淀粉或米汤。

7. 掺入三聚氰胺检验　三聚氰胺俗称密胺、蛋白精,化学式是 $C_3H_6N_6$,白色单斜晶体,几乎无味。微溶于水,可溶于甲醇、甲醛、乙酸、甘油、吡啶等,不溶于丙酮、醚类。对人体有害,不能用于食品加工或食品添加物。牛乳中掺入三聚氰胺的目的是为了虚高蛋白质含量。牛乳中三聚氰胺可用高效液相色谱法、液相色谱-质谱/质谱法及气相色谱-质谱联用法测定(GB/T 22388)。

(1) 高效液相色谱法:称取试样,准确加入三氯乙酸溶液和乙腈,经振荡、超声波提取后离心,收集上清液,经阳离子交换固相萃取柱净化后,用氨化甲醇溶液洗脱待测物,洗脱液于50℃下用氮气吹干,残留物用流动相定容混匀,经微孔滤膜过滤后供测定。

色谱参考条件:色谱柱:C_8 或 C_{18} 柱(250mm×4.6mm,5μm);流动相:对于 C_8 柱,离子对试剂缓冲液-乙腈(85+15);对于 C_{18} 柱,离子对试剂缓冲液-乙腈(90+10);进样量:20μl;柱温:40℃;流速:1.0ml/min。用流动相配制三聚氰胺标准溶液系列,峰面积标准曲线法定量。

(2) 液相色谱-质谱/质谱法:样品前处理同高效液相色谱法。

色谱参考条件:强阳离子交换与 C_{18} 混合填料(1:4)色谱柱(150mm×2.0mm,5μm)或相当者;流动相:等体积 10mmol/L 乙酸铵溶液和乙腈充分混匀,用乙酸调节至 pH 3.0;进样量:10μl;柱温:40℃;流速:0.2ml/min。

MS/MS 参考条件:电喷雾离子源,正离子扫描;检测方式:多反应监测,母离子 m/z 127,定量子离子 m/z 85,定性子离子 m/z 68;离子喷雾电压:4kV;裂解电压:100V;碰撞能量:m/z 127>85 为 20V,m/z 127>68 为 35V。

取三聚氰胺标准溶液和样液在以上条件下分别进样,以定量子离子峰面积-浓度作图,标准曲线法定量。

8. 掺入革皮水解物检验　革皮水解物是指将破旧皮革制品及厂家生产时剩下的边角料,经过化学处理,水解生成的粉状物,因其氨基酸含量较高,添加到乳及乳制品中可以提高蛋白质含量。但由于革皮水解物中存在皮革加工过程中使用的一些化学品残留,如六价铬、工业染料、有机致癌物等,食用后可能危害健康,是非法添加的非食用物质。由于革皮水解物中含有乳蛋白不含有的L-羟脯氨酸,且其含量较高,达 10% 以上。利用这一特性,可通过测定羟脯氨酸以鉴定乳与乳制品中是否添加了革皮水解物。乳与乳制品中L-羟脯氨酸的测定可以采用分光光度法、高效液相色谱法和液相色谱-串联质谱法。

(1) 高效液相色谱法:取乳与乳制品样品适量,加入酸性苯酚溶液(用盐酸调节)使蛋白水解。吸取一定量水解液,加入碳酸钠缓冲液及丹磺酰氯溶液衍生化,加入盐酸甲胺溶液以终止反应,避光静置至沉淀完全。取上清液经微孔滤膜过滤后供分析用。将L-羟脯氨酸标准溶液系列按衍生样品的步骤进行衍生反应,依次进行色谱测定,以峰高或峰面积为纵坐标,工作曲线法定量。

色谱参考条件:C_{18} 色谱柱(250mm×4.6mm,5μm);流动相:乙腈-乙酸钠(pH4.8,10mmol/L),梯度洗脱;流速:1.0ml/min;柱温:35℃;进样量:10μl;荧光检测波长:激发波长330nm,荧光波长530nm。

（2）液相色谱-串联质谱法：样品按高效液相色谱法进行水解,水解液进行液相色谱-串联质谱测定,标准曲线法定量。

色谱质谱参考条件：BEH T3 色谱柱（100mm×2.1mm,1.8μm）;流动相:乙腈-0.1% 甲酸,梯度洗脱;流速:0.3ml/min;柱温:35℃;进样量:5μl;电喷雾离子源,正离子扫描,多离子反应检测,母离子 m/z 365.16,定量子离子 m/z 170.15,碰撞能量 24V,定性子离子 m/z 86.04,碰撞能量 14V。

二、乳粉掺伪检验

乳粉有全脂乳粉、脱脂乳粉、部分脱脂乳粉和调制乳粉,每种乳粉都有相应的食品安全国家标准,如果不符合要求,可能存在掺伪。乳粉中掺伪的物质有的源于牛乳原料,有的是直接加在乳粉中。所以在牛乳中可能出现的掺伪物质,在乳粉中都有可能出现,检验方法同牛乳中掺伪物质。

第三节　食用油掺伪检验

食用植物油脂（edible vegetable oils）掺伪是指不法商贩或生产经营者为了牟取暴利,在食用植物油脂中违法加入某些该产品非固有的成分,如食用植物油中掺溂水油、用红糖和淀粉加水混合熬制掺入香油等,以增加其质量或体积;或掺入一些低价食用油,以次充好,如芝麻油中掺棉籽油、玉米油等;或掺入非食用油,如食用植物油中掺(混)桐油、矿物油或蓖麻油等。掺伪食用植物油不仅存在严重的质量问题,而且会影响消费者的健康,严重损害消费者及合法经营者的利益。

一、掺矿物油检验

矿物油是工业用油,属于非食用油脂。食用矿物油后可发生急、慢性中毒。急性中毒可引发油脂性肺炎,慢性中毒可引发皮炎、痤疮及神经衰弱综合征等。食用植物油掺入(或混入)矿物油后,可以利用嗅觉,也可以采用理化方法加以鉴别。

1. 皂化法　取适量试样,加入氢氧化钾溶液及乙醇,回流皂化后加入沸水,摇匀,如浑浊或有油状物析出,表示有不能皂化的矿物油存在。

2. 荧光法　矿物油具有荧光,而植物油均无荧光。取试样及已知的矿物油各 1 滴,分别滴在滤纸上,然后放在荧光灯下照射,若有天青色荧光出现,则表明油样中含矿物油。

二、掺废弃食用油脂检验

废弃食用油脂（waste edible oil）是指食品在生产、经营过程中产生的不能再食用的动植物油脂,包括餐饮业废弃油脂及含油脂废水经分离后生产的油脂。因来源不同俗称溂水油、煎炸油、地沟油等。根据我国相关规定,不得将废弃油脂加工后再作为食用油脂使用或者销售,不得将未经处理的油脂排入环境。

一些不法商贩将其收购的废弃食用油脂经过提炼、脱色、脱臭、脱酸等处理后再次作为食用油脂销售,以牟取暴利。餐饮业的废油和再处理经过长时间反复多次的高温加热,油脂中的维生素 A、胡萝卜素、维生素 E、不饱和脂肪酸和饱和脂肪酸等营养成分被破坏,而酚类、酮类和短碳链的游离脂肪酸、脂肪酸聚合物、黄曲霉毒素、多环芳烃等多种有毒有害成分含量却大为增加。食用油中掺入废弃食用油脂的鉴别检验目前还没有特异、适应性强的鉴别方法和国家标准方法,但可从以下几个方面进行初步检验判断。

1. 酸价、过氧化值及极性组分等卫生指标测定 废弃食用油脂因反复加热、含杂质高,与正常油脂比较,其酸价、过氧化值及极性组分等卫生学指标存在显著差异,可以作为食用油掺入废弃食用油脂的初筛指标,具体检验方法可参照食用植物油卫生标准的分析方法(GB/T 5009.37)。

2. 十二烷基苯磺酸钠测定 合格食用油不应含有十二烷基苯磺酸钠,而有的废弃食用油脂是从餐饮业餐具洗涤排污系统中收集而来,会含有洗涤剂中表面活性剂十二烷基苯磺酸钠。样品用水萃取后,水相中的表面活性剂有其特征紫外、红外光谱、核磁共振谱、质谱和荧光光谱,可利用这些特点对废弃油脂进行分析。通常采用:①利用阴离子表面活性剂与二甲基蓝生成物溶于三氯甲烷显蓝色。对于动物油脂中的十二烷基苯磺酸钠,此法操作烦琐,干扰因素多;②由于十二烷基苯磺酸钠分子中存在共轭体系,能产生荧光,将试样经水洗处理,在激发波长230nm照射下,于发射波长290nm处出现荧光峰,而合格食用植物油的水相在此波长处并无荧光峰出现。

3. 氯化钠、谷氨酸钠测定 氯化钠、谷氨酸钠是食品制作过程中最常用的调味成分,可随食物残渣残留于煎炸油、潲水油等废弃食用油脂,对其进行检测可以推断可疑油脂样品是否已经用于食物烹调或食品加工。具体检验方法参见 GB/T 8967。

4. 脂肪酸组分测定 每种食用油都有其特征脂肪酸图谱,脂肪酸含量相对稳定。掺入废弃食用油脂的食用油,其脂肪酸相对组成和含量与合格油脂有明显区别,通过与合格油脂的脂肪酸图谱比对,可判断是否掺伪。可用 GC 法、GC/MS 法对疑似掺伪食用油中脂肪酸进行测定,求出各脂肪酸质量分数,不饱和脂肪酸总量与饱和脂肪酸总量比值(U/R),即相对不饱和度,与合格食用油比较。若相对不饱和度明显小于同种类食用油,且脂肪酸质量分数分布也与同种类食用油有较大区别,可判断掺伪。

第四节 调味品掺伪检验

调味品(condiment)是指在饮食、烹饪、食品加工中广泛应用的、用于调和滋味和气味并具有去腥、除膻、解腻、增香、增鲜等作用的产品。常用的有食盐、酱油、醋、味精、辣椒、茴香、花椒等。本节仅讨论辣椒粉、酱油和味精的掺伪检验。

一、辣椒粉掺伪检验

辣椒粉(chillies and capsicums powder)是指以茄科植物辣椒属辣椒或其变种的果实经干燥、粉碎、不添加其他成分(抗结剂除外)等工序制成的非即食性粉末。近年来在市场上发现掺假辣椒粉,主要掺假物有麦麸、玉米粉、干菜叶粉,更有甚者掺入红砖粉增加重量以牟取暴利。为了掩盖色泽上的差异,有的还加入人工合成非食用色素苏丹红,严重威胁消费者的健康。

1. 感官检验 正常辣椒粉应呈红色或红黄色,颜色不染手。粉末均匀、松散,有辣椒固有的香辣味,刺激性强而持久,没有霉变或虫害。掺伪辣椒粉呈砖红色,肉眼可见木屑碎片或绿叶残片,辛辣气味不浓或闻不到。

2. 灼烧检验 取少许试样置于瓷坩埚中,加热灼烧至冒烟,正常辣椒粉发出浓厚的呛人气味。掺假的辣椒粉则只见青烟,辣味不浓。

3. 掺入红砖粉检验 将少许试样粉末,加入饱和氯化钠溶液 10~15ml 充分振摇,放置片刻,辣椒粉因相对密度小而浮于上面,掺入的红砖粉,因相对密度大而沉于试管底部。

4. 掺入苏丹红检验 苏丹红是人工合成的红色工业染料,是一种亲脂性偶氮化合物,分子式是 $C_{22}H_{16}N_4O$,不溶于水,微溶于乙醇,易溶于油脂、矿物油、丙酮和苯,主要包括Ⅰ、Ⅱ、Ⅲ和Ⅳ四种类型。被广泛用于溶剂、油、蜡、汽油的增色及鞋、地板等增光方面,具有致突变性和致癌性,禁止使用于食品中。由于苏丹红使用后不容易褪色,将其掺入到辣椒中可以弥补辣椒放置久后变色的现象,保持辣椒鲜亮的色泽。还有一些不法商人将玉米等植物粉末用苏丹红染色后,混在辣椒粉中,以降低成本牟取利益。

食品中苏丹红染料的检测方法可以采用高效液相色谱法(GB/T 19681)。称取适量样品,加入正己烷超声波提取,过滤,用正己烷洗涤残渣数次,至洗出液无色,合并正己烷,旋转蒸发浓缩后过氧化铝柱净化。用适量正己烷洗柱,直至流出液无色,用含 5% 丙酮的正己烷洗脱,洗脱液浓缩后用丙酮转移定容,经 0.45μm 有机滤膜过滤后待测。

色谱参考条件:C_{18} 色谱柱(150mm × 4.6mm,3.5μm);流动相:溶剂 A:0.1% 甲酸的水溶液 - 乙腈(85+15),溶剂 B:0.1% 甲酸的乙腈溶液 - 丙酮(80+20),梯度洗脱;流速:1ml/min;柱温:30℃;检测波长:苏丹红Ⅰ 478nm,苏丹红Ⅱ、苏丹红Ⅲ、苏丹红Ⅳ 520nm,于苏丹红Ⅰ出峰后切换;进样量 10μl;根据保留时间定性,标准曲线法定量。

二、酱油掺伪检验

酱油(soy sauce)是以富含蛋白质的豆类和富含淀粉的谷类及其副产品为主要原料,在微生物酶的催化作用下分解,生成并经浸滤提取的调味汁液。按生产工艺可分为酿造酱油和配制酱油,按食用方法可分为烹调酱油和餐桌酱油。酿造酱油是以大豆和(或)脱脂大豆、小麦和(或)麸皮为原料,经微生物发酵制成的具有特殊色、香、味的液体调味品。配制酱油是以酿造酱油为主体,与酸水解植物蛋白调味液、食品添加剂等配制而成的液体调味品。酸水解植物蛋白调味液是以含有食用植物蛋白的脱脂大豆、花生粕、小麦蛋白或玉米蛋白为原料,经盐酸水解,碱中和制成的液体鲜味调味品。

酱油掺伪主要有违法使用食盐、酱色、味精废液或毛发水解液等勾兑制作的伪造酱油;以配制酱油冒充酿造酱油等。可用以下方法进行检验。

1. 氨基酸态氮测定 氨基酸态氮是评价酱油质量优劣的重要指标,其含量的多少影响酱油的鲜味程度。一般酱油的氨基酸态氮含量为 0.4%~0.8%,如果未检出氨基酸态氮则是勾兑的伪造酱油。如果氨基酸态氮含量低于国家标准,则是在酱油中掺杂掺假。氨基酸态氮的测定方法有甲醛值法和分光光度法(GB/T 5009.39)。

(1)甲醛值法:利用氨基酸的两性作用,加入甲醛以固定氨基的碱性,使羧基显示出酸性,用氢氧化钠标准溶液滴定后定量,以酸度计指示终点。分析步骤是取一定量稀释后的样品,用氢氧化钠标准溶液滴定至酸度计指示 pH 8.2,加入甲醛溶液,混匀,再用氢氧化钠标准溶液滴定至 pH 9.2,记录此次滴定消耗的体积,同时做空白试验,计算样品中氨基酸态氮的含量。

(2)分光光度法:在 pH 4.8 的乙酸钠 - 乙酸缓冲液中,氨基酸态氮与乙酰丙酮和甲醛在沸水浴中反应生成黄色的 3,5- 二乙酰 -2,6- 二甲基 -1,4 二氢化吡啶氨基酸衍生物,冷却后在波长 400nm 处测定吸光度值,标准曲线法定量。

2. 掺入尿素检验 酱油中不应含尿素,掺入尿素以增加酱油无盐固形物及氨基酸态氮含量。可采用二乙酰肟法检验,利用尿素在强酸条件下与二乙酰肟加热反应,生成红色化合物。

3. 酿造酱油和配制酱油鉴别检验　由于乙酰丙酸及氯丙醇是植物蛋白酸水解过程中产生的,据此可以检验是否加入了酸水解植物蛋白液,是否为配制酱油。氯丙醇检验参照本书"第十章　食品中其他化学污染物的检验"。乙酰丙酸检验有气相色谱法(SB/T 10417)、液相色谱法及液质联用等方法。其中气相色谱法是商业行业标准检验方法,是将样品酸化后,用乙醚提取乙酰丙酸,以正庚酸作为内标物质,经石英弹性毛细管柱(30m×0.25mm,0.5μm,固定液 Carbwax 20M)分离,用火焰离子化检测器检测,内标法定量。

三、味精掺伪检验

味精(gourmet powder)是最常用的鲜味剂,是以碳水化合物(淀粉、大米、糖蜜等糖质)为原料,经微生物(谷氨酸棒杆菌)发酵、提取、中和、结晶,制成的具有特殊鲜味的白色结晶或粉末。主要成分是谷氨酸钠,其余为食盐、水分。不同等级的味精这三种成分的含量有明确规定,如与标准相差过大,可疑为掺伪,掺伪物质一般有食盐、石膏、面粉、淀粉、碳酸盐、碳酸氢盐、硫酸镁及氯化铵等。

1. pH测定　在味精中掺入形态相似的碳酸氢钠、硫酸镁或食盐时,从感官上难以判断,可以通过水溶性试验测定其 pH 鉴别。10g/L 味精的水溶液 pH 约为7,小于6时可考虑掺入强酸弱碱盐类;pH 大于8时可考虑掺入强碱弱酸盐类;当 pH 为7,而谷氨酸含量不足时,可考虑掺入中性盐类。pH 的测定可用酸度计,也可用 pH 试纸。

2. 水不溶物检验　味精易溶于水,其水溶液应透明。取味精样品,加水溶解,如果样液混浊或出现沉淀,可考虑掺入了不溶性物质如石膏等。要确定掺入的物质需进一步做离子的定性试验。

3. 化学检验

(1)掺入石膏检验:石膏的主要成分是硫酸钙,可通过水不溶性试验、硫酸根和钙离子的检验进行鉴定。如水不溶性试验阳性,同时又检出硫酸根和钙离子则可认为掺有石膏。利用钡离子与硫酸根反应生成白色沉淀可以检出硫酸根;利用钙离子与草酸根反应生成白色沉淀而检出钙离子。

(2)掺入碳酸盐及碳酸氢盐检验:取样品少许,加水溶解后,加数滴稀盐酸或稀硫酸,如有碳酸盐或碳酸氢盐掺入,则有气泡发生。

(3)掺入乙酸盐检验:乙酸盐与乙醇在硫酸存在下,生成具有特定香气的乙酸乙酯。取适量样品,加入无水乙醇及浓硫酸,在水浴上加热振荡,冷却后嗅其气味,若掺有乙酸盐,则有乙酸乙酯的香气发生。

(4)掺入铵盐检验:取样品少许,加入纳氏试剂(碘化汞钾),如掺入铵盐即出现显著的橙黄色或生成橙黄色沉淀。

第五节　其他食品掺伪检验

一、食品中掺硼酸与硼砂检验

硼酸(boric acid)是一种无机酸,化学式是 H_3BO_3,白色粉末或透明结晶,有滑腻手感,无臭味,可溶于水、酒精、甘油、醚类及香精油,可作为添加剂、助溶剂、杀虫剂、防腐剂等广泛应用于工农业生产。硼砂(borax),或称四硼酸钠,分子式 $Na_2B_4O_7 \cdot 10H_2O$,为含有无色晶体的白色粉末,易溶于水和甘油,水溶液呈弱碱性,微溶于酒精。正常情况下,硼砂作为化工原料作用于纺织、肥料、玻璃、陶瓷等工业。

由于硼砂具有增加食物韧性、脆度及改善食物保水性及保存度等功能,一些不法生产者和商贩将其用于一些粮食制品中,如面食制品、糕点、腐竹、豆制品、粽子、元宵、米粉等。食用添加硼砂的食品,轻者引起食欲缺乏、消化不良,重者出现呕吐、腹泻等症状,甚至出现休克、昏迷等硼酸症。硼砂进入人体后,在胃中接触胃酸,生成的硼酸在体内代谢缓慢,长时间摄入可能会引起蓄积性中毒,造成脑部、肝、肾的损害,硼还会对体内的 DNA 造成伤害。因此,世界各国都禁止在食品中添加硼酸与硼砂,我国已将其列入《食品中可能违法添加的非食用物质和易滥用的食品添加剂品种名单(第一批)》中。

食品中硼酸和硼砂的检测方法主要有乙基己二醇 - 三氯甲烷萃取姜黄分光光度法、电感耦合等离子体原子发射光谱法(ICP-AES)及电感耦合等离子体质谱法(ICP-MS)(GB/T 21918)。

1. 乙基己二醇 - 三氯甲烷萃取姜黄分光光度法

(1)原理:样品中的硼酸用乙基己二醇 - 三氯甲烷溶液萃取,除去共存盐类的干扰,利用浓硫酸与姜黄混合生成的质子化姜黄与硼酸反应生成红色产物,其颜色深浅与样品中硼酸含量成正比,用分光光度法测定。

(2)分析步骤:取适量粉碎固体样品,加水、加浓硫酸,超声波溶解混合,加入乙酸锌、亚铁氰化钾以除去样品中的蛋白质、脂肪,过滤后作为样液;液体试样直接加水定容。取适量样液,加水、加硫酸溶液(1+1)振荡混匀后,加入乙基己二醇 - 三氯甲烷溶液,涡旋振荡后静置分层,下层乙基己二醇 - 三氯甲烷溶液过滤供测定。分别取滤液及硼酸标准系列,依次加入姜黄 - 冰乙酸溶液、浓硫酸,摇匀静置,加无水乙醇,静置后于 550nm 处测定吸光度值,标准曲线法定量。

(3)方法说明:如果萃取过程出现乳化现象,可以离心或在测定体系中加入 1ml 无水乙醇以避免乳化现象。该方法的检出限是 2.50mg/kg。

2. 电感耦合等离子体原子发射光谱法及电感耦合等离子体质谱法

(1)原理:样品经无机化处理后,用电感耦合等离子体发射光谱或电感耦合等离子体质谱测定,与标准系列比较定量。

(2)分析步骤:样品的前处理可采用微波消解法或湿法消化。①微波消解法:称取适量样品,加入浓硝酸和过氧化氢消解后,在消化液中加入钇标准储备液作为内标,用水定容。同时做试剂空白;②湿消化法:称取适量样品于石英烧杯中,加入硝酸 - 高氯酸,静置过夜后加热消化完全。以下操作同微波消解法。

ICP-AES 参考条件:选择波长:硼 249.772nm 或 249.677nm,钇 371.029nm;功率:1300W;进样速率:1.5ml/min;雾化器流量:0.8L/min;辅助气流量:0.2L/min;燃烧气流量:15L/min。

ICP-MS 参考条件:选择同位素:[11]硼,[45]钇;功率:1300W;进样速率:0.1ml/min;载气流量:1.1L/min;辅助气流量:1.0L/min;冷却气流量:15L/min。

分别将系列标准溶液导入调至最佳条件的仪器雾化系统中进行测定。以硼的浓度为横坐标,以硼元素和内标元素的强度比为纵坐标绘制标准曲线。

(3)方法说明:①该实验过程中所有设备如电磨、绞肉机、匀浆机、粉碎机等须为不锈钢制品,尽量避免使用玻璃器皿,因玻璃器皿中所含硼元素对样品有污染;②使用 ICP-MS 检测样品时,可以不添加钇标准溶液;③ ICP-AES 法和 ICP-MS 法的检出限分别是 1.00mg/kg、0.20mg/kg;④由于食物中通常都含有硼,因此,检测结果要与食物中硼的本底含量比较,综合分析,判断是否掺伪。

二、食品中掺甲醛检验

甲醛(formaldehyde)是一种无色、有强烈刺激性气味的气体,易溶于水、醇和醚。35%~40% 的甲醛水溶液叫做福尔马林,具有防腐杀菌性能。有些食品生产加工者为了改变产品的感官性状、延长保存期,在米粉、粉丝、馒头、腐竹、水发产品等食品中违法加入甲醛。甲醛是已确定的人体致癌物,可引起过敏、肠道刺激反应,长期接触者发生肿瘤、癌变的风险增加,已列入我国食品中违法添加的非食用物质名单。食品中甲醛可以采用乙酰丙酮法或高效液相色谱法测定,后者为国家标准分析方法(GB/T 21126)。

1. 乙酰丙酮法

(1)原理:在 pH 5.5~7.0 时,甲醛与乙酰丙酮及铵离子反应生成黄色的 3,5- 二乙酰基-1,4- 二氢吡啶化合物。于最大波长 415nm 处测定吸光度值,与标准系列比较进行定量。

(2)分析步骤:取适量粉碎的固体样品,加水浸泡,过滤,取滤液,加入乙酰丙酮和乙酸铵溶液,混匀,在沸水浴中加热。如果样品中存在甲醛,溶液变为黄色。也可用水蒸汽蒸馏法:样品用硫酸或磷酸酸化后,经水蒸汽蒸馏,取馏出液测定。

(3)方法说明:某些食物本身存在甲醛,浓度范围为 1~100mg/kg,用水浸取法进行样品前处理时,食物天然存在的甲醛溶出较少。用蒸馏法时不仅将本底存在的甲醛蒸出,还可能使醛糖类等物质在酸化条件下分解出甲醛,使测定结果增高。因此,要准确判断食品中是否人为加入甲醛,采用蒸馏法时,需要将测定结果与样品本底值比较,再作出判断。

2. 高效液相色谱法

(1)原理:甲醛可与 2,4- 二硝基苯肼发生加成反应,生成黄色的 2,4- 二硝基苯腙衍生物。用正己烷萃取后,高效液相色谱法测定,根据保留时间定性,标准曲线法定量。

(2)分析步骤:称取粉碎试样,加入盐酸 - 氯化钠溶液,振荡提取后离心,取上清液,加入磷酸氢二钠溶液、2,4- 二硝基苯肼溶液,加水定容,密塞摇匀,置于 50℃水浴中加热后冷却至室温。加入正己烷后充分轻摇数次后静置,取正己烷萃取液进行 HPLC 分析。甲醛标准溶液系列各加入盐酸 - 氯化钠溶液后与样品相同操作。

测定:色谱参考条件为 C_{18} 色谱柱(250mm×4.6mm,5μm);流动相:乙腈 - 水(70+30);流速:0.8ml/min;检测波长:355nm。

该法适用于小麦粉、大米粉及其制品中残留甲醛及甲醛次硫酸氢钠含量的测定,方法检出限为 0.08μg/g。

三、食品中掺吊白块检验

甲醛次硫酸氢钠(sodium formaldehyde sulfoxylate)俗名"吊白块",分子式为 $NaHSO_2 \cdot CH_2O \cdot 2H_2O$,为半透明白色结晶或块状,易溶于水,在水中或高温潮湿的环境中能分解产生二氧化硫和甲醛,工业上常将其用作还原剂和漂白剂。经口摄入 10g 甲醛次硫酸氢钠就会中毒致死,我国严禁在食品加工中使用。但不法分子将其用于豆腐、豆皮、米粉、鱼翅、糍粑等食品以达到增白、防腐的效果。可用乙酸铅试纸法和乙酰丙酮法进行定性,离子色谱法或高效液相色谱法定量,后者为我国标准方法(GB/T 21126)。

1. 乙酸铅试纸法 取磨碎样品,加水混匀,加入盐酸和锌粒,迅速用乙酸铅试纸密封,放置,观察其颜色的变化,同时做对照试验。如果乙酸铅试纸不变色,同时二氧化硫定性试验为阴性,说明样品中不含甲醛次硫酸氢钠。如果乙酸铅试纸变为棕色至黑色,二氧化硫定性试验为阳性,样品可能含甲醛次硫酸氢钠。

当样品中甲醛与二氧化硫的定性结果均为阳性时,应进一步进行二氧化硫及甲醛的含量测定,并与正常样品的本底值进行比较,当两者均高于本底值时,结合两者的质量比,进行综合判断。

2. 离子色谱法 在碱性条件下,食品中添加的甲醛次硫酸氢钠被过氧化氢氧化成甲酸根和硫酸根,过滤后用离子色谱分离测定,根据相同条件下标准溶液中甲酸根和硫酸根色谱峰的保留时间与样品进行比较,可初步确定样品中是否存在甲醛次硫酸氢钠。然后根据甲酸根和硫酸根的质量比是否符合或接近 1:1 的关系,进一步确定甲醛次硫酸氢钠的有无,并换算成甲醛次硫酸氢钠的含量。

3. 高效液相色谱法 由于在酸性条件下,样品中残留的甲醛次硫酸氢钠可以分解释放出甲醛,甲醛与 2,4- 二硝基苯肼发生加成反应,生成黄色的 2,4- 二硝基苯腙,用正己烷萃取,高效液相色谱法测定,根据保留时间定性,标准曲线法定量。具体的操作可参见甲醛的高效液相色谱分析法。

本 章 小 结

食品掺伪检验是保障食品安全的重要任务之一。本章介绍了食品掺伪的基本概念、特点及检验程序。重点讨论了常见的乳及乳制品、食用油脂、调味品的掺伪检验及食品中掺入的非食用物质硼酸与硼砂、甲醛及吊白块的检验。

乳及乳制品掺伪检验:介绍了三聚氰胺高效液相色谱法和液相色谱-质谱/质谱法检测原理,革皮水解物中 L-羟脯氨酸的检验方法与原理。

食用油脂掺伪检验:介绍了废弃食用油脂的初步分析判断方法,利用酸价、过氧化值、极性组分等卫生指标及脂肪酸组分检测进行对比分析;检测其中十二烷基苯磺酸钠、氯化钠、谷氨酸钠的含量。

调味品掺伪检验:着重介绍了酱油中氨基酸态氮的测定、测定乙酰丙酸鉴别酿造酱油与配制酱油的原理;味精掺伪检验及辣椒粉中掺入苏丹红的高效液相色谱法原理。

食品中掺入非食用物质检验:检验食品中掺入硼酸与硼砂的乙基己二醇-三氯甲烷萃取姜黄分光光度法及电感耦合等离子体原子发射光谱法的原理、样品处理和注意问题;食品中掺入甲醛及吊白块的检验方法、原理与判断。

思考题

1. 食品掺伪的概念及特点是什么? 如何拟定食品掺伪的检验方案?

2. 牛乳中掺入三聚氰胺、革皮水解物的检验方法有哪些? 试述其原理。

3. 简述食用油脂中掺入废弃食用油脂的检验方法、依据和原理。

4. 试述高效液相色谱法测定食品中苏丹红染料的原理。

5. 试述食品中掺入硼酸与硼砂、甲醛及吊白块的检验方法及原理,如何判断是否非法掺入?

（何成艳）

参考文献

1. 中华人民共和国食品安全法 . 北京 : 中国标准出版社 , 2009.

2. 中华人民共和国国家标准 食品卫生检验方法 理化部分 (一). 北京 : 中国标准出版社 , 2004.

3. 中华人民共和国国家标准 食品卫生检验方法 理化部分 (二). 北京 : 中国标准出版社 , 2004.

4. 国家药典委员会 . 中华人民共和国药典 (2010 年版) 一部 . 北京 : 中国医药科技出版社 , 2010.

5. 中华人民共和国国家标准化指导性技术文件 食品营养成分基本术语 . 北京 : 中国标准出版社 , 2008.

6. 鲁长豪 . 食品理化检验 . 北京 : 人民卫生出版社 , 1993.

7. 黎源倩 . 食品理化检验 . 北京 : 人民卫生出版社 , 2006.

8. 王竹天 . 食品卫生检验方法 (理化部分) 注解 (上). 北京 : 中国标准出版社 , 2008.

9. 王竹天 . 食品卫生检验方法 (理化部分) 注解 (下). 北京 : 中国标准出版社 , 2008.

10. 刘邻渭 . 食品化学 . 北京 : 中国农业出版社 , 2000.

11. Kaferstein F, Abdussalam M.21 世纪的食品安全 (中文选译). 2000, 1 : 128–131.

12. 杨月欣 , 王光亚 . 实用食物营养成分分析手册 . 北京 : 中国轻工业出版社 , 2007.

13. 穆华荣 , 于淑萍 . 食品分析 . 第 2 版 . 北京 : 化学工业出版社 , 2009.

14. 吴永宁 . 现代食品安全科学 . 北京 : 化学工业出版社 , 2003.

15. Somenath M.Sample preparation techniques in analytical chemistry.New Jersey : John Wiley & Sons , Inc., 2003.

16. 王永华 . 食品分析 . 第 2 版 . 北京 : 中国轻工业出版社 , 2013.

17. 李和生 . 食品分析 . 北京 : 科学出版社 , 2014.

18. 保健食品检验与评价技术规范 . 北京 : 中华人民共和国卫生部 , 2003.

19. 白鸿 . 保健食品功效成分检测方法 . 北京 : 中国中医药出版社 , 2011.

20. 马双成 , 魏锋 . 保健食品功效成分检测技术与方法 . 北京 : 人民卫生出版社 , 2009.

21. 李宏梁 . 食品添加剂安全与应用 . 第 2 版 . 北京 : 化学工业出版社 , 2012.

22. 陈晓平 , 黄广民 . 食品理化检验 .1 北京 : 中国计量出版社 , 2008.

23. 奥特莱斯 . 食物成分与食品添加剂分析方法 . 霍军生译 . 北京 : 中国轻工业出版社 , 2008.

24. 孙长颢 . 营养与食品卫生学 . 第 7 版 . 北京 : 人民卫生出版社 , 2012.

25. 岳振峰 . 食品中兽药残留检测指南 . 北京 : 中国标准出版社 , 2009.

26. 陈福生 . 食品安全实验 - 检测技术与方法 . 北京 : 化学工业出版社 , 2010.

27. 刘绍 . 食品分析与检验 . 武汉 : 华中科技大学出版社 , 2011.

28. 张小莺 . 食品安全学 . 北京 : 科学出版社 , 2012.

29. 王关林 , 方宏筠 . 现代生命科学基础丛书——植物基因工程 . 北京 : 科学出版社 , 2005.

30. 苏姗·赛克 . 塑料包装技术 . 蔡韵宜 , 赵岩峰 , 译 . 北京 : 中国轻工业出版社 , 2000.

31. 李洪耀 . 日用塑料 . 北京 : 新时代出版社 , 1990.

32. 布劳恩 . 塑料简易鉴定法 . 叶丽梅译 . 广州 : 中山大学出版社 , 1987.

33. 彭珊珊 , 许柏球 , 冯翠萍 . 食品掺伪鉴别检验 . 北京 : 中国轻工业出版社 , 2011

34. 程云燕 , 李双石 . 食品分析与检验 . 北京 : 化学工业出版社 , 2011.

35. 李志勇 . 食品安全 ELISA 快速检测技术 . 北京 : 中国标准出版社 , 2009.

36. AOAC Official Method 968.24 Organophosphorus pesticide residues sweep condistillation method. First Action , 1970. Final Action , 1974.

37. Minervini F, Dell' Aquila ME. Zearalenone and reproductive function in farm animals. Int. J Mol Sci. 2008, 9: 2570-2584.

38. Sundstøl Eriksen G, Pettersson H, Lundh T. Comparative cytotoxicity of deoxynivalenol, nivalenol, their acetylated derivatives and de-epoxy metabolites. Food Chem Toxicol, 2004, 42 (4): 619-624.

39. Cunha SC, Faria MA, Pereira VL, et al. Patulin assessment and fungi identification in organic and conventional fruits and derived products. Food Control, 2014, 44: 185-190.

40. Remiro R, Ibáñez-Vea M, González-Peñas E, et al. Validation of a liquid chromatography method for the simultaneous quantification of ochratoxin A and its analogues in red wines. J Chromatogr A, 2010, 1217 (52): 8249-8256.

41. Algül I, Kara D. Determination and chemometric evaluation of total aflatoxin, aflatoxin B1, ochratoxin A and heavy metals content in corn flours from Turkey. Food Chem, 2014, 157: 70-76.

42. 王敏辉, 李吕木, 小玲. T-2 毒素研究进展. 动物营养学报, 2011, 23 (1): 20-24.

43. 叶妮, 周明霞, 冯忠泽, 等. 我国兽药残留标准现状和问题研究. 农产品质量与安全, 2011, 6: 29-30.

44. 彭涛, 赖卫华, 张富生, 等. 20 种 β2 受体激动剂的性质及检验方法研究进展. 食品与机械, 2013, 5: 254-260.

45. 尚晓虹, 赵云峰, 张磊, 等. 水产品中甲基汞测定的液相色谱 - 原子荧光光谱联用方法的改进. 色谱, 2011, 29 (7): 667-672.

46. 杨杰. 食品中甲基汞和汞形态分析技术的研究进展. 国外医学卫生学分册, 2008, 35 (3): 181-187.

47. 李浩南, 邹勇, 张彩, 等. 煎炸油脂中极性组分检测方法. 粮食与油脂, 2006, (5): 18-21.

48. Notomi T, Okayama H, Masubuchi H, et al. Loop-mediated isothermal amplification of DNA. Nucleic acid research, 2000, 28 (12): E63.

49. 闫兴华, 许文涛, 商颖, 等. 环介导等温扩增技术 (LAMP) 快速检测转基因玉米 LY038. 农业生物技术学报, 2013, 21 (5): 621-626.

50. 吴静, 李铁柱, 孙瑶, 等. 应用 PCR-DHPLC 技术高通量快速检测转基因玉米. 玉米科学, 2012, 20 (5): 40-44.

51. 朱鹏宇, 商颖, 许文涛, 等. 转基因作物检测和监测技术发展概况. 农业生物技术学报, 2013, 21 (12): 1488-1497.

52. 梁艳君. 食品用塑料包装七大性能分析. 塑料与包装, 2011: 62-64.

53. 沈雄, 郑晓, 何东平. 餐饮业废弃油脂鉴别检测方法研究进展. 中国油脂, 2011, 36 (11): 49-51.

54. 李昂. 简易法鉴定橡胶类型. 特种橡胶制品, 2002, 23 (1): 55-57.

55. 邵兵, 张晶, 高馥蝶, 等. 化学性食物中毒因子检测技术研究进展. 食品安全质量检测学报, 2013, 4 (3): 625-635.

中英文名词对照索引